荷莲中国

——荷花你在哪里

◎王力建　编著

華中科技大學出版社
Huazhong University of Science & Technology Press
中国·武汉

你在
哪里

序言

当力建先生的《荷莲中国——荷花你在哪里》的清样，摆在我面前时，仅仅是随手一翻，荷风莲韵扑面而来，让人目不暇接，我立刻被深深地吸引！一幅幅精美的图片，一段段精彩的文字，记述了作者追梦寻梦圆梦恋梦的足迹。荷花，乃王先生苦苦追寻的梦中情人！

“在水一方，伊花宛在”。“望断云天路几重”，十几年的追寻、几十万里的跋涉；几千幅图片、几十万文字，王先生在其间一回回邂逅，一次次倾诉，“千言万语无尽处，情到深处自然浓”，于是成就了本书的动人故事！他热爱荷花，竟有如此的心力；追寻荷花，竟有如此的形迹；赞美荷花，竟有如此的评议……。如此的如此，来表达这样的“荷莲”之心、吐露这样的“荷莲”之声，这是我始料未及和至今无所见闻的！

王先生东至黑龙江抚远和台湾花莲，西抵新疆伊宁与和田，南及海南三亚，北达黑龙江漠河，追寻的脚步遍及祖国的大江南北。无论山水之间的荷花塘，还是城镇之中的莲花池……，展现在我们面前的是，不一样的荷图莲画。位于我国最东北而甚为寒冷的东极荷园，处于珠江出海口而镶嵌于红树林中的南沙湿地，无不诱惑着我们前往一探其神秘。

不得不感叹，力建先生遇上困难不退缩、碰到挫折不放弃的寻荷精神。西藏，过去从未听说种有荷花。他，在这块神秘的土地上，一次次出发，一步步探问，最后在中印边界的“麦克马洪线”附近，终于望见了：远远的高山之下，金黄的稻田，托出片片荷叶，似漂浮的绿云；绿云之上，朵朵白花含笑摇曳……。也许，感动上苍挂起经幡给他福运，“用一千次的回眸”，换得今生，在天路之上的莲花面前驻足停留。此时此刻，我也仿佛置身这人间仙境的风情之中，不禁为王先生的努力与发现而点赞。

作为业余摄影爱好者的他，镜头所及，尽是精彩，或碧叶接天红花映日，或细水流萤小荷初露，或鹭飞鱼翔雨荷风卷，或柳衰荷残水阔鸥闲……。伴随王先生的脚步，感受到不同的莲荷意蕴。

洋洋洒洒记载的遍布各地的寻荷点，无论旅游爱好者，还是摄影发烧友，或是科研工作者，都能给你很清晰的指引。难能可贵之处还在于，丝丝缕缕记录了作者的体验和感悟。即使你未能亲自去实地，但也能感同身受。

王先生梦自“荷”来，情归“荷”处，寻寻觅觅，从未停歇！赏荷摄荷，《荷风》与《和荷天下》问世；无数次见识莲花福地，《莲哉·澳门》生成；一头扎进浩如烟海的古籍中，撷取瑰丽的荷花诗文，于是《中国历代咏荷诗文集成》出版；几度春秋，几多征程，一路奔波，一路呐喊，终见《荷莲中国——荷花你在哪里》即将出炉。中国的荷莲，在此书中再有足够的呈现；荷莲的中国，在此册中又见充分的体现。荷花在哪里？荷花在中国！荷花在中国人的心中！

荷莲，君子之花！圣洁之花！她，总在静静地绽放。“看取莲花净，方知不染心”，莲荷，除了本身自然之美，她也升华我们的精神，净化我们的灵魂。心如莲花，不正是我们追求的一种境界?！力建先生，在荷花世界里痴狂，也许正是感悟于那个心如莲花的境界。但愿，我们每一个人，心如莲花，缓缓盛开。

是为序。

陈龙清

(Longqing Chen)

2016年3月28日于武汉

（陈龙清，中国花卉协会荷花分会会长，华中农业大学教授）

自序

荷花之父，您在哪里　——悼王老

得知这个噩耗，是在2016年正月初五的傍晚。我从台湾返广州，刚过澳门横琴口岸。崇敬的王老——王其超教授——荷花之父——中国花卉协会荷花分会名誉会长，走啦？的确走了！永远永远，已在别样的一方天地。

王斌老总低沉的悲音传来，我十分地惊愕。坐在大巴里，再也无心打电话发信息。车厢内，充满拜新年的祝福和抢红包的欢呼，让我更加哀切难平。人皆贺节双眉喜，我独思贤一心悲。眼已蒙，心被堵；泪泛眼，痛匿心。此时此刻始，王老占据我整个心与脑。

这是不眠的一夜。游魂千万里，思量千百度，不知什么时候睡着的。手机五点半闹醒我，泪水又从眼眶脱出，分滴枕边。突然，我从床上坐起，大清早拨通了王老女儿——张爽秘书长的电话。喉中哽言，仅仅表达了悲与哀。吵醒了别人，再也不想说什么。

我无法接受这个事实，但必须面对这个现实。只有自己觉得，在这个世界上，还有谁像我一样，有着如此深深的仿佛做作的情感？还有谁像我一样，有着如此切切的似乎虚伪的宣泄？

王老，您怎么走得这样匆忙？

新年元旦之际，我坐上广州南站北去的头班高铁，带着厚厚一叠刚刚设计好的打印稿，中午时分来到了您的家。您刚从医院回来，还是以本来的慈祥、原有的笑容，坐在客厅里招呼我接待我。交谈中，怎么也感觉不到您想走会走的神情。只因当天要返往深圳，便仓促告辞了二老。并约定，台湾回来再拜望。

谁料到，急急一面，竟是最后一面；匆匆一别，竟成了永别！就在我往东去宝岛过春节的那天，王老同日也出发了。他老人家，是向西上天堂享受极乐。台湾回来的第二天，我赶往武汉。人去影空，为您烧香磕头的心愿，也无法实现。

此恨绵绵无绝期。真懊悔，那天没有陪您多聊会，没有与您吃午饭，没有和您留个照……。那一天的那一刻，就算是告别?!送别?!

王教授，您怎么走得这般利落？

九年前，我在汉口解放公园第21届全国荷花展上，第一次听到别人深情地叫他"王教授"。一本《荷风》，让我喊出了第一声；一习"和风"，将我送进了教授的家。"荷门一入情如海，从此藕郎是友人"。

尊敬的教授，既为我改过稿，又为我题过字，还为我写过序，更为我当过作品的宣传员……。如果说，命运成全了我，那么，是教授成功了我、成就了我。我的成就与成功，就是坚持与坚守。没有老人家的关怀，我的荷花情缘，不可能走到今天这一步。"这一步"，好想您再为我写个序。您，不是早已答应了的吗？

回首当年，我拖来一箱子荷花诗文的稿子。您发自肺腑的鼓励，播撒在我的心田，滋养我不断的梦想，让荷花主宰我的生命。我只留下前言后记，不到一星期，您已洋洋洒洒三千言。字里行间，除了情，就是您的心您的才。没想到，一个搞花卉科研的专家，骨子里浸透着儒风与文气。文武兼备，德艺双全，我能不"高山仰止"嘛！

我知道，您很想很想坐在电脑前，敲出内心的声音。那天，老人家含情地对我说，好久没上楼了，不知还行不行……。您的话，让我充满热切的期待。这期待不是别的，就是您长病多年，每每战胜恶魔，这次一定也能挺过来。好后悔，为什么没让您缓缓道来，或录音或记载，帮您整理一个序言；干脆，我代划几个字，您再签个名。天啊，我们哪有这样的预感和打算！事到如今，我必须用我的方式来填写。只是，如何再能听到您亲切地叫我"力建同志"，如何再能看见您慈蔼的音容，如何再能享受您不可言喻的温爱？

有缘才相识，有心才相知，相识不易相知更难。我永远失去了一位德高望重的长辈与知己。三千个日日夜夜的往事，顺水而下，或涓涓或滔滔，不休不息地流淌着倾泻着。我，怎不心仪敬重，默守虔诚，沉浸缅怀！

荷花之父，您怎么走得这等洒脱？

一辈子，一生情，王教授张教授毕生情系荷花。所以，大家敬称二老为"荷花夫妻"；因此，大家崇拜王教授为"荷花之父"。无须我，述其生平，赞其功绩。不容置疑，响当当的王其超，乃中国甚至世界荷花第一人。

我只想，轻轻地问一声，如此江山如此人的荷花之父，您舍得离开荷花"仙子"吗？您舍得离别热爱荷花的"儿女"吗？瑞羊即去，祥猴将临。只差两天，就是阖家团圆的日子。您却这个时候，仙人跨鹤，高飞远走，悠悠哉哉去了另外一个"莲花世界"。恰似，回到了您用一生情感守望的故园。如果不是太累，您决不会放弃这里的荷，舍弃这里的家。流芳千古，光启后人。您，无憾于"花花世界"，无愧于"泱泱大家"，留下的宝贵财富，已够我们受用受益。

生命无常，慧命永存，王老安息吧！也许，我没多少机会来看您。但是，我有的是时间来想您。前辈，您永远在我心间柔软的部位，在我脑海清晰的地方。您无论走多远，都走不出我的怀念！

荷花，你在哪里？荷花之父，您又在哪里？荷花在哪里，荷花之父就在哪里！

丙申年正月十五草于广州

前言

有谁知我此花情

红尘自有痴情者，莫笑痴情太痴迷。一水荷花，寄托我十多年的梦想，承载我十余载的情感。一个一个的梦，一份一份的情，延续着我与荷花一段又一段的因缘。

我爱荷花——不知为什么

世界上，相信有一种原因，是没有原因的原因；相信有一种理由，是没有理由的理由。

不知为什么，遇到荷花起始，我就喜欢上了她。一种不可名状的感觉只有自己最清楚。我，不得不相信一见钟情。从此，我的神往、我的寻觅就没有离开过她。所有的梦和情，全给了这朵花。也许，这就是天意吧！我与荷花的结缘，就是这样神奇，在经意与不经意间，悄悄地将她和我系在一起。

也不知为什么，足足一轮回，我做自己的梦，走自己的路，4400 个日日夜夜，时时围绕荷花转。开初，我是走向荷花。我爱她，她爱不爱我？即便她不爱我，我也爱她。我跟荷花说，无论缘深缘浅，你我都应该彼此珍惜。不久，我是走近荷花。一直走啊走，东南西北地走冬夏、走春秋。一幅幅图片，记录着荷花的枯荣事；一次次相逢，也见证了我的爱。现在，我是否走进荷花？她的红情绿意明了没有？她的内外兼修品透没有？曾经，好心的人劝告我，转爱移情吧。心为一花醉，情怎一日退？我发现自己，已无药可救。不管后头还有多少年，无须理会结果又怎样，阿花，你是我永远的爱。

真不知为什么，梦自荷来，情归荷处。为了荷花，这些年，我有些寻常的坚持，也有点失常的执着。2005 年，我汇编了《荷风》。时任中国花协荷花分会的会长王其超老教授，看到此书，给予好评。在人民大会堂，邵华、朱宪民、徐肖冰、黄贵权等 30 多位内地、港澳摄影界的前辈和名家，为我画册亲笔签名。原以为，《荷风》既是我的处女作，也是我最终的代表作。荷之风，此乃天地自然之风、人生岁月之风，让一切随风去吧！谁料到，六十余载一梦中，心如止水水如风。人生如荷，岁月如风，荷风乍起，心动不已。尔后，随"疯"而来的是《和荷天下》《莲哉！澳门》《中国历代咏荷诗文集成》。尽管开本越来越小、印数愈来愈少，但毕竟"疯"了几回。"疯"来"疯"去，一念之间。就是这么一枝花，迷得我一梦难收、千情难休。

我爱荷花，天佑、人助、我愿也！

我追荷花——她在那里等我

什么样的人有什么样的命；什么样的命交什么样的运。命运，就是这样的。一天深夜，上帝突然对我说，你与荷花是前世的缘分，你们约会吧！这一世，不愿与她再错过。于是，我向着梦中的方向去追寻。一路奔波，一路呐喊：荷花，你在哪里?！这心音，依附着我的脚步声，伴随着火车汽车的车轮声，传递到天之涯地之角。与此同时，也有一个声音在呼唤：我在这里等你！虽然来自不同的天地，但一样的音调，总是那样的热望，那么的揪心。阿花，你爱我，我更爱你！我不愿，只在梦里见到你；无论你在何方，我都要在途中与你相见。

既然选择了远方，便只顾风雨兼程。一次次，日出又日落，晓行又夜泊，我想念着、坚守着。尽管一人远行在外，却又感到，长长的路上，荷花与我伴行。如果说旅途是荷塘，那追寻就是水面盛开的最美莲花。与荷莲的相会，我觉得是与她心灵的相汇，彼此总能对话、总能交流、总能融合。特别是，见到她残清枯香的时候，我会为此心跳。这种心跳有一些说不清，是眼中的感触，还是心里的感受？我站在她的身边，久久凝视她的神形——生命虽近黄昏，容颜憔悴，青黄斑驳，却焕发着一种沉静的沧桑之美。她，也许带上我的心跳，不舍地离去，飘向那不可知的远方。而我，心里总弥留着一丝浓浓的悲壮和淡淡的悲伤。阿花，不能分开，就不要接近，你我永远都不要说再见。来去回头尽堪恋，就中难别是荷边。临去秋波，思念便成了永恒。

在水一方，伊花宛在。前头的花儿，仿佛就在我的眼前。谁知，望断云天路几重，一步之间，我竟然走了千万里、找了多少年！苦寻的脚步，一刻也没停留，为的就是一次相逢、一次相拥、一次相诉。好像，只有一次就会足够，只有一次就能永久。苍茫茫大地，浩荡荡心田，到底能容我多少寻觅？

为了汇编出中国历代有关咏荷的诗词曲赋，七年的光景，踽踽独行，本人去了全国27个省（市）及港澳地区收集资料，有的地方往返几次。仅全国重点大学和省一级以上的图书馆跑了73家，翻阅了几十万页的参考书目。为的就是从浩如烟海的古籍中，寻找出穿越秦汉跨越明清的那枝花。最后，收录的诗文总计4460余首（篇），作者2340多位，成书170多万字1000余页。

为了寻找祖国大地上，如今生长的那朵花，十多年里，来了走了走了来了，中国的两岸四地，我都跑去了。一些地方一去再去。有时候的我，"星空之下，仰风骑马奏笛；大道之上，俯田纵野狂奔"，这是何等不一般的浪漫与畅快。2012年，六七八这三个月的时间，纵横26个省（市），去了111个荷花点。2013年，又到了22个省（市）113个点。2014年，再到了26个省（市）98个点。我多么希望，走更多更远的路，试图见到所有不同时期不同地方出现的她。我那般地想见、梦见、看见、听见、再见……，每每过客匆匆，究竟要见她什么？到了2015年的夏日，我几乎用一口气、也许是剩下的一口气，从香港湿地公园走出，跑到新疆的伊犁，然后经内蒙古，奔到黑龙江的黑河，再返江苏扬州，从上海回广州。一个大圈西北东南，靠车轮子腿杆子追寻足足三万三千多华里。我心快乐，却身已疲惫。人老矣！云无心以出岫，鸟倦飞而知返，我该停歇了。天之大，地之广，荷之多，我能穷尽吗?！父母生病住院，"最好的朋友"五周岁生日，老的小的都没顾上。这，已成我心中永远的痛。

多少年来，无论专家还是专著，不论学者还是栽培者，一直认为，西藏和青海没有生长荷花。真的没有吗？我被这个疑问召唤而去，一次又一次。找寻了不少地方，打问了当地的住户、导游、军人、官员，以及援藏人士，均无她的消息。莫非，我们只能感叹？就在我绝望的时候，上帝用一只眼照顾芸芸众生，却用一只眼专门关照我。火车上，一次擦肩而过的探悉，让我释化了这个问答。在很远很远的西藏边陲，终于找到了我心爱的她——荷花！我们，就这样于某一刻相逢。我们，彼此交换目光与情感的那一天，恰好是七月初七！还巧合的是，我返程在拉萨火车站候车的时候，得知本人送给青海西宁朋友的莲子长成荷叶，又让我喜出望外。你说，我怎能不立马去看她呢？我轻吻了她，她的深情给了我无限的抚慰和欢悦。

天水间，谁为谁？老天啊，我一路走来，一路走去，梦梦幻幻，寻寻觅觅，是你成全了我与她的彼此，我真地好感激好感恩！

我追荷花，天佑、人助、我恒也！

我赞荷花——中国的花卉名片

千古一花，谁人不曾评说？毋庸置疑，我要说的，只有一首赞歌。称道荷花，我不知该用什么语言。是的，我有花一朵，开在我心中。情有独钟。十多年的亲密，使我更加相信：在中国，在众花园里，荷花的确——览百卉之英茂，无斯花之独灵。

阿花，你是独特的！

我只知道，荷莲最初是生殖崇拜的对象。以生殖崇拜为起点演化而成生育、婚恋、繁衍与性爱，是荷莲文化的最初内涵。创世之初，太阳从荷花中升起，这世界荷花——即伟大女性的象征，具有无限的创生功能。在公元 800 年的梵文中，莲花已被用来象征孕育生命的子宫，后来又演化为荷花女神（世界之母）、宇宙莲（创造之源），成为母性生殖崇拜的伟大象征。荷莲象征人类生命生生不息的母亲之花，在人类亘古的生命之河中默默地流淌盛放。

我只知道，荷花的生命力令人惊叹。物竞天择，适者生存。早在一亿多年前，地球上就有了荷花。她比人类祖先类人猿的出现要早得多。人类为了生存，采集野果充饥，便发现莲藕莲子不仅可以食用，而且清香可口。渐渐地，荷莲成为人类祖先生存的象征。荷花从远古走来，走向天南海北。似乎有水有泥的地方，就有她美丽的身影。更为奇特的是，种子深埋在大地中沉睡千年，挖出来后仍可发芽开花，繁衍出又一片秀色。如此不屈不挠，浴火重生，是否神异?

我只知道，荷花用其谦朴的一生装点四季：百花争艳之时，她却隐于泥与水的孕育，之后出淤泥而不染，不显声色地、渐渐地探头露角，迎绿接红，继续大地的春梦；她将千般仪态飘摇为万种风情，那阵阵别样的香色，给人们送来清新的夏风；她用形体描绘残意，一片金黄中妆饰点点草绿，如同浓墨重彩的天然油画，不失大美之秋雅；寒气袭来，她的身躯宁折不弯，勾勒出各式各样且富神韵的图画：鱼儿跃，鸟儿飞，丘比特的情箭瞄准美人心窝……，素以浪漫的简约表达冬颂。荷花，你那生命的轮回，换来周而复始、年复一年的秀美。

我只知道，荷花可目、可鼻、可口、可用，一言以誉之：可人。她，"上得了厅堂，下得了厨房"，不仅好看，而且有用。在百花中，"凡物先华而后实，独此华实齐生"，荷花是唯一能花、叶、果（莲房）、种子（莲子）、根（藕）同时并存的，而且全都可以食用和药用。此乃"有五谷之实而不有其名，兼百花之长而各去其短"。明初"诗文三大家"的刘基太师说："芍药争春炫彩霞，芙蓉秋尽却荣华。有色有香兼有实，百花都不似莲花。"杰出医药学家李时珍也赞曰："凡品难同，清净济用，群美兼得。"

阿花，你还非常的中国!

我更知道，中国是荷花的中心原产地。近大半个世纪以来，国内许多植物、生物、园艺专著，乃至 1979 年版的《辞海》，都说荷花原产印度（新版已改正），此系纯属讹传。考古学家铁证，荷花，在新石器时代已分布我国长江流域和黄河流域中下游的湖沼中。黑龙江流域的各分支水系两侧的湖、泡，均发现有野生荷花繁衍生息。至少，6000 年前我们的祖先就能够识别荷花，3000 年前我国就开始人工栽培荷花。中国不仅是荷花的世界分布中心，而且还是荷花的世界栽培中心。放眼中国的天下，北达黑龙江，南抵海南岛，东至台湾，西迄新疆西藏，她至少跨越 5 个气候带，芳迹遍及全中国。仅花莲品种资源，目前已有一二千种。中国是全球荷花品种最多、赏花景点最多的国家。

我更知道，中国送给荷花的别名雅号多达 30 有余。如：莲花、芙蓉、菡萏、芙蕖、荷华、芰荷、水芝、水华、藕花、洛神、玉环、净友、溪客、六月春、凌波仙子、花中君子，等等。这些美丽的名字，有的写实，有的写意，有的完全人格化，流露出鲜明的审美倾向。一种花拥有如此之多非植物学意义上的称号，在中国的花卉世界里绝无仅有。

我更知道，中国盛产荷花，荷花呢，盛产中国地名。地名，不仅是客观符号，人们日常交往的指位系统；也是多少年多少代的历史积淀，承载着时代的记忆与情感；更是一个民族、一个地区、一个城镇的文化名片和精神生态所指。我无科学的方法，也没权威的资料，只能买来地图查明。本人花了几个月的时间，先后翻阅了中国地图出版社、人民交通出版社、测绘出版社新近出版的几本超详地图册，共 1600 多页的图幅。在弯弯曲曲的线网和密密麻麻的地名中，从与荷、莲、藕、芙蓉等相关联的世界里，找寻她的存在。天哪，莲花、莲山、莲峰、莲湖、莲河、莲塘、莲池、莲川、莲坑、莲庄、莲都、莲洲、莲台、莲子、莲蓬、莲荷，以及荷花、荷叶、荷香、荷园、荷湖、荷塘、荷浦、荷溪、荷山、荷岭、荷屿、荷田、荷垅、荷埠、荷圩、荷墩、荷地、荷桥、荷芙、荷竹、荷树、藕塘、藕池、藕湖、藕团、藕丝、藕渠、藕庄、芙蓉，等等一些芳名，一 一显现在城乡村镇中。夸张一点说，用眼略略扫描，大半个中国，几乎每页图幅上都有她的印记。有关莲花峰、荷花湖等山清水秀之类的命名，以及莲花寺、莲花庙等拜佛求神之类的起名，也不少。这些普普通通的地名，从某种角度，表现了中国自然与人文的有机统一。让人在现时和历史的交错中，感受它积淀下来的厚重的中国文化。它作为记录历史文化的"活化石"，传承弘扬中国历史与文化的重要载体，散发着独特的魅力。可以肯定，没有哪一种花比得上荷花，如此深深地扎根在中国的大地上！

我更知道，一字一世界。"荷"与"莲"，这两个独特的字音，只要发挥汉语同音的联想，只要与中国的文化联结，它们又具有了特别的文字功能，成为一个非常清晰的从属于精神世界的文化符号。什么"一路连科""步步连升""年年有余""连生贵子""和气生财""和和美美""和谐美满""和合二仙""鲤鱼钻莲""鸳鸯戏莲""并蒂莲开"等等，荷花与其它元素一配合，可以构成样样吉祥美好的图语。"莲"双关"怜"字，"藕"双关"偶"字，"丝"双关"思"字，可以生发种种的心绪情思。尤其是，"荷"与"和"，竟能福音相通、祥气相接！"莲"与"廉"，竟然一类风骨、一样气节！荷莲啊，为了天下美好的愿景，多少年来多少代，她总在倾心呼唤着——廉明与和谐。试问，此种同音并契义的风情与风范，孰花堪比?

我更知道，荷花深受中国文人与民间的喜爱，创造了雅俗共存的艺术天地。比较中国文学中地位煊赫的牡丹与梅花，荷花最早进入文学审美视野。据学者有关统计，大致来说，荷花与梅花在中国文学中的出现频率应该相去不远，而牡丹却略逊一筹。但是，在南北朝文学、唐代文学中，荷花应该是远远胜出梅花的。自古至今，从诗歌到小说，从绘画到摄影，从音乐到舞蹈，从织绣到剪纸，从烧铸到雕琢，从建筑装饰到器具装饰……，荷花可谓集万千宠爱于一身，似乎任何一种常见的艺术形式都能看到她的风姿，飘逸着或浓或淡的雅色清香。她，穿越在情场与官场，穿梭于阳春白雪和下里巴人……，四溢的韵味，给人以无尽的遐想。过去，古人爱荷如痴如醉，竟发奇想，为之作诞，认定古历六月廿四是荷花的生日。新中国最著名的荷花邮票，发行之日也选在荷花生日那一天。现在，在中国推举"市花"(区花、县花、镇花、村花、园花……)的诸多名花中，荷花有幸推举最多。至今，中国花协荷花分会每年举办一届全国荷花展览，近 30 年没有中断，这在中国名花花展中独树一帜。同时，全国各地的荷花节，更是香飘随处，尽展芳华。

我更知道，荷花她能超越千花百草，成为中国儒道释三家不约而同的选择，始终绽放在他们的心灵园地，担当三家艺术及其文化中或明或暗的图腾、标识和象征。无论以"和"为宗旨的儒家哲学中，还是以"和"为道的道教世界里，一枝荷花时隐时现，意味深长。在佛国，一切似乎都与荷花有缘。中华大地上，凡是有佛之处，即现莲荷禅韵！修到华严清净福，一花一叶一菩提。如果说，"菩提"是佛国世界的国树，那么荷花（莲花），当之无愧就是国花！特别是，她的四德：一香二净三柔软四可爱，其柔润的特性代表和平、清净的特性代表平和。外界和平，内心平和，就是东方中国的莲花世界！

我更知道，也许，荷花比不上牡丹的雍贵、兰花的清幽、菊花的隐逸、梅花的傲骨……。但是，名人伟人毫不掩饰爱她外美内秀的情怀。被画界曾誉为"东方的毕加索"、"五百年来第一人"的张大千，画荷乃大千本色，是画史上有数的画荷大家。1949年，北平和平解放，出于对毛泽东的敬仰和热爱，他特意作了一幅《赠润之先生荷花图轴》，托何香凝转呈毛泽东，既是以"君子之花"表明对毛泽东"君子品格"的极大敬重，也表达与主席"君子之交"的情谊。毛泽东颇为高兴，曾挂在书房里经常品览。毛泽东逝世后，此画被毛泽东纪念馆收藏。毛泽东在世时，也不时带着儿女去赏荷品莲。恰巧的是，2010年，国学泰斗饶宗颐先生与温家宝会面时，身为书画大师的他，特意向温总理赠送精心创作的也是《荷花图》，以此共勉高洁如莲的品格。荷画留白处，是饶老的诗词《一剪梅·花外神仙》：荷叶田田水底天，看惯桑田，洗却尘缘。闲随秾艳共争妍，风也翛然，雨也恬然。雨过风生动水莲，笔下云烟，花外神仙。画中寻梦总无边，摊破云笺，题破涛笺。事实上，饶老的名字亦与荷花有关。父亲为他起名"宗颐"，是寄望他效法《爱莲说》作者周敦颐的高尚品格。革命先驱者孙中山先生，他珍重梅花，爱好菊花，但对荷花怀有特殊的感情。1916年的8月16日，他从上海来到杭州，当地各界人士邀他前往西湖观赏湖山胜景。此时湖边荷花盛放，他在观赏之余，颇受荷花那"出淤泥而不染"的品质所感染，遂折下一朵，笑对旁人说：中国当如此花！中山先生言简意赅的一句话，正是他自身品格的表露。他既不羡慕牡丹的荣华，也不钟情桃李的娇艳，他多么希望中国人像荷花那样高尚挺立，光洁自爱；也寄望新兴的中国能像荷花那样清丽芬芳，香播四海。如今，从彭麻麻女士深情一曲《荷花梦》，到习大大先生高扬一声"中国梦"，中国人民正在昂首阔步迈向伟大的民族复兴。

中国，赋予荷花的风貌、品位和气质；荷花，蕴含中国的美丽、温情和灵魂。"中国当如此花"，只是因为，她是荷花——中国的荷花！她，应该是中国花卉的名片、中国的名片！

知道吗？阿花，不是你什么都好，什么都最好。而是你，内内外外的正能量，就是特色唯一、特质独一。你，就是比人家更有中国性格、中国味道！

元芳，你怎么看呢？

总目录

自然之醉

Enchantment of Nature

目录

河北安新白洋淀荷花大观园

拍来拍去白洋淀

知道小兵张嘎，才知道白洋淀。认识白洋淀，是从荷花大观园拍摄荷花开始的。

忘不了当初，去白洋淀拍荷，是"冒号"同学帮助我，专门开车从北京下淀。次数多了，甚难为情。后来，我独自一人背起"长枪短炮"和脚架，从保定坐汽车到安新县城，再行船到大观园正门。住在民俗寨，一拍至少两天。洋洋大观荷花园，占地2000亩，6区、12园、36景、72桥，把园中景物涵盖和连缀在一起。碧水蓝天相映，绿苇红荷相间，鸟在天上飞，鱼在水中游，别有一番景色。这里，是白洋淀人民当年抗击日寇的地方；而今，是我拍荷赏荷品荷的天堂。一年四季，无怨无悔地拍来拍去。我的心和情，给了白洋淀，给了这里的水、这里的园、这里的寨。归根结底，给了这里的荷！白洋淀，回馈给我风景之荷、温馨之荷、沧桑之荷、风雨之荷、冰雪之荷……成为我《荷风》《和荷天下》中独特的风光。有的荷照，并被《中国摄影报》和《中国摄影》杂志登载。

不得不说，白洋淀的大观园，还给了我许多唯一。一年冬天，住在县城，邓主任凌晨四点带我走路入园。穿着军大衣，立在冰雪中，就等太阳从东方露脸的那一刻。那次，我拍了不少冰荷，但手指冻坏，半年左右才恢复。残叶，埋在晶莹剔透的冰下好几寸，怎么看，误认为漂在水中。后来隆冬又去几次，再没见到此情此景。成了我唯一的一次。一年夏季，乌云盖天，明知会有雨，偏向淀中行。风雨大作，我蹲下撑伞护机，20分钟动弹不得。后来干脆坐在桥上，四顾茫茫，就我一人。聪明反被聪明误，雨中荷没拍成，人却成为落汤鸡。如此境遇，是我唯一的一回。还有，大观园辛总要我制作过一本荷花挂历，这是唯一的一本。白洋淀旅行社的董事长，从导游小妹手上见到我的《荷风》，直夸拍得好，要买一些送给县委书记、县长等领导，并要求签名。于是，我送了好些本。这大概也是我一生中的唯一。当地长年累月拍荷的一些专家，断然说我画册中有些图片是电脑做的。其实，有的是灯光型的反转片白天拍的效果，有的是折返镜的效果……。我偷师而来的一点点小技巧，却成了我"骄傲"的唯一。

每次来淀里，洋洋洒洒没白来。难忘白洋淀！难忘那些关心和帮助过我的淀中人！

河北安新白洋淀

不止在夏天

白洋淀，是中国海河平原最大的湖泊。有143个淀泊，被3700多条沟濠连接。淀淀相通，淀濠相连，形成巨大的迷宫。除水产资源丰富外，素以大面积的芦苇荡和千亩连片的荷花淀而闻名。抗日战争时期的水上游击队——雁翎队的故事，就发生在这里；《小兵张嘎》就取材于"雁翎队"；著名作家孙犁的《荷花淀》等，均以淀区为题材。

白洋淀荷花，是新石器时代古黄河流经白洋淀时的产物。她以顽强的生命力根植于大淀，故白洋淀有"千年的鱼籽，万年的莲子"之说。占有85%淀区的安新县，又以荷花城而闻名。荷花——白洋淀的淀花，她四季皆秀：阳春，有"小荷才露尖尖角"的稚嫩；金秋，有"留得残荷听雨声"的意境。夏天呢，层层叠叠的荷花一眼望不到边，刚出水面的荷花在重迭的荷叶之间或举或藏，或开或闭，或躺或卧，浑然天成，充满野趣。所以，到白洋淀旅游，大多数人是来看荷花的。

冬天，我来白洋淀不知多少次了。好像，热情甚于酷暑季节。我喜欢，"雪漫七孔藕当知"的领悟。还喜欢，白雪皑皑，地冻冰封，一派北国风光。一个巨大的天然滑冰场，可任自由驰骋。更喜欢，雪中的残莲，冰下的残叶，冰雪之间的金色。此时，没有游客，我却来了。此刻，只有宁静，我在相守。眼前的白洋淀，远近一片碧玉，恰似一幅巨大的明镜镶嵌在冀中的原野上。我坐上大爷的冰床，滑翔到不知何处的地方。行李一丢，我俯在冰上，看到了文化苑的楼阁矗立在残荷中。好气派的梗门！有道曰：白藕入泥斜插玉簪通地理，红莲出水倒提朱笔点天文。荷花上悟天文下知地理？只知此方仙子的躯干，竟能顶天立地，容纳人间广厦。似乎，我从这枯萎中发现了那生命最后的艳丽。我拍到太阳西下，大爷要我去他家安歇。那一晚，起初很乐，后来好惨，被他儿子深夜赶往县城宾馆。一路上，好凉好冷。是仙子的身躯，温暖了我的心，并撑起了我的一片天地。

这样的景象，只在白洋淀。这般的境遇，又何曾只在白洋淀？

内蒙古库伦库伦荷花湖

一湖红绿藏大漠

为了找寻内蒙古的荷花，我曾从呼和浩特一直往西，到了乌海的黄河湿地。现在往东。打开地图，查找内蒙古的库伦，周边都是沙漠点点。无法想象，此地有一个怎样的荷花湖。

库伦旗南山北沙。号称八百里瀚海的塔敏查干大沙带像一条巨蟒横卧东西。一望无垠的大漠，如沙的海洋。一座座沙丘相连，像一条条美人鱼漂荡在海面上，又像一匹匹骆驼跪卧休憩。足驻高高的沙岭，你会感慨无限，情不自禁想起远古的荒凉。经库伦人多年的治理，大漠已经失去昔日嚣张的气焰。眼前的沙漠，只是沙地与沙堆，且又多与绿洲相伴。

驱车到了库伦镇，再西走20多公里，往左一拐，沿沙路下行再下行。突然觉得用手拨开了丛林，只见低处一片红红绿绿。宅增图嘎查的塔敏查干深处，竟隐藏着奇美——荷花湖！我爬上一处又一处的沙丘，换着一个又一个的角度，俯视这5000平米的一水荷花，好似镶嵌在大漠之中。沙盘里的清泉，滋养着田田丽叶、朵朵艳花，给人完全意想不到的景象。来此赏荷的人都会发问：这天工造化从何而来？传说，大清皇帝康熙巡游至此，劳累甚渴，便派人四处寻水。发现了一条大河，距河北岸不远的沙漠里有一黑色泉眼，皇帝便来泉前欲饮，只见13头金猪嬉戏其中。皇帝请猪儿回避，待荷花盛开之时重归。按皇帝诺言，不久，荷花由此怒放。美丽的荷花吸引了大量的珍禽来此栖息，天鹅、灰鹭等时而在空中盘旋，时而闲游于花叶中，为大漠平添了迷人的丰采。

我远望沙地，再近看荷湖，好担心哪一天，层层的沙风吞噬掉阵阵的荷浪。皇上钦赐的荷花在此又能存在多久？多余了！在浩瀚的沙海旁，蜿蜒的养畜牧河绕沙奔流，生生不息。荷花湖，与这沙这山这河相依相映，必为永远的奇观。

返程路上，我还兴奋不已。开车的师傅忽然冒出一句：我驾车十个小时，就为了你半个小时的惊喜。其实，愧疚与感恩早已浓浓地融汇于我的心中。

内蒙古翁牛特大兴农场

再见沙荷

内蒙古给我的印象，似乎它的东南沙漠深处才长荷花。不是吗？这是我第三次走进这片广袤的地域。"大漠荷花别样红"，《赤峰日报》社的总编以此为题，撰文发表于1999年9月17日《人民日报》大地文艺副刊专栏，让大兴农场的一处无主荷花，更加声名远扬。我知道迟了，但我及时来了。

"老爷子，先给你！"北京开往乌兰浩特的列车刚启动，一位宋姓的车长，将一个下铺的牌子递给我。他的举动，随意自然，从善如流，恰似"上善若水"。后来，我对他说，车长，围住你的人不少，你要应付的关系很多。你我素不相识，我在车下只是一个求助，你在车上第一个将我安排。我只有深情地给你两个字，谢谢！他并不在意我的话，一边忙着，一边随口回答，没什么，你的年纪最大。这位车长，明知何日无再见，来日无相报，他却这么做。他是在践行几千年前的伦理道德：老吾老，以及人之老；幼吾幼，以及人之幼啊！第二天清晨五点多，我在通辽下车。怀着一颗感恩的心，请列车员转告我的再次谢谢。这位车长，现在大概忘记了这斯人此事， 我却把他刻印在心间。他还教育了我，应该如何待人。

这里是农场，当然不见大漠的荒凉，但处处有沙的痕迹。一路都是，沙的田地、沙的道路、沙的街道、沙的人家……，好像无沙不成名。好在没刮风，否则飞沙走沙。我的拖箱从汽车的行李箱中取出，它已成了一个沙箱。或许，至今还有沙金镶在箱面。

翁牛特旗东部的大兴农场，地处科尔沁沙地的中部。农场西南的老哈河畔，有一荷花池，水面面积70亩。此处是当地人在上世纪80年代兴修的一座水利工程扬水站。建成不久，扬水站便自然长出荷花，后来越来越多。经过30多年的管护，目前荷花与芦苇铺满水面。荷从何来，无法考证，反正无人栽植。据《契丹史志》记载，是神男仙女从天界带来种下，长出象征他们纯洁爱情的荷花。当地的老少人都说，可能是天上飞鸟从外地带入，逐渐繁衍生成这处美景。

这里正在建设大兴百亩荷花生态园，打造一个以赏荷为主的旅游休闲点。但愿荷长久，与沙共拂、与人共舞美好的明天。

辽宁沈阳新民仙子湖

我伴仙子风雨中

沈阳仙子湖(原小西湖)，位于沈阳市西郊38公里处。占地8.6万平方米，其中水面面积4万平方米，是沈阳市最大的内湖公园。景区内，湖光潋滟，佳木葱茏，荷藕竞秀，芦荡叠翠，尤以面积居全国之首(怎么又一个？)的百年野生荷花为最。每到夏季，粉荷绿叶接天连碧，浩浩荡荡，被誉为"中国荷花之乡"。

真有意思，驱车到大门，不知，是我和同学的到来，仙子感动得流泪；还是仙子等得太久，生气了落泪，天空顿时下起倾盆大雨。风和着雨，一阵阵抚慰着水中的花叶，甚是别样景象。同学帮我打伞，反而不自在。此刻还怕湿身？还不抓紧时机，赶快投入仙子的怀抱？我便独自一人过瘾，沿湖边狂拍。偌大的一片汪洋，就我一人在"点点滴滴"中陪伴着她。这是我一生中，遇到的最优美最惬意的雨里听荷、荷中观雨。

如今，仙子湖已被列为沈阳市重点旅游景区，是沈阳东西两条旅游热线之一。从1993年开始，每年都成功举办"仙子湖荷花节"，现已成为辽宁省重点推荐的旅游节日。其丰富多彩的内容、形式多样的活动，令中外游客留连忘返。

辽宁沈阳清福陵龙潭

一潭一荷聚福来

沈阳东郊，有清朝命名的第一座皇陵，那是清太祖努尔哈赤及皇后叶赫拉氏的"万年吉地"。1636年大清建国，定陵号为"福陵"。《韩非子》曰："全寿富贵谓福"。取福气、运气之意，寓意大清福运长久。按古代堪舆家选择陵址"风水"，要前有沼（河）、后有靠（山）。后倚天柱山，前沿浑河，福陵所在，确是一块风水宝地。自南而北地势渐高，山形迤逦，万松参天，众山俯伏，百水回环，建筑宏伟，气势威严，幽静肃穆，古色苍然，其独特的自然风光和深邃的人文景观早已为历代文人雅士所垂青。

不知哪一年，陵前出现了一龙潭，潭里夏季盛开荷花。据说当初，只是东南角一片。渐渐地、忽忽地，荷花浩浩荡荡，涌入天际，整个潭面绿涌红动。又听说什么，花叶太多太多，要靠"破坏"来阻止她的繁茂。天哪，要明白这是皇陵前面的龙潭，龙潭里的瑞花，瑞花聚集福运之福啊！若不是这盛世、这皇气，哪来这吉祥之花！如果潭内真的玩起游船，我很想乘一扁舟，伫立船头，迎风环水而行。或穿游于花叶间，低头弄莲子；或美酒醉卧任漂流，忘形于香色中不会归路。还是让我，悠悠地站在潭边，面对皇祖，听鸟语，闻花香，看水天一色，想今古一绝吧。

陵园的宝城、宝顶，俱建在山峦之巅。宝顶之下就是福陵的"心脏"部位——地宫，太祖皇后就长眠在这里。居高俯瞰，一潭龙水，一水荷花，陪伴着帝后。老汗王泉之下，一定也会感慨万千。

吉林临江四道沟长川荷花湾

荷花湾处有两国

你知道临江吗？临江市地处长白山麓，鸭绿江中上游，与朝鲜山水相连，隔江相望。市内鸭绿江大桥，横跨中朝。来到桥上，一步跨两国，一语惊两疆。境内山清水秀，景色迷人，被誉为"吉林省的小江南"。"四保临江"，拉开东北解放战争的序幕。长影的许多影片，如《五朵金花》《林海雪原》《达吉和她的父亲》等，都是在此拍摄的外景。

你知道荷花湾吗？鸭绿江漂流的下排处就是临江四道沟镇的长川古渡。四道沟稻花飘香，鱼跃蛙鸣，有"山区谷仓"之称。在这一派宜人的田园风光中另有一方神奇的景观，这就是长川村的荷花湾。

李兄从沈阳专程陪我到通化，然后开车到达临江后，就是伴江而行。一路过来，徜徉于中朝两岸青山绿水之中，好不闲情逸致。走约18公里，意想不到江边会有一个荷花湾。一湾碧荷，恰似绿色的丝带沿山傍江而舞。在这长白山腹地的寒冷之处，竟有自生自长的野荷花，不断扩大为2万平方米的灿烂夺目的芙蓉国。站立湾上，只见新荷田田，雨荷点点，好像有点望不到头。野鸭俩俩在嬉水，夫妻双双在垂钓，是表演，还是享受？荷花盛开的时候，倘若日出观荷，充满"日出江花红似火"的热烈奔放；如果月下赏莲，则是别有一番雅趣，让你恍惚走进朱自清的"荷塘月色"。临荷而望，朝鲜那边的山头云雾缭绕，两国风光跃然画中。

好好的"荷花湾"景点，承包之人为什么想改名"荷花池"呢？不怕游人陌生临江吗?湾湾一荷，可以弯出多少畅想！

黑龙江虎林月芽湖

弯弯的传奇

有人说，那里有荷花。可是，中国花协荷花分会的专家考察到那里，仅仅见到几片荷叶。后来又听讲，好几年都是这样。去吧，碰碰运气。这一遭，专程走了一千多公里。

多么美妙的名字——月芽湖，位于黑龙江省虎林市东北方。因外形酷似一勾弯月而得名。湖面五千亩，1400多亩的原汁原味的野生荷花，让月芽湖成为一个传奇。有诗赞曰：北国骄子虎林莲，塞外秀色别有天。风吹荷香千里外，不似江南胜江南。我们踩在北纬45度以上的土地上，一股清新且带丝丝甜意的香风迎面吹来。走近一看，令人惊讶的一幕映入眼帘——湖的边缘犹如细脚圆规点画出的一个半圈，铺开来形成湖畔，弯弯的一湖水，环抱着大片大片的墨绿色彩。迎风摇摆的碧叶中，点缀着红与白。白云在天上飘，游人钓者镶嵌在画中。好看极了！感谢上帝，又一次给了我机会。

这本应该出现在江南泽国的景象，如何在这东北往东的寒冷地域里隐藏着？这是一个怎样的传奇？据考证，是1300多年前，黄河中下游地区荷花移栽的品种，在唐代渤海国随佛教传入虎林。这些荷花逐渐适应了当地气候变迁而扎下根来。现今牡丹江、密山生长的荷花，也都是从月芽的怀抱里送出去的。我们不得不想像：想像当年，那个遥远到唐代的当年，是何人随长袍阔袖带来这青香莲子，顺手丢进这蛮荒之地的林边水汊，又经过怎样的雨雪风霜，忽然有一天，她竟伸展腰肢盛开出红的白的荷花？也许，是另外的一种传说：一个美丽的南国女子和一个来自渤海国的小伙相爱，他俩的结合受到女子家人的百般阻挠，就一路私奔到这乌苏里江的江边落脚。女子离家时，包袱里带来了准备充饥的莲子，她把剩下的几粒撒在水中。天天望月思乡，这水塘就成了月芽形状。天天以泪浇灌，莲子就开出了满塘的荷花。传说无考无证，可一代一代传下来，人们宁愿相信这个朴实的想像。

我伫立在湖边，久久不愿离去。此刻，似乎又有更加的神奇：荷花仙子坐在弯弯的月芽上面，微笑着对我说，下次再来吧，我等你！

黑龙江大庆黑鱼湖

第一湖的第一花

在大庆的版图上，市区没有天然河流，属于平原闭流区。不过，有名的、无名的大小泡泽湖泊却星罗棋布。因此，大庆被称作"绿色油化之都，天然百湖之城"。位于市区东北侧，有一个被称为大庆"第一湖"的黑鱼湖。黑鱼湖，原名黑鱼泡，以盛产黑鱼而得名。南北两个湖面，北湖是大庆市区最重要的水源地，南湖是最美丽的风景区。我去黑鱼湖时，已闭门谢客，景区"修炼"一年进行保护性开发。多亏大庆的孙书记，汽车走后门进了。

景区内，最惹人注目的，是那千亩荷塘。汽车开到荷主塘润边，难道，黑鱼荷处只一块？绕过此塘，沿柏油路前行，只见一边烟水浩瀚，一边荷香十里。真没想到如此规模，实在令人诧异。细细品味，这里的情景：风过，满池荷花，摇曳生姿；风停，凌波仙子，垂手玉立。荷花池里，还有江南的乌蓬船。坐船赏花，那才叫美。船，在荷叶里飘；人，在花海中游。偶尔，鱼动，莲也动。其实，还有垂钓人的心在动。黑鱼千万别上钩！就让那些人，一杆钓天地。

荷塘里，最让我感动的，是那一叶荷盖护睡莲。你看：层层的睡莲叶，凝碧地铺在水上，密密地紧挨，哪里都见不到水的影子。唯有红粉睡莲花一朵，绽放在中央。花朵旁，好像突然冒出一片翠绿的荷叶，高高地撑起一方天地。它，要为心爱的姊妹花遮雨挡风！谁说，不言者无情？谁还敢说，你不是第一花呢？

黑龙江大庆龙凤湿地

第一张城市名片

过去知道大庆，是因为"石油工人一声吼，地球也要抖三抖"。现在来到大庆，是因为大庆有国内最大的城中湿地。

大庆龙凤湿地，占地5050公顷，距市中心仅8公里。芦苇、绿草、荷花、水鸟是这里的主人；蓝天、白云、清风是这里的常客。城中之绿洲，为市民和游人提供了一处亲近自然、体味自然、融入自然的游览胜地。目前，这里已被保护建成湿地公园。被誉为大庆市第一张城市名片。

一条世纪大道上的跨线桥，让南北湿地再次"牵手"。真不知，哪来的好运气。我们驱车在大桥上，碰巧邻近千米荷花带一边的路面部分整修。天赐良机，可以停车。靠在桥边，风很大，相机都端不稳。举目远眺，是数不清的浓妆淡抹，看不尽的诗情画意。千米荷带，一依苇水，荷叶随风飘摇，花朵竞相开放，成群的水鸟在荷花上空飞舞。花、水、草、苇、鸟，交织为层次分明的美丽画卷，为我们呈现独特的视觉快感。我觉得，城市名片的名字应叫"龙飞凤舞"，名片的主题应是"鸟语花香"。

看完桥下，再抬头桥上，桥头堡高耸入云。只见横空二字：大庆，仿佛看到铁人王进喜"宁肯少活20年，拼命也要拿下大油田"的不朽形象。我想，铁人精神不能丢，大庆湿地也不能丢。

难忘大庆，不得不提湿地上的"蚊见蚊爱"。下桥进湿地，好大的蚊子一窝蜂地涌向你，比天上的飞鸟还要多。好像喝石油长成的，特别能战斗。这也是大庆"特色"吗？

为什么　三蒂莲

见到三蒂莲，就想起西海；来到西海，就想见三蒂莲。为什么，至今只有西海发现三蒂莲？最初见到三蒂莲，是在中国荷花分会名誉会长王其超老教授武汉的家里。他将三蒂莲枯莲蓬的标本给我看，并送我花蕾期的照片，还题了字。2012年，大庆的孙德军书记，在他办公室，将2个珍藏版的"三蒂莲"枯莲蓬标本全部送了我。由于行摄，我一路从东北，经内蒙、甘肃，到四川、西藏，最后护"宝"回广州。何等珍贵！何其真情！

三蒂莲，是在大庆市肇源县西海湿地公园的野生莲群落里发现的。2006年7月首次发现后，孙书记发动群众在花期内下湖搜索，谁发现三蒂莲，奖励1000元；发现四蒂莲，奖励5000元。他送给我的三蒂莲，是花钱找到但花钱买不到的"无价之宝"啊！

西海湿地，占地5500亩。这里蒲草茂密，芦苇荡漾，莲花盛放，鱼群泛波，百鸟翱翔。大小莲花池就有1000多亩。我来到多次找到三蒂莲的池塘，只想亲自下海，享受发现三蒂莲的一瞬间。孙书记专门为我找了一条船，我站在船头，由一位找花能手在水中推船陪着。我心好不自在！结果，只找到鸟窝。这也是我有生以来，第一次见到荷花中的鸟巢。

黑龙江肇源西海湿地

并蒂莲出现，可遇不可求，已经蒙上神秘的面纱。古时，我们祖先以为这是吉祥如意、人寿年丰的预兆，冠以"嘉莲"、"瑞莲"的美称，从而民间流传许多关于并蒂莲的神话故事和美丽传说。无疑，三蒂莲出现的几率比并蒂莲少之又少，超越人类生育三胞胎现象，达到前所未闻的程度。在科学发达的今天，人工培育并蒂莲或三蒂莲，也许有可能。我要问的是，你见过自然生长的三蒂莲吗？你能回答我，为什么西海会出现三蒂莲？

胡思乱想，我似乎找到了一点"答案"，好像都与"三"有关。首先，西海是"瑶池仙境"。王母娘娘的圣诞是太阴历的三月初三，每到此时，天空满是飞舞的七彩花瓣，如朵朵祥云，聚成七彩长桥，迎接众路神仙。只见：莲花涌现，香气扑鼻；梵音丝丝，鹤声阵阵；天光大开，鸾凤和鸣；钟声悠悠，狮麟齐舞。原来，王母娘娘曾在西海设过蟠桃盛会，孙悟空来此偷吃蟠桃，将三颗桃核丢入西海，三蒂莲由此化变。我在西海没找到三蒂莲，却找到三处鸟窝。每处鸟窝都是三个蛋。其中一处，2个蛋已孵出小鸟，还有一个在窝里。这是真的！其次，西海，是肇源的西海。打开县政府网站，那么多的"三"与肇源相关联。肇源，是金太祖"肇基王绩"之地，三江交汇之源，有着6000多年的辉煌文明。现处于连接大庆、哈尔滨、长春三大城市的"金三角"。工业布局，要建三个工业园区；农业生产，是粮、牧、渔大县；自然资源，"水、草、田"三分天下；交通基础，公路、水路、铁路三路畅达；旅游名胜，也分为东部、中部、西部三大景区。关键在于，肇源是一个多民族县份，21个民族在此辛勤劳作，共同创造着悠久的历史和灿烂的文化。

你说，此方宝地，能不出"三蒂莲"吗？

黑龙江抚远东极荷园

东极的东极是荷园

中国的东极在哪里？黑龙江的抚远，是中国真正的东极。东极三江平原湿地的那一角，有一个东极荷园。遍野的野荷，"野"在冬天极其寒冷的这里，实在叹观止矣。

2008年前，华夏东极在浙江的舟山。黑瞎子岛回归后，中国的最东极就变成了抚远。这里是中华人民共和国最早见到太阳的地方。抚远，一个美丽的口岸城市。隔着黑龙江，与俄罗斯远东最大的城市——哈巴罗夫斯克相望。城市不大，但向人们展示她无限的生机和魅力。纯净广阔的蓝天白云之下，精致多彩的一幢幢欧式风格建筑，排列在开阔平坦的街道两旁。偶尔，一位金发碧眼的俄罗斯美女，在你身边飘然而过，让你恍若走进了异国他乡。

当天黑瞎子岛寻荷，找到却看不见。了无遗憾，老天爷却给我补偿。眺望东极塔的那一刻，开出租车的一位赵姓师傅告诉我，这里有个东极荷园，那里的荷花漂亮极了。第二天凌晨不到三点，没等第一片阳光叫醒"江南邨"，我就起了床。包了赵师傅的车，前往位于前哨农场境内三江平原湿地的东极荷园。沿着平坦的水泥路，汽车在一马平川的三江平原上奔驰。一路的风光尽收眼底，但沿途的景点一扫而过，我的心早已飞向那东极的"东极"。

三江平原，是由黑龙江、松花江、乌苏里江冲积而成的低平原，是我国最大的沼泽湿地集中区，也是世界最重要的湿地之一。经过50多年的开发，特别是20世纪80年代中期以后的开发，湿地面积锐减、功能下降、污染严重，生物多样性遭到破坏。历经数年，湿地得到明显恢复和改善。三江湿地保护区，位于黑龙江和乌苏里江汇流的三角地带，是我国东北端一块面积最大、原始风貌最典型的低地高寒湿地。

一水荷花，一望无垠。天沉沉，风阵阵，水面涟漪泛波层；绿胧胧，红朦朦，风吹草低现花动。一派"野"性呈送眼前。这里的鸭子似乎比人起得早。它们，下水当着荷花湿身沐浴，上岸对着荷花梳妆打扮，然后大家紧紧拥抱成一团，相互依偎在荷花旁。这般群爱，只应此处人间有。抬头一看，荷道中，有小舟由远而近划过。原来，打鱼的满族人已经收网归来。几只游船还在懒懒地睡觉。这番情景，让我觉得人生的美好也不过如此。

临别荷园，一直未见东方之光泻在花叶上。这天，黑瞎子岛已停游。接下来，整个岛被淹没。我的荷花，你们都还好吗？

烟波红荷

真的，很感谢杨高工两口子，专程安排并陪我去微山湖。而且，让我有一个意外的收获，更加深刻地感受微山湖。

多年前，我去过微山县的微山湖。一直后悔当时匆忙且肤浅，很想再去。马上可以如愿以偿，甚为高兴。下车一看，怎么地方不对？原来，这里是滕州微山湖湿地红荷旅游风景区。滕州处东北部，微山在东南部，同邻一个由四湖组成的广义的微山湖。"红荷"，能体现微山湖的荷采吗？我心里总是在嘀咕。

山东滕州微山湖湿地

红荷景区，位于滕州滨湖镇境内，总面积达60平方公里。是我国华东地区面积最大、自然生态最原始、湿地景观最佳和中国最大的荷花观赏地区。这里有十万多亩的野生红荷，数十平方公里的芦苇荡，及国内罕见的水上森林。当你踏入这片神奇的湿地，瞻红荷芦苇，观鸥鹭碧水，寻幽谷足迹，所呈现的总是这独有的神韵。从景区大门步行至红荷广场，一路荷莲相伴。眼前，所有的植物都如青年般充满生机与活力；所有的花朵都像姑娘那样柔美与灿烂。绿色植物和各色花朵在这里交汇，形成一幅不同凡响的画卷。有一片红荷就像油画，两旁众多且排列整齐的树木，笔直地立着，像卫兵一样呵护着荷海。"海面"异常地风平浪静，似一片彩色玻璃延伸至远方，似乎没有尽头。太美了，美得无与伦比。

红荷广场，有红荷巨雕，高约20多米，誉为"江南第一荷"。红荷仙子，飘逸洒脱，惟妙惟肖。漫过寻芳长廊，就是湖上观光渡口。乘船深入湿地的中心地带微山湖，湖上风光一望无垠。波澜壮阔的水面上，红荷朵朵，芦苇丛丛，帆船点点，鸥鹭翩翩，映衬蓝天碧水，呈现出一派迷人的美景。渔家岛中，绿树成荫，老一辈革命家的故事蕴藏其中。岛上建有电视剧《铁道游击队》外景拍摄地——小李庄，有刘洪大队部和芳林嫂故居。在这里品大碗茶，喝高粱烧，接受爱国主义教育。

西边的太阳快要落山了。回望微山湖，红荷深处传来土琵琶悠扬的曲声。

山东东平东平湖

荷花梁山泊

你不得不认可，《水浒传》中的"八百里梁山泊"，曾经遍开荷花。但你也许不相信，梁山泊好汉的头领宋江的太太，当年是种植荷花的专业户。信不信由你，反正我信。

从五代到北宋末，滔滔的黄河曾经有三次大的决口，滚滚河水倾泻到梁山脚下，并与古巨野泽连为一片，形成一望无际的大水泊，即《水浒传》中所描绘的"港汊纵横数千条，四方周围八百里"的梁山泊。当年，水浒英雄正是凭水泊天险"啸聚山林、筑营扎寨、抗暴安良、杀富济贫、替天行道"，演出了一幕幕惊天动地的侠义故事。一部《水浒传》名扬天下，梁山好汉举世闻名。800多年过去了。如今八百里水面早已退缩，只留给今人水泊唯一遗迹——东平湖。东平湖内现下的荷花，也成了当年梁山泊遍野荷花的缩影。

昔日，不少文学家泛舟梁山泊，留下许多咏荷的诗句。宋朝文学家苏辙，因感慨梁山泊荷花，一次吟咏五绝。其中："南国家家漾彩舰，芙蕖远近日微明。梁山泊里逢花发，忽忆吴兴十里行。"元代蒙古族诗人萨都刺当年写到："舟至梁山泊，时荷花盛开，风雨大至，舟不相接，遂泊芦苇中。余折芦一叶，题诗其上，寄志能。题诗芦叶雨斑斑，底事诗人不奈闲。满泊荷花开欲遍，客程五月过梁山。"

国学泰斗余嘉锡先生考证，公元1323年农历9月的一天，进士陈泰舟行梁山泊，不由想起200多年前的108位好汉在此聚义。正在神游间，船夫说道：过去这水泊里，方圆几十里，种的都是荷花之类。当地人都说是头领宋江的夫人负责种的。陈泰听到这话，回想曾经此，一眼望去无尽芙蕖。不禁感叹，沉吟一句王安石的诗："三十六陂春水，白首相见江南。"以凭吊宋江娘子。北宋苏颂的《谭训》中，曾记录种莲盛况。每到夏末，梁山泊一带就有上百辆车满载莲蓬来到曹门外一条巷子里，用槌子取出莲肉，卖给商家。《水浒传》也多处提到梁山寨其他产业的布局，史上的宋江太太种点荷莲，也合乎逻辑。或许，宋江是上梁山后，在当地娶了一个采莲姑娘做压寨夫人，把自己本土化。这么一想，倒也挺浪漫的。

去年，南水北调工程水泊梁山段开挖工地，挖出许多野生千年古莲种子。因不属于文物，一些人等着收购，5元钱一颗。顿时，一个几百亩的淤泥段，成了村民的寻宝地。

古风运水荷香

提起台儿庄，人们自然就想到它的大凿与大捷。水与火的洗礼，把这个古城演绎得那样柔美、这般壮美。似乎唯有荷，才能显现出二美的融汇。

山东枣庄台儿庄运河湿地

台儿庄，肇始于秦汉，发展于唐宋，繁荣于明清。乾隆皇帝曾御题"天下第一庄"。一条大运河，蜿蜒古城。大运河，北起通州、南到杭州，途径北京、天津、河北、山东、江苏、浙江六省市，沟通海河、黄河、淮河、长江、钱塘江五大水系，全长1794公里。她是世界上开凿最早、里程最长、工程最大的运河，与万里长城并称为我国古代的两项伟大工程，被列为世界最宏伟的四大古代工程之一。台儿庄运河段，是京杭运河重要的一部分，是整个运河中东西走向唯一最长的河段，全长40公里。京杭运河赋予了台儿庄重要的经济和战略地位。1938年，震惊中外的台儿庄大战在这里发生。中国将士把运河作为一道天险，炸掉浮桥，背水一战，成功地阻止了敌人的侵略脚步。运河在这场大捷中，立下历史功勋，起到了不可磨灭的作用。台儿庄被誉为"中华民族扬威不屈之地"。台儿庄古城，将"运河文化"与"大战文化" "齐鲁豪情"与"江南韵致"融于一城。

运河湿地公园，是中国第一家以运河湿地为主的湿地公园。它依京杭大运河而建，与台儿庄古城交相辉映。运河大堤东西横亘，两岸护堤的灌木与林木宛如绿色长龙，与滔滔河水并行不悖；大面积的运河滩地上，就是湿地公园的主景——荷花长廊。它东起运河大桥，西至龙王河，绵延13华里，堪称中华之最、运河之绝。为全力打造"十里池塘飞白鹭，古运河畔风荷香"的运河旅游观光带，除开发百荷园、子莲园和品种示范园外，先后还建造了荷花岛、自由采摘园、农事体验园和云水曲径等景点，把天然与人工、原生与后生、广袤与精致相结合，给"江北水乡、运河古城"的台儿庄披上梦幻般的和谐神韵与风采。来到荷花长廊，一幅"接天莲叶无穷碧、映日荷花别样红"的画卷在眼前展开。微风拂过，淡淡荷香扑鼻而来。乘着画舫，遨游在荷丛中，不同的景色从眼前划过。蓝天白云之下，艳阳和风之中，水天一色，鸟语花香，如诗如画，让人心旷神怡。

古运荷，风水香，秀美台儿庄。古城运河荷花，在等你！

山东东营垦利胜利油田

油田里的荷花

根本没去联想，一个油田在风景区内；或者说，一个风景区在油田里。开车的朋友，又一次歪打正着，我们跑到了风景区的北岸。本来有浮桥可通往南岸的主体风景区，因涨水禁止使用。谢谢师傅，让我幸运地看见到久仰的油田、又欣赏到油田里的一枝荷。

黄河口湿地生态旅游区，包括位于黄河入海口南岸的大汶流管理站和北岸黄河口管理站区域。中国第二大油田——胜利油田的主体部位，就在黄河入海口两侧。这个濒临渤海、紧依黄河、生态旅游区又在其中的油田，自1961年发现、1964年国家正式批准组织的华北石油勘探会战，形成了继大庆石油会战之后的又一场石油勘探和油田开发建设的大会战。万里黄河携带着大量泥沙奔流入海，造就了黄河三角洲这块共和国最年轻的土地。正是在这片最年轻的土地上，崛起了胜利油田。

油田会战初期，正值我国在国际上遭到重重封锁、国内遭受三年严重自然灾害后经济尚未恢复时期，会战职工在"青天一顶、碱滩一片"的恶劣环境中，在生产生活极为困难的条件下，高速高效建成我国第二大油田。二次创业中，在滩涂上建起百里长堤，围海造地建成500吨级的滩涂油田。称为"海上长城"的围堤，在入海口北侧。大堤蜿蜒逶迤，如横卧守护的巨龙。堤外，波涛翻滚，烟波浩渺。堤内，钻塔林立，油田无际。

我们真是"从胜利走向胜利"。一路长驱，不经意过了黄河胜利大桥，走进了胜利油田。看到林立的"磕头机"，碰上盘查的检查站，一问才知我们闯入了入海口北侧。这里是孤东采油厂的地盘。朝生态旅游区北岸走，一块块荷花出现在眼前。叶大且绿，几许白花点缀在碧叶丛中。这是产藕的荷莲。多么独特的荷景：抽油机，一上一下摇动着机械臂，"驴头"有规律地抬头、磕头；碧叶白花在阵风中翻卷摇曳，它们交相辉映在油田上。一群白鹅摇摇摆摆出现在其间，组成一幅如诗如画的图像。那边，几伙羊群，直向藕田冲去，像"饿牢"里放出来似的，疯狂地吞食着荷叶。此刻，我想起了司机的一句话：这里加的油，车跑起来格外有劲。肥肥的荷叶，也许地下石油滋润的结果。

暮色沉沉。几个人带着狗，手挽渔网，向远处滩涂的水中走去。这天地间的苍茫与悠然，尽情于怀。心间，洋溢着油一般的柔美……

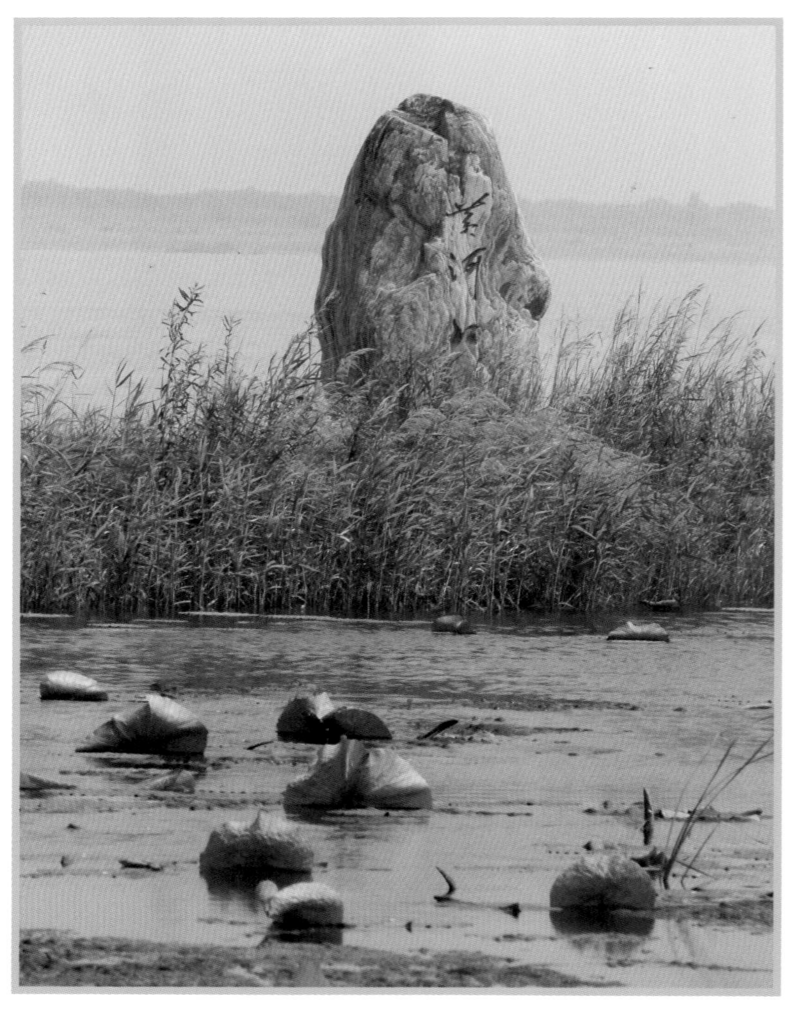

俺送黄河入海口

九曲黄河，万里奔波，在这里汇入大海。一水荷花，几多风情，于这里送别黄河。流不尽的水，送不完的情。这是我，见到的最独特、最温婉、最震撼的送别。

从黄河口北岸辗转到东营，已是黄昏。第二天赶早去南岸的生态旅游区，沿途都是宽阔平坦的油路。快到了，成片的荷莲铺展大地，只是少了一些"磕头机"一上一下的"欢迎"。

在这片世界上唯一还在不断生长土地的地方，我们的母亲河——黄河，日夜不停地填海造陆，孕育着中华民族子孙后代新的栖息地。黄河口平均每年海向延伸2公里左右，年均造陆32.4平方公里。滔滔黄河水流淌黄土高原华夏大地，带来了凝聚着中华文明气息的泥土，也带来了养育万物精灵的种子……。美丽的黄河口湿地，是地球暖温带地区最广阔、最完整、最年轻的湿地生态系统。一路顾不上多多赏芦观鸟，只想快点投入那神奇的河口怀抱。

山东东营垦利黄河口生态旅游区

意外的惊喜发现了。高高矗立黄河口岸的远望楼下，一泓荷花与一水黄河只一楼之隔！我问荷花为何在这里。一枝绽放笑脸的花儿对我说：华夏儿女深重的托付，荷花家族久远的感恩，让我们扎根于河口，为的是欢送"母亲"入海口。

早在远古时期，数千里的黄河流域，气候温和，水文条件优越，有利于农作物生长，中国境内的原始先民便定居在这里，生活、奋斗和繁衍在黄河流域。中国文明初始阶段的夏、商、周三代及后来的汉、隋、唐、北宋等几个强大的统一王朝，其核心地区也都在黄河中下游一带；反映中华民族智慧的许多古代经典文化著作也产生于这里；标志古代文明的科学技术、发明创造、城市建设、文学艺术等也同样产生在这里。所以，黄河孕育了中华文明，黄河哺育了华夏儿女。黄河是中华民族的摇篮，是中华民族的母亲河，是中国的象征。

母亲河不论长短，无论贫贱，她只滋润自己的花朵。黄河流域乃至中华荷花，靠的就是黄河乳汁、黄河文明和华夏儿女，从古至今，一路走来。滔滔黄河水，悠悠母亲情。为了"母亲"的流西淌东，荷花岂能不在河海之口相送?

奔流到海，虽不复回，但"天来之水"，怎可淌尽！千秋万代，送而不别，别而不离。世上哪有这般的送别?

安徽含山陶厂大鱼滩湿地

野洒大鱼滩

为找皖荷，查询到巢湖与芜湖。现在记不清了，但一直心存感激，是何"湖"人士提供含山的"大鱼滩"给我。这位好人，使我欣赏到的不仅仅是那一片荷。更宝贵的是，让我享受到大鱼滩的"野"。原生态的野，近乎为有些撒野。

含山县，是否原属巢湖？只知现由马鞍山管辖。含山，地处合肥和南京的中轴，有"生态氧吧"的美称。大鱼滩湿地，位于该县的陶厂镇。原是350年前关镇村10多个圩口和山洪的行洪区，因长期淤积成滩涂。湿地保护面积140公顷，核心面积60公顷，是江淮之间保存最完好的典型滩涂湿地。有诗曰：生态之源，地球之肺，远古留存。育痴情鸳侣、清姿白鹤、抟风鸥阵、美味鲜鳞。野鸭梳翻，鹧鸪鸣柳，百样精灵皆可亲。幽深处，更娇娆菡萏勾引游人。马鞍山的大多数市民或许还不知道，在家门口不远处，还有这样一个好地方。

到了镇上，七弯八拐往里走。真要勤问路，否则跑反了方向。可能到得太早，大滩前面，只有两条载客的小舟和一块碑。似乎一切都是自然的。芦苇葱葱，荷莲田田，树影朦朦，鱼虾沉睡，飞鸟不鸣……站在泥沙堆起的滩路上，万籁俱寂，满眼野性，心中顿生隔世之感。凡来过大鱼滩的人都这么说，最值得一看是那荷花。是啊，"清水出芙蓉"，偌大的一片，纯天然未经任何雕琢。有的叶花，任性地摇曳和怒放；有的花叶，或似怕羞、或似耍玩、或似乐安地躲在芦丛里、藏在大树下。眼前的环境，让我觉得谁也不会去惹她。

小舟划来，船上两人开始迷摄，后来坐了下来，不如先享受鲜嫩的莲米再说。此刻，我也好想轻舟为伴，人游画中。拨开苇荷，一朵一朵地欣赏。船上野营午餐。黄昏时分，弃舟登岸，回望滩涂。微风拂拂，水波涟涟，花摇朵朵，蜻蜓点点。飞鸟归林，蛙声四起，夕阳西下……，我也该回那小桥下的人家。据说有一笑话，上世纪60年代，一位城里人来此农家作客，吃完饭后问他感觉怎样。城客说，你们怎么吃的都是鱼虾、莲藕、菱米、瓜果和花叶？不经意野味了一顿"粗菜淡饭"，还问这里是不是没发粮票。

临别时，我再看了看碑文：含山县青少年生态环保基地。我内心很矛盾，希望大鱼滩开发又不要开发。留给后代的，我们能管理好吗？听讲，大鱼滩要举办荷花观赏节了。

黄湖论荷叶

翻看地图册，但见安徽的宿松县境内湖挨湖、水连水。走！本去龙感湖，却到了黄湖。感动不了"龙"，看看"黄帝"的湖，岂不更好?

黄湖，位于皖、鄂、赣三省交界的宿松下仓境内，长江中下游北岸，与大官湖、泊湖和龙感湖，构成宿松的四大湖系。水产养殖面积居全省第一、全国第二。来到湖边，一望无垠，水天一色。湖边渔船多多，赶紧租了一条机动的，驶向那湖中荷花的纵深处。

名不虚传，黄湖盛产蟹、鱼、虾。只见渔网密布，渔船穿梭。还有一特产：荷叶。我所喜爱的一片叶子到处都有，为何成了特产？可能，独特且多产，也就别具一产。想着想着，总是绕不开荷叶。好像湖有多长，我的荷叶就有多远。

安徽宿松下仓黄湖

小船行进于水道，满湖的碧叶红花近在眼前。此刻，我想起了唐朝末年著名诗人郑谷的《莲叶》："移舟水溅差差绿，倚槛风摇柄柄香。多谢浣纱人未折，雨中留得盖鸳鸯。"意境优美，句句如画。诗中不仅描写莲叶的色彩、香味、形象，还特别写到莲叶在风中的动态美。今日，船儿前行，湖水溅起，参差的绿荷在荡漾。站立船中，风阵阵吹来，摇曳的一柄柄荷叶，送来缕缕清香。我也享受了一千多年前先辈感受到的美。

转头望岸，一片片荷叶正在晾晒。元朝刘秉忠，那"凄恻感慨、千古寡和"的《干荷叶》马上浮现脑海。"干荷叶，色苍苍，老柄风摇荡。减了清香，越添黄，却因昨夜一场霜。寂寞在秋江上"。"干荷叶，色无多，不耐风霜剉。贴秋波，倒枝柯，宫娃齐唱采莲歌。梦里繁华过"。政治家文学家的他，无非每以吟咏自叹自适。铺展在岸上、即成干荷叶的荷叶，却是以叶大、整洁、色绿者为佳而采之，变为特产贡献给人们药用与物用。

留下的空间，讲讲上世纪70年代，德国一科研组，对一万多种植物的表面结构进行了研究。终于揭示一个有趣的现象：在荷叶面上倒几滴胶水，胶水不沾叶面，而滚落下去且不留痕迹。由于巴特洛特先生的好奇，一种完全防水又具自洁功能的新材料诞生了。不再为建筑物顶部和表面的清洁问题发愁，不必再为汽车、飞机等运输工具的清洁问题大伤脑筋。

其实，我还有道不完的荷叶情、说不尽的荷叶事。

台湾花莲光复马太鞍湿地

阿美的美

台湾东部有个花莲县。提到花莲，很多人会联想起莲花。一是因为"花莲"地名，倒过来就是"莲花"；二是花莲的县花，还真的是莲花。这样一个与莲花名称密切相关的地方，如果见不到莲，那就匪夷所思。

花莲县有一个光复乡。昔日，家家户户多种树豆，而树豆的阿美族语就称为"发搭岸"。故这里过去叫马太鞍。光复的马太鞍，位于花东纵谷里中央山脉的山脚下，整个地区是一大片湿地。这块湿地，成为台湾阿美族最大的小区部落。无论是蜿蜒穿越其中的英登溪，或是水底伏流的涌泉，这些来自中央山脉的清净之水成就了马太鞍。这里，是鸟的天堂，四处可见不同的绿色植物、水生藻类、微小昆虫。如果说，花东纵谷的大山大河是壮丽的交响乐，马太鞍就是一段美丽的奏鸣曲，跳动其间的音符，是一口口源源不断的地下涌泉。清澈的甘泉，不但滋养着马太鞍湿地丰富的物种，更是马太鞍阿美族文化的重要源头。不用想象，特殊的原住民，生活在这特别的自然环境里，已经组成了一幅美轮美奂的图画。

据说，马太鞍早在荷据时期便已栽种莲花。10多年前，花莲县推广植莲。如今，马太鞍堪称东台湾的美丽莲乡，成为台湾三大赏莲区之一。夏天，是马太鞍湿地的最美；莲花盛放，又是阿美部落的更美。山峦下，小桥、流水、人家，蜓飞、蛙跃、蝉鸣，多彩多姿的荷田，充满无限生机。那天清晨，本人来到了画中。后来，站在火车站的月台上，远眺山边，朦朦胧胧的荷莲，与各种青翠绵延在一起。自己，又一次饱览了盎然绿意。倘若下次来，我一定要看，荷莲间的月光与萤火。

美，在阿美。

江苏南京莫愁湖

莫愁莫愁荷处游

吸引我来这里，正是这个名字——莫愁。不仅吸引我寻觅的眼睛，更吸引我驿动的心。莫愁湖无疑是美的，但比风景更美的是它的名字。所以，去南京，就没有不看莫愁湖的道理。况且，我更想看莫愁采莲呢。

说起莫愁湖，则避不开莫愁女的传说。现今流传于世的有三处之说：洛阳、南京、湖北钟祥，而且每地还有几个版本。但她名字的由来似乎没有异议。据说莫愁出生时，不停地哭啼。父母着急，无计可施，抱着哄她说：莫哭莫哭，莫愁莫愁。她听到莫愁之声突然不哭了。父母大喜，为其取名莫愁。后被大家称为莫愁女。无论她究竟是怎样的女子，终究是一个奇女子。反正，大家喜欢她、怀念她。南京人，似乎一下子就打心眼里喜欢上这位远嫁而来的小媳妇，而且喜欢了上千年。有着这样一个吉祥名字的女子，谁会不喜欢呢？正如有这样一个名字的湖泊，谁又不会高兴呢？

湖由莫愁女而得名，女因莫愁湖而传世。如今，莫愁已经不在了，可她的名字却留了下来，她对后人"莫愁、莫愁"的由衷祝福也留了下来。她活在自己的名字里，更活在湖泊的倒影间。一汪湖水好像莫愁那乐善好施、纯洁美好的心。当微风拂过，湖上阵阵涟漪，又仿佛是吹起了她淡淡的忧愁。但水中那尊汉白玉的她，亭亭玉立，一身素裙，手挎竹篮，面对微笑。那一丝笑，是对任何劫难都能够包容、并且抵御得住时间消磨的美。莫愁，她要对得起自己的名字。她并不是没有烦恼，而是战胜了烦恼。这种在命运面前的坚强，体现在一个弱女子身上，就显得尤为宝贵、尤其难得。

想到莫愁女，再看看莫愁湖。池中湖里的荷花似乎都在说：莫愁莫愁为何忧？莫愁莫愁荷中游。南京人好有福气，在忧愁的时候，可以到莫愁湖来赏荷。荷风如同一个循循善诱的声音，在劝解着你、抚慰着你：不要忧愁，不要忧愁。你看莫愁，笑啊笑，多淡定；你看我们，摇啊摇，多开心。一代枭雄曹操说：何以解忧，唯有杜康。南京人无需借酒消愁，因为他们有莫愁湖。有比酒更醇更灵的湖水，还有比酒更清更净的荷香，更有一位美如出水芙蓉的古代女子的祝福。

江苏泗洪洪泽湖湿地

"天鹅"千荷

水韵泗洪，是一个用水乡泽国诠释美的地方；生态洪泽，是一个以鸟语花香显示骄的湖泊。千种荷花，万般风情，摇曳在"天鹅"之上。

洪泽湖——我国第四大淡水湖，发育在淮河中游的冲积平原上。原是泄水不畅的洼地，后潴水成许多小湖。其中以洪泽湖最大。由于发育于冲积平原的洼地上，故湖底浅平，岸坡低缓，湖底高出东部苏北平原4至8米，成为一个"悬湖"。从卫星云图上俯视，其水域宛若一只振翅翱翔的天鹅，镶嵌于江淮大地，故又被人称为"天鹅湖"。洪泽湖，被两个地级市的6个县区所分割拥有。而泗洪独享其大，湖岸线长达196公里，面积为732平方公里，分别占湖近55%和40%。洪泽湖湿地自然保护区，位于泗洪境内。在全国内陆淡水湿地排行11位、华东第2位。一个县拥有面积如此之大的湿地自然保护区，江苏省仅此一家。

保护区是一块"生态特区"。这里倾诉着万亩荷香、百鸟翔集、碧波荡漾的春夏温情；挥洒着万顷荒野、芦花飞舞、雁阵惊寒的秋冬慷慨。在这里，人与水亲密交融，人与鸟相依为伴，人与荷互诉衷情，人与自然和谐相处，是人类真正的生态公园。

20世纪80年代以前，洪泽湖以"遍地野鸭和菱藕"、荷花满湖十里香骄于世人。但无度的开发，使昔日美景不再。为保护生态资源，发展生态旅游，泗洪广集全国各地荷莲珍品，建起荷花物种培育科技示范园。因号称种植1008个荷花品种，故名千荷园。该园坐落在湿地西南部的一个小岛上。通过一座桥登于被杨柳围合的岛屿，你会发现岛上中部地带有一大片长满荷花的池塘，形成湖中有岛、岛上有湖的独特景观。左侧是水生植物繁育基地，右边是珍稀禽鸟救护站，中部就是千种荷花园。荷塘边缘有一个个的长方形小水泥池，每个池中种植一种荷花，池旁有介绍牌。塘中还建有一座凉亭，名曰"廉亭"，也算花中君子为当今廉政建设发一份光。

保护区还有8条荷花观光带，共计8.8公里。一进景区大门，也有荷花映衬着各种布景。游罢千荷园，我没去荷花荡里坐船赏花采莲。中途跳下游览车，独自一人徜徉在一路一带的荷花美景里。回到汽车上已是下午3点多，才知道肚子叫饿。对不起师傅了。

江苏金湖荷花荡

从荷香荡往荷乡

淮安金湖，因境内白马湖、宝应湖、高邮湖三湖环绕，1960年建县时，周恩来总理在国务院第100次常务会议上亲自定名"金湖"，即取湖中"日出斗金"之意。一个"出金子的湖"，荡出了万亩荷莲，荡出了满"湖"荷香。金湖，如今成了赏荷产莲的荷都。全靠好兆头。周总理掌控的那次会议，实乃十全x十美=百和之美啊！

金湖，一县辖三湖，境内水面广阔、河网纵横、稻谷飘香、荷荡成片，一派湖色水乡的自然风光。上善若水。丰富的水域，为荷花的生长提供了难得的独特的空间和环境。在金湖近1400平方公里的地域里，近半是水。能种荷的水域便植荷。"湖名罕闻，独以荷特而著于苏"。当下的金湖，规模成片种植的荷莲已达15万亩以上，气势雄伟，蔚为壮观。荷香时节走进金湖，如同走进碧波荷海、缤纷莲洋。金湖，也因此成为地球村名副其实的荷乡。作为沪宁后花园的金湖，荷生态是其最亮丽、最炫目、最让他们引以为豪的品种资源。

这个被荷花装点的金湖，还有一个更为荷美的地方。它由数十公里的联圩大堤所环绕，地处高邮湖畔。在那个火红的战天斗地年代，金湖人肩挑手推，将万亩湖荡浅滩联圩而成种上水稻。后来，金湖县将这片广阔的湖荡进行整体开发，改植品种多样的荷莲。一"荡"18年，精心打造出被驴友称之为"全球最大的观荷园"。于是，这里成了有名的荷花荡。荷花荡，荡出了招牌，荡出了文化；荡来了宾客，荡来了名利。荷花荡，荡成了长三角地区乃至全国最具吸引力的乡村旅游胜地，荡成了大美金湖、生态荷乡最显著的标志。

与荷相伴、秉荷执着的金湖人，一代代种植荷莲的同时，不懈传承着荷莲的精神，也孕育了极具地标色彩的荷文化。荷花节与荷文化高层论坛，以及"中国荷文化之乡"、"中国荷文化传承基地"的招牌，让金湖的地域特色随着荷花的艳丽，享誉华夏；金湖的美名随着荷文化的神韵，誉满全球。时下，荷花已成为金湖的名片，荷乡已成了金湖的代名词。

醉想金湖，为荷而来。2014年7月，全国第28届荷花展在这里举办。荷花，为金湖打开了一扇勾连外界、传递声音、广迎天下宾朋的门。遗憾的是，这届全国荷花展我没参加。幸运的是，7年前，我早已在金湖的荷香中荡来荡去。

河南淮阳龙湖

千年故都千年花

千年之都，可是六千年之遥的"中华龙都"；千年之花，也已是三千年之远的"龙湖荷花"。湖水拱卫故都，荷花簇拥古城。你无法想象，它的古老；也无从理解，它的神奇。

河南淮阳，古称宛丘、陈、陈州。6500多年前，中华人祖太昊伏羲氏发现了水草丰茂、适宜人居的龙湖，定都宛丘。他定姓氏、制嫁娶、结网罟、养牺牲、兴庖厨、画八卦，肇始了华夏文明；他造干戈、饰武功、统四海，实现了中华民族的第一次大融合。综合各个部落的特点，创造了龙的图腾，中华民族始称"龙的传人"。后炎帝神农继都于太昊之旧墟，易名为陈。神农氏在这里尝百草、艺五谷，率领先民步入农耕社会。淮阳，你太古老！考古学家所以称：中国的历史，一千年看北京，三千年看西安，五千年看洛阳，六千年看淮阳。

龙湖，单单是她的名字就注定了她骨子里的美丽。她是伏羲氏以龙纪官，号曰龙师而得名。6000年过去了，万亩龙湖依然保持着"城在湖中、湖在城中"的形貌。她是"一座历史文化的宫殿"。诸多名胜古迹像一颗颗璀璨的明珠散落在湖滨和湖中。巍巍雄伟的太昊伏羲陵、我国最早的原始社会两代帝王都城遗址，就在龙湖湖滨。龙的历史文化只是龙湖的一面，她的至美还在于她拥有丰盈秀丽的远古之水、远古之荷。"江南可采莲，鱼戏莲叶间……"，这是江南一带水荷图的真实写照。更应知道，在中国北方广袤的豫东平原上有一处静谧、安详、和美的龙湖。早在《诗经·泽陂》中，有"彼泽之陂，有蒲与兰；彼泽之陂，有蒲菡萏"的记载，描写的就是龙湖东湖里的荷花。自商周以来，龙湖荷花数千年生生不息，自我繁育，成为中原地区最原始的原生态荷花种群。天有龙湖，澹澹然，鱼龙游泳；渺渺焉，遍生芙蓉。

许是这龙水龙泥的滋养，硕大的荷叶亭立水面，红的白的粉红粉白的荷花争奇斗艳，浓郁的香气弥漫于空气中，真有瑶池仙境里的沉醉。这密不透风的蒲苇、盛叶繁朵的荷莲，当是所有年龄的男女驾舟浪漫的好地方。站在湖心的瞭望台上，接天荷莲，一目无垠。湖面被层层叠叠的荷叶覆盖了大半，大朵大朵的荷花点缀在荷叶的怀抱中。微风拂身，香气扑鼻，所有得意的烦恼的红尘之事，全都被荡涤出心脑，享受着这里最原始的性情与生态。

古城淮阳誉天下，龙湖芙蓉冠古今。我还会来的。

湖北洪湖洪湖茶坛岛

洪湖的洪湖(一)：洪湖的绿

洪湖是一块红色的土地，更是一片绿意的水乡。一曲洪湖水，唱遍天下知。革命的湖、精神的湖，均为了"天下劳苦大众都解放"，让洪湖成为生命的湖、自然的湖。

洪湖市，因境内有全国第七、湖北第一大的淡水湖泊——洪湖而闻名。她，头枕浩浩长江，南接八百里洞庭，东临大都市武汉，是镶嵌在江汉平原上的一颗璀璨明珠、素有"人间天堂"美誉的鱼米之乡。《洪湖赤卫队》的符号，已经大写在厚重的历史上。今天的洪湖，以"水"为铺展，以"米、鱼、荷"为色调，描绘出日常生活中的一幅美妙画卷。

行走洪湖，只见天地之间都是一片绿——绿色的水、绿色的稻、绿色的荷、绿色的树……，浓浓绿意里，又点缀几许红、白、蓝……。"人人都说天堂美，怎比我洪湖鱼米乡"啊!

洪湖去过几次，还没去那地图上形似一粒"芝麻"漂在湖心的小岛。一打听，茶坛岛就是湖心岛。该岛面积只有3.48平方公里，位于洪湖水域中心，四周环水。很早以前，四川、山东、江苏、安徽等地的渔民来此定居，人烟稀少，居住分散，过着传统的捕捞生活。如今，已开发为专门欣赏荷花的风景区。也成了湖北摄影、绘画的创作基地。

我曾从滨湖码头坐快艇去过湖中，上的不是小岛而是大船。出码头就是大湖，真是"极目疑无岸，扁舟去渺然"。一眺无垠的水，一望无际的荷，名副其实的"荷花湖"。周边一叶叶渔舟在作业，充满着渔家的生活气息。尤其，那一艘艘家船，载着一家老小和食物，在荷花丛中，或快或慢，来往自如。我真不知他们从哪来往哪去，似乎他们就安身在洪湖中。

这一回，先天睡在城区。设想第二天赶早，去岛上看日从水出。天公不作美，没下雨已给了运气。我们第一个登岛，公鸡打鸣欢迎着。这里是荷花的天下。春天是绿盘映晨曦，鱼戏动新荷；夏季是莲叶绿田田，小岛披新装；秋日是花衣坠粉红，轻风摇莲蓬；冬至则是寒来枯叶黄，残荷生藕香。一年四季，都有品不尽的红情绿意，赏不完的荷景莲画。

此刻，我的思绪一下子飞向了洪湖城区的荷花广场。8座雕塑着荷花的汉白玉石柱一字排列，向人们展示春夏秋冬、晨午晚安时令下的不同风姿。荷花仙子洒水，莲形喷泉四射。悠扬激越的乐声中，今古诗人集体朗诵着"四季荷莲"。

江西余干康山大堤生态长廊

看大堤内外

这是什么样的直线？这是什么样的镜面？这是什么样的画卷？大堤向前通天路，一水一廊绘两色。我沉醉了。

从鄱阳湿地公园出来，美美湖鲜一餐后，准备前往安徽的"桃花源"。此刻，兰州的同学想我啦。听说我在鄱阳，他马上兴奋地告知我，鄱阳湖另有赏荷点。发给我的信息显示：余干鄱阳湖康山大堤。谢了同学，调换方向，直奔"康庄大道"。

余干，这片古老、神奇、美丽的土地上，镶嵌着全国最大的鄱阳湖。境内河道纵横，湖汊棋布，是名副其实的"水乡泽国"。康山大堤，位于鄱阳湖东南。20世纪60年代初建成，2000年时堤顶路面全部硬化。洋洋80华里，气势非凡，似一条蛟龙，直上云天。

一进大堤，如诗如画的水天一色与田园一墨呈现在眼前。赶快停车。只见堤内荷花连片，一群牛羊散落在内坡与荷塘之间。看牛的汉子，舞动着手中的鞭子，好像在指挥着千军万马，演绎着一场田园牧歌。站在高高的大堤上，再望鄱阳湖，烟波浩渺，水天一片，上下天光，犹如琉璃世界。很难想象，鄱阳湖高水是湖、低水是河、枯水是沟。更难想象，每年的冬季，鄱阳湖收敛了它的张扬，裸露出大片湖滩，湖水蜿蜒一线。大大小小的滩涂上，灰鹤、白天鹅等珍禽候鸟，时而滩涂受食，时而天空翱翔。飞时不见云和日，落时不见湖边草，构成一幅候鸟天堂的图画。

天色不早了，赶快往前走。右看欣赏池泽罗列、稻荷飘香；左望饱览帆影点点、浪鸥翩翩。这番景致唯此天上有。眼下百亩莲藕，荷叶迎风招展。正想收入镜头，却湖风阵阵吹来，呼呼声中似乎带有"魔鬼三角"的风力。相机直抖，人身直摇，只好顺势跑往堤脚。突然恍惚看见，在层层叠叠的莲叶间，荷塘人正在忙忙碌碌地进行采藕作业。一船船脆嫩甘甜、清爽可口的莲藕，逐鄱阳湖而远，融长江而达四海。火红的太阳快要沉水了。落日浴波，如金子般地闪亮。顿时，脑海里同时浮现鄱水与洞庭的壮美：鄱阳湖到底是姐姐，显得大气粗犷；洞庭湖是妹妹，略带婉约温柔。洞庭给人回家的感觉，而鄱湖此刻让我漂泊，不舍离去。

看大堤内外，碧波万顷，荷香十里，不是天堂，胜似天堂。

湖南岳阳君山野生荷花世界

"君"野君山

有这么一片野"君子"，野在湖南岳阳君山区；野在一个东临千古名楼岳阳楼、西处洞庭湖国际观鸟湿地保护区、南濒国家级旅游公园君山岛、北枕万里长江的地方。它，已经野出了名。被誉为"中国野生荷花之乡"，被认定"世界最大的野生荷花集聚地"，而且被国家发改委、农业部将其作为野莲原生境示范点保护起来。

很久以前，澧水、沅水各自流经华容，进入巴陵，在今日的团湖与长江汇合，形成历史上的三江口。随着时间的推移，澧水沅水相继改道，在南县境内注入洞庭湖。400多年前的明朝万历年间，长江也改道。原故道逐年淤积成平原，只留下三江口，成为"湖中之湖"，形成万亩荷田。这里的荷花，没有人工栽培痕迹，是全生态全自然纯野生的品种。

我第一次来这里，那时叫团湖荷花公园。弯弯曲曲地开车到门口，纯粹是以小牌楼为中心，沿湖简单地围了一下。里面有船可租。入湖只见，湖野荷更野，清水出芙蓉。后来，我跟公园的老总打电话说：团湖野得有点不像公园，希望改变"园野"。后来，寄了一本我的《和荷天下》送给他，以致谢意。没想到，10年后再去，完完全全地旧貌换新颜，"芙蓉国里尽朝晖"，成为君山野生荷花世界。认不出了！君山干了一件大好事。进门大道的右边立起一块巨大的招牌：天下荷、和天下，君山区欢迎您！怎么？有点似曾相识。顿时，想起了《和荷天下》封底我"自产"的四句话："天下之荷，谁与不爱；和之天下，谁与不求"。啊，我与君山野荷想到一块了。封底的四句，是我根据书名瞎思索得来的。早知如此，我何必当初那么费神。开个玩笑，轻松轻松而已。

君山大手笔，将野荷世界请进"芙蓉国"里，似乎有点请野"君子"回家的味道。绝对没有！野荷还是放养，只是在湖的周围修建科普教育、佛道文化、神话传说、名人艺术、君子廉政、圆满爱情、养生休闲等七大区，使之成为一道集生态、休闲、教育于一体的靓丽风景线。

观荷塔高21米，寄托着对三江口古灯塔2100年历史的怀古纪念，同时寄望着对21世纪的美好祝愿。塔顶有一朵含苞待放的荷花，集日月精华，采天地灵气。正等待着，为天下有情人开放，为天下真诚之人开放。

广东河源义合苏家围

花开斗笠下

伫立荷塘边，凝视这斗笠，我突然一个奇妙的问题涌上心头：什么女人是朵花?

广东河源的苏家围，隐匿在东江与久社河的交汇处。江风、竹韵、老屋、古榕、水车……，构成一个南国画里的客家乡村。苏家围，因大诗人苏东坡后裔在此聚居而得名。身置其中的我，被它的古老、深沉、淳朴所吸引，更被文豪先祖带来的文气、文风、文俗所折服。

在这充满历史文化底蕴的村子里，有一农事四季廊。这处风景，由一顶顶大斗笠而组合。那些撑起斗笠的竹竿上，刻有24个农事节气和16个农家节日。往往客家人就数着这24个农事节气、盼着这16个农家节日过日子。那是客家乡下人对风调雨顺的殷切期待。奇巧的是，四季廊旁有一池荷塘，64根竹竿顶着斗笠沿荷塘而延伸。荷花绽放在客家老屋前，更盛开在一列斗笠下。此刻，戴斗笠的荷花，化成了客家妇女。这情景，在我脑海里怎么也挥之不去，而且越来越浓烈。

这里有一个据说是国内首个"客家乡村性别文化展"，透析出客家文化的根基所在。那高悬的花灯告诉我们：古代唯有生男孩时才可挂花灯，"上灯"与女孩子是无关的。晾晒在竹竿上的衣服告诉我们：必须把男人衣服晒在上面，女人衣服晾在下面。男尊女卑的古客家性别观如此鲜明。其实啊，假若没有客家女，也许就没有客家的历史。客家妇女集中体现了客家人吃苦耐劳、勤俭朴实、坚毅顽强、自力自强、聪明进取等优秀的品质和精神。不论是在传统还是现代社会里，客家妇女始终是家庭的重心。斗笠，客家女性的一种独特而别致的象征，俗称凉帽。主要用于遮阳。当论及客家民系崇高伟大的思想、品格、情操时，跃然展现的一幅图景是：曙光初露，烈日当空，晚霞降临，在阡陌田园里，客家妇女头戴斗笠，光手赤足地眷恋着耕耘。史学家说：客家的天空百分之七十是客家女撑起的！美国传教士罗伯·史密斯赞叹：在我所见到的任何一族的妇女，最值得赞赏的当推客家妇女了。

客家妇女的形象是荷花；在他们家庭里，还是和花。品味一下客家娘酒，就知其醇厚、清香与甜美。

广东广州南沙湿地

红树林里点点红

你也许见过柳树成荫的荷池、稻菽飘香的荷塘，但你见过被红树林包围的荷景吗?

五年前，我有幸陪同中国荷花分会老会长王教授去广州南沙湿地。那湿地中央红树林里的一片残荷，我一直难以忘怀。三年过去了。仲夏的一个清晨，我直奔南沙，公园还未开门。幸好电话找到素不相识的陈总，否则，不仅不能提前进园，而且根本到不了我想去的地方，因为一般人不让去。他特地配了一个人派了一条船。如此关照，我铭记在心。

南沙湿地公园，位于珠江三角洲几何中心，地处广州最南端珠江四大口门的出海口交汇处，是广州市面积最大的湿地，也是鸟的天堂。由于处于咸淡水混合状态，因而湿地主要选种红树和芦苇。红树，是喜盐植物。它的名称，只与树皮发红有关。红树林，是热带、亚热带海湾、河口泥滩富有特色很有观赏价值的一种常绿灌木和小乔木群落，因而叫它红树林。

一进公园，便看到大片荷花。这仅仅是部分而已，更多的是在湿地的中央，总共有上千亩的荷塘。游艇驶不久，忽见白色生灵惊天而飞，仿佛把脚下的水与茫茫苍天连接起来。纵横交错的水道，让我们左一拐，右一弯，好像穿梭在一幅山水画中。摆脱烦嚣，迎来安逸，心底有一种"倦鸟归林"的悠然意境。

到了！技术员一声提醒，眼前出现一个大圆形的红树林带。繁盛的树根树枝，让人看不清圈内的神秘。这是那片荷地吗？游艇围着它打了几个转，甚至找不到人进去的口子。原来的观景台拆掉了，完全成了一个"围城"。好不容易找到一个稍宽点的树隙，我跳下船，冒着虫蛇叮咬的危险，踩得红树的呼吸根不断地"吐气"。站在红树的支柱根上一看，里面的世界太精彩了。这是一个被红树林呵护的"世外荷源"：熏风吹醒了萧瑟，焕发出无限生机。红树的翠绿掩映着荷叶的碧绿，绿带与绿田间，朵朵红苞似仙子，亭亭玉立在瑶池。很难想象，何人在这"林井"之中撒下一把"黑珍珠"，"绿海"里繁衍出这般红的"蚌壳"？难道是，红树胎生的种子堕落下来演化而成？咸咸淡淡共甘苦，高高低低同古今。看来，红树林与荷花就这样年复一年地长相守，灿烂之后又灿烂、再灿烂，始终自自然然地生生不息。

我除了惊叹，就是感叹。叹大自然的奥秘如此神奇。

广西钟山公安荷塘村

荷塘 你好古老

古老的荷塘，既是荷池，更是村庄；荷塘的古老，既是年代，更是风貌。

广西钟山的公安镇，有一个荷塘村。距县城大约18公里，在323国道旁。十年前，我从香港学者张五常的画册中，仅仅获悉桂林去贺州几百里的公路旁，有个地方荷景不错。向柳州同学打听，又问了桂林，竟无人知晓。当时的我，一边走，一边问。到那里还没下车，就被眼前的美妙所震撼而迷倒。为了清晨拍照，一家廖姓的好心人收留了我。他家那么的穷和脏，我居然过了两夜。相互有了感情，后来去荷塘多次，我还是吃住在他家。

地处喀斯特岩溶地貌的"十里画廊"，以荷塘村为中心，绵延十里的峰林与荷花、农田、村舍交相辉映，组成了一脉静谧、和谐的田园风光。这个地方，现在除了公路边多了一块石碑：十里画廊自然风景区，其他的，还是如我第一次来那么自然。

最自然的，莫过于大山中的村庄。景区没有大门，只有山门。天蒙蒙亮进村，偶闻鸡鸣狗叫，一切静悄悄。太阳升起，才知这个小巧的村庄，四周环山。无数石峰拔地而起，如千重剑戟指天，似万排玉笋铺空，奇特秀丽。逶迤的山岭，好像一波波绵绵的海浪，又像一队队长长的驼峰，围着村落。荷据中央，村绕塘转，屋建池边，青石铺路，绿树掩映。古道老宅，实为一处古老乡村的原始标本。20世纪70年代，文物考古普查时，在该村的山中发现了大量的大熊猫、犀牛、亚洲象、野猪、鹿等野生动物骨化石。目前，广西壮族自治区自然博物馆陈列的大熊猫化石标本，就是在荷塘村后岩洞采集的。群山中的数个荷塘，一个一个的紧挨村舍。碧绿的荷叶与娇羞的花朵，也是相互依偎。挑水、洗衣、浇菜……，尽在花叶旁；荷香、菜香、饭香……糅合在村中。荷塘不稀奇，到处有的是。唯有荷塘的荷塘，却与青峰作伴，与村落民居、田园风光相互映衬。绿野烟村，奇峰美景，田园秀色，如诗如画，形成一幅绚丽多彩的天然风景画卷。无论早晨、傍晚；不论村边、荷旁，活泼天真的孩子，总是一路跟着我，时不时摆个场景，让我拍照。荷塘美，美在奇特，美在原始，美在朴实。

荷塘啊，你是世外桃源。你未开发，幸好"世外"。你的贫旧，又何日更"桃源"？

南国潭荷

从珠良村经那央往西南4公里，就到了新潭村。新潭村原名谢潭，因村前千亩大潭而得名。后改名潭谢，因海南话发音相似，也称潭社，文革时期才改新潭。要不是当地小妹小梁，用摩托送我，找这个地方，我还是费时费力的。

新潭也是古村落。村里有众多的古井、祠堂、古墓、古民居。最美的还是潭，有大潭和小潭。大小潭里泉水涌，大小潭里荷花开。这里阡陌相连，稻菽飘香，潭碧荷荡。是那么令人意外和迷醉。潭四周的棕榈树、香蕉林、菠萝蜜……，映衬着一水荷花，好一派南国荷乡。大潭边有一龙华庵，因"居龙泉之畔，处华阜之旁"而得名。有"龙泉"泉眼在庵门右前方，似乎从庵内地底的火山岩中涌出，流入潭里。有一家三口开着汽车，带着小孩和衣裳，来这里洗澡洗衣。潭中央，更有轻舟采莲掘藕忙。这一切，怎么这样的自然和原始？我，好像有点累了，在弥漫荷香的冷泉里泡泡手脚，顿觉疲劳渐失，神清气爽。

一泓碧水，十里荷香。万物和谐，人间天堂。

海南海口府城潭社村

四川西昌邛海湿地

早就浪漫在一起

我初知西昌，是同学也是很好朋友刘兄的老家在那里；初识西昌，是我有缘相识当年西昌卫星发射中心的主任两口子，邀请我去西昌观摩卫星发射。后来当了总装备部副部长，又安排我坐专机去酒泉观看飞船上天；初懂西昌，应该功归荷花了。一生中，有那么多"如初"的西昌，我能不感恩依旧吗？

西昌，是我国最大的彝族聚居区凉山州的首府。邛海，是西昌最不能错过的美景，却差点错过。要不是刘兄提醒，我不会去邛海；不去邛海，枉到西昌也。邛海，是四川独自拥有的第一大天然淡水湖泊。山光云影，一碧千顷，美得无法形容。邛海的湿地更美。自然生态之景与诗情画意之境，打造出一片"虽由人作，宛自天开"的美景。

我是从"观鸟岛"渐渐进入"梦里水乡"的。天在下雨，雨洗凡尘，雨拂烦心。走入湿地，好像飘进天堂。一切是那么清新、安宁与祥和。游啊游，看啊看，这世界就我一人，恰似空明九霄大湖上，沉静一鸽小海中，任自己享用与感受。这是什么地方？莫非炫彩瑶池？一片宽大的水域，岛屿曲桥广布，云影天光悦目。片片金黄、团团翠绿、点点雪红，还有细细银珠，粒粒入盘；幢幢人影，款款玉移……，不是说"西子浓妆，邛池淡抹"吗？纷呈的异彩，为何这般惹眼、醉心，如此温柔、浪漫？

天哪，这不也是《诗经》中寓意爱情的浪漫之花——荇菜嘛？！荇菜最初的浪漫故事记录在《诗经》的起始部分。周康王姬钊继位登基之后，整日不理朝政，沉浸于后宫佳丽之中。忠良之臣召公和毕公实在看不下去了，觐见姬钊，并问君主：王可知民间有歌？臣请为王歌之。此歌就是《关雎》："关关雎鸠，在河之洲。窈窕淑女，君子好逑。""参差荇菜，左右流之……。"姬钊追忆适才那首民歌之言，似有所悟。此后君王不再贪恋女色，并将大周整治得井井有条。后人将此一时繁华，称作"成康盛世"。后来，《关雎》位列《诗经》的第一篇。

一点芳心，万种风情。不管后来如何解读荇菜，她与荷花一样，早就一并记录在《诗经》，都在第一时间登场，都是言情的高手。今日，又于此浪漫在一块，绝配！天作！

香飞高原几百年

贵州安龙县的招堤，得名于"招公筑堤"。康熙33年(1694)，安笼镇游击招国遴为去水患，筑起长80余丈的石堤。为纪念招公，取名"招堤"。道光28年(1848)，兴义知府张锳，加高招堤，并在堤侧广植荷花，遂成就十里荷花美景。昔日的招堤，每当春深夏至，垂柳夹岸芰荷飘香、水绿澄波虹桥倒影的景致好似杭州西湖。

相约在荷花飘香的世界，等你在浪漫迷人的荷都。风雨中盛开了160多年的招堤十里荷花，如今更是分外娇艳，荷香绵延，迷醉远远近近的游人。安龙的招堤，融历史人文和自然风光于一体，现已成为贵州高原最大的赏荷避暑胜地。

贵州安龙招堤

在遵义瞻红寻荷时，陪同的朋友说起招堤，即下决心从贵阳走安龙。那天下午，一手牵着行李箱，一手拍个没完。余兴未了，第二天早起，就徒步直下十里，游得我两腿发酸。纵观九州，东西相连，南北相接，众人可以处处看到荷景。也许，更有赏者拿之相媲美。我现在眼中的招堤荷景，的确是"水色涵山色，荷香杂稻香"。而且，大片大片，一望无垠，简直就是"绿海"。站在高高的观赏桥上，熏风拂过，碧叶翻起阵阵白浪，好似"银鲤跳龙门"。这里，不仅是"瑶池圣境"，更有"仙飘花海"。招堤，让我欣赏到了荷莲的绝景之美。

此刻，我愧之描绘，想到了招堤半山亭上的《半山亭记》。昔日，半山亭竣工，张锳大宴宾朋，命其时年11岁的爱子张之洞作文以记之，即席作《半山亭记》。张之洞文思泉涌，将招堤风景淋漓尽致地浓缩在800余字中。文惊四座，被誉为神童。其中吟道："水绿波澄，莲红香远，月白风清，水落石出，亭之四时也。沙明荷静，舞翠摇红，竞秀于汀渚者，亭之晴也。柳眉烟锁，荷盖声喧，迷离于远岸者，亭之雨也。晴而朗，雨而晦，朝而苍翠千重，暮而烟霞万顷，四时之景无穷，而亭之可乐，亦与为无穷也"。"至约把钓人来，一蓑荷碧，采莲舟去，双桨摇红，渔唱绿扬，樵歌黄叶，往来不绝者，人之乐也。鹭眠荻屿，鱼戏莲房，或翔或集者，物之乐也"。之后不久，张少便出走安龙，终成晚清一代重臣。

是地——招堤也，不逢张太守，未遇之洞前辈，花香叶翠就会湮于野塘，也不会传于奕世。叩谢二位大人！

云南丘北普者黑

最美的荷色在哪里

如果你要问：中国的荷花，哪里最美？我，毫不犹豫地告诉你：普者黑！

珠江源头从滇东南蜿蜒而过。大气磅礴的它，还未脱离母体，就在源头之一的云南丘北，撒下一把珍珠，形成了一串翡翠般的湖泊。这湖泊之地，就是普者黑。普者黑，距县城13公里，以"水上田园、岩溶湿地、荷花世界、彝家水乡"四大景观而著称。

这里是人间仙境。既有桂林山水孤峰、清流、幽洞、奇石的灵秀，又有江南水乡小桥、流水、人家的古朴神韵，还有西湖波光潋滟的明丽，更有比白洋淀还宽广的万亩荷花。景区里，265个景点各具千秋，300多座孤峰星罗棋布，80多处溶洞千姿百态，50多个湖泊相连贯通，被专家誉为"世界罕见、中国独一无二的喀斯特山水田园风光"。在这"罕见、独一"的风光里，40里的旅游水路，就是40里野荷的荷路。你说，这里的荷花能不最美吗？被彝人称之为"鱼虾多的池塘"，现在是荷花多而且美的地方。

经过一些村庄，转入一条小路，当看到一望无际的荷花时，普者黑快到了。听说，现在连接县城和景区的双向8车道"荷花大道"已经修好。阔道飘在荷海里，那秀峰仿佛是浮在莲洋中的盆景。来到河边，顿被这湖光山色迷住，呆呆地，就这么站着。租上一条船，将自己慢慢融入山水中。河道或直或弯，绿水忽窄忽宽，两边的垂柳与荷花相映成辉，远处的山、天与水相接一色。稻田、农家穿插其间。特别那荷花，撒满水面，把整个湖区装点得格外秀丽。洁白如玉、粉红怡人的花朵摇曳于绿海清波之上，似仙女降临凡间。真的好美哟!

正当忘情陶醉之时，突如其来的水洒了过来。原来，荷花开了，水仗打起来了。免战免战，保护相机。只见船上的男女老少，无论相识与否，大家都很默契地拿出水枪、盆、桶、瓢，舀起清清的水，互相泼来泼去。此刻，人与人、人与自然是那么地亲近与和谐。

我到普者黑三次。奇妙那朵耀眼的红荷，两年后再去，她还亭立在那里。还有最后一次，天没亮就去爬山。到了山顶，只见远近一片烟雨，朦胧下的荷色，唯有心里才知道。老天爷说，既然你还想来，留点遗憾，为了下一次。

欲与仙子试比美

将近千公里，一路走走停停，到西双版纳，已是晚上九点。尊敬的主人，让你们久等了。晚餐间，我跟自治州的依腊约部长开玩笑说：不到西双版纳，不算到云南；不到橄榄坝，不算到版纳。我，如果在橄榄坝找不到荷花，那就等于白来。那一夜，我没怎么睡。漂亮的傣家女部长，赶紧帮我寻荷，却忙了一晚。

云南景洪橄榄坝

橄榄坝，在州府景洪的南面，实际是勐罕镇的别称。澜沧江从坝子中心穿过，在高空俯视，整个坝子中间粗两头细，像个橄榄。人们把西双版纳比喻成一只美丽的孔雀，橄榄坝就是孔雀尾巴上舒展开来的漂亮羽翎。你可以想象一下橄榄坝有多美。橄榄坝的美，美在热带雨林、缅寺佛塔、傣家竹楼和水上风光。更美的是，从雨林里竹楼中走出来的傣族女子。全中国的孔雀出自云南，云南的孔雀出自西双版纳，这没得讨论。西双版纳——橄榄坝的美女，却像孔雀；或者说孔雀都像这里的美女，这也是不容商量的。版纳坝子上的傣家姑娘，是云南所有美女中最令人心驰神往且为之心动的。

美女部长似乎看透了我的心思，特地安排了几名傣女来陪我，当导游做表演。偷偷地看了她们一眼，不由我浑身不自在起来。傣族少女，最珍视的是，老祖母传下来的那一套筒裙。饰有孔雀图案的筒裙，就像爱惜自己的生命一样，平时穿，泼水节穿，现在穿到了荷塘边。她们，身材不但窈窕、细瘦，而且有态。动起来，态就跟着有了。姑娘们钟灵毓秀、柔曼如水的身子，穿上水红的、浅绿的、粉白的衣裳，在荷塘旁、蕉林边，撑起花伞，人人如荷般地亭亭玉立，婀娜多姿，就像孔雀飞到了瑶池。热带阳光透过树叶的缝隙，散落在她们的肌肤上，姑娘们的面部、胸部、腰部的曲线映现在霞光里，形成一尊尊风格沉静妩媚、富有民族情调的雕塑。荷花仙子，你比得上这道靓丽的风景线吗?

西双版纳的橄榄坝，我已被一种莫名的震撼所俘获。别样的傣家风情，别样的傣族美女，带给我别样的惊喜、别样的心情。

西藏察隅下察隅

在那天路的地方

"王大哥，你好，实在对不起，察隅现在没有荷花了。"一则来自西藏的信息，再次让我绝望，绝望到心里隐隐作痛。那是2012年的7月，兰州开往成都的火车上，我去打开水时，一个女低音忽然传到我的耳朵里：我是西藏来的。我马上转身下意识地问了一声："你是西藏哪里的？请问你们那里有荷花吗？"一男一女正在投机地交谈着，顾不上理会我。我打完开水回来，小妹拦住我说："对不起，你刚才问什么？""谢谢，问你也是白搭，算了。""你说吧，我是四川人，嫁到西藏十多年。想问我什么？"我被她的真诚所感动，重复了我想打听的事。"荷花？我们那里有！""别逗！我再也经不起打击了。"小妹一再肯定地讲，她现在住的地方有。"有？你说说荷花啥样子。"我带着考问的口气不大礼貌地随便一句，怕她把雪莲或睡莲当成荷花。她似乎生气地回答："我老家好多，不就是上面结莲蓬、下面长莲藕的荷花吗？"我一下子好像打了强心针，坐下来打探了很多。得知，离她县城68公里的中印边境种有荷花。因为路很不好走，她一直未去过，当然也没见过荷花，只是吃过种的藕。我恳求她帮忙，她爽快地答应我半个月回音。

盼星星，盼月亮，结果盼来的又是绝望。西藏多年的找寻，找到的都是小沈阳式的回复：没有！我看完信息，着实发了一下呆。我不死心，打电话给小妹，苦苦求她再问问。总觉得有一丝希望还存在。几天后，小妹兴奋地大声告诉我："找到啦！荷花正开着呢!"我深深地长吁了一口气。悠悠万事，唯此为大。我变东走为西奔，不顾一切地匆匆赶路，不断地转车，长驱千万里，直奔那荷花。真担心，她突然间又没有。

最后不到七十公里的路，我专门租了一台新的越野吉普，差不多跑了三个小时。这里靠近"麦克马洪线"，是澄人聚居的地方，一处富有诗意的秘境。经过边防检查，终于看到了……真不敢相信，想你时你在天边，见你时你在眼前。远远的高山之下，青黄的稻田中一片片绿云，绿云之上摇曳着朵朵白花。啊！她们在微笑着招手，温情地凝视着我。佛曰：前世五百次的回眸，才换来今生的擦肩而过；我用一千次的回眸，换得今生在你面前驻足停留。我的心顿时沉淀下来，静静地体会这远来相见如梦如幻的感觉。眼睛不知不觉湿润，渐渐地模糊。醒来之后，一阵阵狂拍，记录奇迹的存在，见证历史的真实——西藏曾有荷花。尽管，只有那么几块——几片——几朵。

天路归来，哪里也不想去了，结束了那一年我与荷花的约会。

万亩荷秀　在河之洲

黄河有湿地，最大的湿地便在这里：陕西合阳洽川。洽川，是黄河西岸的一片滩涂之地，黄河从这里由北向南流淌不息，成为秦晋两省的天然分界线。

湿地有荷花，荷花上万亩。粉红的荷花，淡绿的荷叶，绵延十里。大片大片的荷塘，一边是浩荡平缓的黄河水，一边是沟沟壑壑的黄土塬。这里的山山水水孕育出荷花无比秀色。

殊不知，这里还有非常动人的故事。辉煌灿烂的历史文化，为优美的自然风光蒙上了一层神秘的面纱。中国第一部诗歌总集《诗经》，开篇描写的"关关雎鸠，在河之洲。窈窕淑女，君子好逑……"的千古绝唱，就发生在洽川，吟唱出周文王与妃子太姒纯真唯美的爱情故事。相传在商周时期，周文王的母亲太妊和妃子太姒都是洽川人。古代洽川的女子，出嫁之前都要由姊妹陪伴到温泉沐浴洁身，润肤滑肌，添香纳芳。在幽静的黄河滩涂之中，中华民族母亲河的怀抱里，茂密的芦苇和艳丽的荷花围成一道天然屏障，用清纯的泉水洗去昔日的尘嚣和疲劳，光彩照人地去迎接人生的幸福时刻。后来，当地女子结婚，也都一一仿效。久而久之，便有了一个典雅的名号——处女泉。处女泉，也成了当今风景区内的核心景观。

陕西合阳洽川湿地

此时此刻，游走在洽川，身边是成片的芦苇与荷花，远处是温情的黄河水和延绵的黄土塬，再次默念"关关雎鸠，在河之洲" "所谓伊人，在水一方" "在洽之阳，在渭之滨"的经典诗篇，心中顿然有了别样的体味。如果说，处女泉是洽川女子婚姻美满、家庭幸福的源泉，那么，处女泉四周的荷花，就是她们自身冰清玉洁、婚姻日日和美、家庭年年兴旺的象征。

在前往黄河魂景区的路上，我一次次站在黄河水边，望着脚下静静流淌的黄河水，感受着黄河母性的温柔。黄河，华夏的母亲河，民族的发祥地，先民们在您的养育下，曾经创造出璀璨的历史和文化。而如今，千百个岁月之后，您仍然像一位年轻健壮的母亲，亲切地哺育着众多的儿女……

当然要说，您还无声地滋润着在河之洲的成千上万的荷花。

甘肃永靖刘家峡黄河三峡湿地

高峡出平湖　平湖有荷香

甘肃临夏北部的永靖县，地处黄河上游。在这片古老而神奇的土地上，母亲河——黄河，自西南向北呈" S"形穿境而过，形成独特的"黄河向西流"景观。流经107公里，大自然奇迹般地造出了炳灵峡、刘家峡、盐锅峡三大峡谷无比秀丽的山山水水。黄河三峡，由此得名。刘家峡、盐锅峡、八盘峡三座大坝在这里巍然而起，炳灵湖、太极湖、平台湖三大人工湖泊也因此浩荡在高峡之间，呈现一番"高峡平湖荡清波"的天下奇观。黄河，在这一段宽阔、平缓形成不同的岛屿和弯度，两岸又是丹霞地貌，更是勾勒出风光无限的绚丽画卷。这就是，著名的黄河三峡湿地自然保护区。想不到，毛泽东主席关于长江"高峡出平湖"的构想，竟然在"天上黄河"出现。

黄河水出刘家峡电站后，像一条巨龙缓缓蠕动，蜿蜒向西延伸，在盐锅峡大坝前形成了一个人造湖泊，因状如太极，故名太极湖。从名寺罗家洞俯看太极湖，两岸山水相映，粗犷的黄色山体环抱着碧绿的河水，安静而又祥和。太极湖中，大小岛屿9个，其中最大的便是太极岛。岛内，枣园、果庄、荷花、芦苇、稻田，构成了秀丽的陇上江南美景。夏秋时节，千亩荷塘绿叶浮水，丽花飘香，引来无数翠鸟、蜻蜓在花叶间翩然纷飞，还有银鲤跃波，红鸥翔集。来到岛上，远处山峦起伏，近旁荷塘连片，精致可人的风景就这样浑然天成生动起来。静观一咏三叹的风采，一湖碧波无垠，一塘绿云不绝，千点嫩红，迤逦连绵。拨开芦苇丛，踮脚专注，一枝红莲玉立在前，似开不开，将红未红，沉寂独处的惊艳直击我的心扉。转目路边，卖花的、放羊的，他们也是那样的安然、淡定。行走河边，清风如依，河水似镜，对面的红土高耸岸边，一切也是如此的平和、静默。此刻，我的心得到了温情地抚慰。

一水三峡画出了绚丽多彩，一拳太极柔出了万千风情。梦幻间，何仙姑手持荷花，与八仙一起从高峡平湖中悠悠飘来。他们要在太极岛上，驾乘一叶方舟，荡过碧水荷塘，推开层层涟漪，欣赏莲花朵朵。并且声言，要在这里谒见禹王，拜会尼泊尔王子，参加"花儿"歌会。看来，黄河三峡深厚宏博的文化底蕴，又要添加一段美丽的传说。

哪管繁闹与喧嚣

站在高高的坡路上，举目远眺，青银高速公路，像劲蛇一般，由天边蜿蜒舞来，再从鸣翠湖公园的南面穿越而去。公路两旁，耸立着星罗棋布的广告牌，五彩缤纷，好不炫目。呼呼的车流，夹带着吱吱的声音和浓浓的色条，似流星一样，在大道上东来西往。真是一派繁华的景象。转眼俯视，三百多亩婀娜多姿的荷花，一望无垠，紧紧地依偎、静静地守候在"劲蛇"的身旁。这幅"油画"里的现代物质与自然生态元素，在我眼里，应该和谐；但在我心中，形成强烈的对比，产生莫名的感受。

宁夏银川鸣翠湖湿地

鸣翠湖国家湿地公园，位于宁夏银川市，是我国继杭州西溪和江苏溱湖后，第三家被命名的国家湿地公园，也是黄河流域、西部地区第一家国家湿地公园。素有"中国最美六大湿地公园之一"的赞誉。以湖水、芦苇、荷花、飞鸟、游鱼，建成了集生态、文化和趣味性于一身的十大景观。就是它，其中之一的"碧水浮莲"，紧邻着青银高速。

也许恰逢时机，几乎所有的荷花仿佛互相约定，一起集中在这个时候争奇斗艳。无论是含苞的娇羞，初绽的稚嫩，还是怒放的舒展，都竞相展示着她们的妩媚。湖上的翠绿荷叶、鲜艳荷花，倒映在碧水里，与婆娑垂柳交相辉映。野鸭、鸟儿、游鱼悠闲花间，构成了一幅迷人的赏荷图。眼中的荷色，令我如痴如醉，驻足流连；加之眼前的路景，更使我思绪万千，心界大开。

我好想，泛舟湖上，徐徐的清风不时为我送来丝丝清香，让我神清气爽，心旷神怡。置身于如诗如画的美景，去享受"粉尖花色叶中开，荷气衣香水上来"的气息。干脆，远离繁闹与喧嚣，找一处类似的荷塘，在一个寂静的角落，徜徉在红莲碧水旁。观其荷叶田田，花枝袅袅；嗅其清香点点，芳菲阵阵。醺醺间，忽然觉得纯净圣洁的荷花，绽放着和蔼可亲的微笑，带给我心清念静，无欲无忧，并于将香未香、欲语不语之中。让我渐悟其中的点滴蕴蓄，缕缕思绪在花叶间雀跃、绵延。然后，是一份身在红尘之外的坦荡与释然，任浮躁的心情在一呼一吸之间，慢慢地平静下来，安静开来。

"醒"来时，风车轮慢慢在转，汽车轮快快在跑。现实的生活，这样的"跑"与"转"都少不了。

宁夏平罗沙湖

大漠碧水荷相伴

早起呼和浩特，走戈壁，穿大漠，在乌海蒙乡两过黄河，终于到了西北的"江南"。

提到大西北，首先会想起"长河落日，大漠孤烟"的雄浑壮丽景色。然而，在西北要塞的宁夏，距银川56公里处却有一个集大漠风光与江南水乡为一体的"塞上明珠"——沙湖。

沙湖，南沙北湖。一半是苍凉浩瀚的黄沙，一半是烟波浩渺的碧水，就像一个粗犷雄浑的西北大汉相拥着一位温柔秀美的江南少女。在这里，沙与湖似乎是天造地设的一对伴侣，相互依偎，缠缠绵绵。只见湖水碧波荡漾，沙海金浪起伏，碧水萦绕着黄沙，黄沙守望着碧水。这种惊天之美不由让人感叹大自然的造化，是这般的神奇与不可思议。

沙湖的美美在水。湖之水，离不开黄河。黄河如带，贯穿宁夏。流经宁夏平原的黄河水，使宁夏成为一块富饶的土地，给宁夏带来"塞上江南"的美誉，也造就了一颗"塞上明珠"。泛舟湖上，辽阔、明朗、清秀，有着大家之气的性格、情韵。那绿滢滢的湖水清澈、纯净，就这么悠悠扬扬地流着，直接流进你的心田。它能洗亮你的眼，洗净你的心。

沙湖的奇奇在沙。有人说是贺兰山西面的腾格里沙漠在西北风的作用下千里奔袭而来的。但是，它远离沙漠而独立于大湖之旁。千年风吹不移，万人攀踏不坠，任凭风吹雨打，始终与湖相系。湖润金沙，沙依翠湖，它们默默相守和谐共处大自然的神秘法力，构成了沙湖别具风情的奇妙特质。

沙湖的秀秀在荷。蓄得一汪碧水，耀得一片蓝天，水面上浮着片片翠叶，蓝天下映着朵朵清荷，这就是万亩荷花精品园景区，沙湖四大景观之一。沙湖荷塘，创造了一种独特的丽色。大片大片的绿与红，与茫茫湖水、苍苍沙丘相连，而远处又是巍峨挺拔、绵延不绝的贺兰山。很难想象，这一切竟能如此融洽的包容在一起。如果说，大漠是一位刚毅伟岸的父亲，湖水是一位温柔慈祥的母亲，那么整片的荷花，便是他们娇巧秀丽落落出众的女儿。他们相依相伴难以割舍，跨越了时空的阻隔，如此真切自然地呈现在大家眼前。

荷，增添了沙湖的和美；沙湖，少不了荷的蕴涵。

沙湖景区欢迎您

宁夏中卫腾格里湖湿地

在这里见证神奇

也许，生来的神奇，注定它引来如此的奇特、奇妙与奇美。

"美女"中的"三姑娘"，是对腾格里湖湿地公园的赞赏。腾格里湖，因与我国第4大沙漠腾格里沙漠相连而得名。它，是一处罕见的沙漠湖泊，也是宁夏中卫最大的湿地湖泊。集江南水乡与塞北风光于一身的它，成为继沙坡头、沙湖之后，宁夏第三大沙漠旅游景区。

由于倚沙靠水特殊的地理构造，湿地公园形成沙漠、湿地、湖泊、水塘、戈壁与遗址等交织并存的奇特景观。这里，是沙生植物的世界、鱼的王国、鸟的天堂、人的乐园；还是边关文化、大漠文化、军屯文化、长城文化等历史文化的富集区。

自古就是丝绸之路的必经之地，商客们以此为旅途的中转站，在这里补充水源、修整驼队。久而久之，还组建起交易互市。沙漠湿地，就像一块碧绿的翡翠镶嵌在这片浩瀚的沙海之侧。正是这绿洲驿站，承载了千百年来多少旅人的渴望。而今，当你再次回望这片葱茏的土地，以及残留的长城，是否能够感受到那曾经的繁华与喧嚣、和平与战争？

沙漠边，翠湖畔，鸢飞鱼跃，花草碧连天。奇妙的是，湖里的鱼类和鸟类，在食物链上犹如两个相互依偎的兄弟。小鱼是鸟的美食，鸟粪又是良好的鱼饵。湖中肥美的芦根、水草和浮游生物，又是鸟和鱼共同的食物。见到鹰击鱼潜的生态景象，同时又感叹造物之神奇。每当春暖花开、瓜果飘香之始，百鸟云集，遮天蔽日，蔚为壮观。水边的芦秆间、荷叶上，各种颜色的鸟蛋散布其间，真可称为大自然的一处奇观。无论终年不去的"土著居民"，还是临时落脚的"匆匆过客"，在这里总会演绎相依相爱的浪漫"喜剧"。

沿着弯曲而狭长的车道行进，来到了建在沙漠边上的湿地草园。这里，是高尔夫球场？还是铺满绿色的地毯迎接我们？伫立此处，远眺高高的沙岭，好像在远望另一个世界。草园里的一湾沙溪中，竟然生长着一朵荷花！残叶、水草与她相伴。是天之造化，还是人愿所为？我久久凝视，静静沉思，不舍离去，也不想有何答案。走远了，回头一眸：大漠芳草绿，一水孤荷红。多么奇美的景致！

新疆焉耆相思湖

相思湖畔相思浓

新疆的焉耆县，那里有片硕大的湖，名曰"相思湖"。说起相思湖，实际上是中国最大的内陆淡水湖博斯腾湖的一部分。湖总面积达6180亩，水面积4180亩，芦苇的面积占水面积的70%。苍苍芦苇荡，颇有河北白洋淀的味道。瞭望湖面，水天一色，眼前是一片爽心悦目的碧水茫茫。如果你再留意一看，接近你视线的是鳞光闪闪，像千万条银鱼在游动。而远处平展如镜，没有一点纤尘或者没有一根游丝的侵扰。入夏以来，翠绿的芦苇与碧蓝的湖水、翱翔的水鸟、游荡的鱼虾相映成色。这里，是让人们进入相思梦乡的好地方。

相思湖，湖畔有荷。走进景区，一抹清香袭红尘，幕入眼帘的是一片片荷花池。荷花开在芦苇间，芦苇长在荷花里，完全的自然生态环境。从湖南引进的湘莲荷花竞相开放，翠叶红花伴随着芦苇在风中一齐摇曳，俨然一幅优美的南国水乡图画。站在木桥上，一边是辽阔的相思湖，一边是娇小的荷花池，此刻的我，两两回望，心中顿生无限的相思之情。为什么叫相思湖？我陷入了海阔天空的想象……

焉耆，古为焉耆国。早在汉唐时期，焉耆以其独特的地理位置，发达的经济文化成为古丝绸之路上最为璀璨的一颗明珠。唐代高僧法显、玄奘去西天——天竺取经取道焉耆时，焉耆已是西域佛教圣地之一。焉耆的相思湖，流传着许多美丽动人的神话传说。古丝绸路上，丝丝小雨飘进荷花池，清清的花香催人入梦。仙子的身影萦绕在梦中，却不见仙子的甜蜜笑容。荷花的倒影留在心中，花的清香在池面飘送。仙子啊，亲水桥上我们曾经相拥，花多红相思就有多浓。荷花还红，你却无影无踪，谁知道我心有多痛。荷花还红，我等在小雨中，谁唱的歌谣让我泪眼朦胧？你走时，可否把我的心读懂？荷花池畔相思浓。

原来，是苏富权一首伤感深情的爱情歌曲。在他娓娓动听的吟唱中，歌曲的意境，让我在梦中明白了：因为荷花才相思，因为相思才叫相思湖。其实，相思歌一曲，醒不了相思梦。

新疆库尔勒博斯腾莲海世界

放长线钓莲海

"博斯腾湖没有荷花，但睡莲很神奇。走！你拍你的花，我们钓我们的鱼。一举两得，好吗？"朋友的汽车顶上，背负着比车还大的冲锋舟，就这样出发了。

新疆博斯腾湖，古称"西海"，是我国最大的内陆淡水湖。该湖分为大湖区和小湖区。西南小湖区的莲花湖和阿洪口，生长着我国面积最大的野生睡莲。阿洪口，与莲花湖逶迤相连，号称"莲海世界"，比莲花湖还"莲花"。所以，我们直奔那个"世界"。登上瞭望塔，一"海"美景尽收眼底。睡莲映衬着芦荡，大片大片布满于来自天山的雪水中。白黄色的花朵，绽放着自己的风采灵秀，散发出阵阵清香芬芳。曲径深邃其中，鱼跃鸟翔其间。湖面在阳光的透射下，呈现出独特的清澈与碧绿。西域的莲，西部的水，就是这样的唯美。西边的大自然，就是这么的和谐。

我们的船在"莲海"中划进，莲花随水波晃动，莲叶似绿帐轻摇，满湖的涟漪如维族姑娘的微笑铺展于轻风之中。我在船上，贪婪地欣赏着拍摄着，全然不觉朋友的甩杆放线。已经离岸很远了，船停在一丛芦苇的旁边。这时，我才注目到两位朋友的忙碌。好美啊，一连串的挥杆、摇轮、收线、起鱼等动作，何等的潇洒优雅。博斯腾湖，垂钓的天堂。湖内现有鲤、草、鲢、鳙、赤鲈(俗称五道黑)、公鱼等30多种，鱼类资源非常丰富。到处都有垂钓的场所和活动，听说就是不允许上湖中央来甩杆。不一会儿，朋友马上收获到一条不大不小的鱼。就在大家高兴不已的时候，天公开始发怒，蓝天白云变成了乌云黑天。也许老天爷"惩罚"我们违禁，赶快收兵回岸。来不及了，一个个成了落汤鸡。还好，我的相机没有进水。一路归来，大家快乐无比。

我从来没有钓过鱼。听说过：常在水边坐，有鱼心就乐。也听说过，有些人钓鱼放生。看来，真正的垂钓者，钓的是心态。一片江湖水，一点快乐心。走东南西北，钓江河湖海，只要心存爱意，钓否钩否，都不值得计较了。

爽手一甩钓"莲海"。主席先生，是你和你的朋友，帮我钓回了湖的美丽、人的心情。

北京顺义汉石桥湿地

吉林珲春敬信二道沟莲花泡

黑龙江宁安火山口森林公园小北湖

江苏姜堰溱湖湿地

浙江杭州西溪湿地

湖北汉川汈汊湖

湖南汉寿围堤湖

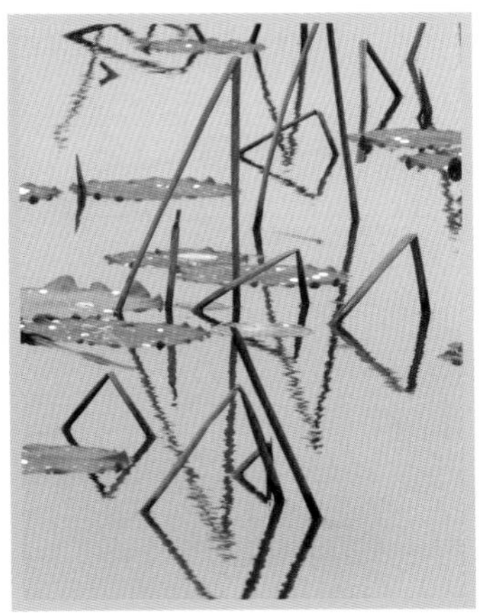

广西临桂会仙睦洞湖

诗句摘于【清】苏学健：《荷钱赋》；《中国历代咏荷诗文集成》第788页
图片摄于2008年12月、广东佛山三水荷花世界

注：所有荷花诗句欣赏图片，系柯达135胶卷拍摄，均未曾发表。

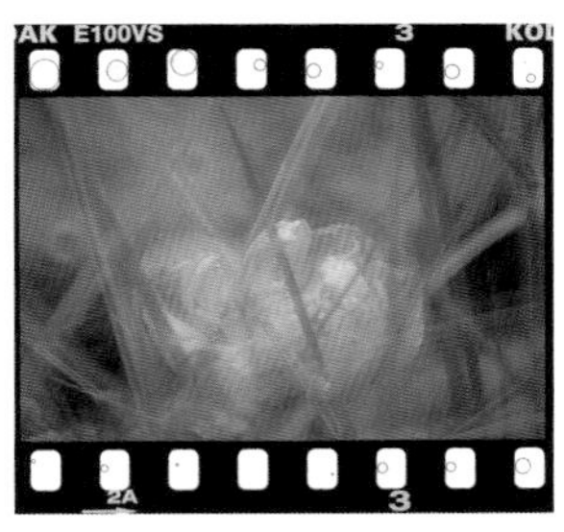

诗句摘于【清】马锡泰：《荷花生日赋》；《中国历代咏荷诗文集成》第764页
图片摄于2008年7月、湖南张家界后坪荷花村荷花园

荷花诗句欣赏 —— 谁惜 秋水美人 付销魂追忆

诗句摘于【清】张祥河：《惜红衣》；《中国历代咏荷诗文集成》第584页

图片摄于2008年6月、河北安新安新王家寨度假村

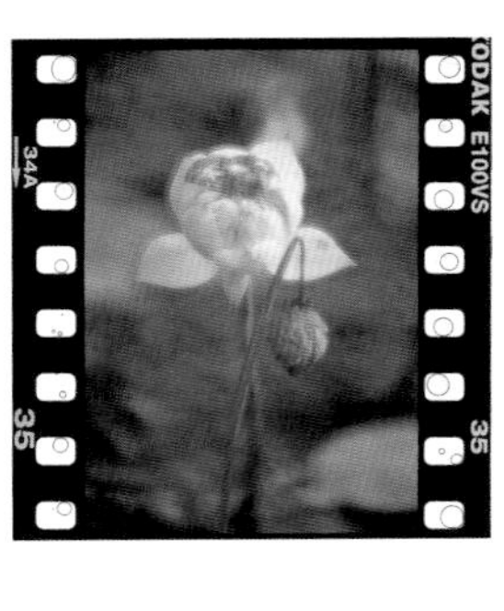

诗句摘于【清】吕鉴煌：《惜红衣·枯荷》；《中国历代咏荷诗文集成》第575页

图片摄于2008年7月、广东佛山三水荷花世界

人造之胜

Attractiveness of Man-made Lotus

目录

北京延庆雅荷园

"游龙"荷 尽在"幽雅清静"

从地图册上看到雅荷园。一打听，竟有如此丰富生动的故事。

出燕塞雄关八达岭北行十多公里，到北京夏都——延庆，有一条人称东方莱茵河的秀水，叫妫河。古书上说，妫河是尧嫁二女给舜的地方。史传尧的女儿被人们千古传颂成为勤劳而美丽的妫水女。妫河，自东向西流。它源自群峰环绕的松山自然保护区，东穿龙庆峡出山，至金牛山西折，经妫川绕康西草原，流入官厅湖，迤逦百余华里。它的上游金牛湖如龙首引妫水西去，经30华里行至下游莲花湖，中间100多道弯的妫水正如游龙，嬉戏于青翠欲滴的妫川，牵两湖而首尾相望。水流迂回宛转，环境清幽，风光秀美，宛如江南。

为了保护母亲河——妫河，延庆在全县30多个村庄推广清洁能源，建立15万亩湿地自然保护区。打造妫水公园，便是其中的大手笔之一。公园正处"游龙"之中，水域面积达5000亩，是北京地区最大的城市水上公园。水面绵延8公里长，平均宽度500米左右。公园两岸，形成了绿树鲜花环绕的500亩绿化带，建有20多公里的环湖路。特别是，分南北不同景区，北路有幽径园、雅荷园，南路有清风园、静心园。

在"幽雅清静"四园中，雅荷园的荷莲最为出类拔萃、名副其实。广场的中心位置，有一组不锈钢雕塑，造型为一丛荷花上，一只青蛙正在捕捉害虫。其形态逼真，立意新颖，体现出人们渴望亲近自然、融入自然的美好愿望，从而也体现了保护生态环境的重要性。紧邻广场，荷塘一片，一块连一块。在这清澈开阔的水域上，荷花怒放，芦苇丛生，白鹭翔飞，野鸭嬉戏。登高望远，荷花与碧水相映，水鸟与蓝天互衬，勾勒出一幅秀丽的水彩画，带给人们瑶池仙境的感觉。

妫河流淌的岂止是美景，更是文化。新的文化意识使妫河立起了全新的姿态，这条"游龙"更显生机。2019年世界园艺博览会，已经确定北京举办，听说选址在延庆。妫水之"龙"，又该如何动作？"游龙"之荷，又会怎样作为？

天津水上公园

一水之上尽乾坤

来到水上公园，我的感觉好直接，不仅满目荷花，更是满脑乾坤。

天津水富，九河润沽，城南有潭曰"青龙"，千顷碧波托蓬壶。水上公园，位于天津市西南部，始建于1950年，历经四次大的改造提升，当年坑洼地，今日"小西湖"。它是天津目前规模最大的以水景为特色的综合性公园，风光秀丽、水波粼粼的风景名胜区。十几年前，就被评为"津门十景"之一："龙潭浮翠"。岁交壬辰，欣得泰山巨石，石上龙纹清新，纵身引颈吸瀑，气势入化出神。远远望得"龙潭浮翠"这块龙石，屹立于公园北门口。

公园景观的分区颇有讲究。"两湖"为东、西二湖；"四岛"以春、夏、秋、冬命名。春岛：主题为玉堂报春；夏岛：主题为碧荷沁夏；秋岛：主题为丹枫染秋；冬岛：主题为松竹知冬。若按时节，春有桃柳拂水，夏有荷花映日，秋有红叶傲霜，冬有冰清玉洁。不论时令，游客也可感受"水上四季"。

我是盛夏而来，目光聚焦"夏净云香"。环湖绿树成荫，湖池荷花吐艳。惊奇的是，好像无论什么角度，成为荷花背景的，要么是"天塔旋云"的亚洲第二高的电视塔。该塔在浩瀚的湖水中突兀而起，直刺蓝天，似乎矗立在荷花旁。要么是摩天转轮，在荷花前面划上一个大圈圈，代表着圆圆满满、和和美美。荷花丛中，一个个、一对对、一簇簇、一群群分别在领略着红情绿意。这水上人间，恰是瑶池仙境。

公园十分幸运，先后接待过毛泽东、周恩来、徐特立、贺龙、陈毅、李鹏、李瑞环、倪志福、朱镕基等一大批党和国家的重要领导人。也接待过周汝昌、冯骥才等不计其数的文化名人。还接待过西哈努克等国际友人。大量的影视明星也曾在这里拍摄影视剧。想当时，荷花也应参与过"接待"。不然的话，哪有谢觉哉老人"俪俪亭台立，洋洋鱼藕旺"，以及国学大师王学仲先生"翩翩波面，芰荷发清芬"的诗句。

河北秦皇岛南戴河中华荷园

海上荷园的大气

中华荷园，给我的印象就是大气。

它，是由南戴河国际娱乐中心投资4000万元人民币专业打造的荷花主题公园。坐落在南戴河旅游度假区西部三十华里海岸一侧的金龙湾，地处渤海湾。与著名的避暑胜地北戴河一水相隔，一桥相连。因其"含海"、"吞湖"、"衔山"之得天独厚的区位优势，被誉为"海上荷园"。2002年建成，2003年成为第17届全国荷花展地。

它，占地600亩，是中国环渤海地区规模最大、品种最全的荷花观赏园林。以古典建筑为风格，突出体现江南水乡的民俗风情。整个园区划分为悦荷楼、千荷湖、百步问荷、湖心岛、江南水乡和珍荷苑六大景区，形成了既独具魅力又和谐统一的荷花文化景观。

它，进门可见大型雕塑"荷花仙子"，由澳门区标"盛世莲花"的设计者设计，整体用汉白玉雕成。仙子高6·8米，头顶花冠，身着荷裙，手拈荷叶，足踏莲花，体态高雅脱俗。

它，更大气的，是"中华"的"荷园"，江泽民亲自题写园名。

莲花台上，观音菩萨慈眼低垂，仿佛凝视着湖面舒绽着的万千莲花。她，也在看花开花谢吗？我想，大千世界，莫过于这种大气吧！

出口

山西太原汾河景区

多少和谐多少荷

以前去过太原，没听说汾河两旁有风光。如今是，不仅建了景区，而且景区里面有荷花。带着情缘，我从成都赶往太原，就想目睹省城河边的荷花。

站在迎泽大桥东头，居高一望，映入眼帘的是：绿的红的黄的……五颜六色泼在河畔，组成各种画卷。太美了！经过10多年的建设，从前那种污水横流、杂草丛生、蚊蝇肆虐的乱象荡然无存。代之出现的是绿草如茵、树木繁茂、河水清澈、游人如织的，集河道整治、蓄水美化、景观建设于一体的绿色生态长廊。这就是扬名中外的太原汾河景区。目前，景区纵贯市区南北6公里，宽500米，占地300万平方米，6个景观区、4个广场、14个景点、170多万平方米的水面和130多万平方米的绿地，构成了最具魅力的城市美景。

赶快下去吧。我沿河东岸向北徜徉，一边是波光潋滟，一边是花木掩映，步移景异，风光怡人。没走多远，一条巨龙在河中逆流而上。啊！似乎天上水中还有，它们动感十足。我生肖属龙，在这条直线长126米、龙头高16米的"中华巨龙"面前，已是一条微不足道的小虫了。别乱想，抓紧行，一池荷花出现在眼中。再往前，又是一池有人在观赏。站在荷池旁，我深深感染到现代与自然的交融，人与花的亲和。一打听，景区尽头的汾河湿地公园里还有。又走了几公里，茫茫湖水、苍苍芦苇、亭亭荷花，画境诗意如微风徐徐吹来，充满了尼罗河的性趣与悠然。

三方荷池，不大起眼，却很亮丽，就像三颗珍珠镶嵌在漫漫长廊中。荷花，与天合一、与人合一、与自然合一，悄无声息地绽放在汾河边。为和谐的"人、城市、生态、文化"环境，贡献出了她的红情绿意。

迎泽桥往南的景区还在建设。听说西岸还有荷花，我没去了。因为，我已心满意足。

内蒙古呼和浩特青城公园

内蒙古的荷啊青城的花

我去内蒙古寻荷之前，始终不知哪里有的准确信息。只听老专家讲，多少年前，城市公园里种植过。那就先去首府呼和浩特吧。火车上，我专找当地人打听；到了呼市，更是如此。别人给我的回答是：没有，或者曾有。内蒙古的荷啊，真的这么"古"吗？直到深夜，火车上认识的一位家住乌梁素海的小妹，通过同学了解到，青城公园有荷花。

呼和浩特，为蒙古语，汉译为青色的城市，即青城。青城公园，始建于1931年，最初称为龙泉公园。1949年绥远和平解放后，命名为人民公园。1997年，为突出自治区首府公园的特点，更名为青城公园。该公园位于市区中部，是市内主要游览地之一。

走进公园，几乎到了荷花世界。听说，市区6个公园可以观赏荷花，我后来去了满都海等公园，看来，唯有青城最"荷"。湖池的荷莲(还有睡莲)雍然绽放，层层叶片朵朵花儿与碧水融为一体，组成一幅天然的夏荷美景图。还好，一周前的一场八月冰雹，给荷景带来了残缺美。莲花湖桥的西边，第十三届昭君文化节上，一排排大型彩灯组图，尽是佳人与荷花。一群群游人穿行在真假荷莲之间，一边观赏，一边拍照，显得十分惬意。荷景的远处，清晰地映射着在建及完工的高楼，与这满园的花色交相辉映。

我听说，荷花池旁有一健身台，每天，星光晨练队的男女们，伴随着悠扬的《鸿雁》等蒙古族乐曲，整齐地操练着太极。由于名声在外，荷花池健身台，2007年被评为呼市唯一的全国优秀健身台。我后来还听说，某年某月某日的七夕前，为了搭建首府单身人士联谊桥梁，成就美满姻缘，内蒙古莲七工贸公司与青城之恋网，在公园莲花湖畔，联合举办了七夕万人相亲会，旨在将"传统七夕"与"时尚派对"两大爱情元素完美结合，为青城百姓献上一场盛况空前的良缘佳宴。有诗赞曰：莲七牵红线，莲花赐良缘。牵手鹊桥边，一生共缠绵。

荷花，你在内蒙古的青城，扮演了什么样的角色？

吉林长春南湖公园

英雄之花开南湖

在长春南湖，荷花成了英雄的花。

中国最大的汽车工业城长春，有着全国第二大公园——南湖公园，仅次于北京的颐和园。公园北入口处，内广场上庄严地矗立着长春解放纪念碑。该碑高30.39米，基座两层分别为边长10.18米和19.48米的正方形，碑身呈"门"字形，象征着长春1948年10月18日获得解放，从此跨入了一个新时代。它，于长春解放40周年之际落成，铭刻着英雄们的丰功伟绩，纪录着长春历史上光辉的一页。

在这样一个纪念英雄的公园里，广大的水域有着广阔的荷花。92万平方米的水面，在我眼里，满湖尽是水芙蓉。娇艳的花瓣，嫩黄的花蕊，掩映在碧绿的荷叶之中。游船，也好像是盛开的一簇簇漂移的荷花。湖上的四季亭，由春、夏、秋、冬四个亭子组成，它们周围都是荷花。不管是夏放，还是冬眠；是春醒，还是秋熟，一年四季，荷花都在这里陪伴着英雄。弯弯的汉白玉拱桥上，上下两面都雕刻着荷花。不管刮风下雨，还是酷暑严冬，始终在这里绽放，向来来往往的游人表达想念英雄的情怀。

荷花，为英雄而生，为英雄而美。湖中，荷叶层峦叠翠，荷花婀娜多姿，我沿湖向荷花表示谢意。高大的石碑上刻着"人民英雄永垂不朽"，我站在碑下，默默地向英雄致敬。抬头仰望，天空一团白云，就像一朵白莲花，移向碑顶，飘往英雄。

山东济宁北湖

现在应该更荷美

游完滕州微山湖回济宁，杨高工两口子，还要带我去北湖看看。我，盛情难却。

北湖，是微山湖的一部分，位于南阳湖的北端，距济宁城南6公里处。面积是杭州西湖的4倍。清康熙33年(1694)，在运河与牛头河之间修筑一条横堰，将南阳湖北部隔开，初步形成北湖。1973年，加固续修大堤，建成北湖养殖场。1993年，开始增设旅游设施。1995年，决定兴建北湖旅游度假区。此后，不断地挖填、修路、净水……北湖

总在改造中完善、升级。汽车，在泥尘中转来转去，一片一片的荷景让我惊叹不已。

荷花，作为济宁自己的特色花卉，一如山东菏泽的牡丹、枣庄的石榴、烟台的苹果、莱阳的梨一样，正在北湖这片水净沙明、清波荡漾的茫茫烟水中，肆意盛开，展露芳容。济宁人民爱荷由来已久。即使五六十年代，也有大面积水域生长着相当多的荷花。每届夏秋，荷菱竞艳，苇蒲弄姿，欧鹭鸣啭，呈现出一派安然闲适的水乡风光。1992年开始，济宁每年都要举办荷花节。只有你看到了这里的荷花，才会感受到来自荷花对济宁人的宣爱。因为有这"接天莲叶无穷碧，映日荷花别样红"，才令济宁人笑开慧眼，目睹芳心把荷花定位市花。

开车环湖赏荷，我被这里的色彩斑斓、形态各异的荷花所吸引。远远望去，在夕阳余晖下，微风吹拂中，碧绿的荷叶，层层叠叠，挨挨挤挤地在一块摇曳漫舞。在宽阔放野的碧水中，洁净丽质的荷花亭亭玉立，婀娜多姿。此刻，按捺不住动心的情水，真想踏上一条小舟，坐船近距离观赏。看看那万亩荷花丛中，绿莹莹的荷叶已经摆好各种优美的姿态，欢迎我的到来。粉的、白的、红的花朵，有的已经睡醒，绽放着甜美的笑脸；有的因为害羞，含苞待放。和着沁人心脾的淡淡荷香，目睹不时飞起的翩翩惊鸿，我似有一种"船在水上走，人在画中游"的感觉。

累了吧！杨高工一句特有的温柔，犹如荷香飘来，浸染我的沉醉。北湖荷花的布景，有她的功劳。黝红的面容、能耐的身影，哪像一个女人？我欣赏，这荷花般的刚柔之美。

山东寿光林海生态园

林海荷香

进林海，嗅荷香，首先要到荷乡看水车。荷乡水车，是林海生态园的标志性建筑，位于景区入口处。由大小两个全木质结构的水车轮组成，直径分别为12米和10米。因园内水体众多且广植荷花，已成为名副其实的荷花之乡，故名荷乡水车。水流车转，寓意生态园蓬勃向上，生生不息。

林海生态园，位于寿光的西北部，是滨海盐碱地上的重要旅游景区。这里原是一处大型国有盐碱地生态公益型林场。一片退海荒碱地，通过采取工程和生物措施相结合，改良了盐碱地，建起了"万亩绿洲"。近几年来，以建成一流农业观光景区为目标，注重农、林业生产示范与观光旅游有机结合，融自然风光与人文景观于一体，辽阔、秀丽，又带有农业的乡土气息，使人与自然和谐相处。园内除大力进行造林绿化外，还建有2000亩荷塘、1000亩海淡水鱼池、1500亩经济林基地，全部采取"上林下藕、藕鱼套养"的立体高效种植模式进行生产，不仅取得了良好的经济效益和社会效益，而且造就了独特的景致。如东方不沉湖。游水人可仰卧湖面，伸展四肢，随波飘荡。还可躺在湖面上读书看报，欣赏湖边美丽怡人的风景。使人不出国门，便可感受死海不沉的乐趣。

无疑，荷香园为林海生态园的精髓所在。整个园区分为荷花长廊与九州方圆两大部分。荷花长廊，以竹为材，造型别致，与荷相得益彰。沿廊中曲径两侧设置了20多处精品荷花池。在竹廊架内精选了本园内40多种荷花及荷文化介绍，并以"林海风情"为主题，全面展示了生态园的美丽风光。为增加游园乐趣，特设了闻荷广场、荷塘人家、观荷亭等。在九州方圆区域，建设了99个荷花池，加上周边荷塘，共植荷花品种200余个、面积1500多亩。景区中央是高达9.99米的中华第一鼎——九州鼎，周边有九曲桥、吊桥相通。鼎内有名家颂荷、赏景字画。登临鼎顶，林海美景尽收眼底，令人心旷神怡。

荷花节期间，穿林海，走荷园，在滨海盐碱地区体验江南水乡的韵致，别有风味。

山东乳山大乳山滨海旅游度假区

乳山的母爱

书上看到"大爱无疆"，就好想去乳山亲亲这位"母亲"。冥冥之中感到，这位"母亲"充满莲花之心，周围一定会有荷花。

老天爷仁爱无比，时刻关照我圆梦。开车的小张师傅导错了航，结果去了大乳山滨海旅游度假区。海边怎会有荷花？既然来了，那就看看。外来的车辆一般不允许进园，可是那天，守门的二位小姐不知咋的，批准我们开车去游玩。里面挺大，竟然还有3个村庄。村庄是否有荷？村民笑答只有鱼，却告诉我前面很远的一个景点有。真的？"母亲"在那里种有荷花？一番请求，有位大叔二话没说，上车带路了。

这就是大乳山。在威海西面、青岛东面的黄海之滨。她拔海而起，呈半球形的巨大山体中央隆凸起圆润的乳峰。简直就是天地造化的杰作。乳山因她而得名，每年的中国(乳山)母爱文化节因她而举办。这就是大乳山的人。他们真热情好实在，大叔带到一道气势雄伟、造型独特的拱门前，还一直在这里等我们。原来，这叫"和合双福"。高高的大门，由两个巨大的如意托起一朵巨大的荷花。这是依据"和合二仙"的传说设计建造的。拱门后面是一座小山，山上矗立着景区的主题雕塑"润"。登完496级台阶，只见它像一只大手，外形是"山"字，中间的钢球上有一个象形字"乳"，表达着母亲怀抱幼子、幼子吮吸母亲乳汁的殷殷之情。寓意大乳山养育了一辈又一辈的乳山人。

走进"和合双福"拱门，有一个人工湖，自东向西蜿蜒。湖里一湾荷花，就像被"母亲"的"乳汁"哺育长大的。红荷在碧叶的映衬下，婀娜的倩影光艳无比。和风吹过，叶轻轻颤动，花微微点头。她们在这里陪伴着"和合二仙"，感恩着乳山的母爱。

赶到"大爱无疆"，天快黑了。全国最高大的"母亲"，年轻、和蔼、美丽。众多的乳山男男女女，正在"母亲"张开的双臂里，欢快地跳着广场舞。"母亲"这里虽然没有荷花，确有博大的胸怀、和善的慈目。此刻，好感动的我，仿佛回到了孩童时代，投身于妈妈的怀抱。

大乳山，母亲山。母亲的恩深似海，母亲的情重如山！

安徽合肥包公文化园

荷缘莲情

有一种惊奇叫不可名状。一千多年前的包公，竟与荷莲有那么深的因缘。传说也好，实话也罢，绝不会无缘无故地众说纷纭。包大人，有缘千年来相颂啊！

包公的故事，在中国可谓妇孺皆知。包公，名包拯，人尊称为"包公"，死后谥号"孝肃"。孝指包公乃孝子，肃概括他一生严以律己，为官清正廉洁、铁面无私、不畏权贵、执法如山。所以，皇帝用这二字来评价他的一生。原中国佛教协会会长赵朴初加以重新诠释：孝于人民，肃以律己。

包公，公元999年出生于宋真宗年间。相传当年包公出生后，不像别的胎儿呱呱落地，而是不哭不叫，全身漆黑。他母亲认为生了怪物，一时气愤，把他扔在住所边的荷花塘里。恰巧塘里荷花盛开，荷叶满池，托住了婴儿没有落水。一会儿，包公的嫂子来洗衣服，发现婴儿，吃了一惊，知道这是刚出生的小叔子。连忙抱回房中，偷偷抚养长大成人。长嫂如母的故事感人肺腑。救人一命，实则救了一代忠贤将相、道德名家。包公，曾在全国许多地方和中央做官，官至龙图阁直学士、枢密副使，进入北宋王朝核心领导层。1062年，他死于都城汴京(今开封)。在他死后的第4年，家乡人民为了缅怀他的功绩，在合肥城内建了包公祠及包公文化园。

仁宗皇上因包公于国操劳一生，为官清廉，要将半个庐州(今合肥)赐给他。包公坚持不受，但毕竟圣意难违，便要了一段护城河。从此以后，这条河叫包河。有年大旱，包河周边的树皮草根都被吃光。饥民自然很想吃包河里的藕。包公亲笔写下"河藕能吃不能卖，愿者挖藕度荒年"的告示，叫家人贴到街上。百姓纷纷挖藕充饥，度过了灾难。大家感恩包公，没有挖尽藕根，所以莲藕繁衍至今。人们希望藕断丝连，可包河的藕不仅鲜嫩可口，而且每个藕都有七个孔，断而无丝。几百个春秋过去，人们终于明白那是因为包公铁面无私的缘由。有诗曰：孝肃祠边古树森，小桥一曲倚城阴。清溪流出荷花水，犹是龙图不染心。

包公祠大门前，有一座白底黑框照壁。照壁前后正中均绘有一叶青荷，碧叶旁一枝荷花亭亭玉立，喻意包大人出污泥而不染。墓侧常开三宝铡，民间永念一青天。

岛林深处有荷花

曾打电话问过，翻资料查过，我还是想去那里寻寻觅觅。不管有没有荷花，这个"老三"的地方，我去定了。它，就是上海的(江苏在此有飞地)崇明岛。

上海崇明东平国家森林公园

长久以来，滚滚长江挟带泥沙一泻千里，在入海口徐徐堆出了中国第三大岛——崇明岛。这是中国最大的沙岛。从露出水面到最后形成大岛，沧海桑田，历经一千多年。相传，在远古东海之中有一瀛洲佳境，是神仙居处。这个仙岛一直飘忽不定。秦始皇和汉武帝先后派人到东海四处寻觅，却没有找到。后来，明朝朱元璋皇帝把"东海瀛洲"四个字赐给了崇明岛。从此，崇明岛便有了古瀛洲的美名。初到崇明岛，几乎感觉不到已到了海岛之上，却仿佛置身于江南田园。一片片绿油油的庄稼和一条条灌溉用的水渠相互交织，村落密布，道路交错，水洁风清，林木茂盛，几乎每一处风光都让人留恋。从空中俯瞰全岛，绿树成荫的环岛大堤犹如一条绿色巨龙，盘伏在长江口上，保护着上海的这座绿色生态的"后花园"。

东平国家森林公园，位于岛上中北部。总面积5440亩，森林覆盖率达90%，是华东地区已形成的最大平原人造森林。作为上海十佳休闲旅游新景点之一的该公园，是树的海洋、花的世界。这里空气清新、气候宜人，夏天的日气温通常比外界低二三摄氏度，全年旅游适合日达300多天。在这里，你无论是懒懒地躺着、静静地坐着，或者悠悠地走着，呼吸的都是新鲜空气和草木芬芳。

夏天到了，荷花盛放。有的集中于大面积水域，有的散落在小河小塘中。在水杉林、柳叶条下赏荷游览，朝闻鸟叫，晚听蝉鸣，十分地惬意舒服。如果白天赏荷，晚上露营，是周末纳凉消暑不错的选择。公园继"森林百花展"后，又举办"森林荷花展"。荷花展，主要以水面展示和缸载荷花为主。特地从全国各地征集来400多种荷花，让游客满眼尽是红花绿叶。这是公园加快实施"四季有色、三季有花"目标的重要举措，促进旅游业与农业、花卉业的不断融合，进一步扩大森林旅游的对外影响。

游罢公园，大门已闭。返程经崇明长江大桥时，远见江面一团红光，仿佛水中即将生出一片瀛洲，仙岛上只有一朵莲花。那情境，真是只可意会，不能言表。

江西九江和中广场

和中共舞

江西开始行，九江最后一站。朋友介绍住宿九江宾馆。无意之中，不仅给我一片荷，更给我一种和——一个与和共舞的广场。广场和与荷的融合，非九江莫属。

也许是广场的音乐叫醒了我，我信步走到了荷花边，来到了和中广场。

和中广场，地处九江市区中心，过去叫大校场。许多既悲壮又震撼的老故事发生在这里。1925年，"五卅"惨案的消息传到九江。为了声援上海工人的反帝斗争，8日上午，各校学生和各界群众一万多人在大校场举行集会。1927年1月13日，九江人民又在这里举行了声势浩大的万人反英示威大会。同年发生南昌起义。8月9日清晨，国民党反动派在大校场布置了阴森的刑场，第一次在这里大规模地枪杀共产党人……。往事不堪回首。告慰革命英烈，昔日的大校场，如今已是城市功能的一部分。它依托其西面的南湖及环境优美、香气袭人的荷花池，以荷花广场为中心，以"圆形"为主要几何形状，建成一处文化的殿堂，成为一处运动休闲的动感空间。

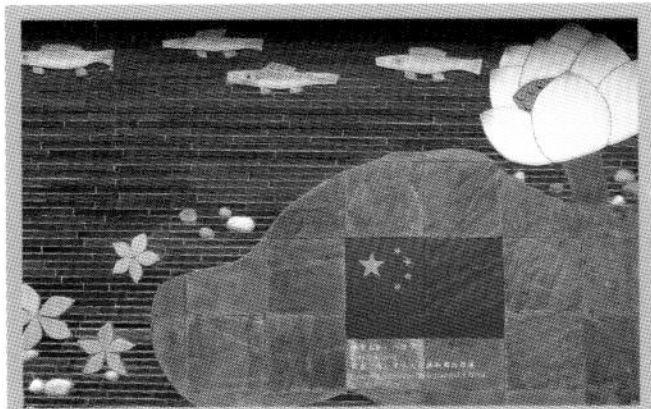

每天早上六七点钟起，和中广场上就能听到类似于教习太极拳、剑的轻音乐，大爷大妈们的晨练开始了。一阵悠扬后，到了八九点钟，音乐发生些许变化。既轻快又有层次。原来是大爷大妈纷纷打道回府，叔叔阿姨们换装上阵了。舞步更欢腾，有拉丁的、健美的，还有扇子舞等等。到了晚上，和中广场就变得更有层次，伴随着不同广场舞的乐曲声，很多人在此遛狗、滑冰、散步、闲聊……各类门道，互不相干，一齐上演祥和的人间欢乐剧。

莲花是九江的市花。她代表着九江独特的人文景观、文化底蕴和精神风貌，已是九江城市形象的具体展现、九江城市的名片。九江城里赏荷，数中和广场的荷花池最佳。南湖一角、广场一侧，一片荷叶田田、莲花朵朵。无论何时，多少大爷大妈、叔叔阿姨在荷丛中的荷台上，合着九江的神曲《春江花月夜》，赏着九江的圣花"莲花"，怀想九江的名楼"浔阳"，边嗅香边健身边娱乐。荷花池岸，更有百米长卷壁画《莲花图》，尽显九江城市之灵气、九江市民之精神。

和荷天下，更在九江和中广场。

三水荷花　我的世界

你若问我，哪个荷花的地方去得最多？三水荷花世界；哪个地方的荷花爱得最深？三水荷花世界。三水的荷花啊，你从何时开始，摇曳在我的世界？

一水荷花，我的开心。人生难免几多烦。昨日的已过去，明天的还没来，趁机去三水看看荷花。于是，朋友带我到了这个"世界"。我的拍荷识荷，"第一次"就这样给了三水。真气派！号称目前世界规模最大、品种最为丰富。从未见过这么繁的荷花、这样好的荷园，一下子将我提升到世界级。人有开心果，我有开心花。不知浪费多少胶卷，我心甘情愿。拍得像"垃圾"，心里还美滋滋的。人的生活，其实过的就是一种心情。此刻，我既无时间也没心思停留于烦恼，倾世的快乐都似乎比不过"咔嚓"一下的开心。有那一瞬间、那一刻，足矣。

广东佛山三水荷花世界

二水荷花，我的爱好。我渐渐喜欢上了她，并且爱得"死去活来"，终于成了"荷痴"。当时，住那里可免门票，后来黄老师找朋友给我办了年卡。除了随时去广州的烈士陵园、流花公园、荔湾公园外，多少个日夜、早晚又给了三水。还未天亮，等待的是旭日初升；黄昏傍晚，等待的是夕阳西沉；天完全黑了，就打灯干活。等待遍布整个"世界"，等待的就是那个过程，以及过程中的享受。因为爱好，我发现了荷花的美好；因为爱好，我更加热爱荷花。说透了，发现她的美好，是发现自己的幸福；热爱她，是热爱自己的生活。正是"兴趣"荷花，我的情感与精神生活悄悄地起了变化。

三水荷花，我的情怀。久而久之，我不知不觉有了一种感觉。情感的满足和精神的充实，她开始影响我的心境，进入我的心扉，引导我走向另外一个世界。每一片叶、每一朵花，不论是婀娜多姿，还是残花败叶，都能感染我心。真不知，当年的周公是在怎样的一种心境下，吟咏出"出淤泥而不染，濯清涟而不妖……"。每每来三水，尚未进入那个"世界"，我的"世界"就已有了清香。不用问，这是荷香！淡淡的，缕缕的，随风飘散。那味道，纯正、细腻、幽雅，是在用一种叫做熏陶、或者浸润的方式改变我。荷花是有灵性的，唯她独通儒释道。一花一世界。读懂了荷花，也就读懂了世界。回首，顿悟。她何尝不是真、善、美的化身?

问世间情为何物，爱过才知情重。我，难别三水，难舍荷花，难逃那个世界；也难忘陪我多少早晚的朋友。

广西桂林阳朔世外桃源

我的桃花源

"归去来兮！田园将芜胡不归！"好奇怪，上世纪80年代我在苏州上学时，就特别喜爱这几个字。不知是人的慨然一呼，还是归的顿然一悟。几十年来，我一直在寻找心的归处。这里，难道是我的桃花源？

在东方，世外桃源是一个人间生活理想境界的代名词，相当于西方的极乐世界或者天堂。自从晋代文学家、诗人陶渊明写了一篇传颂千古的《桃花源记》，人们就不断地按照文中所描述的情景，在苦心追寻或刻意营造各自心目中的理想国度——世外桃源。

早在2000多年前，世外桃源的所在地，曾是汉代以来的古驿道地区。如今，桃源似乎花开四方。在桂林阳朔境内，就有一处"世外桃源"。 这是根据《桃花源记》中的传奇，结合当地的田园风光设计开发的景区。踏进世外桃源，一片湖光山色立即映入你的眼帘。清波荡漾的燕子湖，镶嵌在绿野平畴之中。湖岸垂柳依依，水中碧荷点点。巨大的水车，吱吱呀呀地摇着岁月，也吟唱着乡村古老的歌谣。放眼望去，远方群山，村树含烟，阡陌纵横，屋宇错落，宛若陶公笔下"芳草鲜美，落英缤纷" "有良田、美池、桑竹之属"的桃源画境。

泛舟湖上，当小船在绿丝绸般的水面上裁波剪浪，悠然滑行时，游人的心会像一只"久在樊笼里，复得返自然"的小鸟一般的惬意欢欣。天旷云近，岸阔波平，大自然清新博大的怀抱会使人尘虑尽涤、俗念顿消。此时，身于湖上摇曳，心在水中漂洗，好像活神仙。转过歌台，驶入窄长的水道，曲径通幽。啊，岩与洞旁，好大一片荷莲。我突然看见，与己内心相契的情景：在花和叶的映衬里，青瓦泥墙，竹篱菜畦，鸡犬之声清晰可闻。三三两两的村妇在湖边洗衣，农人赤脚穿行在田间，顽皮的小孩嬉闹在屋前的空坪。身着民族服饰的姑娘，莲采荷池中，歌飘山水间。更有捕鱼的老翁，叨一官烟斗，悠哉坐在竹筏上，在云影中随波逐流……。真令人有疑幻疑真、恍然不知哪世何处的感觉。此刻，本人最想做的浪漫的事，就是和浪漫的你，在这"天堂"，一起浪漫地放声呐喊：归去来兮！

我醒来，不由自主曰：此处若无荷(和)莲(廉)，怎谈这世外桃源?

窗外的画景

这里有"接天莲叶无穷碧，映日荷花别样红"的景致，还有即景画荷的情趣；不仅土生土长的农民绘莲，而且漂洋过海的洋人也驻足画荷。我已无心赏荷，学着一点赞画吧。

沿着蜿蜒的小路，在一幅幅画着荷叶的小楼里穿行，来到一幢两层楼的农舍。二楼画室，桌上各种颜料堆成了小山，墙边摆放着3幅大画和几幅还没完成的油画，这都是来自英国的女画家，入住荷塘月色一个多月的作品。这幅画就是从窗子看出去画的。卡罗琳油彩笔下的新农村，是那样的和谐与安宁，荷塘、小路和村舍，都充满别样的意韵。美丽的荷景吸引她留了下来。

这里，是成都锦江区的三圣花乡。按城乡统筹发展的要求，先后打造了五个主题景点。在誉为"五朵金花"之一的荷塘月色景区，人们不仅可以感受到传统的乡村文化，又可以欣赏到优美的乡村景色，体验回归田园、拥抱自然的别样情趣。以千亩荷塘为依托，以荷花为品牌，荷文化为背景，打造大型生态区，成为了成都周边县市最大的荷花培植、销售、观赏基地。夏天是它的舞台。茫茫荷塘，一望无际的碧绿，其间点缀着不同品种、不同色彩的花朵，游客走入其中，有着"人在画中游"的意境。每天，上千宾客在此度假休闲、娱乐，以及写作、绘画、摄影创作。

可喜的是，从挖锄头到拿画笔，当地的钟小姐做梦都没想到。荷塘月色举办绘画培训班，画什么呢？想来想去，还是画荷花。家里有口荷塘，她最熟悉的就是荷花。开始时抓笔都不会，更别说啥子中锋、侧锋了。在老师的点拨下，很快找到了感觉。在第一届荷花节上，台湾考察团对农民画很感兴趣。钟小姐与老师合作一幅荷花图，赠给了同胞。

四川成都锦江荷塘月色

温饱后才会想画画。新农村的建设，产生了荷塘月色；荷塘月色，又催生了画家村；现在，又有了书画展览中心。来荷塘月色，既可观赏荷花，体验大自然的气息；又可参观画家村，品味文化艺术；还可看农民作画，感受他们的艺术审美。

从窗口看荷景，满心的画意。似乎唯有一扇窗的掩映，才能表达我窥探美好的感受。

贵州贵阳花溪十里河滩

十里河滩为荷醉

贵阳醉美，醉在花溪；醉美花溪，美在十里河滩；十里河滩的夏色最美，醉美的应该是"玉环摇碧"。

花溪，这个诗意般的名字，就让你浮想联翩。山灵水秀的花溪，以其朴实无华的真山真水著称于世，由此享有"高原明珠"之称。它是贵阳市著名的生态区，是国家级生态示范区。

花溪河畔有小山数座参差其间，或突兀孤立，或蜿蜒绵亘。这里山环水绕，水清山绿，堰塘层迭，形成了方圆十多公里的名胜风景线。特别是从龙山峡谷到小河镇一带，风光非常秀丽，习称"花溪"，又称"十里河滩"，是整个风景区的中心。如今的十里河滩，以花溪河为纽带，结集了山地、水文、生物以及人文景观于一体。2009年，国家批准以十里河滩为主体的花溪城市湿地公园，为国家城市湿地公园，是西南地区首个国家城市湿地公园。

花溪的十里河滩，四季风情各异。漫步溪边问农、梦里田园，可体验乡间野趣；游走蛙鼓花田、月潭天趣，可感受自然生机；亦可观鹭羽凌波、溪山魅影，品绣水浮径、水乡流韵，赏花圃果乡、葱茸彩地。在乡野闲情寻旧线，找回村庄的记忆；在生态科普学习线，开阔知识的眼界；在手绘大地体验线，感悟自然的珍爱；在定格浪漫拍摄线，就将幸福的时刻变成永恒；在沁心怡神健行线，吐纳其间，达到物我合一的境界……

唯有盛夏，"玉环摇碧"的游客络绎不绝，流连忘返。荷花，又叫玉环。微风拂过，一池碧绿，含笑摇曳，故为玉环摇碧。8月的一个清晨，我刚下火车，就要朋友带我直奔这里。哗哗流淌的绿水，绵绵蜿蜒的青山，映衬着一片花海。红的花仿佛娇羞的少女，白的花恍若纯净的仙子。嗅着花香，徜徉于池间小道，倚栏于池上凉亭，手中的相机频频举起，那真是无比的惬意。我站在小桥上，沉醉着这一片山水荷花，好像到了瑶池仙境。一枝高傲的荷茎，独秀一朵远离尘嚣的白花。孔学堂，就在不远处。眼中的仙子，顿时变成了君子。猛然一醒，让我又回到了人间，想起了八大山人。

十里河滩千千荷，一片醉绿，一点酣红。熏得我，不为回忆，只想记忆。

大唐怎能无芙蓉

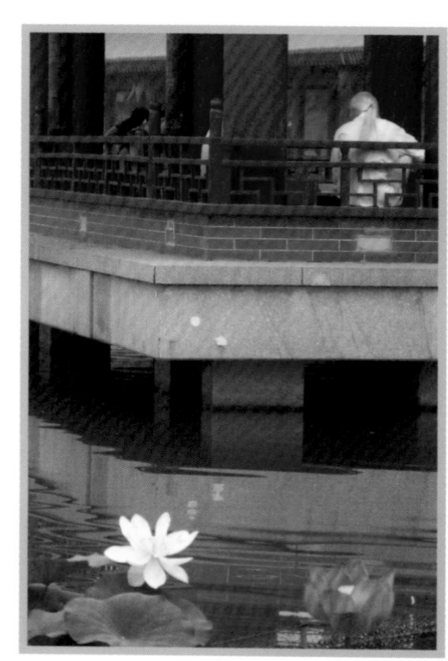

大唐芙蓉园，位于西安城南的曲江开发区。它是在原唐代芙蓉园遗址旁建造的，是中国第一个全方位展示盛唐风貌的大型皇家园林式文化主题公园。

曲江，从秦汉到隋唐作为皇家禁苑历时长达1300年之久。至隋文帝，他觉得曲江的"曲"不吉利，于是命令宰相高颖为其更换新名。一天晚上，高颖忽然想起曲江池中的荷花盛开，异常红艳，荷花又称芙蓉，遂更曲江的"池"为芙蓉池；"苑"为芙蓉园。大唐几代皇帝特别是唐玄宗，除扩建皇家禁苑芙蓉园外，让曲江也发生变化。曲江，成了皇族、僧侣、平民汇聚盛游之地，成为首都长安城唯一的公共园林。

来到正门——御宛门前，一组玻璃群雕出现在眼前。玻璃人，配以水晶荷花，铜镂空雕贴金镶宝石华盖，还有玻璃云朵、玻璃仙鹤，展示了唐明皇梦回曲江的情景。相传，明皇在御花园初遇杨玉环，便被她美如"出水芙蓉"所倾倒。从此，爱情的花蕾顿时如繁花一样盛开，并演绎出了"爱江山更爱美人"的千古名句。失去贵妃后，整个人陷入孤寂、荒芜的情感中。一日梦里，明皇再次回到曲江芙蓉园，又一次陷入到爱情的深渊不能自拔。

在芙蓉湖南侧，九曲桥伸向湖面，湖心形成一方池塘。池水清澈，荷花飘香，鱼翔浅底，在水波花下仍能看出鱼戏莲的五彩颜色。荷池定时喷出薄雾，看上去烟水迷离，云气蒸腾。荷池在湖中虚无缥缈，隐隐约约，好似海市蜃楼，犹如仙境一般。

中国历史上，女人最浪漫、最美丽的地方当属大唐的长安。在昔日芙蓉园这个烟水明媚、柳暗花繁的园林中，婀娜多姿、风韵艳丽的仕女，头戴荷花，艳影霓裳，在今天的仕女馆里，展示出唐代女性"巾帼风采，敢与男子争天下；柔情三千，横穿古今流芳名"的精神风貌。

陕西西安大唐芙蓉园

看完新科进士的"探花宴"，走出杏园门外，又见芙蓉园里的荷。一阵微风吹过，送来缕缕清香。哦，众花都不及芙蓉。荷塘安排杏园旁，是为了方便"春风得意"的进士来采花。

临出大门，路边的草地里，还传出电视剧《大唐芙蓉园》的主题曲：出水芙蓉。

纵观芙蓉园千年之兴衰，感叹今朝的大唐芙蓉园，创千年之盛举，还大唐之风貌。"若问古今兴废事，请君尽看芙蓉园"，尽看芙蓉园里的荷花。

新疆乌鲁木齐五家渠青格达湖

魅力荷花西域开

金兄用长长的"红旗"，让我"飘"到了吃惊的地方。真没想到，中国西部新疆也有如此漂亮的荷花。她的美，深深让我迷醉。

1952年，中国人民解放军进疆后，王震将军亲自带领将士在乌鲁木齐河、头屯河、老龙河等三河交汇口的泉水溢出带，一锹一镐，肩挑手抬，连续奋战四个春秋，筑坝成湖。既成誉了西疆军垦第一湖，也成就了西域都市明珠青格达湖旅游风景区，还成全了景区里的"兵团仙子"——荷花。

该景区，地处农六师五家渠市，南距乌鲁木齐32公里。2002年就被兵团评为首家省级自然保护区。一条长长的主马路——荷花街，将景区东西相接。东部的荷花池四处散开，似花星点缀。区内500亩的荷花苑，是几十万株荷花的天堂。莲露茗、莲香苑、菡萏台、爱莲堂等景致妆饰在园内。特别是，一条环线让游人步行游览整个外围景观。进入荷花园地，每一位游客将会融入"荷的海洋"，感受人与自然和谐相处的美景。在观景赏荷的过程中，同时让游人在视觉、嗅觉、触觉上感受中国古典的荷花文化。每年的荷花节，是目前景区时间跨度最大、吸引游客最多、赏花时间最长的特色旅游节庆。在节日期间，大家以花为媒，以节会友。

新疆的日照时间长、光热、气候等生长因素，使得新疆的荷花开得更艳，更具观赏性。以前，只知道新疆的大美，红色的晚霞照在金色的沙漠上，伴随着串串驼铃声很壮美。出乎意料，能在大西北这块给人印象是戈壁、荒漠的地方，看到这么大面积的荷花，如同身在江南水乡。真让人很是惊奇。

我，无须解释也不用感叹，青格达湖的荷花为何这么美？是军垦人用生命装扮了她的妩媚。

感谢崔总的帮助，和中国荷协黄秘书长的陪同。崔总送的荷花展门票，我一直会珍藏。

河北安新白洋淀文化苑

自然

荷花诗句欣赏——断梗无多应解脱 夙根未尽且缠绵

诗句摘于【清】黄人：《咏荷用新城先生秋柳韵十二首之八》；《中国历代咏荷诗文集成》第346页

图片摄于2011年5月、广东佛山三水荷花世界

荷花诗句欣赏 —— 千古情缘何日了 此生何处相逢

诗句摘于【元】刘敏中：《临江仙·芙蓉》；《中国历代咏荷诗文集成》第479页

图片摄于2009年6月、广东佛山三水荷花世界

诗句摘于【清】孙允膺：《风入松·赏荷》；《中国历代咏荷诗文集成》第563页
图片摄于2009年6月、广东佛山三水荷花世界

荷花诗句欣赏——多少意 红腮点点相思泪

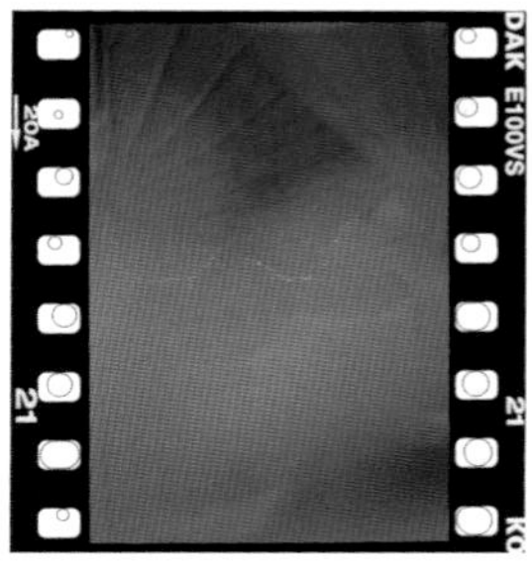

诗句摘于【宋】晏殊：《渔家傲》；《中国历代咏荷诗文集成》第458页

图片摄于2009年7月、河北安新白洋淀荷花大观园

藕莲之赏

Appreciation of Lotus & Lotus Root

目录

河北隆尧东良泽畔村

清水莲藕

1959年新中国十年大庆，河北隆尧的泽畔村送到全国农业展览馆的一株白莲藕，长九尺有余，重20斤，被称为"藕王"。时为人大副委员长的郭沫若品尝了泽畔藕后，称赞不已，当场赋诗一首。泽畔村属古尧山县，因位于大陆泽畔而得名。泽畔藕自明朝永乐年间从山西传入，历代村民以种藕为生。清朝嘉庆年间成为贡品，在京津鲁

晋一带名气很大。随着后来黄河改道，湖水退缩，泽畔村逐渐成为陆地，但是当地农民种藕之风不减，并摸索出改坑塘种植为"铺池而做"，创造了独树一帜的"清水莲藕"。

农历谷雨，天气渐暖，藕农着手铺池。开池时要烧香进供，燃放鞭炮，以此敬拜荷花仙子。泽畔藕不用坑塘，而是在上好地块挖土三尺，开正方形或长方形深池，每家少则半亩，多则二三亩。池底平整之后，大水漫灌。再根据池之大小，邀请十几人、几十人赤脚踩踏。踩池人分别列队，一遍遍翻来覆去地踩，直到把池底踩成不渗不漏为止。藕池踩好后上底肥，全是豆饼、花籽饼和芝麻酱，粉碎后和土拌匀，铺多半尺厚，然后把一块块种藕埋进土里，再浇半池井水。池水平静静，光闪闪，清澈见底，明如玻璃，亮若银盆。为了保持一定水位，三两天浇一遍水。天热蒸发快时，辘辘不停。这就是清水莲藕。泽畔藕生长期长，进入腊月才出池，专供春节享用。一般现挖现卖，带泥出售。洗净后如美人玉臂。席上泽畔藕片，白莹莹，脆生生，遇醋不变色。县志上说："洁白如玉，美味可口，营养丰富，全身是药"。

我去泽畔两次，都不凑巧。第一次碰上下雨，汽车陷在路边，两只鞋变成了泥水鞋。第二次去想观摩腊八庙会，村里没有住宿，最后出村住了八元钱一晚的农民旅店。晚上九点半，村里一位年轻人挂念我发信息问："有住的地方了吗？"一个人、一句话，当然还有一枝藕，将我所有的酸与苦，都化为了泽畔莲藕的味道——清脆甘甜。

山西新绛三泉白村绿海合作社莲菜基地

曾经特供中南海

无论名叫"青泥藕"，还是"黑泥湾"；不论曾经特供中南海，还是现在畅销菜市场，合作社的绿海莲菜，皆因"一村一品"：地好、水好、种得好，因而莲藕好。

新绛的白村青龙湾，土质黑而弯曲数千米，好似长龙在卧，因此而得名。村西的鼓水山泉流域古河道，以前因水源充足，顺河流两岸数千米种植有上千亩莲藕。因上千年种植历史的积淀，土质松软而黑，生产的莲藕脆嫩爽口，营养丰富，深得广大消费者和外地菜商的青睐。远销周边县市及太原、北京等地，曾一度是中南海的特供菜。大家都叫它"青泥藕"。

上世纪80年代后期，久负盛名的十里藕乡，因鼓水断流而销声匿迹。为了使白村莲藕产业，重新亮出优质品牌和鼓起农民腰包，2009年由党支部书记兼村委主任丁德明，牵头成立绿海莲菜专业合作社，在国内多家莲藕种植和科研单位的技术指导下，于第二年建造高标准水泥节水莲池260亩，并全部栽植优良莲种，取得良好的经济效益和社会效益。尤其村民积极加入合作社，参与莲藕种植生产、管理、销售等各个环节的劳务，使村民不出门就能挣到可观的收入。

2011年，绿海合作社利用高效防渗复合布先后建造节水莲池660亩，注册了"黑泥湾"商标和有机莲藕生产认证，通过统一选种、统一消毒、实时栽植、科学施肥、调节水位、统一包装、统一销售等各个环节把关，以及青龙湾独特的土质、纯净无污染的深层井水，认真实施有机产品的标准和要求，为社会广大消费者提供了更安全、多营养的莲藕。合作社成立时间不长，但白村莲菜在市场上名气不小。在新绛几届"一村一品"的展交会上，产销两旺，口碑颇佳，取得效益和市场双赢局面。

目前，绿海合作社要把基地建成集生态、观光、餐饮为一体的休闲娱乐基地，让更多的群众参与合作社共同致富，让更多的游客来感受绿海、品味新绛。

山东淄博周村萌山湖荷花生态园

萌水荷花萌山藕

这里夏意萌动。这里的人萌发一种强烈的创新欲望，于是萌生梦想。不仅造就十里荷塘，而且生成千亩藕园。萌山萌水出萌人。似乎，由此带来的一切都是萌的。

淄博有萌山，萌山脚下有萌山湖。萌山湖东侧1公里处，有一个荷花生态园，地处萌水镇北安村，由淄博现代农业产业化龙头企业——萌山湖秸秆养藕有限公司投资建设。该园以湖光山色的自然生态和接天莲叶映日荷花的旖旎景色，吸引大量游客前来观光游览。踏入园内，满目叠叶繁花，姹紫嫣红，百媚争妍。远远望去，荷花仙子手持荷花，伫立在瑶台荷丛中，微笑着向大家示意问好。荷旁树下，一群人在那里赏藕想尝藕。我走近一看，好漂亮的莲藕，通身没有泥的痕迹，光洁得像水果一样。原来……

说来话长。荷花园是淄博市首批都市农业示范园区、农业经济发展的典范。淄博常年玉米种植面积达200多万亩，多年来饱受秸秆焚烧的困扰，提出了"抓转化促禁烧"的目标与任务。萌山湖秸秆养藕公司，在荷花园发明了秸秆养藕的全国领先的专利技术。采取内置式、外置式秸秆生物反应堆种植莲藕技术，及秸秆沤制池沤制秸秆等三种技术，推进秸秆转化利用工作。三种技术的使用，大量消耗了秸秆，有效减少秸秆焚烧所产生的环境污染。同时，充分满足了莲藕生长所需养分以及CO_2气肥。该技术比传统方法提前10天左右进行种植，成熟期提早两三个月，亩产增加25—50%。而且收获时只需把藕池水放干即可直接拔藕，大大减轻了劳动强度。所产莲藕外观整洁无泥土、色泽洁白、口感爽脆，成为莲藕市场的宠儿。被评为市级名优蔬菜，通过国家有机食品和AA级绿色食品认证。同时注册为"萌山湖"牌白莲特藕。目前，荷花园实现了标准化、品牌化、规模化发展，建成千亩种藕生产基地，每年消耗秸秆2万亩。该园成为集有机藕生产、秸秆综合利用、藕产品开发、观光休闲娱乐于一体的国家AA级旅游景区，被命名为"全国青少年科普教育基地"。

秸秆，已经"不着一把火，不冒一处烟"。但荷花园，着实火了一把、冒了一头。

台湾台南白河

白河的荷海

从高雄下山出潭，走进台南的白河。位于南台湾的白河镇，素有"莲乡"的美称。阳光充足、平原辽阔的白河水乡，是台湾第一个以赏荷闻名的观光胜地；亦是台湾最大的莲子产地，白河莲子的产量占台湾莲子产量的三分之一强。

打的直奔莲花公园，再折返下车参观莲花产业文化资讯馆。听说大陆客人，没收我的进门钱。馆内有中国古代诗文、对联、谜语、儿歌、绘画与各式各样的生活工艺品，莫不与荷莲有关。还有，图文并茂地介绍了当地莲农栽种、采收、加工莲子的过程，以及用品和农具。没想到，小小的乡村，还有如此的馆子，可见台湾的文化功底。沿路的农家，又是一番情景。到处都是男女老少加工莲子的劳动场面，散发着莲乡的气息。一直往前走吧！放眼看去，赏莲大道旁，尽是一望无际的荷海，大片水田荷浪翻飞。此时的白河，正是满目叶碧花灿的景象。盛开的含苞的花朵，在绿叶的衬托下，煞是好看。凉风徐徐送来清香，让人的心灵受到大自然的洗涤。

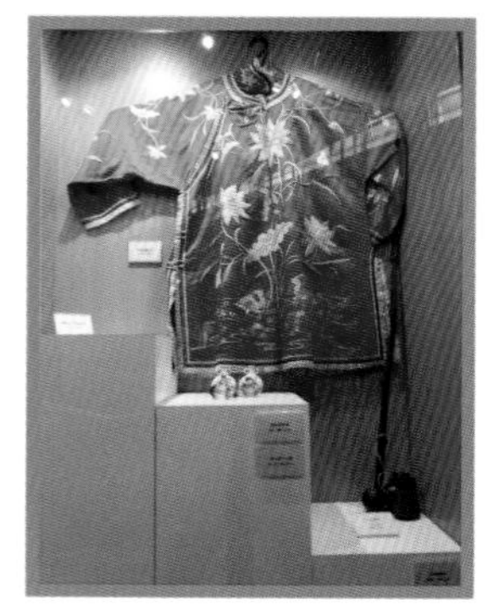

现在的白河，每到夏日，都要举办莲花节。这是一项产业与文化结合的活动。源于1995年，镇农会为了打开莲子莲藕的市场知名度而举行莲花观光季。翌年的莲花祭，更让白河的美名响彻全台。之后，农会将其改为常态性年度活动。热情的季节、加之好客的莲农、美丽的伊花，总是吸引大批客人来到白河的荷海，纵情地畅游。我提前来了，虽无福气享受到开幕盛典，但看到有人到处在布置莲花节，我闻到了活动的浓香。真巧，那天是端午节，我在莲花亭，吃了荷叶包的莲子粽，喝了冰水泡的莲花汤。坐在那里，我听见了花开的声音。

祝愿白河，永远是荷的海。

浙江武义柳城十里荷花

武义宣莲

啊，原来这里是盛产名莲——宣莲的地方。宣莲名称的来由，因旧县叫宣平，1958年撤销并入武义，现属柳城一带。我要去的十里荷花景区，是名莲之名景，幸哉，幸哉。

宣莲，中国三大名莲之一，浙江名贵特产，不可不多说说。柳城，位于宣平溪上游，地处武义南部山区，是浙江省畲族主要聚居地之一。宣莲是柳城的特产，始种于唐朝显庆年间(656—660)。以颗大粒圆、饱满肉厚、肉酥味美、营养丰富、药用价值高而著名。清嘉庆6年(1802)列为朝廷贡品，1993年荣获香港国际食品博览会金奖。

相传，清嘉庆年间，浦江有个祝老大，躲债到原宣平西联乡壶源村的下塘，在山脚开出几丘稻田。第二年，田里长出一朵荷花，香气扑鼻，果实也香气沁人。从此，祝老大就以种莲为业。一晃十几年，祝老大背上10多斤莲子回故乡探亲。路过金华罗店歇宿，宿费不够就抓几把莲子给店家。店家满心欢喜，珍藏起来。一天，一京城官亲路过罗店，店家拿出莲子煨鸡饷客。客人食之，问是何山珍海味。店家说是宣平莲子煨鸡。客人说，全国闻名者为湘莲，可也无此鲜香。店家奉献剩余莲子，官亲回京又奉献皇

帝。皇帝赞赏宣莲，下诏官府每年进贡十二担。从此，宣莲身价百倍，一斤竟值一担谷。于是，各地竞相种莲，但色香味皆不及宣平莲子。

十里荷花景区位于祝村，种植宣莲5000亩，赏荷景观连绵十余华里，故有"十里荷花长廊"美称，被誉为"江南第一荷花之乡"。这里依山傍水，山清水秀。夏日，荷花盛开，千姿百态，并有"双塔"辉映，风景如画。荷花物种园，是整个景区的精粹之处。夏荷之时，双休日每天推出一台畲族风情表演节目，可让游客大饱眼福。可惜，我没碰上。景区内的莲文化和廉政文化长廊，内容形式不仅让人耳目一新，而且潜移默化使人受到教育。

我从北入柳城，再从柳城南下，沿途经泽村、西联一带，公路两边尽是荷花。尤其那依山而种的梯田莲，成为一道独特的风景。每年的"武义宣莲节"，秋末冬初举行，虽不见接天莲叶、映日荷花，但迎来了莲子的丰收和八方的客人。

福建建宁均口荷苑

天下第一莲

我好无知。九年前，去福建建宁拍荷，那时竟不了解"建莲"且"名莲"。这个革命老根据地，不仅红星闪闪，建起苏区；而且碧波涟涟，产出"天下第一莲"。愧中有敬。想着看着它的过去和现在，展望建宁未来无限。

福建建宁，是人文积淀的千年古邑，历经烽火的红色苏区，风景秀美的生态公园。在红军五次反围剿的过程中，是红军重要的筹粮筹款地，被誉为"苏区乌克兰"。也是红军第二次反围剿最后大捷的决胜地和我军炮兵和通信兵建制诞生地。毛泽东、周恩来、朱德、叶剑英等，曾在这里度过了艰苦卓绝的峥嵘岁月。十位开国元帅中，除贺龙、徐向前外，其他均在建宁指挥过中央红军作战。170多位师(地)级以上党政军干部，在这里从事过革命实践。

建宁是"中国建莲之乡"。建莲，素有"天下第一莲"美誉，已有千

年种植历史，是历代皇家贡品，获得国家地理标志产品保护。相传乾隆下江南时，不幸中暑发痧。适遇金饶山寺主持济空和尚，用建宁的西门莲作"鸡莲肚"治好了皇帝的病。乾隆特为金饶山寺，题写寺名"报国寺"以表其功。报国寺三字名一直沿用至今。在《红楼梦》第10回和第52回中，有关于建莲的记叙。1984年美国总统里根访问中国，国宴上的一道甜点就是"冰糖建莲"。

建宁地处武夷山脉中段，全境西北低、东南高，形成向西北倾斜的高海拔"锅底"。日夜温差大，利于莲子结实。县境内地质矿带多含稀土元素等，地下水位高，泉水水质清洁，故建莲品质优良。精心栽培，适时采取，精细加工，也是建莲质地优良的重要因素。建宁莲子粒大而圆润，色白如凝脂，易煮烂又久煮不糊，香酥可口，富含18种人体必需的氨基酸。全县共有1个万亩镇、4个5000亩乡、20个千亩村和1000家10亩以上的大户，莲子种植面积5.5万多亩。成为福建省最大的建莲生产出口基地。

位于建宁均口镇修竹村的"荷花大观园"，也被称为修竹荷苑，是国家级农业旅游示范基地。有连片荷莲200多亩，建有咏荷诗词石雕、观荷亭、土特产购物中心、农家山庄等项目。并实行"油菜荷花"轮作，已成为广大游客乡村旅游的首选景点。

河南孟津会盟荷花园

谁在会盟

谁在会盟？历史与现实。河南孟津的会盟镇，上古，八百诸侯会盟孟津，调动千军万马灭商立周；如今，万亩荷花"会盟"扣马，吸引八方来客赏荷游滩。沧海桑田。昔日战场的回望，与今朝荷海的欣赏，成为人们眼里心中一道美丽的人世风景。

会盟，古称"孟津"，现为"旧孟津"。自明朝嘉靖11年(1532)至1959年的427年中，几乎一直为孟津县县城。它，濒临黄河，滩涂面积广阔，自然条件不错。是中华民族发祥地之一。镇名源于"八百诸侯会盟孟津"的历史典故。

商朝末年，纣王昏庸无道。大修离宫别馆，与宠姬妲己在这里纵情享乐。而且，他还极其暴虐残忍。社会矛盾日益激化，民不聊生，怨声载道。此时周人势力迅速壮大，决心伐纣。武王率领大军一路东行，来到黄河岸边的孟

津渡口，开展了一次大阅兵。两年后(前1043)12月，队伍再次陈师孟津，八方诸侯一起设坛盟誓，周武王又一次战前动员。一场顺天应人的战争，商朝灭亡，周朝建立。

当年，各路诸侯会盟孟津。北方孤竹国的王子伯夷和叔齐闻讯后，赶来劝阻，并拉住武王的马苦苦劝谏。认为：做臣子的利用商王朝的衰微而谋夺天下，既不吉利，也违道德，应停止伐纣。武王觉得这两人忠直，没杀他们。最终二人"不食周粟"而饿死。伯夷叔齐不降其志，不辱其身。后来，孔子孟子备加推崇，司马迁也为二人撰文立传。

古战场的痕迹今日荡然无存。但是"八百诸侯会盟孟津"的诸多故事，却永远被人们口口相传。有趣的是，如今一个万亩荷园——千千万万的荷花，不仅盛放在当时会盟之地，而且摇曳于曾经扣马而谏之处——现在的扣马村黄河滩涂湿地。每逢夏季，会盟举办荷花节，以七月骄阳一样的热情，向八方宾朋发出诚挚的邀请，赏万亩荷花，享黄河风情。他们继承了周武王的动员传统，但宣传手法与形式现代化了。先后赢得各网、各报、各台等20多家新闻媒体的全方位、深层次地报道，收到了老祖宗始料不及的良好效果。

来会盟"会盟"吧！可闻到擂音，但不会要你击鼓传令；可听见蹄声，但不会让你金戈铁马。尽情享受的是：会盟的深沉与轻快。

湖北罗田白莲河十里荷塘

白莲河里尽荷塘

很有趣，刚到浠水县的白莲镇，过一不大不小的桥，就"下"了罗田县的白莲河。原以为，凡名荷叫莲的应有荷莲。打听浠水，回复白莲镇没有荷莲。开始打问号，现在相信了。没有打听的罗田白莲河，倒是一"河"连片的荷莲。

白莲河原称"百里险"。相传，河两岸一对恋人，因山高水恶阻隔不能相会，姑娘思念成恨，跳河而去，水面浮起一朵洁白的莲花。于是，"百里险"改名为"白莲河"。

两县的"白莲"，也许皆因河而得名。浠水白莲镇有矿产确无莲。它是白莲河水库建成后，浠水才设白莲镇。尽管白莲镇矿产公司开在该镇莲花街，还是没有荷开白莲。罗田有荷莲，我认为，应功归县的"旅游书记"和乡的党委政府，使"白莲"有了十里荷塘、千亩莲香。

罗田，大别山主峰所在地。好大的气魄，县委政府要让800里罗田成为一个景区。他们决心扛起大别山旅游发展的大旗，把罗田建设成为绿色崛起的样板和典型。白莲河乡，是罗田的边贸重镇、南大门。鄂东最大的水库白莲河水库，主水面在该乡。青山绿水，是白莲河最优势的资源，也是最突出的特色资源。如何做好山水文章，盘出一个可持续发展的新富民门道来，成为乡里重要的课题。

他们请来专家做市场调研，按照罗田整体规划，结合本地实际，形成了"十里荷塘"莲产业园发展思路。成功引进湖北天豪有限公司，对318国道沿线的张八塘、尤家咀、香木河等5个村连片的土地实行流转，一期种植荷花2700亩。5个村庄1472户留守劳力大多在基地打工挣钱。实实在在的收入，看在眼里的变化，他们进一步坚定了信心。从"十里荷塘"出发，发展以"莲"产业为主，集种植、旅游、生态观光于一体的产业示范园，形成罗田"北有画廊、南有荷塘"的区域旅游新格局。并定位发展为湖北省示范赏莲采莲文化旅游园、全国示范廉政教育基地、全国优质莲子种苗繁育基地、湖北省莲子物流贸易中心。

荷塘雅韵，最美白莲。一望无际的荷花正在竞相怒放，争奇斗艳，形成一幅美妙的花海图画。车边开边停，人边赏边摄。轨迹和乐趣，任由无限景致无穷延伸。路在林中展，车在景中行，人在画中游。陶醉瑶池境，不舍白莲河。

湖北嘉鱼陆溪珍湖

舌尖上的莲藕

为了"舌尖上的莲藕"，可谓费尽了周折。并非因舌尖上的需要，而是唯心尖上的满足。

白嫩爽脆的莲藕伴着熊熊灶火在锅里翻腾，煎炸炒煮蒸，各种烹饪方式轮番上阵……，引得无数观众深夜守候的央视一套纪录片《舌尖上的中国》，在第一集里将镜头对准了湖北嘉鱼陆溪珍湖的莲藕。

从九江过长江，拜谒时珍先辈后上了白莲河。计划当晚赶到嘉鱼住宿，由于老眼昏花，看错地图册上的标识，碰巧车上导航也现差错，沿高速往西南下，结果到了嘉鱼的长江对岸。摸黑走了好久的省道，才赶到可以摆渡的龙口小镇。当时已近9点，只能住下等第二天渡江往嘉鱼。"下雨偏逢屋漏"，小镇当晚停电，晚饭差点未吃上。第二天过了长江，直下陆溪找珍湖，又遇修路断道。最后是一个大爷带路，真是七弯八拐，终于来到了珍湖边。"舌尖上的莲藕"啊，我知道你此时还在"十月怀胎"，并不是想吃你一口，而是想看你一眼。在江湖河港密布的鱼米之乡，能找到这里，也算老天爷关照。

嘉鱼是典型的湖区，自古以来就是优质莲藕的生长宝地。陆溪是个"藕镇"。陆溪的珍湖，面积3600亩，如一颗亮丽的珍珠，坐落在长江中游南岸，属于自然湖泊，号称是一块传统农业及原生态物种的处女地。沿途有不少藕田，但到了湖边，只见渔网阵阵，却没有"接天莲叶无穷碧"的感觉。几块近似原始自然的荷塘吸引了我，难怪，舌尖上的莲藕要选珍湖。那为什么种植这么少？难道因名珍湖，而物以稀为珍？

后来才知，以前成片的莲藕布满珍湖。9月过后，二三百号外地本地挖藕人，天刚露白，就乘着各自的船划往不同挖藕点，散落在千亩藕田上。夕阳西下，满载莲藕的船队浩浩荡荡划向岸边，把收获的莲藕过磅运往各地外销。有的远销欧美和东南亚国家。因上《舌尖上的中国》节目，珍湖莲藕声名远扬。为了让荷花更靓、莲藕更香，盛名之下的珍湖农业发展公司从长计议，将满湖莲藕换茬满湖鱼，以养鱼增加湖的肥力，为来日再种莲藕打下基础。

餐桌因你而丰盛，舌尖因你而满足。我，因找到你、看到你的未来，好开心。祝愿嘉鱼陆溪珍湖的莲藕越来越珍贵而又普及。

江西广昌

古色今香千百年(一):莲花王国

这里藏有一个古老，这里呈现一个当今。在荷莲的王国里，今古奇观，无与伦比。除了感叹，那就是惊叹了。

在当年"江南西道"江西、今日抚州南部，有一个因"道通闽广、郡属建昌"而得名的广昌。早在宋朝还有一个"莲乡"的雅号。由于我是个"网盲"，初知广昌，只有"产莲"的概念。那年，从"莲花"之县直接驱车"莲花之乡"。感谢白莲局长谢克强，亲自安排周副局长陪我。从研究所、博览园出发，直奔驿前镇。一条简单的路线，就是一条不凡的"莲道"。行走在荷莲夹道欢迎的路上，"花花世界"令我"荷眼莲心"，不由得我一而再、再而三地"说荷写莲"。

先道道广昌的广吧。广昌山清水秀，风光旖旎，犹如一个天然氧吧、生态公园。1612平方公里的大地，拼接而成一幅隽美的画卷。画卷之美胜在夏，画卷之夏美在莲。没有莲花的广昌，就像抽了魂的少女，那不知少却多少韵味。初夏来袭，广昌就被莲花包围了。熏风吹遍了夏季，吹动了莲叶接天、荷花映日，吹爽了来来往往的游人，吹醒了"莲乡"的前世今生。这样的夏天，才是真正的夏天；这样的广昌，才是最美的广昌。

据史载，广昌种莲，始于初唐。其时为红莲，"数载忽变为白"，红花莲成了白花莲，红淡白浓总相宜。此物种变异的现象出现，带动广昌人喜莲、爱莲、种莲、思莲，距今已有1300多年的历史。目前，广昌的白莲产业已成为全县经济的支柱产业和农民增收的主导产业。白莲种植面积、总产单产均居全国县级榜首，成为全国最大的白莲科研基地、集散中心、价格形成中心和信息中心。早于1995年，在北京人民大会堂召开的首届百家中国特产之乡命名大会上，广昌被命名为"中国通心白莲之乡"。并获得国家"农产品地理标志"保护。

许多人都读过周敦颐的《爱莲说》吧，几乎都可以背出其中的名句："出淤泥而不染，濯清涟而不妖"。但知否，千年前周老夫子凿池所种的爱莲源自何处？那就是从广昌引去的莲花！现在，湖南湖北等地的莲产品种，大多也是从广昌引进的太空莲。

荷风桥

廣昌蓮文化展廳

古色今香千百年(三):旷世莲海

还讲讲广昌的昌吧。广昌人的昌明，广昌城的昌隆，不容分说。我只想倾吐广昌莲的昌盛。广而言之，一句话就够了，现在广昌全县95%以上的农户种莲。昌而论之，也是一句话，去驿前镇的姚西村赏莲。

姚西的莲，规模宏大，气势壮观。万亩之莲田，号称"中国莲花第一村"。这里有着广昌最多最美最具特色的莲景，有"第二个庐山"之赞誉。

我去姚西，又多了个聪敏能干的窈窕淑女——雷副镇长陪同。两位"高官"男才女貌，让我浑身不自在。下午一桌饭，又是村里的"冒号"们宴请，更使我过意不去。晚上安排我睡在莲花丛中，整夜做着荷塘月色的梦。第二天东方未晓，我就爬起来，"近水楼台"先上屋顶。昨日迟到姚西，未识"庐山真面目"啊！居高远眺，山峦峦，水湾湾，那繁花点点的莲海，就镶嵌在这高耸碧峰、俊秀翠竹、拔美青林之中。薄雾轻烟，恰似一层层白纱缭绕于仙境中的仙子。此时此刻，所有的生灵都在静静地守候那份安详。只感觉，整个世界这般美好、这般清净、这般淡

泊。走在蜿蜒曲折的莲道上，满目皆是诗意。莲叶承露，花苞欲滴，整个人也好像被滋润着。错落层叠的村庄，掩映于诗情画意的荷(和)美中。恍惚间，不知这是天上人间，还是人间天上。

我的运气还可以。那天上年举办农民莲艺竞赛——剥莲子。就在莲花旁修竹中拉上横幅，摆开战场。清一色的少女少妇，亲友作伴，儿女相依，以雷镇长为首的指挥她们，分成两排，席地开剥。此刻，我的思绪一下飞到了古镇的老宅里。一群男女老少围坐一团，笑语之中不经意，就是一粒破皮而出。也许，平日的悠哉，练就此时的功夫。一双双巧手，像变戏法一样，疾速脱掉她翠绿的外衣，完全裸露她洁白的真身。啊，多么圆润光滑。名不虚传，广昌的莲就是这样色白、粒大、味甘、香清。遥想当年，大概如此这般，由一个个仙女托盘，将一粒粒白嫩的莲米，贡奉给皇上尝鲜。

不能不提广昌的莲神太子庙会。每年荷花生日时期，莲区的人们都要酬莲神、祈福祉、庆丰收……。一个全世界独一无二的、历经千百年未曾中断的盛大庆典活动，衍化至今，已成为广昌城乡极富特色的民俗文化与商品经济相融汇的庙会活动。

湖南湘潭花石镇

芙蓉国里"中国第一莲"

中国名莲的争冠，把我这个外行带进了懵懵懂懂之中。全国四大莲子的主要产地，我都去过。宣莲、建莲、赣莲的资料，我已查阅编写。唯有湘莲未触及。我该说说它了。张总开车，宫哥杨兄陪同，专程来到花石。

湘莲何时开始栽培，何日名登榜首，无从考查。3000多年前，我国楚大夫被流放在湖南沅湘之间时，写下的诗辞中有大量关于荷莲的描写。2000多年前的《越绝书》中，就有"沈沈如芙蓉，始生于湘"的记载。考古发现，战国楚墓、马王堆汉墓中有藕莲实物。"湘莲"见书，最早是在南朝江淹《莲华赋》中。不仅用了"湘莲"一词，而且还提到了南楚，即湖南地域。而此时，尚未见到别的以地名称呼莲种的记载。

湖南有"芙蓉国"之称。晚唐谭用之《秋宿湘江遇雨》，其中写到"秋风万里芙蓉国，暮雨千家薜荔村"之句。毛泽东也曾有"芙蓉国里尽朝晖"的名句。他们诗中的芙蓉，有人认为是木芙蓉。更多的则认为是指水芙蓉，荷花也。理由很实在：其一，谭的两句显然脱胎于屈原《湘君》中的"采薜荔兮水中，搴芙蓉兮木末"。谭诗应和屈句一样，指陆地薜荔和水中芙蓉。其二，木芙蓉不一定要种在水边，而荷花只能种在水中。谭当时宿在湘江，看到的是水景。水中大面积荷花有可能，反之木芙蓉如此，则不合情理。其三，湖南自古就有盛产荷莲的记载，其普遍程度称之为"国"当之无愧，而无盛产木芙蓉的记载。再说木芙蓉并无大用途，怎么会大面积地种到称"国"呢！明显得很，"芙蓉国"，乃指到处都是荷花的地方。

芙蓉国里的湘莲，主要有湘潭寸三莲和杂交莲、华容荫白花、汉寿水鱼蛋等。最优者为湘潭莲子。战国时，湘潭白石铺产的莲子和藕粉就已进贡朝廷。之后的汉唐宋明清各朝都把它纳为贡品。1985年，武汉商检局把湘潭"寸三莲"与建白莲、赣白莲和湖北湖莲等，进行了一次养分对比测定，结果10项指标有7项主要指标领先。目前，湘潭除了生产大量优质莲子外，还在花石镇建成了一个全国最大的莲子集散中心。湘潭县"中国湘莲之乡"、湘潭市"莲城"，成为了全国莲子的大本营，而且形成了一个集种莲、人才、技术、信息、集散于一体的全国性的中心大市场。宏兴隆、粒粒珍等公司，是这个大市场中的佼佼者。

中国名莲，几分天下？实力竞争，各领风骚。何者为王，自有公论。

和荷走天下

园的中央，矗立着一块巨石，上面镌刻着四个大字：和荷天下。真没想到，我的画册《和荷天下》的名字，出现在东莞桥头镇的现代农业示范园。

俗话说，十年磨一剑。惭愧得很，我只花了三年功夫，就琢磨出这四个字。况且，这都是大家再熟悉不过的几个汉字。没有什么稀奇可言。回想当初，我背着《和荷天下》的初稿，专程来到武汉——中国花卉协会荷花分会会长王

其超老教授的家里讨教。最后意想不到的是，老人家拿出墨宝，一边湿笔一边说：我好多年没动毛笔了，就送你书名上的四个字吧。笔笔情深似海，字字恩重如山，我当时受宠若惊。这四字，既是对我的肯定，也是对我的鞭策。时至今日，我真没有少麻烦他老人家及他的老伴张行言教授。我与荷花之所以走得这么近，行得这么远，情缘这么深，与他们的关心和指导分不开。我，好感恩这两位德高望重的当今中国研究荷花的最高权威老专家。见字如见人，多年前的情景一一浮现，我怎么不动情？自己清楚，这四字如不是王老挥就，"和荷天下"也许行走不了天下，至少行走不了几多天下。

别啰嗦，还是为这个示范园激动吧。桥头现代农业示范园，是东莞第一批农业产业园，建于2011年。是与深圳铁汉生态股份公司合作开发，一个集农业综合种养、农业科技成果示范与转化、观光休闲等功能于一体的现代农业园区。无疑，最具特色的是荷花观赏区。今天的主角更是荷花，因为第27届全国荷花展的分会场设在这里。

为顺应城市化发展，加快农业转型升级，桥头镇规划了一个集荷香田园、都市绿野、生态新城于一身的万亩都市农业园。大力建设荷花基地，又计划投资1.8亿元，再建一个荷花种植产业园。进一步打造桥头的荷文化品牌，转变传统的农业建设格局，从而使桥头的经济社会全面协调发展。

荷塘的周边，一座座铁塔就像"铁汉"。荷景"虽由人作，宛若天成"，充分体现人与自然的和谐。园区的荷花如此多娇，原来是"铁汉"打造、"铁汉"守护。

广西柳江百朋玉藕之乡

藕乡莲国

你见过三万亩的莲藕田园吗？广西柳州的柳江县百朋镇，已成为全国最大的双季莲藕种植地。这里种植的莲藕，洁白如玉，个大肉嫩，清甜脆口，享有"玉藕"的美称。"百朋藕海"，也被誉为"中国玉藕之乡"。百朋玉藕，已被中国绿色食品发展中心认证为绿色A+级食品，创造出了"柳江玉藕"的品牌。每年几万吨优质莲藕销往全国各地，并出口到日本、美国、荷兰及东南亚国家。在日本超市，百朋玉藕被当成了水果零售，极受欢迎。

为了赶路，我们起了个大早，先去看"藕海"。临近百朋，大幅的标牌矗立在路口。怎么，藕田里就有人在采藕？这才六月初呢。风景越来越好，停下车，我就忙乎起来。甜言蜜语地苦苦请求，一家老乡让我爬上了屋顶。登高四周远眺，层峦叠嶂环抱着万亩碧海。铺天盖地的莲叶中，隐隐约约藏有人家。几簇人在藕田里忙碌着，采完藕的已是泥乎乎白茫茫一片。未采的，像万匹绿绸铺成的百里平畴，微风过处，碧波荡漾，仿佛舞女裙袂在飘摇。来往其间的

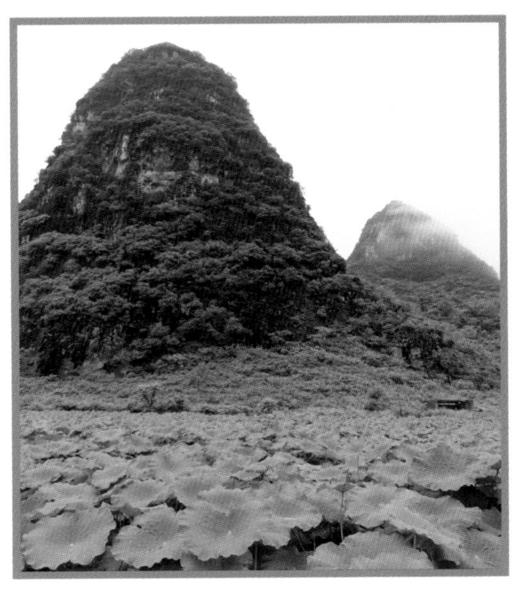

车辆行人，就像演员在走场。我，好像在欣赏一幅诱人的自然风景画卷，又像是观看一部藕乡莲国的专题片。

就在吃罢早餐准备返程之际，充气的巨大牌楼和各式的宣传标牌……在这里布置起来，预示着一个庄重热闹的仪式将要举行。抬头一看：首届玉藕文化旅游节。我好幸运哟，今天6月9日，首次来这里，首先拍上了美轮美奂的风光，又碰上了首届玉藕节开幕。

这里是藕海的中心，百朋镇下伦屯——"全国农业旅游示范点" "柳州市十大最美丽乡村"。该村充分发挥田肥水美的优势，坚持走"一村一品"的产业化发展道路，大力发展品质优良、早种早收的双季莲藕，全屯95%以上的水田种植莲藕，并套种套养。目前，以下伦屯为核心的莲藕基地，已辐射全镇连片种植形成"万亩藕海"生态奇观。同时，利用独特的山光水色景观，大力发展生态农业观光旅游业。观赏荷花的时候，也是莲藕收成的时节。

可惜要赶路，欣赏不了开幕场景，观看不了牛车娶亲，体验不了开心农场。再见！

荷香莲乡

一个用现代武装的莲乡，一种以藕稻套种的荷香，着实让我沉醉不已。这乡在宾阳，此香飘人间。

广西宾阳县的黎塘镇，是一个传统的工贸强镇，又是一个现代的莲藕之乡。六项重大工程之一，建设好现代农业示范基地——"荷香人间"。荷香人间，位于镇东南2公里处，南梧二级公路旁。由广西昊润投资有限公司投资，始建于2010年。核心区示范面积为600亩，辐射带动面积6000亩。以"公司+基地+农户"的模式，用现代物质条件装备农业，用现代科学技术改造农业，用现代产业体系提升农业，用现代经营形式推进农业。通过土地流转的形式带动当地农民致富，同时探索建立以当地农民为企业员工、实行绩效考核、土地入股等为内容的现代企业制度，推进现代农业产业发展。大力推广现代科学种养技术，实行规模化、标准化生产。目前，莲藕套种晚稻栽培技术达到国内同类项目的领先水平。利用作物不同阶段对阳光、水、肥的需求进行套种，达到藕粮并举，钱粮双增。稻藕套种技术得到了国家级专家的认可和赞扬。荷香飘莲乡。全镇已发展6000多户农家种植莲藕18000多亩。

荷香人间，以"荷园、莲园、藕园、龙园"为主题，构建集现代生态农业生产、特色农业观光、休闲旅游度假、农业文化体验等功能于一体的现代生态休闲农业体系。在荷园，游客沿1500米的观荷长廊，可观赏到藕稻套种，也可欣赏到叶绿花红，吸氧健身；在莲园，在赏花的同时，观看"莲·廉"的宣传牌和警示片，着重体验"莲因洁而尊、官因廉而正"的高贵品质。在藕园，游客可下地挖藕，享受丰收的乐趣。适龄单身男女，或许有缘在此"佳偶天成"。那一天，来去匆匆，我这条"龙"不知游了几个园。碰上他们的老总，也没多聊聊。好想再来"人间"。是清晨？薄雾未散，珠露没消，背一竹篓，赤脚采莲；是傍晚？夕阳斜照，金晖耀荷，牵手爱人，流连曲径。或许，8月中旬来看套种水稻；也许，11月底来看收完晚稻再采莲藕。不管何时，我都会带上相机，灵气飞扬，咔嚓而就。

四时风光，美在荷香莲乡。

广西平果坡造荷莲世界

接天花叶山水间

从田东的横山赶往平果的坡造，一路匆匆。车刚停下，迫不急待走出车门往左看，一卷真实的山水田园画中，镶嵌着一幅隽美的夏日荷莲图。美得不敢相信自己的眼睛。

这里是广西平果县坡造镇的荷莲世界。坡造，是一个少数民族聚集的乡镇。居住着壮、汉、瑶等三个民族，以壮族为多。他们按照"一乡一品、一村一业"的特色农业综合开发思路，通过"政府主导、企业投资、土地流转"的模式，依托山清水秀的资源优势，打造旅游观光农业品牌，走出了一条经济效益、社会效益和生态效益三丰收的新路子。经营方式也从原来单纯的传统种植莲藕，发展到现在集山水观光、赏花、采摘、垂钓、游泳、农家乐、深加工等为一体的特色农业旅游产业。万亩荷花种植示范基地的规模不断壮大，由原来的800亩发展到现在4000亩的荷莲世界。有锦绣荷乡、诗画荷园、凌波踏荷、荷风野韵、壮家荷味等九大观赏区。这个荷莲世界山水画廊观赏路线绵延约15公里，特地配备了10多部观光电瓶车，供游客选用。

我们开着汽车，边走边停，边赏边摄。来早了，只见青山黛翠，荷田披绿，碧水依依，十里荷莲，一望碧海。一片片绿意之中，若隐若现含羞的小苞。一阵阵微风吹过，绿叶与红蕾浸润着眼眸，清香与荷色拍打着肺腑。这是荷莲带来的甜美，美的是看，甜的是嗅，样样沁人心脾。

荷田深处就是布镜湖。该湖具有清、秀、奇的特点。水源由三处大泉水涌出汇成，深蓝水体不见湖底，透出一股神秘之美。站在高岗上，极目远眺，奇峰连绵，山体秀丽，尤以月亮山为代表。山脚下稻田、荷塘、村庄、流水……，尽览眼底，美不胜收。湖的四周，被连片的野荷包围。伫立闭目，可想盛夏季节，一湖清丽，百花怒放，婀娜多姿，稻香荷韵，风光无限。国家溶洞专家朱学稳教授，考察后赞不绝口，并题词：真世外桃源，是泽国仙府。

我也想睡在吊床中，摇出自己的美梦。与荷花仙子畅游荷莲圣境，尽享人间天堂。

海南陵水岭门农场强强莲业合作社

与莲子一起生根开花

离开三沙(西沙中沙南沙群岛)，这里几乎就是中国的最南部——海南省的陵水地区。有这么一家三兄弟，打起背包，从三国刘备的老家荆州出发，一直南下南下，漂洋过海，来到这里的岭门农场，租地种莲卖籽。一种就是十多年，一种就在这里生根、开花、结果、收子。

那是2012年的6月初，左寻右问找到了农场的边头作业点。大片大片的莲区，远远看去，就像南海的海水一样蓝绿。似乎望不到边的莲海之上，还有好多好多的粉红点点，尽管已到收籽的尾期。花朵伴随着天上的白云、岭下的椰林，以及引人瞩目的五星红旗，一起迎风飘摇和招展。好一派海岛农垦风采的莲花世界!

来到他们住地，相互间由陌生冷漠到热情交谈。为头的是老幺，叫刘强，他们成立了强强莲业农民兄弟合作社。根据不同情况，每年租种500至1500亩地不等。不知道，收获莲子到底多少颗；只知道，三兄弟现在变为三家十口人；还知道，他们在海南边种边购边销，莲子的销售量，已占全岛的九成多。真是，人口、莲子两兴旺！没想到，他们过去靠吃荷藕莲子长大，离乡背井，来到了海南岛上；如今靠莲子为生创业，一道与莲子，在远离故乡的海岛上生根开花。

农民兄弟，敬佩你们！祝福你们！

四川宜宾永兴万亩荷花基地

带着酒香游荷乡

大清早，我就坐上了宜宾开往永兴的班车。车摇晃着好像在爬山，人不知不觉打起盹来。一股味道扑鼻而来，熏走了我的睡意。这是什么味？那么香，那么浓；香得清新，浓得醉人。味儿越来越重，弥散在车厢里，我贪婪地嗅着、吸着，吸着、嗅着，好过瘾，好沉浸。我向旁边的老乡打听，一位上了年纪的长者颇为自豪地回答：这是酒的香，五粮液的味！唉，我真可笑，竟然身在酒都不知酒！眼睛朝着左下方望去，好大好大的酒厂啊。此刻，大脑才将酒——五粮液——酒都——宜宾关联起来。我对酒兴趣不大，但也不至于这么迷糊。也许，我脑海中、心田里只有荷乡无酒香。

被誉为"荷莲之乡"的永兴镇，位于宜宾县的东北部，有着200多年的荷莲种植历史。充分利用当地资源优

势，大力发展特色观光农业，全力打造"西部藕海"生态游，建成了万亩莲藕农业生态园区，形成了优美如画的水乡风光，成了宜宾市乃至辐射川南区域的特色生态旅游品牌。而且，注册了"戎州"莲藕商标，每年产值近亿元。

每到仲夏，荷花节开幕，各地游客纷至沓来，壮观美景已然呈现。放眼一望，万亩荷花，碧波荡漾，微风轻拂，似一片碧海。万顷的荷田，绚丽的荷花，成了宜宾生态走廊中一道靓丽的风景线。漫步莲塘，花红叶翠，赏心悦目。阵阵清香，令人心旷神怡。藕海泛舟，莲叶田田，幽香缕缕。若是一边赏莲，一边畅饮，一边放歌，优雅自在，不是神仙胜神仙。莲藕梯田，蔚为奇观，层层叠叠的荷叶绿色如绸，好不洗眼洗心。为了多看几个景点，我专门租了一部摩托，尽情畅游在莲的海洋。

我知道了，因金沙江、岷江在宜宾汇合，长江至此始称"长江"。"万里长江第一城"的宜宾，这里雨热同季，气候温和，空气和土壤最适宜酿酒，也适合种莲。这里是中国酒都、世界名牌，也是百年荷乡、百里荷廊。荷香怎能堪比酒香？但也是一香嘛。是否，酒香香于身，荷香香在心？

白水荷花无穷碧

因走错路，赶到白水塘已近黄昏。景区内外，荷花田田，却给人留下清晰的印记。

白水塘，是云南陆良县坝区遗留下来的最大的也是最后一个湖泊。位于三岔河镇境内，距县城15公里。盛夏水域广大，白浪滔滔，故名"白水塘"。站立湖边，放眼望去，让人顿生"万顷荷花红照水，千丛荷叶碧连天"的诗情画意。如果白天，泛一叶扁舟，置身万亩荷塘中，可领略湖水烟波浩渺。停棹小憩，随时可见鱼儿畅快地游于水底或跃出水面，掀起层层水浪。万绿丛中，朵朵红莲亭亭玉立，清香四溢。人隐荷中，千声万声呼不出，只闻采莲人的笑语欢歌。白水塘荷花是邑东一道亮丽的风景线，白水塘莲藕在云南更是独具特色。哦，白水塘周围都是一片片的荷田，植莲种藕赏花兼得。

云南陆良白水塘

还好，晚色的荷景与人们劳作的场景，相映成辉，十分田园，很满足自己内心的感受。最后，拍摄景区的牌楼，是开着汽车灯来补光的。无奈行程已经预排，只能如此匆匆。

陕西兴平田阜莲菜基地

清水莲菜的故事

清水莲菜，大概就是用清澈的井水种植的莲藕，以及它的系列之菜吧。它的故事，发生在东临咸阳、南依渭水的陕西兴平田阜乡。故事的背景，是在段家村。故事的主人公，应该是该村从小生长在渭河边的段帮魁。

高中毕业的段帮魁，一心想着如何造福农民。2001年，32岁的他率先从山东引进莲藕种植新技术，试验成功后在兴平市沿渭乡镇积极推广。从最初的35亩，发展到目前的三四万亩，使这一产业成为沿渭农民增收致富的主导产业。在发展莲菜产业中，他积极带领种植户组建农民专业合作社。入社成员已由当初的20人猛增到1480多人，拥有1个洗菜厂和4个作业队2个服务队。为了提高莲菜的产量和加工品质，延伸产业链，又成立了井冠清水莲菜专业合作社。该社已成为咸阳地区行业集中度高，代表性强，唯一一家集清水莲菜

生产、加工、销售于一体的大型农民专业合作经济组织。合作社积极推广的"无公害化种植、机械化集中采收、合作社方式销售、品牌化经营"模式，使清水莲菜成功销售到了西安沃尔玛、人人乐等大型超市和农贸市场，"井冠"牌清水莲菜也迅速成为兴平农业的新名片。段家村、田阜乡也因此逐步成为富裕乡村、文明乡村、和谐乡村。段帮魁，以及

他所在的村和乡，得到了不少的肯定与荣誉。清水莲菜，也荣获咸阳市首届农产品展销会"秦皇"金奖。中央电视台、陕西电视台、农业科技报、陕西日报、咸阳日报等多家媒体先后做了专题报道。

故事还没完。2008至2010年，第一、二、三届兴平荷花节先后在田阜乡段家村举行。每逢夏日，西安、咸阳的游客三五成群，纷纷来兴平沿渭河赏荷、垂钓、休闲。荷花节的举办，让特色农业与生态农业相融、效益农业与旅游经济相交、规模农业与观光农业同行。

2008年7月，咸阳市沿渭5个县市区的农业部门领导，来到段家村田阜乡学习。决心争取3至5年时间，把咸阳的渭河沿岸建成陕西最大的清水莲菜基地和休闲观光产业带。清水莲菜的故事，更有说头了。

甘肃榆中青城湿地

黄土高坡一荷乡

从兰州出发，同学马兄带我去青城找荷花。这里的青城，原来是个古镇；原来的百亩荷花，现在已是有千亩荷塘的湿地公园了。

青城——"黄河千年古镇"，位于甘肃榆中县北部崇兰山下，距兰州90公里、白银25公里。是古丝绸之路上的重镇，自古以来西北的商贸集散地。又是唐宋元明时期的边塞军事重镇。2007年，被命名为中国历史文化名镇。青城，曾是"中国水烟之乡"。水烟业的兴旺，带动了古镇的加工业、运输业、商业、教育、文化和建筑业的发展。一时间商贾云集，会馆林立，人才荟萃，教育发达，文化兴盛，民风淳朴，被誉为"风雅青城"。青城，留下了许多珍贵的历史文化遗产，也留下了丰富的文化旅游资源。

2006年，青城被评为甘肃历史文化名城之后，决定乘深厚的历史之风，得独有的文化之雅，在百亩荷花的基础上，5年形成千亩荷塘，打造黄河上游最大的荷花池和莲藕基地。并利用乌金峡水电站所带来的水位上涨优势，建成一

处面积达5800多亩的湿地公园。依托千亩荷塘的优势，重点突出"荷花观赏+莲藕种植+水产养殖"三位一体的生态景观建设，融合文化、旅游、观光养殖等多种产业。目前的湿地公园，地处黄河两岸，是陇上难得的水乡。千亩荷塘内，凉亭凉棚别具一格，塘边栽植垂柳。鱼塘穿插在农田之中，与荷池、稻田交相辉映。放眼望去，红白相间的荷花，点缀在翠绿色的荷叶间。阵阵清风吹来，花叶尽情地舒展着身姿，摇曳在山野之间，别有黄土高坡的风情。这里，将成为兰白都市圈的"后花园"，为城市居民提供一个返璞归真、亲近自然的机会。

已经有着丰富历史文化积淀的青城，随着生态文化、观光文化的建设，浓浓的古色古香，加之淡淡的荷色水乡，这里又在成为影视文化的基地。近年来，《黄河浪》《老柿子树》等电视剧在青城拍摄，《黄河古镇》电视剧，以当地故事为题材，使青城声名远播。

青城，劲吹古镇的岁月之风、荷莲的自然之风，突显古镇的厚重之雅、荷莲的纯净之雅。"黄河第一古镇"，你是否要从"水烟之乡"，变身为"荷莲之乡"?

青海乐都雨润下杏园山佳雅荷养殖园

青海的唯一

你见过一束荷苞含笑塘边吗？显然，这是人为的风光。无心插花，无奈玩花。看着如此的"似雅非雅"，心里反而舒服一些。毕竟，目前她是青海的唯一！回归自然吧，我的花！

青海寻荷，由西向东，追到了海东市的乐都。乐都，介于青海省会与甘肃省会之间，距西宁、兰州均百来公里。在这个区的雨润镇下杏园村，有一个山佳雅荷生态养殖园。5年前，白老板从甘肃引进荷花在百亩池塘种植。不仅填补了乐都乃至青海荷花种植一项空白，而且打造了一个集休闲、垂钓、观赏等为一体的种养旅游基地，成为湟水河畔一道靓丽的风景线。

我第一次来这里，是七月中旬。池塘里只有荷叶，稀稀疏疏铺在水面。老板告诉我：你来早啦！要到八月中旬才有花。一月后，我如期而至。那天斜阳长照，君只见：村民三五成群来园内散步；垂钓的人们还在聚精会神；一只水鸟，专注着猎食；有的池塘已干涸。荷叶长得不错，还是找不到花开花闭。天近黄昏，气温急剧下降，浑身只打哆嗦。第二天清晨，我又来了。太阳好像跟我赌气，不愿出来迎接。它又似乎在成全，让我踏着晨露，在一方干裂的荷塘里拍个够。寻寻觅觅，最后也只现一枝小小的花蕾。但是，我还是兴奋不已。

带着疑惑，去请教白老板和他的姐姐。他们拿出以前的照片说：你看，前几年的荷花绽放得多美丽。今年，"天灾"、"人祸"都来了。乐都，为典型的青藏高原与黄土高原的过渡地带。由于地处高原边缘，形成夏季不热、干旱多风、四季不分明的气候。7月份气温最高，平均也只有18.6摄氏度。荷塘一干枯，周围的村民不容花开，纷纷下塘采摘。他们来采，我们也摘，有些花苞还养着呢。难怪……。"有水的那片池塘，为什么没有花？""那是东北的品种，要到10月才开花。"那好吧，我10月再来！国庆过后打电话一问，老板讲又被采摘了。我，该不该相信？以往的景色已过去了。我摆设的景致，无非寄托着我的期望。

在车上，我总在寻思着一张照片，并与朋友讨论起来。"荷露欲滴"蕴含着什么？渐黄终残的荷叶，她要挤出最后一滴水，去滋润干涩的小草！朋友似乎看透我复杂的心，说是大恩大德的天地，要把最后几滴甘露赐予荷花，希望开出无边秀色！如此美妙，岂不更好？

安徽肥东撮镇建华生态湿地荷花园

江苏宝应望直港荷藕示范基地

浙江金华大慈岩十里荷花

河南范县陈庄中原荷园

湖北武汉江厦法泗鑫农湖荷花湿地

湖南湘潭白石镇

海南海口桂林洋农场

荷色生香生态园欢迎您

荷色生香

陕西华阴卫峪万亩莲基地

诗句摘于【清】顾晋采：《拟王子安采莲赋》；《中国历代咏荷诗文集成》第798页
图片摄于2008年6月、河北安新安新王家寨度假村

荷花诗句欣赏——人间不解真颜色 却爱红妆舞翠盘

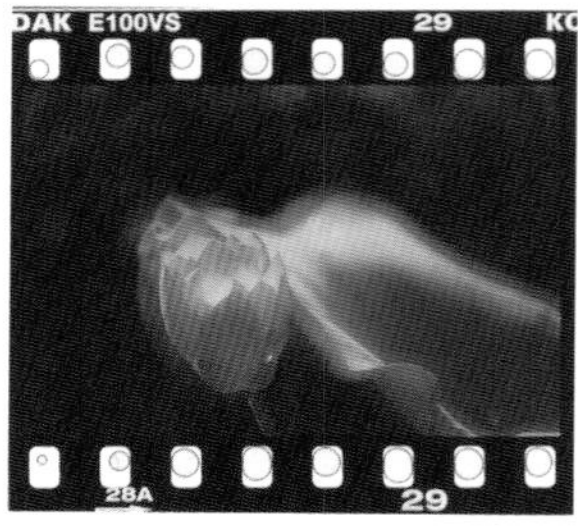

诗句摘于【明】李东阳：《内阁五月莲花盛开奉和少傅徐公韵二首之一》；《中国历代咏荷诗文集成》第217页
图片摄于2010年7月、广东广州广州碧桂园

诗句摘于【清】黄秉元：《拟王子安采莲赋》；《中国历代咏荷诗文集成》第803页
图片摄于2009年7月、广西钟山公安荷塘村

村镇之雅

Gracefulness in Villages and Towns

目录

河北永年广府镇

古城荷香今犹在

号称中国"北方第一村"的广府镇，是中外闻名的古城、水城、太极城，位于邯郸市东偏北30公里处，俗称广府城，始建于春秋中叶，距今已有2000年历史。它是我国平原地区保存较为完整的一座古城。历史上的广府，原

本是一个府，现在却成了一个镇；中国历史文化名城，如今却变成了中国历史文化名镇。不管怎么样，唯一不变的是广袤的水域、古老的城墙、还有广府文化。

慕名来到广府，我庆幸那保存完好的古城，城外有护城河环绕。登上城楼，漫步城墙上，确有一种心灵的震颤。遗憾的是，城内虽有一些历史遗存，但城内的民居，已没了原貌。我运气真好，第二天，"甘露寺莲开千紫万红，广府城荷香四面八方"，在甘露寺南侧，古城首届荷花节开幕了！荷花园(又叫甘露寺荷塘)内，齐聚全国千余种荷花，其中，有国色天香的世界三大花王，有名门闺秀的中国五大名荷，有亭亭玉立的国内十大精品荷花，等等交相辉映。啊，古城大放现代荷花的异彩！

清直隶总督方观承有"稻引千畦苇岸通，行来襟袖满荷风。曲梁城(今广府)下香如海，初日楼边水近东"的名句。千畦苇岸、满袖荷香、太极拳式，早已定格广府古镇的剪影。听说，广府古城已被公布为国家级重点文物保护单位和历史文化名城。产生在这里的杨式太极拳和武式太极拳分别被列入国家级和省级非物质文化遗产保护名录。根据邯郸市政府的规划，决定投巨资发展广府古城旅游产业。其中，将建万亩荷花池，20多平方公里的湿地会有更多的荷花。到那时，广府才是：千年古都曲径通幽，广府荷塘十里飘香，真正成为邯郸市民的"后花园"。

黑龙江逊克奇克边疆村

那片江水那片荷

早就想去看看这个民族这个村——我国第一个俄罗斯民族村。这是一个神奇的地方。这个边疆村的一村之民族、一江之流水、一湖之野荷，诱惑着我去探秘、去览胜。

真是无独有偶。都在这个夏季，新疆伊犁因反恐不让去，黑龙江东北断道，前往黑河的火车停开好一阵。事情就是这么怪，非要我第二年从西北奔东北，再来一个万里行。途经内蒙古，差不多连续六天六夜，终于来到了这个神秘的村庄。

这个边疆村，只有百余年建村的历史。过去叫"小丁子村"。与村隔江相望的是俄罗斯阿穆尔州的波亚尔科沃镇，两岸鸡犬相闻。早在19世纪中期，两地居民自由往来贸易，该村成为一个热点。一时间，许多当地人和闯关东的内地人，干脆搬到对岸做生意，在俄娶妻生子，过起小日子。十月革命后，由于战争等原因，一些苏联人过江来到小丁子村，大多数是妇女和老弱病残。于是，来到这里的俄国女子与该村的光棍汉结合，在这里繁衍生息下来。再加上原在对岸做生意、携妻带子返回小丁子村的生意人，该村日渐繁盛起来，并形成了中俄两种文化相融合的独特历史底蕴。2003年年底，被批准更名为边疆俄罗斯民族村。

刚到村口，几块巨石上镌刻着：俄罗斯族第一村。几位深眼窝、高鼻梁、明显带有俄罗斯血统的人，在修理农具。好心的人将我带到村支书的家。支书夫人就像是俄国女子。结了婚的宝贝儿子，高高的鼻梁与个头，及白白的皮肤更像俄罗斯人。支书外出，一家人与客人还在午餐，喝的啤酒瓶整整装了一蛇皮袋。他们的热情，让我十分感动。

听说我要拍荷花，夫人亲自送我去荷花湖。一路高高的玉米秆，将汽车掩藏在便道中。向南行驶四五里，一湖荷花扑面而来。湖成长弧形，我后来沿湖走了好远，只见原生态的野荷，一片片散落在水中。

由于地理原因，我改变主意，夕摄荷花朝拍江。睡在管理荷花湖的老板家，他家菜园后面几十米就是江边。凌晨2时半，我就赶往黑龙江。伫立江岸，但见对面灯火闪烁，江水无声流淌。高飞的鸟儿、远来的船只，开始划破江天的寂静。一只只渔船，在不断变幻颜色的云彩下、江水里，忙碌着捕鱼。我，沉醉于这一江一水。

3时半，旭日高升。5时此刻，我已在逊克县城的江边漫步游览。一切尽在美好中。

山东临沂兰山白沙埠孝友村

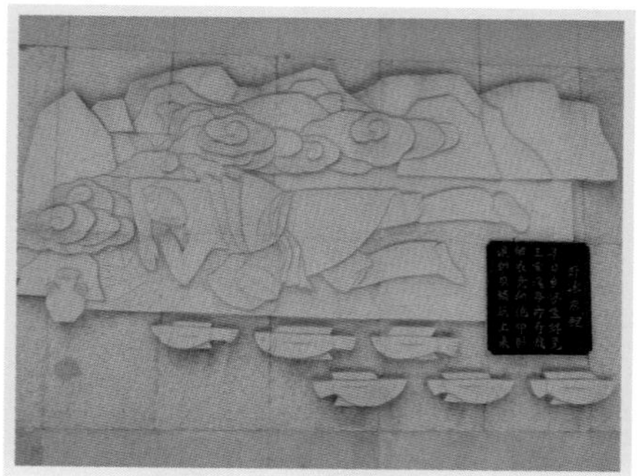

孝感天地

这里有孝河、有孝园，还有孝祠，全因孝子一孝。百行孝为先，孝为德之本。走进临沂白沙埠孝友村，去感受到处洋溢的孝文化氛围。

白沙埠，位于临沂城北12公里。该镇历史悠久，是我国古代著名的"二十四孝"之一王祥的故里。孝友村因地处管子湖、涝子湖之间，原名王家双湖。明万历年间，为纪念王祥、王览兄弟，乃名孝友村。王祥以"孝"著称，其异母弟王览以友于兄弟闻名。王览之孙王导，为东晋开国功臣；其曾孙王羲之，系蜚声海内外的"书圣"。

据说，王祥生母早逝，父亲王融继娶朱氏为妻。朱氏心地狭隘忌刻，虐待王祥，王祥却一直对父母特别孝敬。继母生病想吃鲜鱼。时天寒地冻，捕鱼困难。王祥来到河上，解衣后欲卧冰求鱼。冰忽自解，有双鲤跃出。又一次，继母想吃黄雀肉。要王祥去捉，可多日不得。继母严笞王祥。受王祥孝行感动，突然数十只黄雀飞入宝帐，让王祥捉来做食供母。王祥家有一柰树，结子殊好，继母让王祥看守。风吹柰落，朱氏就鞭打王祥。此后，每当风雨来临，王祥就抱树痛哭，而风雨很快停歇。由于行孝，王祥被选官任职，历仕汉、魏、西晋三朝。晚年辞官，晋武帝赏赐安车、府第等。可谓恩崇有加，权位至为炽盛。但他临终前，却要求子孙：死后不要铺张，不要用珍贵器物陪葬，墓穴不用石砌，不作前堂，不布几筵……。在汉魏晋时期，厚葬之风盛行，王祥不为时俗所染，实在难能可贵。

琅琊八景之一"孝感"，有诗曰：破衣遮体避寒难，祥卧坚冰孝河间。动感荷仙莲吐艳，藕多一眼孝心贤。多少年来，孝河自东向西静静流淌。寒冬季节，小河上下冰封如玉，称之"孝河凝冰"。神奇的是，偏西有一处河床，泉水上涌，水面从不结冰。相传这里就是当年王祥卧冰求鲤的地方。我久久伫立孝园亭内，望着那块从不结冰、而眼下周边满荷唯有那里无莲的空灵之处，思祖怀贤之情油然而生。沉沉的脚步，缓缓踏进孝友祠。殿内供奉着王祥、王览和王羲之列祖列宗的塑像。荷花开在碑前，格外肃然起敬。

孝河之水清澈甜润，河底为黑紫淤泥，盛产白莲藕、红莲藕，尤以白莲藕最为出名。我好想，临沂孝文化节与荷花节之时，重上孝河，再走孝园，带上一枝荷一节藕，再拜孝祖。

安徽黟县宏村

宏村的荷风

水做的宏村，岂无出水芙蓉？有了这水上芙蓉，便有了宏村的余风。宏村的质朴、文雅、祥和、热忱……尽显于荷中。

"中国画里乡村"的宏村太热情了。入口处，几池荷花竞相怒放地等待着。徐风吹来，首先送你一个香吻。如果走近摇曳的她，会获得一个淡淡的微笑，还有一个浅浅的拥抱。

"黄山脚下小西湖"的南湖，湖成大弓形，"弓背"为两层湖堤。贯穿湖心的长堤如箭在弦上，一座拱桥如同羽族。我们，不知道这湖的历史，或许根本不需要去了解，而只需要开心地徜徉其间，轻盈地用脚步去聆听在石板下500多年的风情。也许每一步都会迸发出一个铿锵的故事，每一脚都能玎玲出一种美丽的柔性。整个湖面倒影浮光，水天一色。水不在深，有水则灵；荷不在多，有荷则净。故有古诗曰：入夏芰荷香，镜面净为扫。一列列游人走在石桥上面，宛如行走在画中。遥想当年，《卧虎藏龙》中的李慕白，牵着马也从这小小的画桥上缓缓走过，长衫迤逦。此刻，长堤两旁的荷花，随风翩翩起舞，如天使一般又给你一个夹道欢迎。

穿堂过巷，已是回望百年悠悠之间。曾有荷花的月沼四周，聚集了宏村最壮观的印象。徽州人的锦绣文章，因南湖的滋润而在这里起承转合。粉墙黛瓦，雕梁画栋。四水归一，沉淀为这月沼中不朽的传奇。这就是徽州，可以一门三进士，也可一家富敌国。以文入仕，以仕扶商，徽州人的智慧和人脉，让贫瘠的徽州才有如此的鼎盛。

落日西沉，余晖让喧嚣的宏村回归了一丝平静。小家碧玉般的南湖，荷花依旧唤着微风。满目收下这最风情的时光，走进依南湖而建的荷塘月色客栈。院内有半亩之大的池塘盛放荷花。水上的木制九曲桥，可直达住宿房间。在寂静的夜晚，坐在院内的小石桌上，看着满天的星星闪烁，一轮弯弯的明月悬挂在半空。淡淡的月光泻在池塘上，使荷花平添了一种神秘的朦胧。躺在床上，阵阵荷香熏鼻，如何安枕？今夜，我注定无眠了。

一阵雷雨急骤而过。荷叶劲收这天赐的甘露，更加翠绿。荷花享用这甘露的滋润，更加婷丽。我一再而来，还是不舍离去。将无尽的思念，寄存在弥漫着荷香的风中……

安徽黄山徽州唐模村

千年不改忠心名

一大早驱车前往。夏日清晨的徽州农村，旭日、远山、绿田、荷塘、徽居，构成一幅天然的中国田野山水画。今天要去的地方，是唐模村。

小小唐模，竟然如此大义。"唐模"这个村落名称，沿用已经1400多年了。最早，是汪氏家族聚族而居的村落。其祖先汪华曾在唐朝被封为越国公，死后谥"忠烈王"。取名"唐模"，据说是其后人为纪念唐朝对祖先的恩荣，按盛唐时的模式、风范、标准建立的村庄。无疑，这是一个梦幻般的山村。富甲一方的家族、金榜题名的荣耀、缘定终身的传说、桃源世界的神貌……，这个不大的村落，似乎汇聚着成真的好梦，成全了灿烂的幻想。

一条小河穿村而入。路的一边是河，另一边是盛开荷花的池塘。我的至爱不用找，就在这里。当年，荷花池塘边的石桥上，几个穿古装的男女在唱黄梅戏，那是有人于此拍电视戏曲片《天仙配》。

"水好能生财"是徽州俗语。溪水伴随我们脚下，由西向东涓涓不息。整个村落选址在这里，也由此造就了唐模水街。水街，是唐模的一大特色。"全村同在画中居"。清澈的溪流经村而过，小溪的两岸并立着粉墙黛瓦的徽派建筑。这是

夹溪而建的街道民居市井。街上杂货店、百货店、油坊一应俱全，杏旗飘扬，具有浓郁的江南水乡色彩，又不同于一般的古村落。一座名为"高阳"的廊桥，横卧在小溪的中央。桥上的廊房，如今改建为茶室。冲上一盅黄山毛峰，边细细品茗，边游览水街景色，边欣赏戏曲演唱，真是一种难有的享受。我的享受在，从廊桥的花窗方孔中向水街"扫描"。映入镜头的除了小桥流水人家，宝贵的是那衣袖上卷在溪埠浣洗的村姑倩影。那声声入耳的捣衣槌声和她们的喁喁细语，只能我来独享。这种平静祥和、朴素恬淡的生活意境，不知不觉被我尽收镜底。

忠君铸造了唐模，尽孝则成就了闻名遐迩的檀干园。相传唐模一位在外做生意的富商，其母想往杭州西湖游览，但因年老体衰不能成行。这位孝子，于是模拟西湖建造了誉为"中国第一水口园林"的此园，供母娱乐并报答乡邻相助之恩。

唐模，不仅是山水之楷模，而且是忠孝之榜样。

台湾南投中兴新村

别致的浪漫

真没想到，台湾南投县的中兴新村，是一个如此的村落，拥有这般的浪漫。

中兴新村，是首创仿英国新市镇设计理念，规划成办公与住宅合一的田园式行政社区。这里，曾经是"台湾省政府"所在地。如今，"冻省"之后，却沦落为"行政院"的派出机构。从前的"省府"门前车水马龙，现在却是"门前冷落鞍马稀"。"台湾省政府"确实还在，只不过它早已名不副实，眼看就要走入历史。

历史开了一个玩笑，但也成就了一个典范。那就是，村落的建筑物规划整齐有序，村内处处花木扶疏，景色优美，每条道路宛如绿色隧道。当之无愧，中兴新村是台湾最适合居住的地方，是台湾中部最佳观光休闲胜地。

沿着省府路往中兴新村的方向，映入眼帘的是两旁整排高耸参天的椰子树与沿路整齐划一的荷花池。每到夏季，朵朵红白相间的荷花布满了道路两边。椰树如斯文的绅士，荷花似清秀的佳人，互相辉映，相互呼应，热情地迎接贵宾的到来。它们共同谱出的浪漫恋曲，值得你漫游于椰子树下与荷花池旁，感受这种浪漫的气氛。好自然也很独特的"仙境"，吸引着一对对情侣、一户户家庭来了，摄影、绘画、甚至教学的也来了。我也来了。我往返于"省政府"与"仙境"，历史的沧桑和风景的优雅，总在脑海里交错思索。别想那么多，还是尽情享受这极美的风情与意境吧。

后来听说，这里还有一个江南荷园，是"台湾省政府"的招待所。蒋介石住过，"总统"、"副总统"、"院长"等首长都住过。当年，多少重大决策曾在这里作出。过去从未开放，现在即将开放。不管开放与否，我好想再见的是："绅士"与"佳人"。

江苏苏州木渎镇

风流皇帝秀野花

这里，每一条河、每一座桥、每一个园都有一个古老美丽的传说。沉鱼落雁的西施、风流倜傥的乾隆——最最顶级的"才子佳人"，先后在这里登场。苏州木渎，拥有太多的故事。

木渎，与苏州同龄，至今已有2500多年的历史。相传春秋末年，吴王夫差为取悦西施，在灵岩山建馆娃宫，筑姑苏台。木材源源而至，竟堵塞了山下的河流港渎。"积木塞渎"，故名木渎。走进木渎，就像走进吴越春秋史，又慢慢走到明清，木渎的繁华再也掩盖不住了。作为中国唯一的园林古镇，木渎在明清时有私家园林30多处，迄今仍保留了10余处。

游罢灵岩山，转身就是古镇。我要求"自由"，一人独逛。首先打听哪里有我的荷花。江南的园林，怎能少得了她的存在？严家花园，园分四季，夏园乃夏日荷风也。榜眼府第，有一芙蓉楼。楼后有花园，就是以荷花池为中心布景。最注目的是，虹饮山房。它门对香溪，背靠灵岩，其"溪山风月之美，池亭花木之胜"，远胜过其他园林。它不仅大气，而且充满了皇气。当然，少不了"荷(和)气"。主人徐士元是一位落地秀才，一生不慕功名，唯好居家读书。时邀好友在园中吟诗饮酒为乐。徐公不仅嗜酒，而且酒量极大，因此自命名"虹饮"。

乾隆皇帝六下江南，六次驻跸木渎，每次必到虹饮山房。在这里游园、看戏、赏花、品茶、吟诗，直到夜色降临，才依依不舍，顺着门前的山塘街，前往灵岩山行宫。因此，虹饮山房也被称为"民间行宫"。看来，皇上把这里当成了自己的"农家乐"。刘墉、和坤、纪晓岚等随驾迎驾的大臣们就下榻于此。春晖楼的二楼是戏台。苏州美女怀抱琵琶，十指轻弹，吴侬软语细细唱来，那真是天籁之音啊。一声吴语销魂，乾隆怎不喜欢看戏？有一次看得特别开心，还亲自登台舞剑助兴。这倒真有点与民同乐了。

虹饮山房的西园，原是明代的秀野园。有一处很大的池塘取名"羡鱼池"。亭阁花木环池而构，参差错落。盛夏，满池荷花争奇斗艳。在这里，嗅着清香，近揽鱼戏莲叶，远瞩灵岩山色，还可聆听西墙外千年古刹明月寺的隐隐梵铃，仿佛置身于尘外仙境一般。

香溪静静地流淌，游船一艘艘摇过。传说当年，西施住在馆娃宫里，每日用香料沐浴，这洗妆水流入山下河中，一水生香，故名香溪。几位美女穿着丽装，在河边欢笑拍照。联想当年，不禁戏曰：唯有"雨荷"在香溪，不见当年乾隆帝。

浙江永嘉岩头村

岩头应该叫芙蓉

芙蓉的隔壁就是岩头，两村相距不到一公里。芙蓉，因地处三崖摩天，赤白相映，恰似芙蓉，故名。岩头，因位于芙蓉三崖之首，得名。走进芙蓉，难觅荷花；岩头就不一样了。

水是岩头的灵魂。村庄宛若出水芙蓉。岩头，以科学的水利设施和巧妙的村庄布局而闻名。引水口在村溪中水底，水底铺石板，板间留缝隙，水从隙间漏进"地下水库"，又从水库经涵洞穿过大堤，再由明渠流入村中，再分成细支流经整个村落之后，便由涵洞出寨墙。水利工程始兴于元，竣工于明初。村里的街巷网为近方形，主要建筑和公共活动中心大多造在主街。主街——丽水街，似乎比岩头更出名，主要归功于一湖清水与百米堤廊。正是有了这古街，才可以投射下优雅的倒影；正是有了这曲廊，游人行走街上，才有了可以观看的风景。

丽水街，位于蓄水堤上，又名丽水长廊。有句话是：不游岩头丽水街，不算来过楠溪江。这里尽显古朴之风。街全长300米、90多间店面，为两层建筑。成列的商店前，空出2米来宽的道路，有屋檐披盖，以利于行人遮阳避雨。廊檐的外侧设美人靠，堤外的人工湖就是丽水湖。蓄水堤，本是一段作拦水坝用的寨墙。因湖中种植荷

花，故当地人称之为荷堤。当时规定，堤上只许莳花种树与建亭，不准筑屋经商。到了清代，长堤成了担盐客的必经之路。之后，逐渐发展成为初具规模的商业街。数百年前，老街就是这样依水而歌，伴着荷堤上的商铺，拉长了的吆喝声、彼起此伏的还价声，敲打出一首令人感念至今的繁华梦曲。站在长街，顺湖望去，远处芙蓉三崖峭拔高耸、山影朦胧；近处是凌驾于丽水湖上的石桥与遮天蔽日的古树，俨然一幅美丽的田园山水画卷。昔日，岩头的长堤春晓、丽桥观荷、泊沼观鱼等景观，就于其中。

村南，有一花亭(接官亭)，因建于荷花池畔而得名。是岩头村的标志。丽水街早已化作岩头村的图腾，而花亭似是图腾上的一朵荷花、一朵祥和安宁的花。花亭之旁的水车咿呀咿呀地转，花亭之畔的荷花婀娜多姿地摇，吸引着游人驻足欣赏。一些村妇、还有爷们，闻着荷花的香，听着水车的歌，站在溪水之中，在石板上洗衣。世外桃源的享受，也不过如此。

岩头，应该改名为丽水芙蓉。

浙江诸暨西施故里

美人荷花神

"情人眼里出西施"，已把西施定格为一个美人、一个绝色美人、一个千古美人。而一个忍辱负重、以身许国的"第一美人"，又将如何看待？阳春白雪和下里巴人，都给了她公正。后人并敬重她为"荷花女神"。千百年来，祭拜的传统延续至今。

西施有"沉鱼"之说。相传西施在溪边浣纱时，水中的鱼儿被她的美丽吸引，看得发呆，以至沉入水底。西施

之所以拥有"鱼儿惊其美丽而沉"之容貌，荷花可谓"功不可没"。北宋《圣济总录》中记载有，西施将荷花制成清露食用的故事。沉鱼落雁、闭月羞花，是美的化身和代名词。国色天香的中国古代四大美女，西施居首。毛泽东也曾赞西施"天下第一美人"。

在2000多年前那个动乱的年代，越王勾践和吴王夫差两个君王之间的生死角斗，构成了一幅惊心动魄而又荡气回肠的历史书卷。孟子虽然曾说：春秋无义战。但是，西施作为一个美女，一个亡国的女奴，周旋于与夫差、勾践、范蠡三个男人的爱恨纠葛之间。她心怀国仇家恨，肩负着君王的委托，到了吴国，去完成一项本不该由一个女子担负的使命。当年，越国被吴国打败。越王勾践，卧薪尝胆图复国。以吴王好色，用范蠡谋，遍访国中美色，得西施。教以歌舞、步履、礼仪等，三年学服，乃献于吴王夫差。吴王嬖之，迷游乐而废朝政，亲佞幸而远贤良，终至国破身亡。

自古至今，以女色亡国者，世皆罪于女，惟西施例外。无人将其比之妹喜、妲己、褒姒之流。越国雪洗国耻，与西施的牺牲和奉献是分不开的。明代的西施祠有副对联：越锦何须衣义士；黄金只合铸娇姿，也称赞西施在兴越灭吴中的功绩。西施的一生，蕴含了愁苦、曲折和沉重。而民间关于她的传说，特别是她与范蠡同老江湖，却都是那样的美好和神奇。

西施远去吴国那天，村民们早早地相拥在浣纱两岸，点亮无数荷花灯为西施祈愿。后来，百姓为了歌颂她的美丽和"出淤泥而不染"的品质，把西施敬奉为"荷花女神"。农历六月廿四，是荷花的生日。每年此期，诸暨当地人人自发地点荷花灯、吃荷花宴以此祭奠西施。而全国有的地方、乃至台湾的人士，举办荷花会时，齐聚西施殿，共同祭祀西施"荷花神女"。

此时此刻，殿外的红粉池、故里的荷花塘，也已秀色一片。

浙江桐庐江南环溪村

这里为什么那样"莲"

周老夫子，我走访过你的故居，拜访过你的墓地，探访过你的书院，寻访过你的爱莲之地，到访过你的后人居处……，无一能与此相比，以莲为邻、以莲为友、以莲为敬，"莲"得你整个身心沐浴在莲的世界。他们在续写爱莲新说。

"门前天子一秀峰，窗合双溪两清流"。浙江桐庐江南镇的环溪村，因清澈的天子源与青源两条溪流汇合于村口，三面环水一面靠山，村由此而得名。630多年前，北宋著名哲学家、理学鼻祖、千古名篇《爱莲说》作者周敦颐的传人，第14世孙周维善，于明洪武17年(1384)迁徙环溪。维善公对易理颇有心得，看到这里山水形胜，连连惊叹风水宝地。至如今，全村人几乎都姓周。作为"爱莲"周公后裔的聚居地，可谓"君子"之乡。"莲人"居住的莲家和莲村，好似被莲拥抱、被莲依偎、被莲熏陶，形成一个名副其实的莲花世界。

老祖宗为他们选择的这方土地，本来就是好山好水好风光。村里香樟林立，溪流淙淙，小桥婉约玲珑，一栋栋徽派风格的民居错落有致、恬静自然。游走环溪，当然最合适的时机是夏日。刚到村口，一边是"接天莲叶无穷碧、映日荷花别样红"的莲田，一边是满墙的莲花绘画。更令人惊奇的是，"荷花仙子"走出莲田，现身在村里的每个角落。溪边、路旁、桥下、屋前、甚至窗台上，到处可见盆栽莲花婀娜多姿的身影。走向村边，四周被盛开的莲花包裹着。那村那家那人，都居于莲花的"瑶池"中。简直是五柳先生笔下另一幅世外莲源。

村中心有一周氏宗祠，取周敦颐的爱莲说之意，名为"爱莲堂"，已有百余年历史。在祠内还创办了爱莲书社，多次举办爱莲(廉)征文、摄影、读书等活动。祠前的莲花，亭亭净植，香远益清。爱莲堂，成为弘扬家风、读书明理、文化传播的中心。古祠堂焕发了青春，成为村民的精神栖息之地。

周氏后人，与莲有不解之缘，对莲有别样情愫，只因这花中有着祖先的风骨和气质。

莲村，如同莲性一般，清净且宁静。我睡在周姓的一家，晚上梦到了周老先辈。他在莲村赏莲采莲，嘴里还不停地之乎者也：予独爱莲……。我在梦乡，跟着老夫子也喃喃自语：予独爱莲……

中华畲族第一村

又遇畲族。尽管村小，但"牌子"大："中华畲家寨"。这是一个纯畲族的村寨。也许这个缘由，号称"第一村"？可惜时间仓促，未能领略更多畲族风情。只是买了一只畲家粽，满足了一下心尖上的感触。

沿着弯曲且平坦的水泥公路盘山而上，经过一座牌坊，上金贝村到了。福建宁德是中国最大的畲族聚居地，而上金贝就是该市一个远近闻名的畲族村寨。600多年前，祖先到此定居，繁衍生息。目前仅有82户303畲民，但是个典型的畲村。它完好地保留着畲族的传统文化。畲语、畲歌、畲民服饰、畲家习俗，在这里都能听到、见到、感受到。

上金贝原名上金背。顾名思义，就是坐落在金溪背面山上的一个小山村。后来不知什么高人指点，将"背"改成了"贝"。一字之差，居然将一个穷山恶水的贫瘠之村，

福建宁德蕉城金涵上金贝村

变成了富甲一方的"宁德十大最美乡村"、"新农村建设示范村"，并荣列全国六大特色畲族村寨第三名。

昔日的上金贝，偏僻落后。只有一条坑坑洼洼的机耕路连接村子和外面的世界，住的是旧土房，不通自来水，用电难，看不上电视，哪有什么人来旅游。年轻的人都往外跑去打工。如今，山边一排整齐划一的民房座座相连。远看好像一道白堤为青山作障，近看却似马头墙相连的皖南民居。村前的池塘里碧波荡漾，岸边垂柳依依，间或各类果树。它们与青山、白墙一起倒映水中，展现出一幅"半亩芳塘一鉴开，天光云影共徘徊"的画面，映衬得小村更显秀美。上金贝的蜕变，受惠于新农村建设的实施。2006年以来，上金贝逐渐装扮成了新农村建设示范园、畲族村寨风情园和郊外生态休闲园。

走在宽敞的葡萄架下，观赏延绵千余米的荷花绽放，不时清风徐来，令人心旷神怡。殊不知，对30多亩冷烂田改造为栽种荷花，可是省农科院专家化腐朽为神奇之笔。原来种植水稻，亩产很低。也曾尝试过种植其他农作物，都徒劳无功。冷烂田里栽上荷花，在猪圈地改造的景观湖里种上睡莲，为宁德平添一处畲族风情赏荷之地。赏花之余，许多游客还喜欢买点莲蓬、莲子，又给村民带来了可观的经济收入。

满眼的绿，为畲家寨造就了美；遍地的绿，让上金贝走上了小康路。绿意金贝畲寨。

福建永定土楼

何时荷花映土楼

恰似梦中一个约定。刚从建宁来，定居土楼台。我在这里等，随你来不来。承启楼的荷，怎能我不来？你刚开，我就在。只要为了你，我可一再复一再。缘分啊！

福建土楼，以历史悠久、种类繁多、规模宏大、结构奇巧、功能齐全、内涵丰富而著称，被誉为"世界建筑奇葩"、"东方古城堡"。因为建筑奇特，20世纪80年代，土楼被美国人误以为是蘑菇状的核武设备。殊不知，这独一无二、从宋元时期就产生在山区的大型夯土民居，早在第一枚原子弹腾云驾雾之前，就已在闽西、闽西南这块600多平方公里的土地上，神话般地矗立了数个世纪。土楼的根在永定。永定被上海大世界吉尼斯总部评为拥有土楼最多的县。现存23000座，遍布各个乡镇村落。其中圈数最多、建筑规模最大的为承启楼。

承启楼，据传从明崇祯年间破土奠基，至清康熙年间竣工，阅时半个世纪。"高四层，楼四圈，上上下下四屋间；圆中圆，圈套圈，历经沧桑三百年"。这是对该楼的生动写照。承启楼，和楼也。整个建筑占地面积5376.17平方米。拥有384个房间，最多时曾住过800人。以其高大、厚重、粗犷、雄伟的建筑风格和庭园院落端庄丽脱的造型艺术，融与如诗的山乡神韵，让无数参观者叹为观止。1981年被收入中国名胜辞典，号称"土楼王"。1986年，我国邮政部发行一组民居系列邮票，其中福建民居邮票，就是以承启楼为图案。

承启楼前，有良田50亩。由乡政府向村民租赁，再免费提供给本地群众种植荷花等生态观光农业作物，既可以为土楼旅游增加一道靓丽的风景，还能为种植户带来不少的收入。这堪称，永定土楼景区建设和农业产业结构调整的神来之笔。据了解，自从土楼旅游增加荷花观赏项目后，到此旅游的宾客剧增，成倍上升。我就是其中一个，并可以作证。只见土楼一圈圈，荷花环绕一层层，碧叶片片，繁花点点。花叶丛中，摄影留念的人颇多。土楼本以最原始的形态，全面体现人们今天所追求的绿色建筑的"最新理念与最高境界"。荷莲的存在，使土楼更"土"更"楼"，更古朴更时尚，更添出色的风光和神秘的面纱。

土楼好像一个句号，却引出无数的问号与感叹号。人生方圆，方圆人生。人生共处确是一种缘分。起点和终点都是一个点，珍惜这份缘，坦然去画好这个圆。

荷伴诗圣眠

"露从今夜白，月是故乡明"。杜甫回家了。再也不要在颠沛流离的生活中既怀家愁、又忧国难了。如今，诗圣在故乡，不仅月明长照，而且荷伴长眠。

公元712年，杜甫出生在一个仕宦之家，诞生于瑶池湾笔架山下的一孔窑洞里。祖先选中的一水一山一洞，无不充满灵气与灵性。家族的传统，不仅给了他奉儒守官的政治理想，更给了他"诗是吾家事"的人生目标与使命感。杜甫用诗歌

书写了自己的人生。

杜甫生活在唐由繁盛转向衰微、由安定转向战乱、由富强转向贫弱的年代。他的一生仕途坎坷，漂泊无定，贫困与疾病时时困扰着他，可以说是饱经忧患。然而他的性情却始终忠厚善良、耿定执着，终生与诗为伴，以诗作刃，为仁人志士立言，替平民百姓吐声。他的影响早已不局限于文学范围，而是广泛进入了中华民族文化形态的各个领域。他的影响早已越过国界，走向世界。1961年，在世界和平理事会上，他被评为世界历史文化名人。

"漂泊西南天地间"。公元770年秋，杜甫本想南下郴州投奔舅父，但因洪水阻隔未能如愿。于是又计划北上汉阳，沿水路回北方。但这年冬天，他终因贫病交加，卒于湘江的一条舟船上，享年59岁。由于他的两个儿子无力将父灵柩运回故乡，就暂时放在了岳阳平江。43年后，他的孙子杜嗣业才将灵柩迁葬于巩义。诗人回归故乡的愿望，死后才得以实现。

从诗圣大道出发，经诗圣桥，追寻诗圣的足迹，与诗圣进行了一场超越时空的心灵之约。又经诗圣桥，久久凝视诗圣那"月明的故乡"，眼前忽然模糊。再到诗圣大道，回望那尊诗圣的塑像，脑海顿时想起"狂夫"的狂样。"万里桥西一草堂，百花潭水即沧浪。风含翠筱娟娟净，雨浥红蕖冉冉香。厚禄故人书断绝，恒饥稚子色凄凉。欲填沟壑唯疏放，自笑狂夫老更狂。"你看，在几乎快要饿死的情况下，他还兴致勃勃地在那里吟咏翠竹与荷花——既是赞美自然景色，更是仰慕竹的挺拔、荷的高洁。"贫困不能移"。诗圣不禁哑然自笑：你是怎样一个越来越狂放的老头儿啊！

生前，诗圣描写荷花的诗不见多，但此一吟足矣！现今，故里的荷花也较少，但显"狂野"来告慰英魂。

江西鄱阳团林蛇山村

一漂漂到桃花源

鄱阳湖寻荷，没有我想象的那么好，但比我想象的要妙。妙在出乎意料。

鄱阳湖，我国第一大淡水湖。既然叫鄱阳，那就选择上鄱阳，去那里的国家湿地公园。

鄱阳湿地公园，以湖泊、河流、草洲、泥滩、岛屿、池塘等类型众多、纯自然生态的湿地为主体景观，是世界六大湿地之一。阔之泽国，水之湿地，应该无处不荷。想得美美的，必然睡得香香的。清晨从鄱阳出发，看到沿路两旁都是荷花，心里无比的惬意。来早了，没开门。一问看门的，公园景点没有荷花。再问周边居住的，也讲没有。待到开门，问值班的、卖票的、开船的，都摇头没有。我傻了！旅游路线无荷赏，无法理解。

干脆，租条船，谁知荷处，就随谁去。不知啥村庄，上船出发了。漂移在茫茫无际的湖面上，我的心跟着波浪起伏，和着嘟嘟嘟的机器声在跳动。漂啊漂，转呀转，只知沿湖东行，但不知在何方，更不知荷在哪里。似乎很久了，来到了一个弯处，船老板说：原来这里大片大片的荷花，涨水看不到啦。再找又转，又转再找，最后漂到了一个村庄前，一湾湾荷花在那里。水已淹没原来的塘埂，感谢船老板下水推船至岸边。

这是哪里？什么人在鄱阳湖畔，创造了一个属于他们的世外桃源？美丽的湖水环绕四周，村庄临水而建、依山筑房。村内一排排洋房掩映于古树林中，荷花摇曳在村前与菜地之间，显得格外的田园。这里没有城市的喧

器，偶闻几声鸡叫狗吠，清纯的山水装点村野。置身于此，顿有一种清新、闲适的感受。一打听，原来是蛇山村。因地形似"龙"，故其名。以前，整个渔村就像一座"围城"，村外的人很难进来，村里的人很难出去。现在，村内道路整洁，绿树成荫，鸟语花香，碧波荡漾，水柳婆娑，犹如仙境。生态旅游成了该村收益新的增长点，许多村民"洗脚上岸"，建造了养殖场，开起了农家乐，办出了渔家宴，减少了对鄱阳湖的过度依赖。《舌尖上的鄱阳》美食评选，这里的渔家乐被评上最美农家乐。

回来的水路，恰似我的心情顺畅多了。中途又找到了一个标志性的荷花景点，但是我的心，好像还在蛇山。那里就是我的梦里桃源。

首屈一指

进石城，过寨门，一脚踏入如诗如画的荷花仙境。美得难以言表，天工之作的雄峰，也不禁秀出它的大拇指称赞：首屈一指。

石城，是江西的一个县。石城是客家民系的发祥地，素有"闽粤通衢"和"客家摇篮"之称。石城还是中央苏区全红县，是红军长征出发地之一。石城又是"中国白莲之乡"，种植白莲的历史已有1300多年，是全国著名的白莲生产基地县，为江西第一种莲大县。

江西石城琴江大畲村

又"红"又"白"的"摇篮"，必有好山好水好风光。享有"千佛丹霞、通天胜境"美誉的通天寨，因寨上主岩"外如两指相箝，内若两掌半合，仰视苍穹通天"而得名。这里美景无限，仅"生命之门"和"生命之根"之神秘、"一阴一阳同处一山"的罕见奇观，就让你美妙想象。

荷花仙境就在斯城斯寨的画框里。

大哥大姐和我，由陈兄率领，一行"四人帮"，走和平、经赣州、穿于阳，好不开心。为了我这个"荷痴"，他们特地成全我单骑走石城。一条"通天"大道蜿蜒而伸，把我引向仙境——琴江镇大畲村的荷花园。原来，这个被誉为"客家南迁第一村"的小村庄，就坐落在通天寨景区内，属于生态农业观光区的代表，是省级旅游乡村示范点。

到"仙境"，必须先"通天"。寨门为山寨式风格，两侧分别以"通"字和"天"字设有锦旗。一"通天"，呈现眼前的，就像到了王母娘娘的瑶池。荷园依山而成。山岳大人的拇指翘得老高，在向我宣扬：风光如此多娇。一片荷的海洋，像一块清新淡雅的彩缎，在云雾缭绕的山水中摇荡。此时，白莲红荷辉映在翠绿的荷叶上，像碧海中飞溅的朵朵浪花。顺着荷道，轻轻地走到荷花旁，把脸颊贴在荷花上，温温的、柔柔的、淡淡的，身心融入这久违的感动。天公作美，阵雨嗖嗖飘来，似甘露洒在花田，也无比清凉我心。一对情侣手举荷叶伞，雨中嬉戏，花间调情，似乎使我年轻许多。徜徉在这千回百转的画廊，只感觉整个世界却是这般美好，所有尘世烦忧尽消于足下。

余兴未尽，流连忘返。拜拜，我们还要赶到古田会议旧址"开会"呢。

江西广昌驿前镇

古色今香千百年(二)：绝代莲雕

再说说广昌的古吧。道广昌，必说驿前。不到驿前，等于没来广昌；没有驿前，等于没有广昌荷莲王国的论古谈今。

驿前，是个古镇。相传唐贞观年间，赖姓荪公由宁都迁居梅村兴家立业。几经精心培育，培育出一种白莲，后封为朝廷贡品。为纪念这一珍品，镇上历代迎春灯会，都把白莲尊为花王，视为神果。民俗誉为"莲子莲孙"，驿前(广昌)的莲花文化由此而成。后来，又有白、许二姓迁居于此。至明万历年间，赖、白、许氏开辟茅嵊峰至高岑(今驿前)，开古井、筑城垣、建宗祠庙宇，将圩市建在"梅林驿站"之前，驿前从而得名。驿前因白莲种植历史最长、规模最大，又说是"中国莲文化的发源地"，被称为"莲花古镇"。

漫步古镇，老街巷逼仄曲折，两边深宅大院，高墙睥睨，穿梭其中，方向难辨。鹅卵石铺就的小道，将古建筑连为一体，仿佛走进了一个明清民居的迷宫。幸好周局带路，引导我在建筑博物馆里徜徉。空巷悠悠，屐履声声，听到的则是穿越时空的跫音。那里面有商贾名流自信刚健的台步，有达官显贵雍容沉稳的方步，有赶考学子挟风而行的疾步……。时光荏苒，透过岁月的尘埃，我们依稀能寻觅到它曾有的繁华与荣耀。

叹为观止的是，每一处青石黑瓦的老建筑，木雕、砖雕、石雕图案随处可见，精美绝伦。尤其突出的是莲花图案，昂头俯首，左顾右盼，满满的莲花开遍古镇。无论数量、形态，还是布局，在江西乃至全国实属罕见。专家评论说：莲花图案一般与佛教有缘。在这里古建筑中出现大量的莲雕，应与当地的种莲历史相关，是一种独特的乡土文化现象。数百年的历史，已经改变老宅太多的东西，唯有这一莲一雕的世界，极尽沧桑地默默绽放在这里，并深藏一个个昔日的故事，作为广昌"莲乡"古老的见证。

"船形"古屋临河而建，建筑依船头、中舱、船尾建造并连接起来，犹如停泊的官船。伫立临江窗口，浮现在我眼前心中的，不仅仅是万亩荷田，而且还有镇中镇边种植的、屋上屋下雕刻的、宅内宅外散落的、男女老少手中的……如一幅和荷版的《清明上河图》。莲花，将广昌演绎得如此久远又如此当下、如此浑厚又如此鲜活。

王者芙蓉

曾是名不经传的王者之村，今是盛情绽放的芙蓉之镇。命也，不可改；运也，可以转。一部电影，成就了这个挂在瀑布上的小镇。

春秋战国时期，这里只是一个水码头；秦汉逐渐形成集市；西汉置酉阳；唐代末年，土司王设老司城。自此，更名为王村。这个偏远的湘西古镇，正是由于独特的厚重的红火的历史和文化，被著名导演谢晋看上，在此拍了一部《芙蓉镇》。"深居闺阁人未识"的王村，重新被人们从地图上觅踪出来。干脆就叫芙蓉镇。

古镇的石板街远远望去，总感觉就像一本线装古籍的书脊，书页被上苍之手打开，静谧而又稳重地摊在酉水河边。那书页上凌空的吊脚楼和发生在楼里楼外的悲欢离合，便随岁月而动，演绎出许多铿锵、温馨、跌宕起伏的故事来。拾级而上，山路一般的陡峭。两旁的青瓦平房鳞次栉比，顺山势而错落有致。踏上古街，似乎踩在被悠长岁月遗落的碎片上面。

五里石板街，串起2800多家古色古香的店铺。最有趣的是，米豆腐满街都是。每一家都挂出电影的剧照，以示自己的正宗。其实在电影未拍之前，米豆腐早已是这里的特色。为什么要依赖那个人称"芙蓉仙子"的胡玉音呢？从那"113号"以后，曾经与世隔绝的宁静被打破了，并产生或许多少代人的影响。这种深刻的影响，大概就是从一碗米豆腐开始。

挤累了，闹烦了，就到荷花池来静一静。凝视满塘的绿叶红花，一个美丽的故事，更加美丽人的心情。传说，从前有一个叫达雅的土家姑娘，她从5岁就开始学绣荷花。17岁的她，绣荷技术已出神入化。有一天，达雅在一个地方掬水洗脸，走时把一条绣有荷花的手绢掉落了。第二天，那个地方居然开出大片大片的荷花来，达雅也变成了花神。从此，人们就把那个地方谓之荷花池。池的上面，荷花广场立有一方硕大的"毕兹卡之歌"浮雕民族文化墙。浮雕上，土

家儿女或跳着茅古斯，或引弓狩猎，或张网行渔，或躬身事农，或舞手织布。在这里，千年古镇神秘而模糊的面孔，突然鲜活了起来。

那年十月，荷花广场上哀乐低回，肃穆庄严，上千群众聚集这里，胸戴白花，深情缅怀谢晋大师。王者芙蓉的电影继续上演，一定会越演越好。

湖南常德西湖西洲村

我的西洲洞庭西

一曲西洲，千古绝唱。西洲何处，千年未解。起于西洲，终自西洲，少女思念无时不有；心存西洲，梦由西洲，我的寻觅原在此中。

《西洲曲》，代表着南朝民歌最高成就的抒情长诗，是一首纯粹的爱情之歌。诗中保留有先天的风采，描写一位少女从初春到深秋，从现实到梦境，对钟爱之人的苦苦思念；叙说一场平凡而美丽的情爱故事。读来音调和美，声情摇曳，回环婉转，韵味无穷。《西洲曲》，可谓中国诗歌史上的"言情之绝唱"。听说《西洲曲》极为难解，研究者甚至称为南朝文学研究的"哥德巴赫猜想"。真的那么难吗？我恋西洲，归于荷莲。西洲在哪，不管古往今来专家学者如何难定，我只想在西洲与荷相约、与莲相拥。打开地图查找，也许到处都有，但我只愿在洞庭湖边见到。西洲，成了我的心结。

五妹传来惊喜消息，湖南常德西湖农场有一个西洲。西湖农场，因在洞庭湖西，由此得名，地处沅、澧两水尾闾。西湖区域古为泽国，至清光绪年间方始挽障修垸。上世纪50年代中期，全面治理洞庭湖时正式建场。历经劳改农场、军垦农场、移民办场，至今改为西湖区。区内真有个西洲乡，乡下还有个西洲村。等到初夏，我迫不及待专程探寻。终于找到了：西洲村欢迎您！显然，这不是几千年前少女的西洲，只要是我心中梦想的就行了。西洲，正在建设国家级现代农业示范区，目前已无一块洲渚和一湾荷塘。可是，悠悠复悠悠，今日下西洲，当我伫立西湖区西洞庭，眼见泱泱湖水、片片荷莲之时，一组纯情少女的采莲镜头，清晰地浮于我的眼前："开门郎不至，出门采红莲。采莲南塘秋，莲花低人头。低头弄莲子，莲子清如水。置莲怀袖中，莲心彻底红。"诗作如展轴，昭示的是一幅真实动人的采莲相思图。组组镜头，无不生动而委婉地透露出相思少女的内心秘密。

时空流转，景换物移。纵然昔日西洲荡然无存，今朝西洲已不成洲，但是，我的荷情与少女爱情一样，同样地热烈、真挚。此情不变，永不转移。

荷花之畔寻刘海

一个在中国已经流传1500年的传统历史神话爱情故事，一个关于勤劳善良的樵夫和九尾狐仙之间曲折而又唯美的爱情故事，原来发生在这里——柳叶湖，柳叶湖边的渔樵村。

柳叶湖，隶属于洞庭湖的一部分，又名西洞庭。水域面积约为杭州西湖的3倍。古有"堤柳渔歌，松风水带，皆极共胜"之描述，今有"湖南一宝，常德一绝"之赞叹。位于柳叶湖西南的花山，山虽不高，却十分秀丽。山脚下有一渔樵村。古时候，村中丝瓜井旁，住着刘海母子俩。刘母因思亡夫，哭瞎了眼睛。刘海非常勤劳孝顺，天天上山砍柴，奉养老母。在刘海砍柴的山野一带，住着一只千年修炼的狐狸精，她练成宝珠一颗，含在口中可化身人形。此时她已成半仙，若再修炼几百年，便可成仙上天。她非常敬佩刘海的为人，就起了思凡之心，取名胡秀英，执意要嫁给刘海。但是憨厚朴实的刘海，怕连累她受苦，几番推辞。后见胡秀英一片真心，才答应与胡秀英成婚。城里有个庙，庙里有十八个罗汉。其中十罗汉带着一群弟子(金蟾)也在暗中修炼。他炼得一串金钱，也已成半仙，如能得到胡秀英的宝珠，就能

湖南常德柳叶湖渔樵村

即刻成仙升天。十罗汉遂起歹心，抢走了宝珠。胡秀英失去宝珠现出原形。无奈之下，只好把实情告诉刘海。刘海没有怪她，他拿起砍柴的石斧去斗十罗汉。最终在斧头神和胡秀英众姐妹帮助下，刘海打败了他们，拿回了宝珠。从此，他们过着男耕女织的幸福生活。原来，柳叶湖是一个爱情圣湖，渔樵村是一个情爱福村。

樵夫狐仙这段爱情传说，在湖南可谓家喻户晓。而随着花鼓戏《刘海砍樵》的演绎和传唱，也为全国不少观众所熟悉。今日的渔樵村，是一个盛开荷花的村庄。刘海庙、刘海家就在荷塘旁边。夏季，层层叠叠的绿叶让人感受"接天莲叶无穷碧"的壮美，亭亭玉立的花朵使人感受"映日荷花别样红"的艳丽。村庄的西南面，还环绕着近千亩的野生荷花，与村内的荷花相得益彰，一起绽放在这爱情传说的发源地。

渔樵每年的荷花节，都要上演不同形式的《刘海砍樵》。美好传说所表现的价值理念，也将随着故事的流传而继续传承下去。

湖南益阳赫山周立波故居

山乡再巨变

变、变、变，一个普通又不普通的小山村，由巨变到再巨变，一幅社会主义新农村的丽景呈现在眼前。时代变了，国家变了，这里就会变。

半个世纪前，享有"南周北赵"美誉的作家周立波，回到湖南益阳的清溪村，提笔创作，写出了记载南国山乡走农业合作化道路的乡土文学力作《山乡巨变》。半个世纪后，在这块充满文化底蕴和实干激情的热土上，清溪人励精图治、大刀阔斧掀起了发展建设的浪潮。这个当代农村正在经历新的山乡巨变。

清溪村，虽然是个不起眼的小山村，却走出了我国现代著名作家周立波。他的代表作《暴风骤雨》《山乡巨变》曾影响和教育了一代人。清溪村是周立波的故乡，也是他创作《山乡巨变》《山那面人家》等小说的生活之源。始建于清乾隆53年(1788)的周立波故居，就典型地投射出清溪村的前世今生。整个故居，依山傍水，土木结构，青瓦白墙，绿树成荫，庭院之间，错落有致，屋前大片荷塘，鸟语花香。它属于典型的洞庭湖区特色民居，具良好生态之风水格局，达于"天人合一"的至善境界，赋予我们无与伦比的心灵宁静和遥远遐想。仿佛可以穿越时光隧道，看见这个小村庄的过去、现在和未来。

弹指一挥间，50多年过去。周立波和《山乡巨变》主要生活原型地，已经成为清溪村对外推介的一张文化名片。清溪村的发展，与周立波留下的精神遗产密不可分。走进清溪，路边依次可见8尊雕像，如同8个50多年前村民生活的场景，把小说《山乡巨变》里反映合作化运动的8个故事情节，栩栩如生地展现在眼前。在绿叶丛丛、红花点点的百亩荷塘，环顾今日之清溪：稻田翻金浪，莲藕满池塘。看碧荷摇曳，听清溪流水，观浅水鱼跃，嗅山林果香，感居住小洋房、设施现代化；大道近门庭、路灯太阳能，叹山乡再巨变，农村新景象。可谓是饱览山塘花似锦，清风溢香沁心田。

清溪村，"蒙在一望无涯的洁白朦胧的轻纱薄绡里，显得飘渺、神秘而奇丽"。我相信，清溪人展望未来，豪情满怀，将再写山乡巨变新篇章。

湖南岳阳麻塘北湖村

荷的那边是洞庭

早已沉迷在洞庭湖为我编织的梦里。终于，环绕洞庭转了一圈。那洞庭天下水、湖滨满地荷的秀美景色，深深地感染着我。

走出屈子祠，经长沙、益阳，到最临南洞庭的益阳刘家湖农场；再行西洞庭的沅江、汉寿、常德一带；北进安乡、南县、华容，去洞庭靠北的团湖——君山野生荷花世界；最后沿岳阳市、县的东洞庭湖边追寻，进入洞庭村，停脚在北湖。想当初，我回老家，靠小小驳船过洞庭，你讲要多久？现在，四个轮子行天下，就是沿着昔日"八百里洞庭"延伸，也不够一天的时光。所以说，几天下来根本不算什么。但是，我总归梦了一回"云梦泽"。

史载，洞庭湖原为古云梦泽的一部分，本为华夏第一大淡水湖。当时的云梦泽，横亘于湘鄂两省间，面积曾达4万平方公里。后由于长江泥沙沉积，云梦泽分为南北两部分，长江以北成为沼泽地带，长江以南还保持着浩瀚的水面，称之为洞庭湖。全盛的洞庭湖，在清道光年间(1821-1850)。其时的洞庭"东北属巴陵，西北跨华容、石首、安乡，西过武陵(今常德)、龙阳(今汉寿)、沅江，南带着益阳而寰湘阴，凡四府一州九邑，横亘八九百里，日月皆出没其中"。洞庭之风光，无论从宏观还是微观赏览，远眺或者近看，也不论春夏或者秋冬，晴天还是阴雨，各有其特色，十

分地奇丽迷人。

我和朋友现在东洞庭的大堤上。啊！平湖一望上连天。碧水万顷，雪浪波涌，江船点点，沧海沉沉，真有"洞庭西望楚江分，水尽南天不见云"之势。坐在湖边，面朝广阔无垠的湖水，心如明镜般的畅快。

大堤这边，就是岳阳麻塘镇的北湖村。居高俯视，一幅美丽的鱼米之乡图画呈现在我们面前。沿堤种有千亩荷莲。一池池荷塘，与一片片稻田、一群群牛马、一户户村庄，彩绘般地环绕一湖洞庭，组成一道靓丽的风景线。从村内穿过，走在整洁的村级道路上，两旁的民房整齐划一，且全部换上了新装。村里花木葱茏，农家休闲广场上，休憩的老人怡然自得。现在，北湖村是市环境卫生十佳村、省文明卫生村。

遥想洞庭山水色，心中感慨无限。我的家乡湖，愿你永远美丽、富饶！

广东汕头澄海莲下程洋冈村

龙莲被"跃进" 古村却千年

从地图册上查找有关荷莲地名时，澄海附近的"莲下、莲上、莲华"，一齐映入眼帘。这里为何与莲如此有缘？带着疑问与期待，行进粤东。原打算先"莲上"再"莲下"，"上帝"却将我引导到了莲下镇政府。一位颇有学识的工作人员，热情地推荐我去程洋冈村。千年村落的"古"与"莲"，使我只想"莲下"不愿"莲上"了。

程洋冈很美。美在自然之秀气。这里是韩江入海之地，又是南峙山麓南端，得山水之秀色，养千年之灵气。这农耕文明与海洋文明千年融合的气象，这水色山光与现代农家的自然契合，都令人胸襟舒畅，感慨万千。美在历史之沉淀。早在一千多年前，这里就是一个货运贸易繁荣的港口。"凤岭古港"是宋代粤东的一处重要口岸。无论是宋代的石刻，还是宋街……都在诉说不尽的久远故事。美在人文之丰厚。潮人多来自中原。程洋冈先人也是随着南迁的潮流，来到这里停止漂泊。筑起庐舍，植下榕树，与榕俱荣，与树共长。如今，村中有古榕数十棵、人口逾6000。文化的传承，民风的淳厚，成就了这个千年古村落的风骨和风貌。无论是寺、庙、庵，还是斋、轩、庐、园、山房……都在展示乡村的儒雅与惬意。

程洋冈村美，它的池塘也美。有大小池塘湖泊20多个。这里的池塘除在村中心外，更多的是围绕村庄四周。池塘既可养鱼种莲，也为村庄的安全设下一层保护的屏障。以前，这里有一个莲花湖。原在村西，蜿蜒曲折，湖长近两里，

有九道弯，盛产双心莲子。南宋末年，宋室危矣。宋帝昞南逃至此，转过一座小山，举目一看，前面水中荷花盛开。这时，有村人摘下一个透黄晶亮的莲蓬送给皇上尝新。宋帝满心欢喜剥开莲蓬，见里面的莲子竟是双心，犹似两个龙角，惊叹为奇珍异果。皇上一时开心，赐名"龙莲"。自此，这程洋冈的龙莲名声远播。1958年"大跃进"时，为追求亩产万斤而挖掉莲藕。仅存一株被樟林人带往樟林培植，越年也死亡了。今程洋冈有些池塘也种植莲花，优美但远不如前之气派。

走进一条条又窄又长的古巷，我恍若回到从前。一些古房子被闲置，甚至已近废墟。大多数被使用，有的且改造。作为展示社会历史与自然历史的载体，不可避免地加入不同时代生活的烙印。程洋冈，虽"古"却"活"，是一个充满活力、有着巨大张力的新农村。

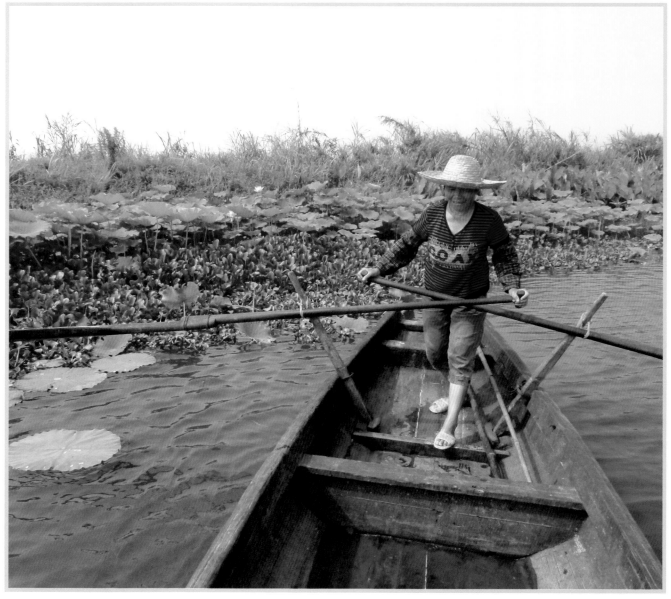

广东鹤山古劳镇

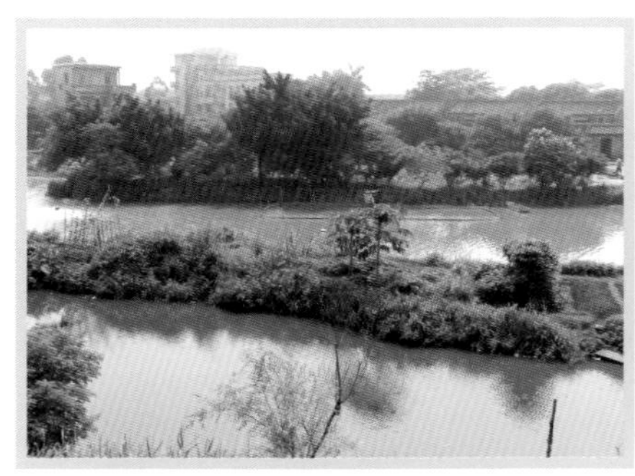

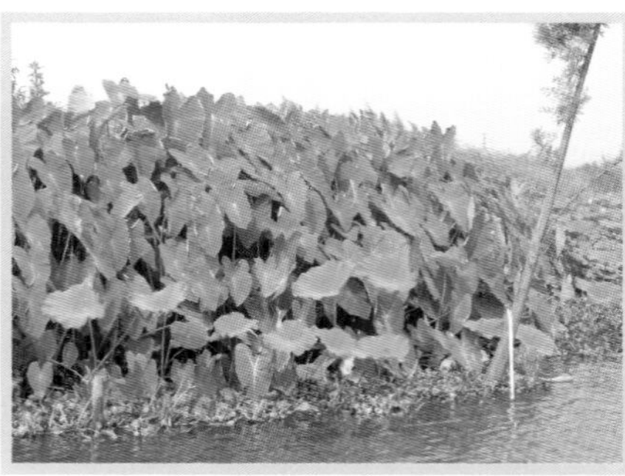

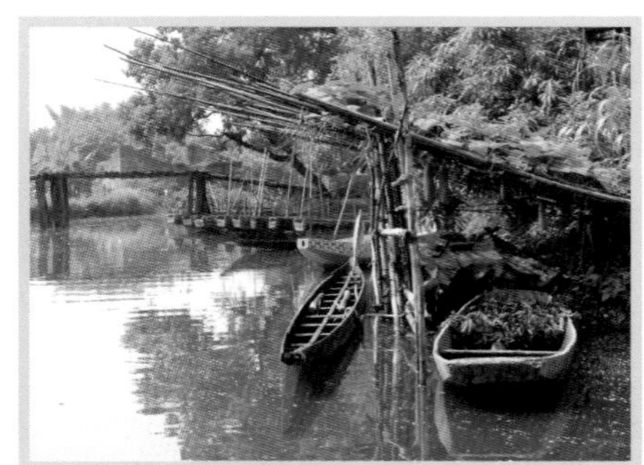

水乡水网水花

一口口水塘，一条条围墩，密密麻麻状如蜘蛛网的大小河涌，构成一幅幅如诗如画的美景。东方破晓，薄雾缭绕。立在高处，朦胧远眺，茫茫水网似无边际，村居好像变成了朵朵水中之花。好一派"东方威尼斯"水乡风韵。

位于广东江门鹤山市东北部西江边的古劳镇，属半丘陵半堤围水网地区，是典型的最具珠江三角洲特点的南国水乡。滔滔的西江从上游流到这里，河面变得开阔，大量的泥沙沉积下来，成为沙洲，形成一个个的冲积滩。600多年前，明洪武27年，古劳人冯八秀奉旨兴建古劳围。从此，古劳便从滩涂泽国逐渐变成美丽的岭南水乡。

一条长长的大堤把美丽的水乡与西江分隔。堤内有一个个大小不一的鱼塘，有一片片种满或青翠翠或金灿灿庄稼的农田，有一条条由青石板铺砌的田道蜿蜒围绕着整个水乡。可谓鱼塘土地穿插，河网道路纵横，村落、流水、石

桥、花木、古榕散落其中。渔家尽枕河，四面环水，依河成街，咫尺往来，皆经舟楫。"小桥流水人家"之迷人景致随处可见。走进古劳，去领略"堤内有塘、塘边有地、地上有树、树间有村、村里有桥、桥下有河、河中有船"的世外水乡吧。

古劳水乡最好的景色在横海浪。"三百亩荷花竞秀，数百只白鹭齐飞"，这说的就是横海浪自然生态区。它处于水乡的西北端，是古劳最大的自然湖泊，占地面积500亩，其中荷花种植面积达300亩。那天来到古劳有点早，景区的人还没上班。临时租船一条，沿着水道游往荷花世界。农妇撑着小舟，顺着一带绿水慢慢前行。满眼的水满眼的绿，绿意弥漫在河水中、田埂上、草丛间。一条条玉带般的小河，将一池池翡翠样的鱼塘紧紧串连。一路可见种地的、布网的、浣衣的、洗菜的，还有摇橹小船影影绰绰来往，雀鸟的清鸣也不时在耳边响起。七个弯八个拐地摇到了一片开阔的水域，阵阵微风吹过，缕缕清香飘来。沿湖荷花遍布，贴近荷花零距离接触，亲身体验水乡水网中真正的水花风情。

荷花，有"三百亩"的"世界"？我还是喜欢多看看天人合一、人水相亲的"水花"境界。

广东开平自力碉楼

和在中西合璧

在广东侨乡开平阡陌纵横的田野上，一座座西式古典风格的小楼与中国南方农村的传统土屋交错，形成中国绝无仅有的乡间景色。

富丽堂皇的欧美古堡与品性铁血的东方炮楼有机结合，把古希腊的柱廊、古罗马的券拱、哥特式的高尖屋顶，伊斯兰的星星和半月、洛可可的细腻弧线、拜占庭的圆形穹顶、巴洛克建筑的山花、西班牙建筑的螺旋形铸铁花饰等，与中国民间传统的"风花雪月、龙凤麒麟、梅兰竹菊、福禄寿喜"等乡野山村的风俗情景糅合到一起，成为独创的建筑风格。深灰色的墙体显然已被时间与风雨反复打磨。这就是开平碉楼！是集防卫、居住和中西建筑艺术于一体的多层塔楼式建筑。这些数量众多、建筑精美、风格多样的碉楼，或是独立在小山岗之上，或是孤形佳影立在江边路边，或是两之为伴倚在蕉园旁，或是三五成群团结在田间里，犹如造型别致的含苞待放的荷花，兀自挺立于天地之间和谐共处，表现出特有的艺术魅力，构成了一个偌大的碉楼博物馆。堪称世遗一绝。

我两次前往自力村。第一次陪伴"亲密的三位"；第二次当然是为了"亲密的仙子"。这里环境优美，水塘、荷池、稻田、草地散落其间，与碉楼、居庐相映成趣，美不胜收，形成一幅田园诗意般的农耕水墨画，独具岭南乡村气息的洋式城堡村落。踏着田间小道，穿过绿树修竹直入村内。村口荷摇，好像是欢迎大家的到来；楼旁莲立，似乎在拱卫碉庐的安宁。站在蓝天下，凝思荷楼美景，突然感到楼与荷的关系并非如此自然简约。如果，斯楼创造了一门艺术；那么，伊荷则传达了一种精神。艺术体现得那么和美，精神呈现得

那么和善。欧美的生活方式与东方的文化家园共融在一起，又是那么和谐，别有特色。

云幻楼，五层柱廊正中的门匾上书写着"只谈风月"四个大字，两旁有着长长的门联。一边是：云龙风虎际会常怀怎奈壮志未酬只赢得湖海生涯空山岁月；另一边是：云影昙花身世如梦何妨豪情自放无负比阳春烟景大块文章。碉楼与荷花的深刻内涵，有待世人去深入体味。

广西富川朝东秀水村

浓浓墨香 淡淡莲香

1300多年前，一位叫毛衷的人，从老家浙江衢州前往长安赶考。这一次，他考中了进士。从此，开始了他的官路生涯。那年，毛衷被外放到广西贺州当知州。任满以后，他就再也不想返回京城了。带着家眷，直奔曾经路过、后来选中的一片土地——富川秀水，定居下来。在一种清贫而安宁的生活中，教儿孙论经作文、琴棋书画。这一定居，竟使毛氏的血脉在此绵延了一千多年。那为国为家读书明理、追求功名的墨香，也一直浓浓地凝聚在秀水人的心里。这实在是个奇迹。自唐宋元明清以来，这个小村子，先后出现26名进士、27位举人。现代从这里走出去受过高等教育的也有200多人。真可谓文气鼎盛、人杰地灵!

最有说道的，还是南宋开禧元年(1205)的乙丑科状元——毛自知。殿试以"出兵抗金定中原"作答，深得宰相赏识，宁宗皇帝亲擢为第一。只是后来由于抗金的战事失败，毛自知的命运一落千丈。尽管如此，故乡的人不以成败论英雄，心目中一直把他当作曾经独占鳌头的状元郎。并在秀峰山下秀水河畔修建了状元楼。走进大门，迎面就是莲花池，清清莲香直飘厅堂。一状元塑像坐在中堂，香案轻烟缭绕，一纸诏书点明泥胎身份。毛公可知否?你自高中状元至逝世，只有短短8年时间。可家乡将身着大红袍的你，一直安放在檐牙高啄的楼中。千百年来，得人敬仰，让人奋进。秀水村，也叫做了状元村。

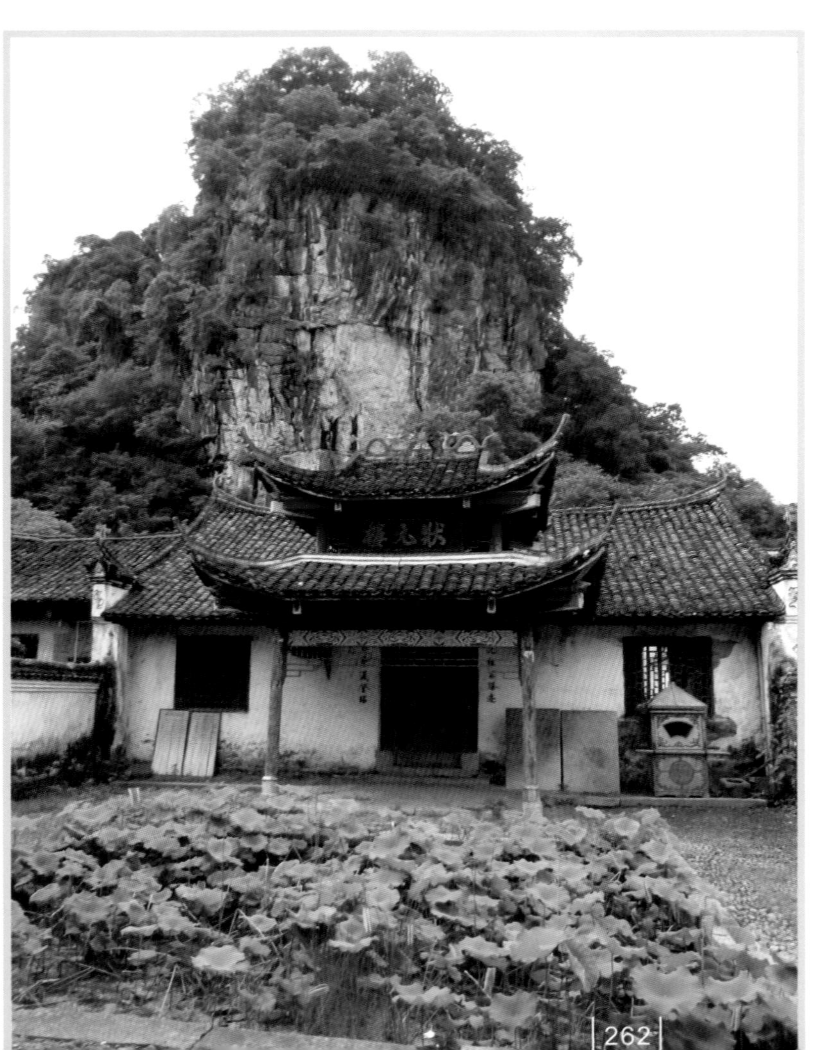

一个悬挂"文魁"金匾的门楼下，有一对用大理石雕就的石鼓。据说这是状元之

父毛宪的遗物。毛宪在云南任知府时，为官清正廉明。任满没带走任何金银财宝，只带了两只石鼓。半路遭遇强盗抢劫，纵然打碎石鼓搜查，也依然一无所获。现在这对石鼓，是强盗们感动于毛宪的清廉之德，赔还给他的。我明白了，毛状元为什么只选一池清莲陪伴。

看遍秀水，村中的老房子，不但不是什么高楼豪门大宅，也没有什么雕梁画栋、镶金嵌玉的奢华装饰，反倒简朴得与全村官宦世泽、历代绵延的地位颇不相称。但它们尖翘灵动的檐角、雪白的照壁、幽深的小巷、古老的戏台和青石铺就的村道……却于古朴中显示出了深厚的历史底蕴与高雅的书香门第品位。

一斑千年未淡的墨痕，总在散发着一缕悠长不断的莲香。

广西昭平黄姚镇

豉香与荷香

我去黄姚，全因它的名气。意外的特别荷香，更加重我对黄姚的喜欢。

黄姚，素有"梦境家园"之称。位于广西昭平的它，发祥于宋朝年间，兴建于明万历年间，鼎盛于清乾隆年间。黄姚有"六多"：山水岩洞多、亭台楼阁多、寺观多、祠堂多、古树多、楹联匾额多。有山必有水，有水必有桥，有桥必有亭，有亭必有联，有联必有匾，构成古镇独特的风韵。古街按九宫八卦阵势布局，一条主街延伸出八条弯弯曲曲的街巷，宛如一大迷宫。大街小巷均用青石板铺砌而成，像一条起舞的青龙。三条溪流蜿蜒穿行在古镇之中，古民居的静态与流水的动态自然结合，共同构成了一幅"小桥、流水、人家"的绝世美景。

我拿着《映日荷花》邮资明信片的门票踏入古镇，首先感受到的，不是风光的独特，而是品牌的独创——"黄姚豆豉"。店铺里、摊位上，袋装的、纸包的、盒式的、散放的，到处都是黑黑的豆粒。黄姚，当之无愧的，应加上"一多"。浓浓的豉香，通过视觉、嗅觉、甚至听觉，强烈地感受到。黄姚豆豉，清朝年间，一度成为朝廷贡品。民国时，就已远销东南亚。2008年，被列入广西非物质文化遗产名录。2012年，获国家地理标志保护产品。

带着豉香，走进古老的"迷宫"。一个拐弯处，一家小店怎么弥漫着淡淡的荷香？围着中间的特色货架转，四周墙壁，荷花朵朵，姿态款款，玉立在衣服上、挂件上。黄姚过去以商业著称，金德街就是一条商业街。现在，我只知这家名叫"翠花布衣"的铺面有荷飘香，却记不清楚，它位于何处了。

经过小桥、流水，爬上一个高坡，不知"迷宫"的哪个方位，又见一家门面。一间大床摆在小店中心。哦，原来荷花也可以这样大大咧咧地"躺"在床上，任凭游客赏芳？床旁，坐着一位清秀的姑娘，一边守着荷花，一边织着荷花。见了我们，脸上绽放着荷花般的笑容。我们开玩笑："三朵荷花"一起买，可以吗？姑娘的脸，马上露出了"别样红"。

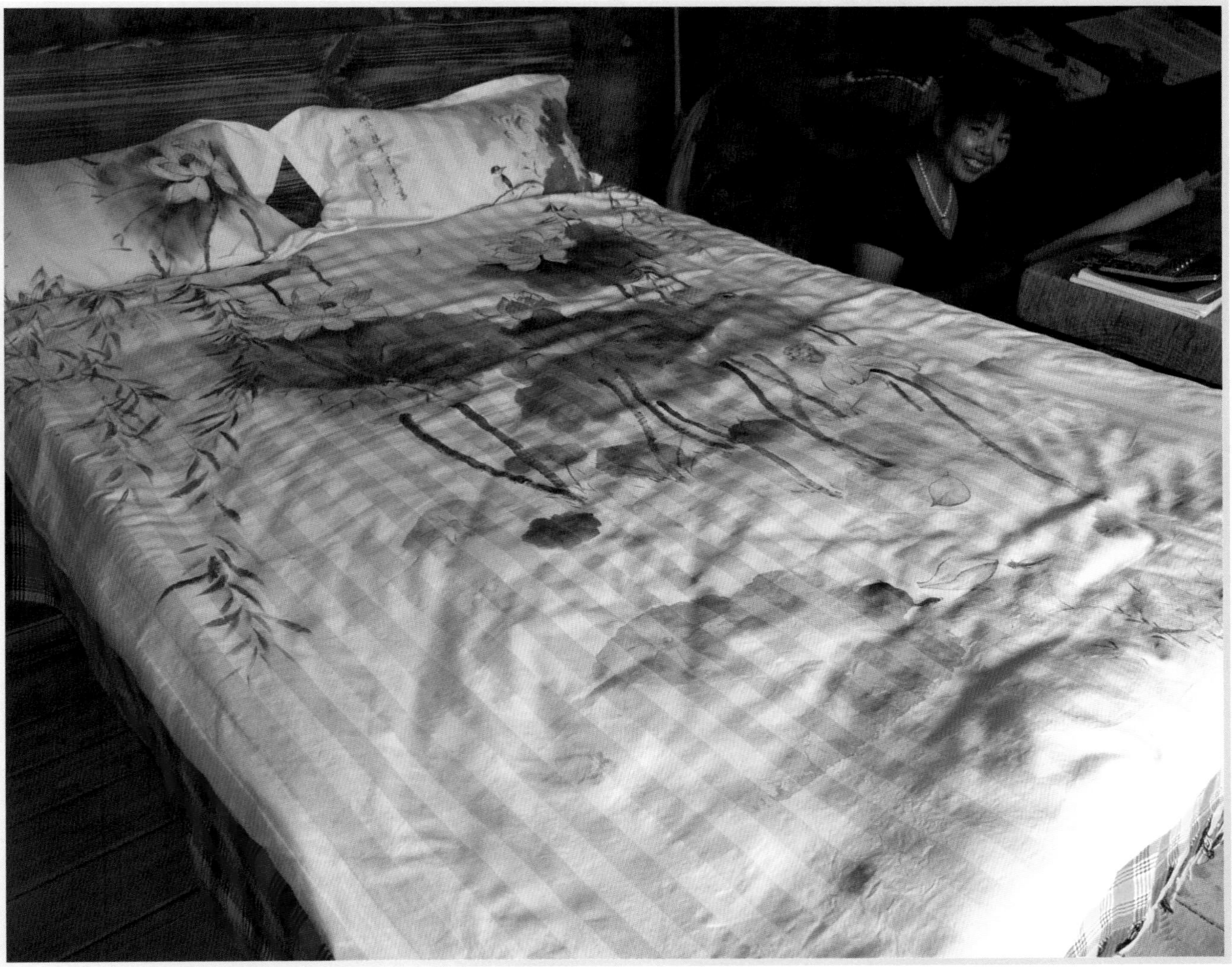

黄姚，美丽而多情。它，让我进入梦境，享受着期盼与惊喜。

广西东兴江平万尾村

中国京族一枝花

56个民族，56枝花。你可知否，哪个是中国唯一的海洋少数民族这枝花？哪里是这枝花"盛开"的家？这枝花，就是京族；万尾村，就是京族人口聚居最多的地方。你知不知晓？"盛开"这枝花仅仅13.6平方公里的海岛上，竟绽放着上千亩的荷花。

京族，我国唯一一个既沿海又沿边的少数民族。京族是越南的主体民族，因此又是一个跨境民族。主要聚居在广西防城港东兴市江平镇的万尾、巫头、山心三个海岛，人们习惯称为"京族三岛"。万尾，是由海水冲击而成的沙岛，平均海拔8米。地形东部隆起，向西逐渐缩小，犹如一只向东游去的海豚。它位于东兴南部濒临北部湾的海岸线上，与越南芒街隔海相望，是个京族渔村。京族人都在东兴，常住人口1.6万，江平镇占77%。而万尾作为三岛中人口最多的村落，全村近5300人，京族人占95%。

京族，现在是最富裕的少数民族之一。海洋渔业是京族生存繁衍之本。他们世世代代以海洋为伴，岁

岁月月以渔业为生。作为跨境民族，京族与越南的主体民族同源，习惯相似，语言相通，互相交流很方便。所以，同时发展边贸、旅游和海产养殖等，助京族走上了富裕的道路。走进万尾：百里海面，千帆竞发；十里金滩，游客云集；边贸点上，一派繁忙；田间地头，郁郁葱葱……京族人民过着富康、欢乐、祥和的生活。

京岛荷塘景区就在万尾。5月下旬到那里，一眼望去，马路两边都是碧荷。畦连畦、洼连洼、垌连垌、片连片，几乎都与其他庄稼套种，颇具特色。来到哈亭——京岛的标志性建筑，京族人民祀祖先、祭神灵和民间娱乐、议事的公共场所。这里也有荷池，与哈亭交相辉映。一个最隆重最具海洋气息的民族节日——哈节，是京族人一年一度"敬圣神、庆丰收、求平安、传文化"为主要内容的盛大活动。万尾的每年六月初九至十五，全村男女老少集体出动，云集哈亭内外。人人艳服盛装，几天几夜通宵达旦纵情欢乐。此时此地的荷花，竞相怒放，为哈节增添一抹秀色，寓意着京族人与自然、人与人之间无比的和谐。

我国的京族，祖国大家庭里的一枝花；京岛的荷花，烘托着这枝花愈发美丽与耀眼。

四川蓬安周子镇

"濂溪""爱莲"又一曲

"潇洒风尘外，停车可救传。盘桓留胜迹，光霁忆当年。镇口楼台壮，祠旁竹树连。讲堂童子秀，群诵《爱莲》篇。"这是清代一个叫周铭的人，为歌咏濂溪祠所写的诗句。该诗收藏于清道光《蓬州志略》。作者对儒先贤周敦颐(字茂叔，号濂溪)的风范和讲学胜迹的崇敬跃然纸上。濂溪祠，位于四川蓬安县城周子古镇下河街上。史载，此祠系古蓬州人为纪念理学大师周敦颐在此讲学而建。又一个濂溪祠。清代蓬州的濂溪祠(1074年所建)，茂林修竹，环境清幽，是驰名的风景名胜。

走进下河街，信步至中段，右拐进一条小巷。小巷尽头豁然开朗：重建的一方荷塘与一座祠堂出现在眼前。荷塘前面有一个较大的石砌转盘，转盘上立有一尊高大的石头，上面刻有"爱莲池"三个楷体大字。"爱莲池"是濂溪祠的门面，隐喻周敦颐生前所著、流传于世并被后人谓为名篇的《爱莲说》。

荷塘上面建有水榭廊桥，廊桥是通向祠堂的捷径。每到仲夏，各色的荷花竞相开放，一片片硕大的荷叶，要么铺于水面，要么伸向空中，姿态婀娜，惹人沉醉。相传，当年周敦颐留足蓬安时，因这里凉爽清幽，当地人将其迎于此纳凉小憩。先生见水榭廊桥交错掩映于红花绿叶丛中，犹如世外桃源，倍觉心旷神怡。周敦颐应大家的恳求，留下讲学三天。

濂溪祠不大，穿斗结构瓦房构成三合小院，保留着清代建筑的风格，大门两侧书有一行楷对联：纵横百家文采鼎甲，宦游千里莲心自评。祠分前殿和厢房，前殿塑有周敦颐的坐像，坐像两边的墙上，刻有其生前所写并影响后人的名篇《太极图说》《爱莲说》。两边的厢房里，置放有周敦颐所著的书，以及后人为纪念他所写的字匾。

濂溪祠的大殿门外，还刻有一副对联：碧水层峦起翰墨，青莲秀竹焕文章。蓬安人民为纪念周敦颐在此讲学，除在当时的"舟口"下河街开池修祠外，后来，还将"舟口"改为"周口"，"周口"又改称"周子"古镇。

爱莲说·（宋）周敦颐

贵州雷山西江千户苗寨

苗寨的"荷塘月色"

是吗？一曲《荷塘月色》，从千户苗寨的荷塘月色酒吧里"诞生"的？我更没有去探究，到底是因为酒吧之名，而有《荷塘月色》歌曲；还是酒吧后来，因此而改名荷塘月色。现在唯有，苗寨荷塘月色般的风韵，深深地震撼着我、感染着我。

自古苗人住高山。贵州雷山西江1200多户民居，绝大多数修建在70多度左右的山坡上。站立高处，鸟瞰苗寨，真佩服苗寨祖先在此选址建寨的智慧。苗寨数里众多的房屋，依托两座缓缓的山坡，迤逦向上展开，层层叠叠，次第而建。河道如绿色的缎带，从苗寨脚下静静东流，在阳光下熠熠生辉，仿佛苗家华贵的服饰，给苗寨平添妩媚的景色。

早晨，薄雾弥漫远山和村寨。此刻，各家袅袅的炊烟，聚成一个个烟柱，就在屋子上方冉冉升腾。真如陶渊明描写的"暧暧远人村，依依墟里烟"的风貌。要是月夜呢？我没有亲历。但是贵州出生的张超，这个80后的中国流行乐坛创作代表人，也许受苗寨月色的浸染，触发出内心的灵感，在小河边一个小小的酒吧里，借酒助兴，孕育出绝对轻快简洁而且相当婉约甜蜜的音乐作品。借用荷塘月色的景象，来表达烘托苗寨少男少女花前月下的气氛。

说千户苗寨平常，那它只是一个苗族村寨而已；说千户苗寨不平常，那是因为它代表了苗族村寨的历史和文化。游历千山万水的余秋雨说：西江千户苗寨，是一个用美丽回答一切的地方。那么，《荷塘月色》呢？如果说它平凡，那它一个渺渺荷塘、淡淡花香，怎堪比气势宏伟的苗寨、风情万种的苗家？说它不平凡，作者通过描绘月下荷塘的形神兼具且静谧美好，传递出人景和谐、人与人之间温情的意蕴。这不正是苗寨古往今来的写照吗？难怪，一首歌的彩铃下载突破七千万！美丽的琴音落在梦幻般的苗寨，就像一幅荷塘月色的景致，是那样的美丽、生动、细腻。我无论在哪个季节、哪个地方，也不管是何种情境，听到"我像只鱼儿在你的荷塘"，心随音乐荡漾，都是一种幸福，就会想到西江苗寨。

剪一段时光缓缓流淌，弹一曲小荷淡淡的香吧。

贵州榕江三宝千户侗寨

"榕""榕"的融融

我们来得太早了，好像一切都在沉睡着。卖门票的人也还没来。随着我们跨入寨门，似乎一切开始慢慢地苏醒。

这里是贵州榕江三宝千户侗寨。号称"天下第一侗寨"，是全国最大的侗族聚居地。

第一眼看到的，是一座高大的鼓楼。建成当年，因其楼最高层最多被编入世界吉尼斯纪录大全。鼓楼是侗寨的标志。只有侗寨才有鼓楼，有了鼓楼才算侗寨。侗寨建鼓楼，用侗家的话来说，就是"侗家人要像鱼儿团聚在鱼窝里一样，团结在鼓楼里"。鼓楼，是侗家人聚议大事及开展各种娱乐活动的场所，是侗族人民融洽的象征。

为什么叫榕江？原来，县名的由来和榕树密切相关。榕江，榕树多、江水多也。榕树，是侗寨的重要组成部分。天造地设，车江(寨蒿河)延绵数公里，生长着百多株清雍正年间的古榕树，组成整条江岸的林荫带，牢牢护着江堤和村寨，构成天下罕见的古榕群。古榕最密集的地段，在鼓楼附近约长1公里的江岸。这些榕树根叶茂盛，是侗寨的"风水"林。一棵棵高达20多米、胸围达3米以上的古榕，根系相连，枝叶相吻，如同一把把巨大的绿伞傲然撑展在江堤上。这些倔强的生命，所造就的种种离奇景观令人叹为观止：一株古榕能将一座功德碑用根须层层包裹起来，人称"古榕包碑"；一棵树上长出了榕树和苦楝树，别名"生死恋"；一株古榕树与一棵古枫树相拥而生，形成了"至爱榕枫"。亲一亲"夫妻榕"，夫妻白头偕老，家庭幸福；抱一抱"长寿榕"，大家长命百岁，永世安康。沿着古榕一路走去，江边有人在洗衣，成群的鸭子在江中戏水觅食，江里有小木船不时慢慢划过。村头的榕树下，身穿民族服装的姑娘们在悠闲地纳鞋、散步；年老的长者，三五成群地坐在树底下，谈古论今，叙说着村村、家家的一些事。他们尽情地享受着天年之乐。

古老的榕树，古色的榕江，不仅带给我们一幅幅美丽的侗寨风景画，更让我们感受到融和的侗族风情与风采。

意想不到，江岸边、古榕旁的村寨里，竟有一方荷塘。荷花，你想映衬"三宝"这里的融融之和吗？

过了吊桥就是她

大清早，从贵阳先去遵义，围着新蒲镇打圈找荷花。带着伤神之心，返程往开阳。过了县城就下雨，一到南江天放晴。多美的风光无心看，一心问路找坪寨。终于到了。

这是一个坐落在山坡上的布依族村落，唯一与外界相连的是清龙河上的一座吊桥。走过吊桥，莫名地给人一种宁心静神的感觉。如果说，清龙河是一幅流动的画卷，那么，坪寨就是宁静的杰作。无我所想，竹竿舞在跳动，民歌在唱响，身着传统服饰的布依族人递上一碗进寨酒，念上几句祝福的布依语，热情将我迎进寨中……。没有这动人的场面，确有感人的古朴。古寨很安静。左前方一幢民居的高台上，几位老人坐在那里微笑望着我，用最原始最质朴的方式欢迎着，接下来又仿佛要对我讲述村寨古老的故事。这时偶尔的几声狗吠，让我一下回味起童年的田园。我是轻轻走进来的，生怕因我寻荷的激动而破坏这里的祥和。我在下面细声打听，他们慈祥地抬手指向右边。这一切，抚慰着我的心，只觉得好舒服。

这个居住有58户布依村民的寨子，是清龙河十里画廊景点中的"古风河韵"。相传，三国诸葛亮南征时曾于此作战。如今，金戈铁马的铁血萧瑟已变成河畔村寨的舒适安逸。顺着岸边古朴典雅的木质长廊漫步，呼吸着雨后清新的

空气，听着身边潺潺的流水，忽然间，一大片荷花呈现在眼前。顿时，河韵悠悠的思古情怀，化成了荷韵浓浓的别样风情。抬眼前眺，青瓦白墙的民居半隐半露散落在林荫中，一片一片的荷田用她独有的红情绿意，映衬着古老的村寨。这里是布依人的家，她想成为装点家的花。坪寨的荷花是十里画廊的唯一，也是古寨和谐安详的象征。过去，"看着风景如画的村子，哼着婉转的山歌调子，守着俊俏的布依妹子，过着一贫如洗的日子"的布依村居，现在走在旅游兴村的路上，经历了一个嬗变，今已首批入选中国少数民族特色村寨。

临别，我想带走寨子里的那种宁静祥和。但我知道，这里的一切只是属于坪寨的，想带走却又带不走。于是，我决定把心留在这里，护着绿山碧水的荷园村寨，就当是一种留守。总有一天，疲态的躯壳会回来寻找他的心灵、他的荷花。

云南鹤庆草海新华村

敲敲打打一枝花

白族小锤人家，银都草海荷花。万万没想到，在这片看似荒野和干涸的土地上，居然隐藏着这样一片水泽密布的大千世界和茂美景色。

新华村，是一个古老而美丽的白族小村。背靠凤凰山，前临鹤庆坝子，村子周围是大面积的草海湿地。这个神奇的地方，河潭星罗棋布，家家有泉眼，户户见流水，形成独特的高原水乡风光。但它的出名，不是靠水，而是靠家家户户都从事的一个行业，被称为"小锤敲过一千年"的金银铜工艺品加工业。从东南亚到西藏、甘肃、尼泊尔，沿着整条茶马古道，只要有金银铜器的地方，就有新华的手艺人。他们挑着炉子，提着小锤，走村串寨，为各族人民打造心爱的饰物。自然而然，新华村成为了茶马古道上多民族文化的融合点。目前，新华村已形成"家家有手艺，户户是工厂，一户一品，一家一业"的生产格局，成为世界手工艺文化遗产的传承故园，也成为世界闻名的银都。

新华村不仅以手工艺品加工闻名遐迩，而且有着山奇水秀的田园风光和浓郁纯朴的民族风情。由于山脚众多潭泉和其他水系源源不断，在坝子形成了水域宽阔的天然草海湿地。苍洱美景名天下，草海碧水列三甲。芦苇荡舟白雁起，水清天蓝好人家。尤其是每年夏季，红荷怒放，犹如一卷画幅，让人们感受到高原水乡独特的风韵。一年一度的荷花节，吸引着周围成千上万的游客来此观光。鹤庆坝区的群众，更要到这里饱览湖光山色，形成了传统的"耍海"民俗活动。鹤庆白族少女服饰简洁明快，由青、白、红三种颜色组成，即代表通常意义上的蓝天、白云、红土地。穿戴之后，将一头长发盘起，正如当地可谓"清丽芙蓉水中开"。衣与人融为一体，互为映衬。我想，荷开新华草海，不会仅此象征吧。

沿着小锤敲过的痕迹，默默行走村内街巷。拂去历史的尘埃，依然能听到叮叮当当……。金属碰撞之音从那一间间家庭里传出。清澈的流水，摇曳的荷花，诉说着千年不变的平淡而祥和的生活。鹤庆匠人手中的那把小锤在敲敲打打中，延续着"银都"这枝花——金花、银花、铜花，还有那历史之花、人文之花、生态之花。

就像名字那样美

我不多说，这里的风光怎样优美；也不多讲，这里的历史如何精彩。我光顾3次，只为这优美精彩的“和荷”。

和顺，位于云南腾冲县城西南3公里处，古称"阳温墩"。由于三和河顺乡而流，故改名"河顺"。后取"士和民顺"之意，雅化为今日的"和顺"。也有说，源于"云涌吉祥，风吹和顺"的诗句。光一个地名，就牵涉到那么多的"和(河)"。

重要的是，和顺古老的民居，与传统的民俗、淳朴的民风一起，历经了600多年的风雨，世代文化的积淀和多元文化的熏陶，铸就了这个边远古镇"和"的风采。

云南腾冲和顺镇

她是汉文化与南亚文化、西方文化交融的窗口。文化的包容性与多元性，体现了和与顺的特点。居民以内地迁来的汉民族为主，全镇住宅从东到西，环山而建，渐次递升，绵延两三公里。建筑多为中西合璧。多种建筑风格，在这个清秀的西南边陲水乳交融，和谐并存。

她是西南丝绸古道上最大的侨乡。和顺人世世代代从大山里出国闯荡。现全镇人口六千，而侨居海外的则达一万二，形成了"海外的和顺"。

她是几百年来千万人和谐生活的梦想。这里的人，是和顺文化的传承者和创造者。八大宗祠保存完好，族谱与家谱活动流传至今；七大寺庙，佛、道、儒共存。600年形成了大量的诗词、牌匾、对联和著作，养育了哲学家艾思奇等一大批名人。和顺人的生活，是古镇亮丽的风景线。在这里，可以看到在洗衣亭下捣衣的妇女，也可以看到乡村图书馆里读书的农民……。展现的是，令人向往的田园牧歌生活，这里正圆着现代人的家园梦。

这里，有如此之和，就会有这般之荷。亭子边、人家旁、宗祠前、湿地里……到处都有荷的存在。和顺有词云：家乡好，最好陷河(湿地)头，绿柳丛中穿紫燕，红莲塘畔卧吉牛，结伴泛孤舟。和顺村头，清道光年间建有两座形似双虹卧波的石桥。桥畔绿柳成荫，红莲映日，捣衣之声不绝。荷塘间群鸭戏水、鱼翔浅底。好一派高原水乡的怡情风光。

2005年，中央电视台评选"中国十大魅力名镇"，和顺荣膺榜首。和顺，就是又和又顺。

云南广南坝美

赤裸裸的和

又一个世外桃源。我怎能不留下只言片语。尽管那里田间无荷，但山水之中尽和。

谢谢兄弟们的安排与陪同。清晨山回路转。茫茫云雾，山山水水半遮半掩，一个个小村坐落在其之间。我要去一个醉美的地方，她的名字本身就有美。坝美，美吗?

车匆匆，人切切。临近坝美，高山下的一块荷，点缀得那样渺小，却预示坝美的大和。眼前是一高窄的洞口，我们要乘木舟驶往那里。千百年来，坝美与外界的联系，竟然是幽深水长流的山洞。慢悠悠地划入，静悄悄地感受。似乎比陶公笔下的"初极狭，才通人……"多了一些灵气。黑漆漆过后，一个剪影式的画框内，一片亮丽，叫人迷上眼睛。隐藏在山谷中的坝美出现了。这是一个秀美而狭长的小坝子，方圆二三平方公里。稻田菜地、流水小桥、古树花草，还有一群日出而作日落而息的壮族人家。四面皆被宛若屏障的群山环抱。一条曲曲弯弯的小河，将我们引向这座古朴、安宁、祥和的村落。

小河，一年四季不枯不涝。大家在这条河里淘米洗菜，洗头洗澡，洗衣服，饮牲口……。多少年来，这河就这样穿村而过流淌着、承载着，默默地滋润着这世外桃源。不知为什么，村里的这条"母亲河"，在廊桥之处突然分叉，左侧叫男河，右侧称女河。村里的小孩，只为尽情地欢乐，衣服一脱一丢，光溜溜地跳入河中。或许，他们没有芭比娃娃，没有变形金刚，也没有麦当劳肯德基;也许，他们根本不需要游泳衣、救生圈。不管

男河女河，只要是我们的天地；不论男孩女孩，只要是我们的伙伴，玩的就是千百年来老祖宗遗传的童心与纯真。此刻的我，脑海里只有儿时家旁的那条河。真想时光倒转，也赤条条地在流水中洗净我身、涤静我心。

相信，小河记录着壮家从古到今的一切，也只有它还记得从前的坝美是什么样子。流水经过的痕迹，就像时间留下的痕迹。流水带走光阴，却不愿带走这里的坝美。

这样一个纯朴和美的世界，就是我梦中的理想国度。而我走进这里，注定是一匆匆的过客。离别的洞口，一朵状似荷蕾的钟乳石，也在赤裸裸地倒悬着。不要这么辛苦吧。亭立的她，顿时变为一枝含苞待放的荷，在清澈透明的小河水底里，随时准备绽放她的红情绿意。

魂已去 荷安在

听说，青木川"一脚踏三省"，早想去看看。当听到，古镇魏家老宅院子外有荷花鱼池，那就马上去吧。青木川，山清水秀，古朴自然。更吸引我的，是这里的故事。

青木川，因川道中有一株古青木树而得名；更因魏辅堂这个人而使古镇名声大振。古街、老屋，加上一条河水，夹着河水的其实只有两座不高的山。就这么简简单单的布局，何以支撑起乱世三省之交的繁荣？这一切，应该是魏辅堂功劳的印记。青木川，发轫于明中叶，成型于清中后期，但鼎盛于民国，确实与他密切联系着。

魏辅堂，曾经是这里的王，以他的威严、道德准则掌管着青木川的大小事务。他篡夺民团头目的位置后，组建了自己的队伍——宁西自卫队。在他的强权下，对整个青木川统一规划建造。为了小镇的繁荣，他招引四方客商，创造良好的经营环境。据说，为了保证公平竞争，他亲自带人收拾了一些欺行霸市的本地人。又据说，为了壮大实力，曾安排手下多次面蒙黑纱夜间抢劫周边的富有地主豪绅，对普通民众却是相当的善心。还据说，建造了辅仁中学。他既重视文化课，又请来武术老师，对学生进行文武双全的培训。尤其是，要求所有适龄儿童都要念书，不从者不但罚钱粮，还要对家长进行关押。更据说，他铁面断案，大义灭亲，赢得了村民的敬佩，亲朋好友也不敢做任何仗势欺人的事情。当时的青木川，农民安于种植，商人忙于交易，秩序井然，仿佛乱世中一处世外桃源，浑然不知战争的存在。

解放青木川时，魏辅堂最终选择了弃械投降。可是投降后没几天，被枪毙了。到了八十年代，政府为魏辅堂平反。因他属于投诚人员，且并未作恶多

陕西宁强青木川镇

端。现在的青木川，没有了神秘人物魏辅堂，也失去了陕甘川三省商贸交易的繁盛。他，与他曾经创造的繁华，变成了老人们茶余饭后讲给下一辈的故事。还有那古街、老宅、学校、洋行、烟馆、旱船屋和乡公所等极具特色和文化底蕴的建筑，提醒大家，这里曾经有过一段不寻常的历史。

面对浑水池中的几片荷叶，人去楼空，无鱼绕莲，我沉思无语。听说魏宅周边有几块地，今后要种荷莲。这对于老宅、古镇，及已经过去或将来发生的故事，又意味着什么？

上海青浦朱家角镇

江苏宜兴张渚南门荷花邨

浙江丽水莲都富岭大坑口村

湖北钟祥石牌澎敦村

湖北仙桃沙湖镇

湖南长沙望城靖港镇

湖南益阳资阳刘家湖农场

湖南岳阳麻塘洞庭村

广东五华华城葵富村

广西武鸣宁武伏唐村

重庆綦江永新三溪村

重庆江津李市双河村

贵州雷山朗德上寨

云南保山隆阳河图三家村

荷花诗句欣赏 —— 幺荷初放 相传是此月今朝

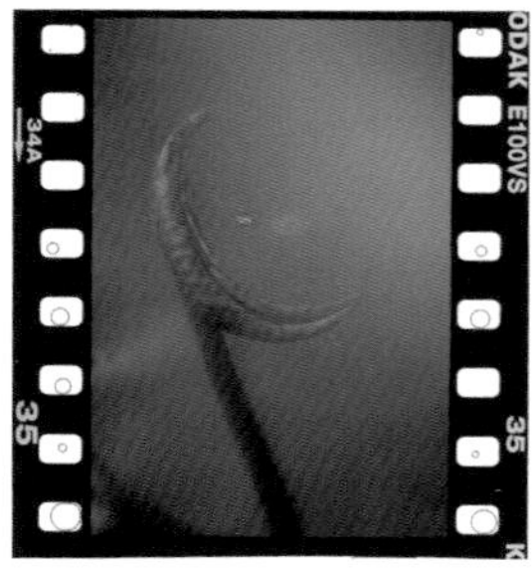

诗句摘于【清】沈自晋：《套数：癸巳闰六月二十四游荷荡·清溪词社》；《中国历代咏荷诗文集成》第724页

图片摄于2008年4月、广东佛山三水荷花世界

荷花诗句欣赏 —— 月明十里濂溪夜 叶底光浮万点星

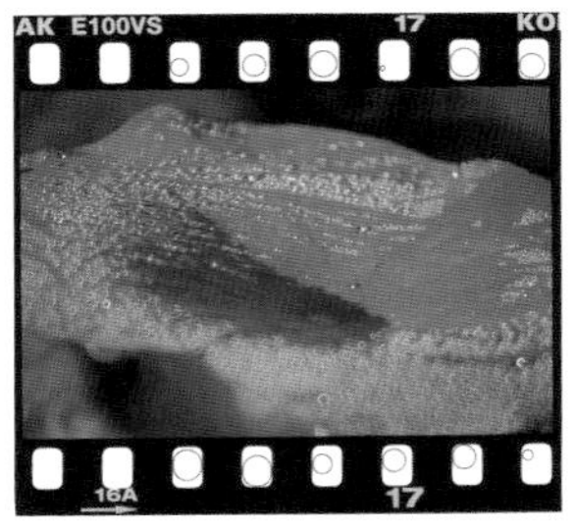

诗句摘于【台湾】李康宁《荷珠四首之三》；《中国历代咏荷诗文集成》第839页
图片摄于2008年6月、广东佛山三水荷花世界

荷花诗句欣赏——迎风苒苒原无意 对月亭亭却有香

诗句摘于【清】江国桢：《白莲池夜月》；《中国历代咏荷诗文集成》第281页
图片摄于2009年6月、广东佛山三水荷花世界

诗句摘于【清】刘淑曾：《荷池清晓曲》；《中国历代咏荷诗文集成》第275页

图片摄于2009年7月、广西钟山公安荷塘村

园林之秀

Beauty of Gardens

目录

北京颐和园

洗劫不了的怡荷

你该惊叹，颐和园，是我国现存规模最大、保存最完整的皇家园林。你应惊奇，这里，始终有好大一园子的荷花。

你可知否？颐和园原名清漪园，是大清乾隆皇帝一要兴修水利，二要孝敬母亲，亲自指导设计的园林。经十一年，1761年建成。无奈，传到百年后的咸丰皇帝，1860英法联军入京，大肆洗掠园林，清漪园受到重创。慈禧太后为了她"颐养冲和"，历八年得修，至1893年告罄，更名颐和园。悲哉，七年后八国联军入侵，又把颐和园"清洗"一空，慈禧又动用一笔巨款修园。她在园中没住到五年，就命归黄泉了。清漪也好，颐和也罢，无论怎样的"洗劫"，留守此处的、陪伴斯人的，总有怡人的荷花。

颐和园由万寿山和昆明湖组成。昆明湖自古就有种植荷花的历史。从元明时期的瓮山泊(又叫西湖，昆明湖的前身)相沿至今，曾享有"莲红缀雨"的美名，是当时著名的"燕京西湖十景"之一。后来，昆明湖三个水域都划出一定的范围种植荷花，其中以西堤以西的外湖水域最为繁茂。走西堤，过六桥，如同遨游在荷花世界。只见一片绿波随风翻滚，万柄红荷散点摇曳，好一派盎然生机。"平湖雨霁漾烟波，涨影含堤八寸过。便趁心纾试沿泛，六桥西畔藕花多。"忆往昔，乾隆大帝，以及多少文人骚客，屡屡赋诗提到湖上赏荷的情景。近几年，颐和园为了重现昆明湖古时藕荷连天的美景，专门从河北白洋淀引种荷花。目前，谐趣园、后湖、耕织图、藻鉴堂、九道弯、东墙外荷花池、六桥北口、葫芦河及苏州街等，都是荷的天下。

功过自有评说。太后，感谢你留下了"颐和"。怡然之荷，不离不弃这名这园。

北京什刹海

看市场内外　灯红酒绿绿净红香

久仰什刹海，我终于来了。好不惊奇，一进园，"什刹海"立在"海"边，"市场"开在"荷"里。此刻，我眼里只有灯红酒绿、绿净红香了。

高高耸立的牌坊上四个大字："荷花市场"。荷花市场，历史上以经营京味小吃、古玩为主，每年阴历五月初一至七月十五开市，俗称荷花市场。2001年，复建为一二层错落相连的仿古建筑，邻水一侧辟出宽4米左右的木栈桥，形成一条风格古朴的步行商业街。其实，这街，是久负盛名的什刹海茶艺酒吧商业街。这里，市井的喜色与飘香的红楼相安无事，古老的院落与时尚的潮流各得其所。古典与现代相容，传统与前卫契合，自然景观与人文胜迹辉映。什刹海，的确存在一种"北京特色"。我不懂，这么特色的地方，为什么安居在"荷花市场"呢？

自古到今，什刹海，确有一个荷花世界。市场沿湖，荷水一色，装点着什刹海，以及那条街。仲夏时，近水一片嫩绿，荷花婀娜多姿。围绕这一带的马路、民居都浸沐在阵阵荷香之中。可说是，清韵袭人，尘氛绝迹。古时，许多名家前往什刹海"消受莲华世界"，或酒楼品荷，或偕友观荷，或月夜赏荷，或怀想感荷，留下了不少赞美荷景的诗词。如今，来什刹海的众多吧客，喝酒是假，换心情是真。"帅府"寻常院落中有金戈铁马之气，"佛吧"的方寸之地却别有宗教韵味。"小王府"更有个性，"我们是给那些拿银子来找感受的人开的，你再有钱，不符合我们的要求，我们不伺候"。眺望"小王府"，可谓"荷中府"。"翠鸟飞迟，白鸥梦好，人在芰荷香里"。"万绿田田，露重风轻，远香飞入瑶席"。"荷花仙子"，你为客人带来什么心情?

听说，什刹海撩人的夜色尤为出名，已成为京城夜幕中最热闹的地方之一。我在黄昏之时离开绿净红香、灯红酒绿。人走了，心却还在荷花市场里。

北京北海公园

当回皇帝去赏荷

北海公园，位于北京市的中心区域。北海，东邻故宫、景山，南濒中海、南海，西接兴圣宫、隆福宫，北连什刹海，是北京城中风景最优美的前"三海"之首。原为辽、金、元、明、清五个朝代的帝王及皇室成员游幸驻跸、处理政务及祭祀的御用宫室。是我国迄今保留下来的历史最悠久、保护最完整的皇城宫苑。

北海栽植荷花的历史由来已久。早在明清年间，北海作为皇城御苑就种植荷花供帝后赏玩。许多游览过北海的人，都盛赞湖中那朵朵荷苞如出水芙蓉、片片荷叶如华盖遮天的美丽胜景。巍峨的白塔，北海的标志。乍一望，恰似一朵白莲耸立山巅，倒映在荷花丛中，连天入海，别有一番韵味。

开始，荷花对于北海，只是湖面自然景观的一部分。后来，该园通过对史料的整理和挖掘，决定利用北海特有的赏荷文化进行旅游包装和推广。荷花节上，游客可以看到由演员扮演的"皇上"，乘着龙舟顺流而下，在荷花田中流连忘返，与游客一起同乐。如果，贪恋于眼前美景，你也可乘上一条小船，荡漾在太液池中。或坐于船中，遥想当年帝王赏荷的情景；或与"皇上"同游；干脆，做一回"皇上"，亲身感受当年帝王赏荷的皇家味道。

由于我的姓氏，已沾帝王气息，无须当"皇上"。每次去北海，就是与民共赏。最难忘的是，2007年，父母等家人，第一次上北京，我陪我家的"皇阿玛皇额娘"游北海，既圆了老人家的梦，也还了我的愿。那天巧遇，少数民族的一大家人也在游园赏荷。我，心中的感受，既深重又轻快。

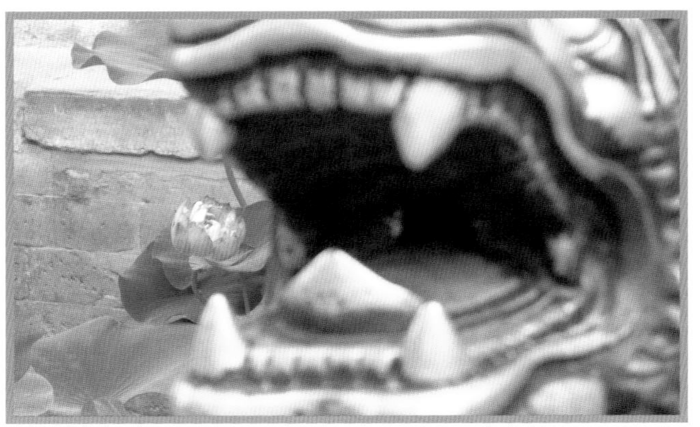

河北承德避暑山庄

去承德避暑吧

避暑山庄，位于河北省承德市，面积 560 多公顷，在世界上仅次于凡尔赛宫（670 公顷），相当于颐和园的 2 倍、8 个北海公园，是中国现存最大的古典皇家园林。避暑山庄建设，始于康熙 42 年（1703），到乾隆 55 年（1790）才告结束，历时 80 多年。内有景点 72 个，其中康熙题景 36 个，皆为四字，如"曲水荷香""香远益清""无暑清凉"等；乾隆题景 36 个，皆为三个字，如"水心榭""清晖亭""烟雨楼"等。全园四大景区：宫殿区、湖洲区、平原区、山岳区。

去了几次，"避暑"二字，引起我无尽的瞎想。

避暑，肯定是夏天避暑。山庄夏季凉爽，主要是承德市区四面环山，中间有热河通过；庄内广植荷花，大概也得益于此"熏风第一花"吧。盛夏秋初，走进湖洲区，环绕八湖八岛一周，湖湖有荷花，红花绿叶簇拥着楼亭榭桥。芝径云堤，它是仿杭州西湖的苏堤，堤上架红桥。堤内桥外，满目荷花，分外妖娆。依水而筑的芳渚临流亭，三面临水，一面居山，夏季荷花盛开，百鸟齐鸣。文园狮子林，是仿苏州狮子林的园中园。厅堂面对水心榭的万千荷花，视野极其开阔，万绿丛中点点红，景色非凡。最有趣的是，如意洲北面一湖中有小岛，名青莲岛，上建烟雨楼。是乾隆南巡归来，仿浙江嘉兴的南湖烟雨楼之作。盛夏之季，阴雨时节，烟雨濛濛，荷花丛丛，水天一色，花楼相辉，最是诗意。旧版《还珠格格》第一、二部，均在山庄取景拍摄。烟雨楼就是"漱芳斋"。紫薇一曲思念母亲夏雨荷的"水迢迢……"，勾起乾隆无限的情伤。

避暑，无疑是皇帝避暑。康熙在此建离宫，成为清朝历代皇帝夏天避暑之地。康熙一年之中有半年在此，乾隆也是年年来此。他们除了处理朝政、举行庆典，也少不了游山玩水、吟诗作画。康熙的"波涌白莲承晓露，溪浮绿盖动香风"，雍正的"湖平水色涵天色，风过荷香带叶香"，颇有几分韵味。乾隆的"镜面铺霞锦，芳飙习习轻。花常留待赏，香是远来清"；"霞衣犹耐九秋寒，翠盖敲风绿未残。应是香红久寂寞，故留冷艳待人看！"更有对荷花的赞美。

炎炎的夏日，请去避暑山庄吧！一来享受清凉，二来做回帝王！

河北唐山南湖公园

未来的世界

不得了啦！唐山要"大震"。唐山建设要"翻天"，而它的南湖要"覆地"。未来的唐山南湖，是一个"世界第一城市中央公园"，是一个可以与美国纽约中央公园相媲美、最终超过它的世界级公园，是中国和世界最高品质、最高水准的城市公园。如此振奋人心，我还能按部就班来讲现在的南湖、现在的南湖荷花吗?

一个辉煌并被人赞叹的城市，必定张扬着城市主题文化品牌的光辉。于是，唐山要干一件功在千秋、利民百年的大事：在城市中心区划出 28 平方公里的土地，建设一个百年不落后的城市公园。未来的唐山南湖，主题文化的定位，具有世界意义，是世界文化的节点。主题文化的表现，是自然南湖、历史南湖、人文南湖、时尚南湖、浪漫南湖、创意南湖……。南湖公园，是一个唐山区域的概念；而"世界公园"，一下把唐山提升到世界的高度。

南湖的未来"世界"中，要造就一个"中华荷花园"。其他眼花缭乱的项目，我感兴趣，但无兴趣在此报告。中华荷花园，通过对现有荷花池的系统改造，对荷花文化的系统整合，形成一个中华荷花园的概念，为游人提供主题化的荷花游览体验。

唐山认为，荷花是中国文化寄情托物的重要表象，文人对荷花有一种超乎寻常的痴迷。这种痴迷形成了中国文人与荷花之间的一种精神认同。为此，文人与荷花构成了一道中国文化的靓丽景观。建设中，把中国历史上比较著名的几个与荷花有关的景点集中到南湖。一方面体现南湖的人文文化理念的卓尔不群，另一方面通过可视、可听、可感、可想、可触摸的荷花文化，让游人在一种清新高洁的文化氛围中，洗涤城市生活的喧嚣，达到心灵境界的升华。在现入口南部荷塘，建朱自清笔下的荷塘月色；北部荷塘建张大千荷藕园；西北部荷塘建曹雪芹荷花品茶园；入门花坛建中华荷花喷泉；花坛西部建中华荷花馆……

相比未来的世界水文化广场、世界摇滚广场、世界雕塑文化园、国际浪漫风情酒吧一条街……，荷花没那样"时尚"，没那么"张扬"。但是她，代表中华占了"世界"的一角，代表中国向"世界"表达独特的"红情绿意"。

未来不是梦。我一定会去欣赏唐山的未来"世界"。

山西太原晋祠

大寺荷风今安在

"三晋之胜，以晋阳为最；而晋阳之胜，全在晋祠"。晋祠，位于太原市西南25公里的悬瓮山下。这里是晋水的发源地，也是晋中地区的发祥地。晋祠，是集中国古代祭祀建筑、园林、雕塑、壁画、碑刻艺术为一体的唯一而珍贵的历史文化遗产。

晋祠原来没有景致说明。清乾隆年间，晋祠南堡出了一位进士，名叫杨二酉。经他归纳推出"晋祠内外八景"之说，并以五言诗赋之。后来，为此写诗作画的人也不少。

内八景有："莲池映月"。莲池，是八角莲池，又名放生池。其形八角，约半亩大，周绕矮砖栏，池中植莲，一向被人所赞赏。夜间如有碧月照临，清波翠浪，蟾光倒映，更觉分外增辉。我游晋祠，池中所植之莲，是睡莲。在另处所摄日照莲塘，似可以假乱真，就算"莲池映月"吧。

外八景有："大寺荷风"。大寺，为晋祠北大寺村。《晋祠志》提到，过去，造纸工艺、水稻、莲藕享誉三晋。八角莲池附近的松水亭，有联作证：晋水源流汾水曲，荷花世界稻花香。"大寺荷风"一景，也曾经享誉海内外。"步出晋东路，六月乘早凉。未入莲花国，先闻水面香。浅碧翻风盖，深红点晓妆。连村千顷色，真作万荷庄"。杨二酉的这首《大寺荷风》，所写正是当时晋祠北大寺村一带令人迷醉的莲园美景。时隔200年，村庄仍在，那些美丽的荷花和美味的莲藕成了当地人难忘的回忆。为了恢复"大寺荷风"，北大寺人集体上阵，短短两年，荷风送爽万里香。2011年8月，晋之源首届"大寺荷风"荷花文化旅游节隆重开幕。

如今，　晋祠门外的藕香榭、荷风亭上空，荷风习习，藕香阵阵。

山西新绛绛守居园池

唯它最古老

在香港南莲园池，得知此园仿山西绛守居园池而建。那样古老，一定寻机去看看。

新绛县古称"绛州"。绛守居园池，是绛州州衙后的一座衙署花园，位于城内西北隅高崖。园池虽几经兴废，但地址、地貌保存至今，是中国流传有绪、有文献资料和遗址可资考证的最古老的名园，也是中国唯一保留下来的隋唐花园。

绛守居园池，历代俗称"隋代花园""隋园""莲花池""新绛花园""居园池"。始建于隋开皇16年(596)。历经各朝各代，从隋唐的"自然山水园林"，到宋元的"建筑山水园林"，直至明清的"写意山水园林"，一脉相承形成我国北方园林的独特面貌。

"名园筑何处，仙境别红尘"。绛守居园池，从其本身的布局和建筑物的建构上看，深深渗透着当时宗教文化的影响。儒道释三教融合为一，形成中国早期的社会人文思想，极大地支配着社会上层建筑和人们的文化活动。前殿后园的布局，建筑形制规则的方式等，给人一种等级森严、条理分明及重视传统儒家思想观念之感。园西南为虎豹门，进门入园下台阶 29 级，这里有象征佛家净土教的放生池营造的方形莲花池，有模仿佛教建筑"藏经楼"而临水架建的洄莲亭。半陆半水，仲夏池中荷花盛开，为园林"夏景"。在此无不洋溢着一片佛家气息，反映一种放诞玄远、超然绝俗、"初出芙蓉"的佛教化身。登静观楼，居望月台，上岛中亭，看苍溏风堤，有一种仙山神水之意趣。道家的这种自由不拘、返璞归真、淡泊高雅的"仙风道骨"，反映在园林艺术上则是质朴而空灵的自然美学观。

尤其，以小见大的造园手法，一反汉以前的大型布局，创造出以静观为主的小规模园池。这意味着在有限的空间里容纳人们更多的审美追求；在有限的景观里，包含着更多的主观感受。"山水无得失，得失在人心。诸法本无大小相，大小在人情"。这种强调个人的主观感受和自然的统一，摄自然万物之奇，得自然规律之要，达到天人合一。"虽由人作，宛自天开"，汇写意与写实为一体。心随景生，景随步异，达到情景交融。

汽车拐弯爬一斜坡，到了。入园双目轻扫，顿有沧桑之感。居园池历经岁月的洗练，愈加显现其妖娆、浑朴的风姿。触景怀古，唯一最古老，莲池越千年，荷花历久远。

吉林通榆向海湿地百鸟园

向海荷

她的名字不叫向海荷。但是，她的确是向海的荷。

向海，是吉林西部的一个自然保护区，为中国第一批六大国际重要湿地之一。国家邮政局曾为它发行过特种邮票一套。保护区独具一格的自然环境和丰富的生物环境，哺育着种类繁多的野生动物。尤其是，鸟类资源相当丰富。全世界15种鹤类中，向海就有6种，是中外闻名的"鹤乡"。

就在这个向海，有一个鹤类救护繁育中心，又称百鸟园。是为了拯救濒危物种，扩繁种群数量而建立的。该园是目前国内乃至亚洲同类建筑规模最大，集救护、科研、观赏于一体的综合性设施。

就在这个百鸟园，有一片湿地怀抱一方碧水，一方碧水养育一水荷花。原有的向海风光照片表明，这里没有百鸟园时，湿地里的荷花分外妖娆。红花点点似繁星一样，争奇斗艳。现在，碧绿的荷叶没几片，粉红的荷花也没几朵，她们生长在丛密的芦苇中。有些败落，有点苍凉；但也扬生气，也显开心。我看着她们，会心地傻傻笑了。也许，在百鸟争鸣的天堂里，荷花甘于这样立身安命。只要百鸟得到救护和扩繁，荷花又何必像以前那样一展风采呢！

这就是向海荷，这就是向海荷花的品格。

黑龙江五大连池五大连池世界地质公园

火山下的来客

难以想象的石啸天惊；难以置信的莲仙下凡；难以忘怀的火山莲花。难道，这些不是难得的一见一闻吗？

清康熙年间，1719至1721年，黑龙江松嫩平原火山喷发，火山熔岩如同天然堤坝，把当时的白河截为五段，成为五个串珠状的熔岩阻塞的小池，而后蓄水成湖，从而形成了中国著名的火山堰塞湖——五大连池。十几座火山簇拥着五池碧水，山环水抱，交相辉映，堪称山奇、石怪、水秀、泉美。

五大连池——五大莲池，真还是这么回事。传说五大连池，是由天宫的五位莲花仙女幻化而成的。说是天宫瑶池有五位莲花仙女，因为不满天宫的寂寥生活，于是飘然下凡。看到亭亭玉立的桦林、青翠欲滴的山峰、万紫千红的花草、满山欢奔的兽群，顿时心花怒放。见此宝地水源不足，决心偷取瑶池仙水倾倒于此。几天后，五位莲花仙女每人手挚一枚盛满仙水的金盅降落人间。就在她们刚要倾水之时，王母娘娘率天兵天将腾云驾雾而来，喝令她们立刻返回瑶池。仙女化身五朵绽放的莲花，王母娘娘盛怒命令抢夺金盅仙水，并捕捉她们归天。情急之下，仙女一齐将金盅摔落在地，地上立即冒出五池清水。王母娘娘气急败坏，将五位莲花仙女贬在此地，永为池身。她们永远离开瑶池，一点也不后悔。能为花草树木的茁壮成长带来取之不尽的水源，能给人间增加赏心悦目的美景，这正是她们的心愿。因为每个池底都是金盅，每个池身上又有莲花仙女衣裙上的玉石镶嵌，所以人们就说五大连池是"金子铺底、玉石镶边"。并把五大连池又称为五大莲池。

一般以为五大连池火山群由14座火山组成，如果包括火山区西部的莲花山，五大连池火山群应是15座火山组成。也许就在莲花山下千姿百态的熔岩边，一大片莲花碧绿青翠，莲花仙子绽放其间。公园旁冒出一方瑶池，是莲花仙女请600里外的大庆孙德军书记，在其身边撒下一把莲子，弥补她们当初的遗憾。

伫立黑黑熔岩的莲塘边，望着一泓莲花，怀想莲花仙女们的功德，十分敬重这天人之作的神奇。穿过桦林，爬上高坡，遥见抽油机朝着五大连池在"磕头"。

安徽合肥植物园

天地荷梅桂

这里虽有梅园、桂花园，但更有荷花及荷花玉兰，而且荷展四方、兰列园前。兰荷桂梅，花开四季，与其他"兄弟姐妹"，共同妆点着安徽十景之一的最美地方。

合肥植物园，地处蜀山风景区，是一座三面临水的半岛，合肥市的天然氧吧和绿色之肺。现栽植各种植物800余种200多万株。是安徽省唯一一座集植物资源保育、科研科普、观赏游览于一体的多功能、综合性植物园。以其生态园林风貌与植物文化相融合而著称。

步入植物园，道路笔直广阔，两旁排列着合肥市的市树——广玉兰。广玉兰，别名洋玉兰。由于开花很大，形似荷花，故又称"荷花玉兰"。我来这里找荷花，当然少不了她也来凑热闹，与玉兰姐姐一起夹道欢迎我们的到来。

道路两边的水面，是植物园重要专类园地之一的水景园。虽为南北两部分，但主干道上的平台使其虽断犹连。站在桥上往南看，水域曲折西转，东岸是一排较大的龙爪柳。细枝自然弯曲至水面，清风徐徐时，好似袅娜的轻烟。柳依塘，荷居水，两姊妹很难分开。水景园的主角是出水芙蓉，但见莲叶田田，荷花点点。在此，既可花间信步，又可亭中小憩。离开水景园，向北就到了梅园。这是梅花品种系统收集和展示的专类园地。移步往西便是桂花园。每到秋季，园内香气四溢，沁人心脾。2003年，中国首届桂花展在植物园举办。

梅花、桂花、荷花，都是中国传统十大花卉之一。说来也巧，高洁、清雅、吉祥、谦逊的品格象征，三花基本相同无大差异。似乎，文人墨客的吟咏，将荷花与桂花、梅花都有点联谊。诗曰：三秋桂子，十里荷花；词牌：梅为暗香疏影，荷为红情绿意。好像二花皆 " 君子 "。说不清的缘，道不明的情，就别胡思乱想、牵强附会了。虽各有特色、均为名花，我的至爱还是荷花。植物园里，每逢夏日，无疑是荷花的天下。水景园、三叠泉、秋景园和荷花资源圃等，是赏荷游园会的主要区域，园区主干道两旁及磐园周边走廊，也有荷花的身影。2010 年，第 24 届全国荷花展在这里举行，植物园肯定是莲的世界、荷的海洋。尽管，该园小领导宇胜朋友盛情邀请，此刻我已远走高飞，去西半球了。他的心意铭记在怀。

荷梅桂，和为贵。美丽的中国梦，无论从哪个角度讲，都离不开你们。

人民的相亲

上海的人民公园，真是个人民的公园。一切从人民出发，一切由人民作主。特别注目的是，在一个特别的地点，有一些特别的人群，进行着一种特别的事情。一切特别有意思。

人民公园，位于上海市中心最繁华的地区。昔日是跑马厅，外国人游乐的地方。解放后，改建为人民公园。人民公园人民享乐。目前是上海人游量最多、活动丰富多彩的公园。

这里有英语角，更有相亲角。始于21世纪初的"相亲"，演变为自2005年荷花绽放的季节开始，每逢周末和节假日，在公园北角，就会上演"白发相亲"的街头剧。成千上万的父母像赶集一样，带着自己子女各项相亲条件的"简历"聚到这里，以爱的名义，以"摆摊""挂牌"等方式，为子女寻找结婚对象。随着10多年不断上涨的人气，相亲角俨然成了当地一道风景线。据称，是目前国内规模最大、层次最高的由群众自发组织的相亲活动。这真是："人民创造历史","人民是推动历史发展的动力"。

上海人民公园

为了这个"相亲"，我两次又来人民公园。在外地，一位上海本地女人告诉我，"相亲"天天有，只是节假日人多些。我从东北辗转到上海，结果平日真不"相亲"，只好下次再来。那是七夕节后的一个星期六，我早上6时半就到了公园5号门——相亲角。原来，这里就是公园的"荷花世界"。似乎历年一样，门里门外摆满了盆栽荷花。入门不远，就是荷塘。那天下着雨。进门一看，荷花周围及左右拱廊，摆满了雨伞。一把挨一把，五颜六色成了一道道伞景线。哦！伞是用来占位的，伞上面还可摆放男男女女的各式"广告"。我将拖箱存放在"广告"中，撑起雨伞，围着雨伞不停地拍摄。雨，也在不停地下。看来，最动人的一刻无法见到，但最精彩的一幕我已欣赏。整个鞋子和裤脚已湿透，我却感到十分爽心与满足。走出荷门一望，大光明剧院、明天大厦近在咫尺。好一块风水宝地。

人民公园，是花的公园。荷展、菊展、郁金香展、迎春花市年年办。1991年，公园举办过全国第五届荷花展；2010年举办了中国荷花品种展。似乎，这些花展都比不上"相亲展"。5号门内周围，摆满花枝招展的艺术照和花样翻新的征婚广告，挤满花花绿绿的人们，期待着花好月圆。探访这个"相亲集市"，领略隐藏在其中的"市井百态"，应该是欣赏最人性最质朴最自然的景色。

上海松江醉白池公园

醉白清荷

很感激，青浦大观园售票员小妹的提示。否则，不知松江和"醉白"。

松江，是上海历史文化的发祥地，俗称"上海之根"。1998年，松江在举办第二届"上海之根"文化旅游节时，曾对松江现存的自然、人文景观进行了一次"旧十二景"的评选和取名，以各景点最有代表性的景色和特点来描绘。名列第二的是"醉白清荷——醉白池"。

醉白池公园，是上海五大古典园林中最古老的园林。前身为宋代进士朱之纯的私家宅园。明末年，著名画家董其昌曾邀友在此吟诗作赋。到了清康熙年间，著名画家顾大申将此处列为私人别墅。继承发展古典园林建筑的艺术精华，以700平方米长方形荷花池为主体，以不规则对称等园艺手法建造池岸，以竹、梅、假山奇石为相互配衬、融合一体，建造了这座名扬江南的醉白池。主人建好园时心里想：如果大诗仙李白再世，来此悠游一定会被园景所迷醉。他又想到，宋代当过大官的诗人韩琦，对白居易的诗十分迷醉，曾建"醉白堂"。顾大申也非常崇拜白居易，时常陶醉在白诗的意境中。就因醉心"二白"，此园命名为"醉白池"。这个名字，的确新颖别致，含义深湛，意境优美，令人神往。

顾大申终于如愿了。在天有灵的李白和白居易，多次相邀光临醉白池。见一池荷莲美景，便在池上草堂你来我往地吟诗作词。"二白"虽未曾谋面，但一见如故。"清水出芙蓉"的长辈李白先赞：碧荷生幽泉，朝日艳且鲜。"在水不著水"的晚生白居易却颂：花房腻似红莲朵，艳色鲜如紫牡丹。老白说：秀色空绝世，馨香谁为传？小白答：叶展影翻当砌月，花开香散入帘风。雨后的那次，老白道：攀荷弄其珠，荡漾不成圆。小白曰：泄香银囊破，泻露玉盘倾。转眼到了采莲时节，他们开始夸张了。小白先讲：菱叶萦波荷飐风，荷花深处小船通。老白后应：笑入荷花去，佯羞不出来。他们接着感叹。小白放言：风荷老叶萧条绿，水蓼残花寂寞红……，没等再言，长者念出晚辈的下句慰之：我厌宦游君失意，可怜秋思两心同。"二白"会意地都笑了。先贤啊，修道来几时，身心俱到此。莫言千里别，岁晚有心期。

醉白清荷，清姿玉立笑；池畔幽树，幽境暗香来。有联赞曰：幽树幽花幽静处幽窗观幽景，清池清水清心境清座赏清荷。醉白池，醉在一池一荷，其实醉在一心。

红楼荷间梦

"满纸荒唐言，一把辛酸泪。都云作者痴，谁解其中味。"真乃曹雪芹高明的预见。只讲，敝人来到如今的大观园，满眼荷花之中的大观园——青浦淀山湖畔的上海大观园。红楼一梦今犹在，不见当年雪芹公。浮想联翩，不解其味。

上海大观园，是根据中国清代名著《红楼梦》的描写设计而成的大型仿古园林。它在设计上颇费心机，与北京大观园明显的不一样。全园以大湖为中心，以池塘、沁芳溪沟通各景点，构成有主有支、有动有静的水系。湖边设亭、榭，湖中设曲桥、石舫，溪上设桥亭，形成山重水复、流水人家的江南"红楼"风光。我要说的是，这里的一湖一池一溪均种满了荷花，岸边的各楼各亭各榭，都掩映在红情绿意之中。这描绘，与当年《红楼梦》的描写是不同的。莫非，要续写曹公心中的那一版？

上海青浦大观园

荷花，在中国古往今来的文化中，有其独特的地位。儒、释、道三家，以及民间，对荷莲都怀有深厚的感情。而一个令人奇怪的现象是，堪称"百科全书"和"才子缠绵"的《红楼梦》里，荷花几乎是缺位的。有人说，大观园里大大小小的"享乐家们"，春伴桃李读西厢，夏淘玫瑰作胭脂，秋持蟹螯咏菊花，冬踏冰雪访红梅。偏偏对池中的荷莲视而不见。大观园中自然是有荷花的。但是，在起诗社、感怀伤时，把花花草草说了个遍，荷花却在被诗人遗忘的角落，比不上轻浮的柳絮。即便是曹公塑造的最有才气、最具芙蓉气质的黛玉，也只是有缘引用了一次关于荷花的诗句，"只喜欢他这一句：留得残荷听雨声。"直到迎春将嫁，曹公才通过宝玉的感慨牵出一首关于荷花的诗来。但读者对书中荷花的印象，或未开的荷，或开残的荷、开败的荷。当然，有关人名、衣饰、尤其器具，曹公十分讲究荷花荷叶的使用。在图形美的层面，曹公还是相当看得起荷花的。

反正，在曹雪芹的笔下，荷花竟没能正式登场一回。试想曹公之气度性情，绝无不喜荷莲之理。他于书中的漠然，或许有刻意避嫌之意，也许对荷莲有独特的领悟或特殊的情感。

这位伟大的作者在写作的时候，就担心我们读不懂他的作品，不能和他有心灵上的沟通。事实也确实如此。在上海大观园里，"女儿们"把玩把乐，可荷莲"不可亵玩"哟！

江苏南京绿化博览园

偶上绿博园

一不小心，走进了南京绿化博览园。谁知，它是全国最大的绿化主题公园、长江沿岸最大的城市公园。如此南京，怎无绿洲？这般绿博，怎少红荷？

南京，古为金陵。与北京、西安、洛阳，并称为中国四大古都。自东吴孙权迁都南京以来，东晋、南朝的宋、齐、梁、陈，也建都于此，史称"六朝古都"。游走在南京城里，到处都有时代侵蚀的痕迹。想到六朝的兴废，王谢的风流，秦淮的艳迹，这个曾经繁华又颓废的城市，这个曾经姹紫嫣红又凄风苦雨的地方，带给你的是不寻常之感。

南京，不能不去。为了那古风与今荷，我不知到过多少次。有一年，记不清上城里哪方寻荷归来，途中经过绿博园。偶遇这么一个好地方，请求朋友拐进去看看。就这样身置绿中，去找寻我的红情绿意。位于南京河西新城区滨江风光带的绿化博览园，毗邻奥体中心，西临夹江，东靠滨江大道。依江伴水，气势恢宏，整个园区犹如一颗璀璨的明珠镶嵌在扬子江畔。该园总面积77公顷，相当1999年昆明世博园的2倍，占了整个滨江风光带的近一半，是集园艺、科普、娱乐为一体的全新公园。全园有45个景点，包括35国内园、5个国际园、2个行业园，以及江堤外3个自然风景区。国内园有全国各地植物品种超过600种，特别是有许多珍稀品种。2005年，它是首届中国国际绿化博览会的主会场。

园中的游人不多也不少。一眼扫去，几乎都是家家动员，齐聚自然的怀抱，共享天伦的乐趣。有一家四口席地而坐打扑克的，也有一家三口蹬车游园的，还有情侣小两口卿卿我我的……，到处洋溢着爱的味道、和的气氛。

这里没有大片的荷莲，只有一小块一小块点缀在园内。但是，正如清心亭所曰：一亭尽揽国内趣，半池纵观世外天。见得绿叶红花，优雅摇曳，尤其婀娜；清新出水，分外秀丽。是啊，几片几枝几多心，代表了整个荷天莲地。真巧，一尊塑像端立水中，怀抱绿意，目含红情，表达着不尽的生态之渴望。一潭水面，沉睡着一页枯黄的残叶，一些不知何名的花瓣漂向它的身旁，静静地相偎在一起，传递着永恒的生存之哲理。

这"国内趣、世外天"，你见过吗？

怎一个瘦字了得

"十年一觉扬州梦"。我终于来到了瘦西湖。"缩小了的西湖"，别有风情风韵，一点也不觉得她"瘦"。一泓曲水宛如锦带，如飘如拂，时放时收。其名胜古迹，散布在窈窕曲折的一湖碧水两岸，俨然一幅次第展开的图画长卷。此刻的"瘦""肥"荷花点缀在这里，幻化出无穷的"烟花"之美和自然之趣。

最早的扬州，不是今天的扬州。扬州之所以成为扬州，是在隋朝以后的事了。京杭大运河的开凿，使得扬州在水道上的冲要地位凸显出来，成就了"烟花三月下扬州"。"天下西湖，三十有六"，惟扬州的西湖，以其清秀婉丽的风姿独异诸湖。原以为只是小一点，没想到只有河的宽度。别看她清瘦狭长，来到湖边，这个文人墨客笔下的风流之地，才缓缓拉开她的面纱，露出无比的妩媚。沿着湖堤两岸，亭台楼阁错落有致，各式各样的桥梁或精致、或质朴、或庄重、或妖娆，不一而足。湖心一个明黄色的钓鱼台，最为招摇，据说当年乾隆皇帝南下钓鱼在那里。一个有历史的地方，随手一指，似乎漫不经心地告诉你，哪朝哪代哪个名人在这里坐过。很难想象，一方多么灵秀之地，才能承载那么多的旷世之才。

江苏扬州瘦西湖

到扬州何止在三月。夏日的季节，去瘦西湖我最合宜。那柔柔的、长长的柳丝，或轻拂水面，或抚弄花草，一派温情脉脉。柔柳之旁，便是婀娜多姿的荷花了。荷柳装扮了瘦西湖的美丽，陶冶了扬州人的性情，成了难以忘怀的风景线。历史上扬州种荷、赏荷之风盛行。24景之一的荷浦熏风，前湖种红莲，后浦植白荷，摇曳湖里湖外。瘦西湖的荷，既有依水而生，亦有缸栽而养。门前阁后、桥边台旁，凡是步行之处，各色各样的荷种在水缸里，竞相绽放，最是风姿绰约。相比于荷塘里的花叶，它们要纤细一点，娇小一些。湖也秀丽，荷也精巧，恰好暗合一个"瘦"字，占尽瘦西湖种种风光。

五亭桥，又叫莲花桥。桥上那五个亭子仿佛盛开的五瓣莲花，被茅以升称为"最具艺术一处的桥"。莲花桥的荷，也是最具欣赏一处的荷。那天，一群群美女，穿着花衣打上花伞，有如仙子下凡来到人间。她们招摇过桥，几个汉子眼直直盯着，煞是羡慕。我应邀，给她们来了一个"美人照"，比人家更有艳福。

2004年第18届全国荷花展，曾在这里举办。时隔一轮十二生肖，金猴舞荷又回扬州。到那时，我能为年满三十的全国荷花展做点什么吗？

江苏镇江金山公园

金山似莲　爱情如水

"水如若有情，水漫那金山，不管是地覆还是天翻。魔咒任你念，我心不会乱。有爱在人间，瞬间也是温暖。"我来金山，就是想在此山此水回味，那中国最凄美浪漫的爱情故事。

金山，位于江苏镇江市区西北。古代金山，是屹立于长江中流的一个岛屿,被人称为"江心一朵芙蓉"。"哪管风涛千万里，妙莲两朵是金焦"。清代大书画家张船山，也将金山比为一朵美丽的莲花。金山寺，太有名气了。一般人之所以知道金山寺，皆因《白蛇传》。水漫金山寺，是白蛇传里最为精彩的情节之一。

白蛇传的传说源远流长，家喻户晓，是中国四大民间传说之一。以此故事为原型，拍摄了不少影视剧作和动画片。南宋年间，各方妖孽为害世间。亦有痴情种子因缘和合，演出千古传奇。某深山老林，一青一白二蛇修炼千年，化得人身，终日在山中畅意游玩，好不自在。二蛇偶遇上山采药的郎中许仙，白蛇倾慕许仙，并偶然救得他的性命。自此凡心触动，决定下山寻找心上之人。适逢佳节，二蛇化作人形，以白素贞、青青之名来到城中。正所谓因缘际会，白素贞终与许仙相逢，结为夫妇。婚后生活非常幸福美满。时有金山寺高僧法海，四方游历降妖除魔。其后，法海师徒二人与白青二蛇，上演了正法与情缘的亘古纠葛。一场人、妖、魔、法、情、天的千年决战，由此拉开了帷幕。白素贞为救许仙，呼东海之水，水漫金山寺。因触犯天条，她在生下孩子后被法海收入钵内，镇压于雷峰塔下。后来，白素贞的儿子长大中了状元。塔前祭母，将母救出，全家团聚。可爱的小青也找到了相公。

望那边，那山、那水、那寺、那洞(白龙洞)作证。不管多波折、多磨难，我心依然。爱瞬间，痛了一千年。千年等一回啊，我无悔。是谁在耳边说，爱我永不变？只为这一句啊，断肠也无怨。所有的爱语情词，应该给予这白蛇。白素贞心地善良，追求自由与爱情。敢于为爱牺牲的传奇，已成千古绝唱。

似莲的金山，如今莲花四处盛放。每年一届的荷花展定期举办。有人说，那寺前寺后的白莲红荷，就是白青二蛇变的。梦缠绵，情悠远。那凄美浪漫的爱情故事，就像这长江之水，永远流淌、流淌。

荷海上的风车

一个非凡荷园，几座不凡风车，它们不同凡响地融在一起，勾起我浮想联翩。荷园令我惊喜，风车更让我惊叹。

江苏宝应是荷藕之县，水泗是荷花之乡。相传水泗荷藕，自唐代至今已有1200多年历史。清雍正年间，水泗藕粉被选为皇室贡品，誉为"鹅毛雪片"。来之前，只以为宝应莲藕，没想到如此荷藕宝应。先晚住在县城，第二天赶往水泗。荷的元素随处可见，道路、公车、工厂、旅店、食品铺等，多以荷藕命名。沿途都是荷藕基地、加工企业。我们特地选了一个基地拍照，在一家企业买了好多荷藕食品。荷藕，早就成为这方水土永远的骄傲。

江苏宝应水泗荷园

好漂亮的荷园。一望无垠的绿色中耸立起几座风车。恰似碧波大海中的风帆？又像翠茵草地上的风筝？大千世界、童话世界……，我的心里只有风车了。风车给我带来不尽的遐想。

风车之国不是荷兰王国吗？1229年，荷兰人发明了第一座为人类提供动力的风车。从此，风车成为荷兰民族文化的象征。其实，2000多年前，中国、巴比伦、波斯等国就已利用古老的风车了。荷园里的风车，我不必弄懂它在这里干什么。只知道，它不只是一道风景，更是一种精神象征、一种图腾。风车是世界通用的语言。它在民间，风车代表喜庆和吉祥。所以老话说：风吹风车转，车转幸福来。过去，风车周长365分，象征一年365天；12根辐条代表12个月；24头表示24个节气；有4道符，祈求四季平安。风车寓意着和平，象征着团结，象征着一帆风顺，象征自由与梦想。转动的风车，象征生命富于活力、流转不息。风车，还代表着勇敢、勤奋、进取、忠诚、快乐、灵动和爱。

看到风车，更让我回到那童年学扎风车的快乐时光。《大风车》是中央台制作的一档少儿节目，尊重儿童、引导儿童、快乐儿童。歌谣在我耳边唱起：红风车转一转，福来我家。求丰收雨点降下，花儿别怕。红花开笑一笑吧，福来我家。云飘飘听风说话，娃儿别怕……

远远地，荷园还有那白色的长廊，叫忘忧廊。底蕴深厚的宝应人，不仅让我看到，风车就像巨大的海鸟在空中翱翔、执着奋进，而且使我进入诗意一般的忘世境界。望"乾坤运转"，看绿浪腾花，我的心在天地大美间，已飘上蓝天云卷云舒。

浙江杭州西湖

1314醉西湖

西湖的荷花开了，我去了；西湖的荷花谢了、残了，我也去了。夏去秋来，冬去春来，我不知多少次光顾杭州。不知不觉，我爱那里的盛荷，更爱那里的残荷。

翻开杭州西湖的历史，每一年都有荷花的清香。这荷香一飘就是千百年。荷花开一次，西湖便笑一次。于是，西湖就永远与荷花连在了一起。西湖的荷花，是最为得宠的荷花，最不知寂寞的荷花，是任何地方无法比美的荷花。若在全国范围来讲，人迹最多的地方，可能除了北京天安门广场，就该是西湖荷花的旁边了。我追寻全国各地多少荷花，唯有杭州西湖的荷花最为幸福。她为别人带来幸福，她自己也幸福着。

西湖是一首诗。西湖天下名胜，自古骚人墨客蜂聚，诗词题刻如云。为其题者，非至尊之主即至显之人。南宋的一个清晨，西湖南岸的一个寺庙里，走出两个中年男子，向西湖行去。放眼一望，只见湖上连绵无际的荷花都被朝阳叫醒。那叶格外的绿、花分外的红。诗人驻足，一首千百年来冠绝荷花、点赞西湖的诗诞生了："毕竟西湖六月中，风光不与四时同。接天莲叶无穷碧，映日荷花别样红。"这世间能将红与绿搭配得如此气势不凡、如此清新雅致，非杭州西湖的荷花莫属。杨万里大师的千古绝唱，就这样流传下来、广为远播。

西湖的夏荷最美，那残荷更是别样的醉美。也许，你认为入秋之后的残荷无美可言。所展示的是萧瑟、败落、凄清的苦景，所生之情不外忧愁、落寞、孤独、颓废。人到老年，独爱残荷。我心目中的残荷尽显深沉、厚重、古朴。直到阳春三月的那一天，我湿湿的眼看到西湖边的一株桃，含苞待放、身姿卧水地深情眺望那残荷，我内心更为震撼。远处的残荷，曾几何时，在风雨中飘摇，却执着地不肯倒下。即使倒下，也宁折不弯；即使弯折，也要弯折在自己的土地上，弯折在抗击风雨的战场上。哪怕只剩一根骨头，也还紧紧地连着大地——爱她们的和她们所爱的大地。最后，残枝败叶沉入水底，化作塘泥，为新荷生长准备充足的养料，让来年的荷叶更绿、荷花更艳、莲子更饱满、莲藕更茁壮。真是：一树桃开花报春，千枝荷残香至桃。

有人讲，杭州西湖的荷花有13个区块。也有说，14个区块。太妙了！1314醉西湖，我是一生一世爱西湖。爱西湖荷花的春夏秋冬。

昨日情梦

一座游园，几多情缘？千古绝唱，万感断肠。面对盛开的荷花，竟不解今夕何夕。无心恋荷，满怀只是愁意绵绵、悠悠哀丝。为何我，如此心境、这般情味？

公元1144年，陆游与唐婉成亲。陆母担心他们沉醉于两个人的天地中，而影响陆游的登科进仕，逼陆唐分离。10年后，陆游回到老家，去绍兴有名的沈园游玩。谁曾想，却在这里遇见了昔日恋人唐婉。当唐婉走近陆游身边的那一刹间，时光与目光都凝固了。四目相对，千般心事，万种情怀，是梦是真？眼帘中饱含的不知是情、是怨、是思、是怜！好在一阵恍惚之后，已为人妻的唐婉终于提起沉重的脚步，留下深深地一瞥之后走远了。陆游在花园中怔怔发呆。和风袭来，吹醒了沉浸在旧梦中的陆游。昔日情爱，今日痴怨，尽绕心头。满腔的感慨，挥就于壁上，题写了千古绝唱《钗头凤》：红酥手，黄縢酒。满城春色宫墙柳。东风恶，欢情薄。一怀愁绪，几年离索。错！错！错！春如旧，人空瘦。旧痕红浥鲛绡透。桃花落，闲池阁。山盟虽在，锦书难托。莫！莫！莫！第二年春天，抱着一种莫名的憧憬，唐婉再一次来到沈园。徘徊在曲径回廊之间，忽然望见陆游的题词。反复吟诵，想起往日两人诗词唱和的情景，不由得泪流满面，心潮起伏。她不知不觉地和了一首词，题在陆词后：世情薄，人情恶。雨送黄昏花易落。晓风干，泪痕残。欲笺心事，独语斜阑。难！难！难！人成各，今非昨。病魂常似秋千索。角声寒，夜阑珊。怕人寻问，咽泪妆欢。瞒！瞒！瞒！表达了旧情难忘而又难言的忧伤情愫。这，真是令人黯然神伤的悲怆奏鸣曲、苦恋的二重唱！不久之后，唐婉便郁郁而去了。

浙江绍兴沈园

想不到大诗人历经近半个世纪的风雨后，仍然把40多年前那段刻骨铭心的爱情埋在心底。此番，陆游已至垂暮之年(75岁)。然而他对旧事、对沈园依然有着深切地眷恋。常常在沈园的幽径上踽踽独行，追忆着深印在脑海中那惊鸿一瞥的一幕。这时，他写下了沈园怀旧诗二首。沈园是陆游怀旧的场所，也是伤心的地方。风烛残年的他，81岁又赋《梦游沈园》。85岁那年的他，在沈园满怀深情地写下了最后一首沈园情诗。

据说这里的题词墙，是用园中出土的宋代砖砌成的，难怪那些砖无一不老态龙钟，极具苍凉之感。然而，这再版墙上的情结，在我心中呜咽轰响的、在中国诗史中永恒如星座的，虽然已历八百年，却还是永远的青春之歌。

冷翠亭，夏观一池盛荷，秋听雨打残莲。坐在亭内，独吟《钗头凤》，先人的悲凉，便会慢慢沁人心脾。荷花，你、你、你为什么要在充满无奈、凄苦、沧桑的沈园里怒放？或许荷花有知，陆翁与唐娘的爱情故事，本该就是一朵盛情绽放的荷花！

浙江绍兴兰亭

荷叶托觞　曲水流怀

一个兰亭、一泓曲水、一盏流觞、一张荷叶，演绎着一段风雅的传说。这段传说，至今让人仿效，在这里还干着那风流雅致的事。

兰亭，著名的书法圣地。它位于绍兴西南14公里外的兰渚山下，是东晋著名书法家王羲之的寄居处。兰亭，融秀美的山水风光、雅致的园林景观、独享的书坛盛名、丰厚的历史文化积淀于一体，以"景幽、事雅、文妙、书绝"四大特色享誉海内外，是中国一处重要的名胜古迹。

东晋永和9年(353)农历三月初三，时任右军将军、会稽内史的王羲之，与友人谢安、孙倬等名流及亲朋共42人聚会于兰亭，行修禊之礼，曲水流觞，饮酒赋诗。兰亭里有一亭——流觞亭，亭前有一弯弯曲曲的水沟，清溪在曲沟里缓缓地流过，这就是有名的曲水。当年，王羲之等人就是在曲水两旁席地而坐，有人在上游将盛了酒的杯子，由荷叶托着放在溪中，顺水流漂移徐徐而下，觞在谁的面前打转或停下，谁就得即兴赋诗一首并饮酒，作不出者罚酒三觞。这次聚会，有11人各作诗2首、15人各作诗1首，总共成诗37首，汇编成册称之为《兰亭集》。大家推荐王羲之为之作序，王欣然答应。这就是有"天下第一行书"之称的王羲之书法代表作《兰亭集序》。传说当时，王羲之是趁着酒兴方酣之际，用蚕茧纸、鼠须笔疾书作序，一气呵成。通篇28行、324字，凡字有重复者，皆变化不一，精美绝伦。只可惜这样一件书法珍品，到了唐太宗手里，他爱不忍释，临死竟命人用它来殉葬。大唐的月夜，在昭陵合上的一刻，"天下第一行书"就永远埋在了"天下第一陵"漆黑的地宫里。从此，后人便看不到了《兰亭集序》的真迹。《兰亭集序》，代表了中国书法史上的第一个高峰，也是历代书法爱好者的崇拜对象。故千百年来，历代文人留下了不计其数的临摹本。

曲水流觞右军祠，是纪念王羲之的祠堂。祠内有许多碑刻，正中悬挂王羲之画像，两边的楹联是：毕生寄迹在山水，列坐放言无古今。祠内有一墨华亭，亭两旁有荷花池。相传，因王羲之常在池中洗笔，日久水变成黑色。墨华池，由此得名。

兰亭，历代书法家的朝圣之地。每年都有曲水流觞的雅集盛会。书圣仰止。

福建福州西湖公园

名列前茅的西湖

俗话说，天下西湖三十六。福州也有一个西湖，已有1700多年的历史，是福州迄今保存最完整的一座古典园林。被人称为"福建园林明珠"，名列全国36个西湖前茅。据明代《永乐大典》载，常讲的有8大西湖，其中有福州西湖。

也许西湖，福州的比不上杭州的。但是，在福州人的心里，她就是最美的。这就是"福"，这里就是福州！我，现在福州享受福。看到福州人这么有福气，有一片心灵安逸的归属地，不管昔日文人墨客如何讲：三处西湖一色秋，钱塘颖水更罗浮，我还是要说：天下西湖三十六，名列前茅数福州。

晋太康3年(282)，郡守严高筑子城时凿西湖，因其地在晋代城垣之西，故称西湖。五代时，西湖成了闽王朝的御花园。此后渐成了游览区。1914年，辟西湖为公园。解放后，几经扩大，集福州古典园林造园风格，讲究诗情画意，使西湖景色愈见秀丽，闻名遐迩。

荷亭晚唱，为旧八景之一，在湖西岸大梦山麓。古时大梦山，一面衍山，三面环水，跨湖有一条长堤，自南迤北。堤的东西两侧盛植荷花，荷亭建在堤的突出地带。亭三面临湖，视野广阔。夏夜凉风习习，荷香阵阵，实为品茗赏荷听曲之佳处。清道光10年(1830)，林则徐重修荷亭。道光中叶，林则徐抚吴，在江南织造署发现五品荷，很是喜爱，便乞归移栽于荷亭塘中，并集宋人诗句为联：人行柳色花光里，身在荷香水影中。

进入西湖，映入眼帘的就是一倾碧水一泓绿荷。鉴湖慕鱼的湖对岸，大厦林立；湖旁边，荷花亭立。静静的湖上，偶尔涟漪的高楼，倒映在一片荷前，显得十分协调与雅致。无疑这是西湖最秀丽最时尚的倒影。

来到荷亭，自无晚唱，却见晨舞。一群大妈在《荷塘月色》的悠扬中锻炼身体。亭下一排碧荷摇曳，一环古树舒展。阳光洒落，半亩碧池一鉴开，人树斜影共徘徊。忽然间，我感觉有些迷醉了。醉在这如水的"月华"里。这不是新版荷亭晚唱嘛！今人不见古时月，古月当下照今人。想千百年前的荷亭畔，是否有人和我今"夜"一般，怀着一份美好的心情，欣赏这亭前明月光呢？

福州西湖，谢谢给我这么好的福气。我还要夸你：醉美西湖唯福州。

福建厦门园林植物园

我也爱雨荷

难怪，乾隆皇帝那么喜欢夏雨荷。我也爱夏天——雨中的荷。况且，这是厦门的夏雨荷。

从古田"开会"完毕，经漳州到了厦门。厦门真是个美丽的城市，这次专门为荷而来。首先去了园林植物园。荷花在哪里？走到了百花厅。百花厅是植物园的主要室内花卉展区，这里难有百花之中一水花。进门一看，出人意料，园中心就有一个荷花池。荷花仙子起舞于池中心，一泓荷花亭立在池一隅。池水墨绿，荷叶碧绿，周边翠绿，一朵漂亮的白荷花静静地浮在绿中。正在陶醉，忽然眼前雨丝飘下。细雨落水，圆圈丛生，即逝即生，即生即逝。很快，风雨交加，大雨直泻，池中像开了锅似的，水在沸腾沸腾。美丽的白荷花，正在"沸水"中，经受风雨的洗礼。她，风吹不退缩，雨淋不着痕，俨然一幅仙子风韵、君子风骨。生命的高贵、圣洁，与它不屈不挠的精神伟力相伴相随。她，为什么那样坦然、那么自强？

她要向古莲致敬。一颗在地层深处沉睡千年的古莲子，一经挖出，给它阳光和水分，便奇迹般地长出绿叶、绽放花朵、结出果实。这是生命不甘泯灭的勇敢与执着。

她要向残荷学习。即使红颜褪去青春不再，生命之歌也是荡气回肠、掷地有声。活得精精神神，清清白白。林妹妹尤爱"留得残荷听雨声"这一句，实则是曹雪芹在偷偷地喜欢。

她要向雪荷看齐。当凛冽的寒风裹着雪片飞来，在荷的周围疯狂咆哮、翻卷时，荷的叶被撕碎了，荷的枝被折断了。荷还是不肯摧眉折腰，还是不肯跪倒于地。唯见冰天雪地中，屹立着它独立自尊的野野傲骨。

荷，在恶劣复杂的环境中创造着生命的奇迹，呈现勃发的英姿，是对冷嘲热讽和肆虐的折磨，不言屈服的顽强抗争。白荷花，如今你婀娜多姿、风华正茂，是否意识到自己一张一开之间，冬天就要到了？白荷花不答。只有被她感动得宠辱皆忘的人，才能进入她满载生命之花的梦中。

带着沉思，礼佛万石莲祠。但见，一出家女子坚毅而行，走得多么"出世"。清净之地，理应一颗莲心，以求心灵的超脱。我还是一个食人间烟火的凡人，此刻只想在大千世界中，求得一份静美的享受。

白雨荷，我爱你。

福建泉州东湖公园

泉州和香

泉州有一景，叫"东湖荷香"。一湖之荷，引我注目。但让我撼心的是：一州之和。东湖的荷花历史很悠长，但泉州的大和景象却更久远、更博大。这另一番景象实在惊叹。

东湖公园位于泉州城区东北隅，是在古泉州十大胜景之一"星湖荷香"遗址。唐代湖面曾达4000多亩。宋明时期垒土七墩，如斗星，湖中盛植荷花，遂成星湖荷香胜概。1991年始复建公园，东湖荷香又成泉州胜景。

泉州，地处中国东南沿海。泉州港，宋元时期因"海上丝绸之路"的繁盛而成为"东方第一海港"。随着经济和贸易的发展，泉州以开放的胸襟，欢迎来自世界各地的"市井十洲人"、"缠头赤足半蕃商"等移民者。难能可贵的是，世界上各种宗教在这里汇集：欧洲的基督教、阿拉伯的伊斯兰教、中亚的摩尼教、南亚次大陆的印度教，还有景教、日本教、拜物教、犹太教……。没有硝烟和冲突，只有宽容与和平，泉州也因此有世界宗教博物馆的美誉。南宋著名理学家朱熹，感慨"此地古称佛国，满地皆是圣人"，是对这座宗教名城的最好诠释。

古代泉州，宗教占有特殊地位，也对各个时空背景的泉州文化以及社会发展起到了一定的主导性作用。或者可以这么说，古代泉州的各个领域、各个方面，几乎没有不与宗教发生关系的。泉州宗教文化丰富多彩，是构成泉州历史文化名城的重要内涵之一。

如今，千年已过，这些肤色各异、留居于中国的"十洲人"，渐渐与当地人结合，而他们的宗教信仰也与泉州本土民间信仰和谐相处。岁月沧桑，现存的五大宗教即佛教、道教、伊斯兰教、基督教与天主教，仍拥有众多的信众和数目可观的寺观教堂，还有数以千计的各种民间信仰宫庙。各种外来宗教文化，与原来的儒道释文化互相渗透、相互吸收；各种信教众人互不排斥，互相尊重。无与伦比，世所罕见。

多种宗教在历史中和当下能够互相融合，和谐共生，体现了泉州文化的包容性。这种包容性源自海上丝绸之路的发展。其中体现的和谐思想，也将继续影响21世纪海上丝绸之路的建设。

伫立东湖祈凤阁，居高四望，近旁荷香淡淡，远处和色浓浓。一切是那么地自然。

河南新郑郑风苑

让爱回首两千年

很幸运，我来到了2000多年前荷花盛开的"郑国"。在这里，聆听爱情故事，体味情爱场景。一个个传奇，让我深深羡慕。送上我的祝福：愿天下有情人恩恩爱爱、和和美美!

公元前770年，郑国将国都从咸林迁到今新郑溱洧水间，仍为郑，历395年。昔日之郑国的民歌，一直为后人所称道。中国第一部诗歌总集《诗经》，辑录15国风，郑风之外的其他国风，涉及情爱的，不过十之有三四。唯独郑风爱情篇占十之八九。"男女亟聚会，声色生焉"，不但是郑声繁盛的原因，同时也造就了郑风风格独特的爱情故事。

新郑的郑风苑，以她美丽的自然风光、脍炙人口的郑风诗歌和那缠绵悱恻的爱情传说，使这里成为人们心目中的爱情圣地，被誉为"东方伊甸园"，也有人叫"爱情公园"。散立园内的块块美石奇石，有的巍峨，有的漏透，郑风中21首民歌镌刻其上。郑国少男少女的"爱情节"，不局限于上巳节。秋收后，他们也会聚在一起载歌载舞，此唱彼我，或一人唱众人和，收获着爱情。前来相会的女子中，不只是民间女子，还有品德高尚的"白富美"。在古代郑国，因不断举行相会，男男女女都很幸运，很容易邂逅。《女曰鸡鸣》，是郑风中唯一一篇描写夫妻生活的情歌。不论怎样解读，都会让人心醉。知子之来之、顺之、好之，就杂佩以赠之、问之、报之。在这首腻恋被窝、缠绵悱恻的情诗里，形象地描绘出一对靠打猎为生的男女欢寝方浓的甜蜜与恩爱，亲切别致，神情毕露。

2000多年前的爱情，在田园牧歌里生根发芽。四处绽放的荷花，充当了爱情的使者，见证了田园牧歌里的情爱。新郑，古往今来都是荷莲之乡。1923年，在新郑出土了公元前八世纪的一对"莲鹤方壶"。造型别致，与商周以来青铜器的庄重、威严作风绝然不同。第一次描写荷花且反映情爱的诗句："山有扶苏，隰有荷华"，就出自《诗经·郑风》。新郑，至唐已盛产莲藕，纵贯南北的"莲河"由此得名。如今，新郑的"井水莲藕"，注册"郑风牌"，取得国家地理标志保护。新郑，还将荷花推崇为市花。徜徉在郑风苑的"郑国"，夏天是最美的、也是最浪漫的季节。小河上，各景点，挤满了婀娜多姿的荷花。灿色点缀氛围，香气沁人心脾。与碧水、绿草……糅合在一起，营造出不一般的诗情画意。来这里谈情说爱的成双成对。进入状态的他，马上拽个荷叶、或扯个荷花、或摘个莲蓬，满怀深情地送给那个"亲"。

来这里吧。走进"郑国"，沐浴郑风，你会感受良多、年轻不少。

广东广州烈士陵园

在英烈旁成长

40多年前，我第一次来这里；30多年后，我再次、多次、无数次来这里。不一样的目的，却一样的情结。这里——广州烈士陵园，是我成长的地方。

上世纪70年代初，第一次上广州，参加上级团代会。初来的感觉，是刘姥姥进了大观园。会议组织去陵园，祭奠那些为广州起义捐躯的英烈们。我们是排着整齐的队伍进去的。

眼前是广州起义纪念碑。三座大山上手握枪杆直冲云霄的造型象征着"枪杆子里面出政权"。大手遒劲如山，枪杆直指苍穹。1927年12月11日凌晨，中共广东省委书记张太雷和叶挺、叶剑英等同志领导发动了广州起义。由于当时敌我力量悬殊，起义不幸失败。起义中有5700多名共产党人和革命群众惨遭杀害。广州起义和南昌起义、秋收起义连接在一起，成为中国共产党独立领导革命战争的伟大开端。我们，向烈士致以最为沉痛地敬礼！

虽然历史风云变幻，但我们不能忘记那一个个英勇牺牲的热血生命，那一群群不曾远去的背影。他们泽被当代，启迪后人。无论在风雨如晦、艰苦卓绝的革命斗争中，在气壮山河、奋发图强的社会主义建设中，还是在波澜壮阔、开拓创新的改革开放大潮中，都会有无数先烈前仆后继，无畏牺牲。即使在今天，我们依然可以感受到英烈碧血的余温。

应该是本世纪初，我再次去陵园，手里拿着"长枪短炮"，在烈士牺牲的地方拍摄荷花。时过境迁，我已是广州的老住户了，而且就住在离烈士不远的街区。陵园的东面有一泓荷塘。不知为什么，每年的荷花都是那么鲜艳夺目。也许，是烈士们的鲜血滋养了她。年复年，日复日，只要有空闲，跟众多"好摄"之徒一样，坐公交，或徒步，来到这里赏花拍荷。尤以清晨，陵墓静悄悄，红日冉冉升起，霞光流溢，荷塘闪动着金色的光芒，这是我们最狂热的时刻。似乎，烈士的英魂在保护着我，每每均有一些开心的收获。也不知何因，在这块烈士安息之处，我特别喜欢拍残荷。那种风骨、那般凄美，深深地感染着我的心境。

永远铭记那些给我们幸福生活的人，永远感恩那些为了这片天地甘洒热血的先烈们！将他们，永远定格在我的相框里、我的心房中！

广东湛江绿塘河湿地

一河流绿塘

这是一个沉重的话题，又是必须面对而要处理好的问题，那就是城镇化与生态化的关系。说到底，即人与自然的关系。山水有灵，历史有命。在城镇化过程中，千万不要割断了城市与自然、与历史之间长期形成的血肉联系。

广东的湛江，曾经走过了一条曲折的治河之路。自上世纪50年代开始，城市兴起了大规模的填河建坝、改造和硬化运动。结果之一是，一些河流从此在地图上消失，有的河流因此穿上了"水泥盔甲"。而且更与愿违，一些被打造成"钢帮铁底"的三面光亮的河流，却变成了窒息的死河、臭河。高楼林立，车水马龙，这是眼前湛江城区的繁华景象。但是，河流纵横的湛江，渐已逝去。痛定思痛，湛江开始了河流整治行动。

绿塘河，是一条浅短河，河流蜿蜒穿城而过。2007年，面对这条姓绿而已不绿的河，进行环境整治，并沿河修建一个"漂浮的公园"——绿塘河湿地公园。让它漂浮在有防洪滞洪功能，又有乡土生物栖息保护功能的湿地之上。公园位于城市中心。充分考虑生态优先和以人为本的原则，体现人与自然的和谐。以自然河流和大面积水塘湿地为主，依河呈东西向带状分布，全长3.3公里。绿塘河宛如一条项链贯穿着这座生态公园。河水静静地流淌，两岸的高楼大厦和绿树鲜花倒映在水中。河道成了一处美丽的风景线。

漫步公园，郁郁葱葱，亭台曲径。三三两两的市民，或锻炼、或闲步、或聊天、或休憩、或照相，独有一番怡然自得的情怀。东西两望，荷塘一个接着一个。呵，这是真正的绿塘。远近层叠的荷叶，如一层又一层的绿浪。绿浪托起娇而不妖、丽而不媚的花朵，楚楚动人，温文尔雅，脉脉含情。阵阵清香沁鼻。这不是茉莉的幽香，也不是玫瑰的浓味，而是含着小河流水的味道送入心扉。怎么？有的荷塘已干，荷莲稀稀疏疏在"哭泣"？后来得知，绿塘河遭受第二次污染。湛江又下决心，准备再次对其进行全面整治。

河流是有生命力的，自然的水系是一个生态系统。它需要一个自然的生态环境，才能维持健康。但愿：碧水流不尽，绿塘荷常在。

广东新会小鸟天堂

荷在天堂

一个小岛只是一株榕树，一篇文章造就一个"天堂"。"天堂"里，天人合一，鸟语花香。一切和在"天堂"。这个"天堂"，就在广东江门的"初次见面"——新会、新会的天马村。

相传在明万历46年(1618)，为求解灾，天马的村民以船载泥沉落河中，叠土成堆拦截河水。当时有个人在土堆上插根榕枝系船，第二年榕枝长根发芽，逐渐生长成林。并引来众多鸟类栖息繁衍，当中以鹤鸟最多。令人吃惊的是，就是这样一颗榕树，在此后近400年间生生不已，几乎没有受到外界的任何滋扰，人与鸟和谐共处。不是人们在以前就具有了环保意识，而是天马人将栖息在榕树里的鸟类视为"神鸟"，此地得到特殊保护的缘故。

沉寂乡间数百年的"雀墩"变为人人皆知的"小鸟天堂"，得益于巴金先生。1933年初夏，他游"雀墩"再经"雀墩"，惊见漫天飞舞的小鸟，于是写下了《鸟的天堂》这篇名文。建国后，散文被收入教科书，便使小鸟插翅飞遍国内外，声名远扬，终成一大景观。

最引人注目的是白鹤与灰鹤。白鹤朝出晚回，灰鹤暮走晨归。它们依时有序，互不干扰，极有风度。一早一晚，一出一归，鹤群盘旋漫舞，掩映长空，嘎嘎而鸣，蔚为壮观。那一片和鸣谐调的天籁之声，"人间那得几回闻"。

和在"天堂","天堂"荷在。一到景区，右边的水道河边以及荷池，大片荷莲盛情绽放。她们穿着绿衣戴上色花，静静地呈现，好像为四面来客去欣赏天籁之声，先展示一片和美之色；默默地守候，恰似迎送八方来宾来往"天堂"，去享受人间的乐园。我来的不是时候，看不到小鸟们凌空翱翔的情景。没有坐船，我先与荷花"亲热"了一番，然后去了观鸟台。隔水相望，那就是一个枝叶繁茂、生机勃发的绿洲小岛，根本看不到一点裸露的土地。一株榕树独木成林近万平米，整个似乎浮在水面上。此时从对面传来几声鸟叫，一股幽静、怡然、平和的心情油然而生，让人不得不崇敬、疼惜这片"天堂"。

我虽没有走进天堂，但已靠近天堂。我现在幸福于人间天堂，待到"回家"的那个时候，带上我的荷花，再去享乐真正的天堂吧。

广东肇庆星湖湿地

七星的荷

只要提起或者来到七星岩，我便想起邓老师。当年我结婚，他用遒劲的隶书，送我28字的条幅：借得西湖水一环，更移阳朔七堆山。堤边添上丝丝柳，画幅长留天地间。这是叶剑英元帅赞美七星岩的一首诗。邓老，您虽仙逊多年，我情不知所起，一往而深。

七星岩景区，是广东肇庆星湖国家湿地公园的重要组成部分。七星岩，因七座岩峰陡立峻峭，娇娆多姿，好像点缀在天空中的北斗七星，故名七星岩。星湖，又因七星岩似北斗七星散落在湖中，故称星湖。银湖黛峰，林荫复道，碧水波光，垂虹弄影，景色得"桂林之山、杭州之水"之神韵。

肇庆种植荷花已有上千年的历史，尤以星湖(古称沥湖)中的荷花最负盛名。明朝诗人梁敏《沥湖采莲曲》中吟道："放莲船，采莲花，星岩东去是侬家。罗裙绮袖披明霞，拈花弄叶声咿哑。花红叶绿令伊羡，莲叶遮头花映面。轻摇玉腕橹声柔，叶渚花潭尽游遍。……"生动地描绘了，当时星湖采莲女在盛荷中采莲的欢乐情景。明万历年间，肇庆知府王泮组织文人雅士命名了七星岩20景。《莲湖泛舫》是20景之一。七星岩旁的里湖，因为全湖长满红莲，故又叫红莲湖。湖上的一座桥，也名红莲桥。夏日来到这里，你会发现，在"北斗七星"的映照下，红莲桥两侧，片片荷叶随风摇曳。碧绿的颜色，像翠玉一般的温厚，整个湖面仿佛铺上了绿地毯。而那散布在叶子之间的朵朵荷花，姹紫嫣红，娇艳欲滴，不得不让游客驻足欣赏。不少摄影者，由早到晚蹲守在湖边，记录着"星星"中的荷香丽影。红莲桥头的一群阿姨们，在荷边的树丛里跳着优美的广场舞。跳累了，就走到桥上，观"星"赏荷。

荷花，是肇庆的市花。七星岩的荷景别具一格。星湖牌坊广场的景观改造，主题就是荷风莲影。他们借用"四面荷花三面柳，一城山色半城湖"的意境，努力展现天堂湿地、梦里荷塘，勾画出一幅如幻如真的水乡荷景图，营造出一个静谧、和乐、回归自然的人类心灵家园。

端城，城在景里，景在城中。醉美的，是那"荷塘星色"。

广东惠州西湖公园

东坡到处有西湖

东坡到处有西湖，无处西湖不飞荷。难道，西湖是东坡先生的？荷花也是他种的？

提到惠州，就会想到西湖；想到西湖，自然就会想到大文豪苏东坡。宋绍圣元年(1094)，年近花甲的东坡居士被朝廷贬谪惠州。随遇而安，筑堤修桥，寄情山水，玩月弄诗，只把惠州当杭州。凡有诗句出处，皆成一景。偏远荒凉的惠州却因这位被贬之人声名远播。

历史上，惠州西湖曾和杭州西湖、颍州西湖，合称为中国的三大西湖。南宋诗人杨万里曾有诗曰："三处西湖一色秋，钱塘颍水与罗浮。" "罗浮"即指惠州西湖。史载也有"海内奇观，称西湖者三，惠州其一也"。当然，这三个西湖的出名，还有一个重要原因，就是它们都曾经是东坡被贬到过的地方。东坡给西湖留下胜迹，胜迹更因东坡而倍添风采。

惠州西湖对于苏公还有一层特殊的意义。他在杭州西湖上初识王朝云，写下了"淡妆浓抹总相宜"的名句。20多年后，被贬岭南此时的他，已经两度丧妻。离开京城之时，他把身边的姬妾遣送了个干净。却没舍得朝云，便带着她来到了惠州。在惠州近3年里，经常和爱妾朝云在西湖游览。朝云病故，东坡将她葬在西湖栖禅寺旁的松林中。后来僧人筹款在墓上筑六如亭以纪念王朝云。亭柱上，原镌有东坡亲自撰写的一副楹联："不合时宜，惟有朝云能识我；独弹古调，每逢暮雨倍思卿"。现在的楹联，是清代文士林兆龙，依朝云临终时口念《金刚经》一偈所撰："如梦如幻如泡如影如露如电，不生不灭不垢不净不增不减"。此联意味深长，使朝云墓增添了一份神秘。后人将此处冠以"孤山苏迹"之景誉。

三大西湖，皆有荷色。惠州西湖丰渚园，古建有丰渚亭，早倾圮。近代，为纪念邑人名士江逢辰，筑"江孝子亭"后改建"孤桐馆"。沿渚遍莳荷花，仲夏酷暑，荷花盛开，香远益清，遂称"荷花亭"。现在所看到的一座两层垂檐、形似荷花之亭，是后来重建的荷花亭。登上园内的龙山，居高临下，满园荷花，尽收眼底。

真有趣，三州西湖均与东坡结下不解之缘。这三处都筑过"苏堤"，荷花呢？王朝云晚年虔诚事佛。也许是她的魂灵，如梦如幻地化成不增不减的莲花，常年绽放在惠州西湖。

香港湿地公园

高楼丛中一地荷

朋友，你是否知道，高楼林立、车水马龙的香港，有一个世界级的生态旅游景点——湿地公园？没想到的是，一线线一块块的星星点点荷花，散落在湿地水中。这番风光，在香港实在难得一见。

湿地公园，位于香港新界天水围的北部。建有占地1万平方米的室内展览馆"湿地互动世界"，以及超过60公顷的湿地保护区，是亚洲首个拥有同类型设施的公园。

在世界众多城市中，香港以其优越的地理位置及特殊的历史文化背景突围而出，晋身全球闻名遐迩的国际大都市。鉴于香港地少人多，而且山地多、平地少，可供城市发展的土地有限，香港人采用了"上天下海"的方式扩展城市用地。据统计，香港目前拥有的高楼大厦，数量位居世界城市之首。仰视香港，用"高楼林立"一词形容，绝对恰如其分。在摩天的建筑之间，人们可以读出，香港的富足与劳碌、繁华与拥挤。

这是香港政府，为了弥补天水围的都市发展而留建的一片湿地。香港的呼吸，一直依赖外人不知的元朗农田、大屿山、狮子山等郊野。直到回归后建成湿地公园——一个新的城市之肺，不但利用了原有的自然之氧，还在心灵层面，启迪了香港人城市生存逻辑之外的宝贵思考。也教育了我这样的访港游客：原来香港不只是水泥森林，也有一方细腻清新之地。

从深圳早早入关，好心人指引，一路顺利。等到10时开园，第一个通过访客中心。按照工作人员在示意图上划的一个圈，急匆匆行完溪畔漫游径，来到了湿地探索中心，也就走近到荷花的身旁。站在演替之路四顾，湿地公园周围，耸立着一幢幢一排排的大厦。掩映在高楼丛林间的这片湿地，分外给人一种世外桃源的感觉。

荷花不只一点一片，似乎形成一个花环，环绕探索中心，散布在周围的沟、塘水域中，弥漫淡淡的清香。回到访客中心大厅，上至二楼隔着玻璃向外看，那是什么？原来，沿湖对岸一线好多荷花。礼貌地请求工作人员，能否让我到观景廊上拍几张？最后对不起，趁他们不注意，躲在外面的高台上，头顶烈日拍了一番难得的全景图，圆满实现我的心愿。

走出香港，拿上行李，从广州直奔西北。我，开始了新一年的第一个万里行。

这里有我的感恩

难忘卢园，这里不仅有我的荷花，更有我的感恩。

卢廉若公园，位于澳门半岛中部。是澳门唯一具有苏州园林风韵的名园。几十年前，该地本为农田菜地，被富商卢华绍(卢九)购买，由其长子廉若兴建。后卢家凋败，名园亦分段易手。70年代初期，为澳门政府购得，修葺后对外开放，成为大众游憩的好去处。

卢园，假山堆成的奇峰怪石玲珑剔透，峥嵘百态。一位用巨石垒成的古代美女玉立池中。池边垂柳依依，池内水明如镜，夏日荷花盛开，摇曳生姿。圆圆的荷叶和横跨其上呈弧状而弯的九曲桥相映成趣。全园以"春草堂"水榭厅为建筑主体。"春草堂"虽是典型的中国建筑，但房屋的外墙却采用了葡萄牙人喜用的米黄色，并配以白色线条。12根廊柱也采用哥特式建筑形式，柱顶上修饰的是白色欧式花纹。濒临水塘的平台上坐骑式栏栅，则是中国人喜欢的鲜艳大红色。一切让人感受到，这座中国建筑物上反映出来的中西文化的交融。

澳门卢廉若公园

提起卢园，我便想到园内的一排平房，那里是澳门民署的公园处。荷花节上，我在龙环葡韵认识了梁玉钻处长。她的热情好客、平易近人，给我留下了深刻印象。2008年中秋，我拿着《莲哉！澳门》的厚厚一本草稿，来到卢园，冒昧地找我在澳门萍水相识的唯一官员，请求梁处长帮忙。她见我态度诚恳，稿本不错，当即表态为我呈上。不到一个星期，电话传来消息，经民署张素梅主席首肯，愿意买我书四百本，支付相应印刷费。我喜出望外，激动不已。澳门莲艺会还请人修改了封面，并加了序言，以此书献给第23届全国荷花展暨第9届澳门荷花节。我加印了150本，其中送给帮写文字的谭兄100本，以表感谢。

澳门回归后，每年都举办荷花节。卢园，自然是节日活动的重要舞台。一次插花比赛，因拍照，我认识了参赛的端庄大方、沉静稳重的陈诗慧小姐。从那以后，她每年为我收集各式各样的利是封(红包)。当然，还有威尼斯人酒店的周店长小妹，念念不忘为我收集。我春节前后没去澳门取回，她们就自掏腰包，出资邮寄给我。我除了口头感谢，至今还未以礼相报。

澳门的人、澳门的花、澳门的封、澳门的景……给了我太多的感动和铭记。

四川成都武侯祠

君臣一气　魂魄相依

我去过勉县"天下第一武侯祠"。想看"三国圣地"，想拜蜀汉英雄，就请去成都武侯祠。这里，是中国唯一的一座君臣合祀的祠庙，是最负盛名的诸葛亮、刘备及蜀汉英雄的纪念地，也是全国影响最大的三国遗迹博物馆。

物换星移，一千多年过去了。满怀思古之幽情，踏进武侯祠的朱红大门，便不由人肃然起敬，浮想联翩。翠柏掩映之中，一条笔直的干道贯通幽深的庙堂，宛如一条通往渺远的历史之路，把人们带回逝去的岁月，去领略三国英雄的风采。

怎么，殿堂内君臣还是上下一堂？刘备皇帝端坐于朝堂之上，两廊中峨冠博带的文臣、盔铠生辉的武将，肃然分列左右，很像当年蜀汉朝廷正在朝会。站在昭烈庙前，有一种层云满胸、历史袭来的感觉。行进到诸葛殿，顿然生死之交、阴阳之界，浑沌了，飘升了。历史在浓缩，镜头在延伸。诸葛亮运筹帷幄，一声令下，阶前的三面釜鼓响起雄浑激昂的鼓声，预示着他的队伍拔灶起程，西征出发。此时，古乐从心底溢出，战马在眼前驰骋，我仿佛也成了西域边关的卫士，跟随军师在古栈道上健步如飞……

斯人已去。昔日叱咤风云的智士猛将，都化作了一尊尊泥塑彩像，默默端坐，含英注目。他们曾以智慧为墨、干戈为笔，谱写出一曲曲君臣一气的悲壮之歌。这红墙环绕、飞檐翘角的古柏祠堂，便是他们魂魄相依的地方。一切都已远逝，唯有君臣的情义留在了这里。

刘备墓、昭烈庙和武侯祠三者之所以紧紧相连，既是先人的安排，更是英雄的嘱咐：生在一起，死也要在一起。这里弥漫着浓浓的"和"气。唐代诗人岑参赞曰："先主与武侯，相逢云雷际。感通君臣分，义激鱼水契。遗庙空萧然，英灵贯千岁。"

那一年的那一夜，精忠报国的岳飞，秉烛殿内，挥泪书"两表"。祠内的荷，你在为谁开放？想要呈达什么呢？我，最后去了锦里的荷塘，买了两个许愿包，挂在荷花旁边的树上，祈福先辈们永远安眠在此，共享家园。

桂花依旧在　几度菡萏红

同学陪我去桂湖。刚进公园，迎面看到一尊塑像。这不是潇洒"滚滚长江东逝水……"的杨老先辈吗？惊讶之余，惭愧自己无知。桂湖也叫升庵桂湖，是明代著名学者杨慎家族的私家园林。现在，先辈的祠堂也在里面。

桂湖，曾因杨升庵沿湖遍植桂树而得名。现在，也因园内的桂花、荷花而闻名。我来寻荷，却看到了久仰的先辈。《三国演义》开篇词，如今已为大家津津乐道。但它并非罗贯中所作，而是在他死后88年才出生的杨慎的《临江仙》。电视剧《三国演义》，开场一曲的豪壮，使杨慎的名字一下子在全国家喻户晓。但是，又有几人知情，先辈一生大起大落，24岁中状元，37岁贬云南。前半生名播海内，辉煌无限；后半生漂泊南荒，老境凄凉。这样跌宕起伏的人生让世人唏嘘不已。桂湖，是那样的沉静；先辈，是那么地安宁。我肃立在这里，内心无法静宁。在三国英雄与先辈人生的演义场景中，我缓步于这个纪念性园林。

四川新都桂湖公园

桂湖，似乎又因为杨老先辈，它的荷气很重、莲风好浓。离开塑像，首先映入眼帘的就是一片碧叶连天的荷塘。硕大的圆叶与绽放的花朵，在微风中摇曳，映衬着先辈祠堂，动人无比。好多景观，因荷而建；就像荷花，为先辈而生。交加亭，俗称水心亭。匾曰：看花多上水心亭。此处为赏荷的大好所在。因寄升庵、黄峨几经离别之意的杨柳楼，凭栏远眺，但见"画舫远汀迷柳树，一池明月浸荷花"。也许，先辈的《鹧鸪天·莲池》此时此刻叹吟：良辰佳会应难续，风雨连宵恼别离。小锦口的左侧，有曲桥通往"芙蓉映红水，垂柳绿遮湖"的长堤。越过横卧荷塘柳堤的饮翠桥，就是枕碧亭。它像一位巨人倚枕于翠荷碧波之上。绿漪亭，因附近荷叶满湖，翠盖亭亭；阵风吹拂，绿波滚滚，故名。聆香阁，附近静谧清爽，那随风飘荡的荷香，人们不仅可以嗅到，而且隐约还能听见。亭亭的由来，匾上的跋语讲得已明白："莲叶亭亭，出淤独立，当今国士，其必如是耶！"好像是，先辈自勉及勉人。还有那杭秋，是说它恰似一条船航行在秋月的桂湖。桂湖之秋，莲子待采，桂蕊飘香，乘船游湖，饶有佳趣。这条"船"，"呼吸湖光餐桂露，徘徊秋月漱荷香"。

桂花飘香贵人在，荷花盛放何人来？不管在不在，无论来不来，都不重要了。正如先辈您说的：是非成败转头空。桂花依旧在，几度菡萏红。先辈握杯把酒的笑谈，旷达超脱的襟怀，总会有人深情吟唱！

四川新繁东湖公园

先贤已去　瑞莲歌在

在成都的新都，去了桂湖。居然不知，《瑞莲歌》的东湖，就在不远处的新繁镇。

园不在大，有韵则名；湖不在深，有贤则灵。东湖，距今已有1200多年的历史，是我国目前仅存有迹可考的两座最早古典人文园林珍品之一。建园的历史远远早于苏州、扬州园林。如今的东湖，整个艺术布局，仍旧保持着唐代古典园林的风貌。

其实，东湖的名气，在明清之前远远胜于桂湖。盖因唐宋古贤三人李德裕、王益、梅挚影响致远，不仅为官德政彰显，而且在文学、园林方面的成就同样令人折服。人品与才华的统一，使这一名园大放异彩，引来历代文人雅士在此游历唱和，而名声远播。

李德裕，唐代著名政治家、文学家，是一位有功于国家和民族的宰相。东湖，是他任新繁县令时所开凿的。园中处处闪耀着唐代人文的光芒，以精巧、秀雅、朴实、凝重为后人称道，从而奠定了东湖历史名园的地位。

北宋天圣5年，著名政治家、文学家王安石的父亲王益，出任新繁知县。他常常游览东湖，缅怀先贤。一日，大人见阳光下东湖并蒂莲花开，心中大喜，深感吉祥。唐人称并蒂莲为"瑞莲"，谓吉祥之兆。王益有感而发，便写下了著名的《新繁县东湖瑞莲歌》："火云烁尽天幕腥，水光弄碧凉无声。荷华千柄拂烟际，杰然秀干骈双英。……"于是，东湖名声大噪，轰动一时。王益在新繁为官3年，受到百姓的称赞和敬重。有"廉吏"美誉的新繁邑人龙图阁学士梅挚，写诗与之唱和。诗中不仅描绘了满池荷花吐艳争芳的湖景，尤对王益的为官德政和亲民人格倍加赞赏。一时间，引来诸多学者名士，为东湖吟诗作赋。

后来，陆续建有"怀李堂" "三贤堂" "瑞莲阁"与"四费祠" "清白江楼"等，以此来纪念先贤，弘扬正气。东湖由此成为众多贤相廉吏的纪念馆，这在中国园林中也不多见。

来到瑞莲阁，闲看一位美妇坐在那里织毛衣，一针一线挑得那么自在、淡定、飘逸，我沉醉了。仿佛美妇变成了先贤，在那里品茗吟诗。千古绝唱从远古传来，瑞莲就在眼前。

翠湖湖翠

不知为什么，昆明的翠湖去了好几次。每每去那里，眼中的风景总是郁郁葱葱，盎然绿色。醒悟过来，原来这里叫翠湖。何谓翠湖？因其八面水翠、四季听翠、春夏柳翠，故称其名也。琢磨由来，心有不平。春城的翠湖，确实水翠柳翠四季翠。殊不知，始有荷翠，更添湖翠。

元朝以来，滇池水位高，翠湖这里还属于城外的小湖湾。多有稻田、茶园及莲池，旧称"菜海子"。因东北面有九股泉，汇流成池，又名"九龙池"。到民国初年，改辟为园。因园内遍植柳树，湖中多种荷花，才有"翠湖"美称。

清嘉庆初年，昆明倪春有感于翠湖"一亭之外，别无容膝"，与雨庵和尚合作，在莲花盛开的这里建起了莲花禅院。清同治6年(1867)，同治皇帝还赐了一块"妙莲涌现"的御匾。昔日，凌士逸有对联所云："十里荷花鱼世界；半城杨柳佛楼台"。莲花禅院还有数联，也不离"莲"。如"赤鲤跃碧波，吞却三分明月；红莲开翠湖，托来一瓣馨香"。这些名句中所讲的荷花、游鱼、杨柳、楼台，就是当时昆明翠湖景观的主要特色。

云南昆明翠湖公园

现在的翠湖也许更翠了。因为，又多了"城中碧玉"、"闹市瑶池"等美名。进入翠湖，我真被那碧绿的水、翠绿的柳、青绿的竹等构成的绿色世界所陶醉。但是，放眼荷塘，我更被那充满绿意红情的莲花所沉醉。一湖碧波粼粼，一片绿云飘飘。水面上，密密麻麻挤满了绿翠欲滴的翡翠伞，滚动着晶莹剔透的甘露。一大片一大片的荷叶，或浅的鲜碧发亮，或深得泼墨浓烈。微风吹来，荷叶摇曳，层层绿浪；荷花映日，片片霞光。红荷在重重青盖的映衬下，婀娜的倩影光艳璨然。不胜香远益清，恰似贵妃微醉。

春城的盛夏初秋，荷花是翠湖的绝对主角。每年的荷花文化节，既是翠湖的盛装，也是荷花的精彩。展出的100多种荷花，品种之多，为云南之最。赏荷、品荷、摄荷、猜荷……一系列以荷花为主题活动的举办，让翠湖名扬高原。

翠湖，还翠在荷处，您说呢?

云南昆明大观楼公园

莫孤负中国第一长联

大观楼，始建于清康熙年间，位于昆明城西南三公里左右的滇池边，隔水与太华山相望。因登楼见远山巍峨，近水浩淼，蔚为大观而名之大观楼。乾隆年间，孙髯翁为其撰写长联。大观楼，因长联而成中国名楼。

想当年，布衣寒士孙先生登楼下俯，滇池入眼，远山在怀，顿时百感交集。望滇池而细数大观楼四面湖光山色，看风景而思云南数千年历史沧桑，一扫俗唱，挥就惊世骇俗的中国第一长联。上联写登大观楼驰怀，下联抒发对云南数千年往事的无限感慨，情景交融，对仗工整，气魄宏大。毛泽东曾评价说：从古未有，别创一格。

180字的长联，荡气回肠。虽为滇池增添了无限意境，却无法解脱诗人当年的贫困潦倒。令人读联而伤。往昔的景致，今日重新审视，得以宽慰的是那"九夏芙蓉"。走进大门，整个公园弥漫着节日的喜庆，到处可见"芙蓉的微笑"，原来第九届荷花节开幕了。

大观楼公园总面积700多亩，其中荷花100多亩，是昆明最大的荷花公园。穿过牌坊，向着左边，就有偌大一片的荷花池。简直，这里是绿的海洋，花的世界。大片大片的荷叶随风摇曳，使得绿海生动起来。有墨绿的叶面和老绿的叶柄在风中慢慢地展示，宛如一位成熟女子的雅韵千般；有翠绿的叶背与深绿的叶柄在风中缓缓地呈现，恰似一位妩媚少妇的风情万种；有嫩绿的叶脉和浅绿的叶柄在风中款款地奔放，好像一位纯情女孩的激情四射。那万绿丛中的千朵花，红的、粉的、白的，把满池的绿色调和得绚丽斑斓。尤其这红，又以自身的色彩在点缀清凉昆明的火热。清风徐来，吹皱起这满眼的多彩，盛开的含苞的花朵，微微地点着头，她们在向游客致意，向画家致谢，向摄手致礼，向高高飞起的风筝致贺，特别向那久逝的先人致敬。

大观楼的长联没有忘记九夏芙蓉，大观楼的九夏芙蓉没有孤负长联。叹滚滚英雄谁在？高人雅士已去，还赢得君子在，荷花也。

荷花朵朵孕双胞

云南墨江，是一座神奇的"双子之城"。一条穿越城市的北回归线，一口历经千年的"双胞井"，造就了极高的、堪称世界奇迹的双胞胎出生率。在此基础上修建的中国墨江国际双胞胎文化园，是目前世界上唯一的以多子多福的双胞胎文化、世界性的生命文化为特色的主题公园。该园以神奇、大胆、开放的姿态，打造了一个山水灵秀、文脉悠远、散发着神秘气息的生命公园。已经竣工的一期工程，以历史悠久的"双胞井"为核心，展示回归秘境，双胞之家的自然奇趣。

真有意思，紧挨"双胞井"，是一池红情绿意的荷花。此种布局，是天工作美，还是人为造化？是古往有之，还是今来安之？别想那么多了，大概是缘分吧。在这里，痛饮神奇的双胞井水，畅赏美妙的香色胜景，我更加领会了英国学者杰克·特里锡德的一段话。他说："没有一种花比埃及、印度、中国和日本传统中的荷花具有更古老、更丰富的象征意义。荷花之所以独具重要位置，一是因为其绽放的花瓣极具装饰之美；二是在于荷花被人比作生命之源的理想中的外阴形象。除此之外，荷花还可以象征诞生与再生以及宇宙中生命的起源、万物的创始之神——太阳和太阳神。同时荷花还代表着人类精神从心的花苞逐渐成长以及灵魂获得神性，达到尽善尽美境界的内在动力。"

难怪，人称荷花为瑞花、圣花。

云南勐腊西双版纳植物园

植物王国里的藕香榭

中国科学院西双版纳热带植物园，位于云南西双版纳傣族自治州勐腊县勐仑镇，坐落在由澜沧江(湄公河)支流罗梭江环绕的美丽的葫芦形半岛上。该园是我国面积最大、植物多样性最丰富的植物园。是国家5A级旅游景区。在1100公顷的园地上，13000多种引自世界各地的热带植物，在岛上38个景观优美、科学和民族文化内涵丰富的专类园区中茁壮成长。

奇花异木，鸟语花香，构成了一幅幅特有的画面。

荷花，在植物王国里占有一景，实属抬举。藕香榭，位于西游览区的南面。入榭门，走小桥，可去"新荷听雨"，再经弯弯曲曲的廊桥，又赏"荷风香远"。在亭中，听雨闻香，别有一番边陲的江南情趣。一湾荷花，月形般地延绵。叶含香兮冉冉，花出水兮亭亭，无尘无暑，滟滟一池清净。漂亮的傣族姑娘，在池旁一边观赏一边拍照，自有天然态，翻成另类风。此情此景，人道是花先醉，花道是人先醉。堪比大家熟悉的棕榈园风情。

傣族姑娘，实乃陪同我的导游。她不陪也不导，被荷花仙子召去，一同入镜了。

红蕖袅袅秋烟里

华清池，在陕西临潼，东距西安30公里，南依骊山，北临渭水，内有温泉。是一处享有六千年悠久历史、饮誉中外的游览胜地。自周代开始，几经营建，唐玄宗时易名"华清宫"，又名华清池。"春寒赐浴华清池，温泉水滑洗凝脂"。白居易的《长恨歌》，让华清池名扬四海。华清池，今为公园。现之华清池，只不过是唐代华清宫很小的一部分，但已成为陕西代表性旅游景点之一。

唐玄宗悉心经营建起如此宏大的离宫，他几乎每年十月都要到此游幸，岁尽始还长安。故有"十月一日天子来，青绳御路无尘埃"之名句。而华清池的那些事，又似乎总离不开唐玄宗与杨贵妃。当年如此温情温水的地方，怎不令人好奇？在游览华清池的美景之时，听着玄宗与贵妃的爱情故事，让思绪在盛唐与现世之间穿行。故三次去华清池，我饶有兴趣的，还是白居易加工的、那回旋曲折、宛转动人的有关爱与恨的因缘。尽管，震惊中外的"西安事变"也发生在这里。

陕西临潼华清池

一边游，一边想，在唐玄宗与杨贵妃的罗曼史里，"罗袖动香香不已，红蕖袅袅秋烟里"的杨贵妃一出场，"回眸一笑百媚生，六宫粉黛无颜色"。从此，珍香重色的唐玄宗，"后宫佳丽三千人，三千宠爱在一身"，"云鬓花颜金步摇，芙蓉帐暖度春宵。春宵苦短日高起，从此君王不早朝"。到后来，贵妃池里玉莲衰，马嵬坡下悲哀来。玄宗啊，"归来池苑皆依旧，太液芙蓉未央柳。芙蓉如面柳如眉，对此如何不泪垂"。真的是，"天长地久有时尽，此恨绵绵无绝期"?

不尽温柔汤泉水，千古风流华清宫。经荷花阁，过白莲桥，伫立在长生殿前的芙蓉园，怎么不，"遥思洛水凌波袜，想见华清出浴人"?

胡思乱想，使我领略到长恨，更感受到真爱。皇帝也是人哪!

甘肃玉门玉泽湖公园

感受玉门

玉门，一个多么温润而又厚重的名字。能不厚重吗？公元前121年，汉武帝始置玉门县，至今2100多年的历史。能不温润吗？果真，玉门因西域输入玉石取道于此而得名。

初知玉门，是背诵王之焕的"春风不度玉门关"。玉门关，是丝绸之路上敦煌段的主要军事重地和途径驿站。通西域，连欧亚，名扬中外，情系古今。站立城外，举目远眺，四周戈壁遍布，沟壑纵横，长城蜿蜒，烽燧兀存，让人不免觉得有些荒凉孤独。想当年驼铃的清响、驼蹄的脚印，走过这被风沙侵蚀的茫茫戈壁，天涯路人、戍边士兵，望关、怀乡；离伤、梦香，各自一方。小方城虽然面目全非，仍让人们对千年之前的玉门关发生的每一个故事，有着丰富的想像力。

再识玉门，是因为石油与铁人。玉门，别名油城。这里是诞生中国第一口油井的地方，这里是诞生中国第一个油田的地方，这里是诞生中国第一个石化基地的地方。玉门，先后向全国50多个石化企业和地矿单位输送骨干力量10多万人，支援了成千的精良设备，培养造就了铁人王进喜一大批石油人的楷模和精英。诗人李季赞叹："苏联有巴库，中国有玉门。凡有石油处，就有玉门人。"玉门，这里曾经激荡着整个中华民族的光荣与梦想。

走进玉门，那是为了玉门的荷。从兰州直驱1800里，来到了玉门新城。新玉门，离汉代玉门关上百公里，距旧玉门70公里。它，高高地蹲伏在祁连山绵延重叠的崇脉上，依靠着白雪皑皑的雪峰。玉泽湖公园，是玉门市政迁址配套实施的、一项以休闲娱乐为主的重点生态文化旅游创意园区。住在公园旁的玉门宾馆，有幸白天与早晚三进公园。不同的"美玉美泽"景致，有着不同的美妙感受，惬意极了。如今，古迹名胜与戈壁大漠上一架架巨大的风机、一座座高耸的铁塔、一条条相连成网的银线，与长街纵横、高楼林立、车流穿梭、华灯闪烁的玉门新城，构成了塞外现代文明和繁荣昌盛的新景象。

春风已度玉门关，西出阳关有荷花。这里的荷花如盘渐圆，坚信有祁连雪山的滋润，与玉门油城的培育，必像新城一样，展现出新的姿彩。

河北唐山凤凰山公园

山东日照银河公园

江苏苏州太湖湿地

江苏苏州东山雕花楼

浙江湖州南浔文园

湖南株洲荷塘天鹅湖公园

广东广州番禺宝墨园

广东肇庆宝月湖公园

广东中山得能湖公园

澳门中山公园

陕西西安曲江池遗址公园

荷花诗句欣赏——越女采芳 掬上清之仙露

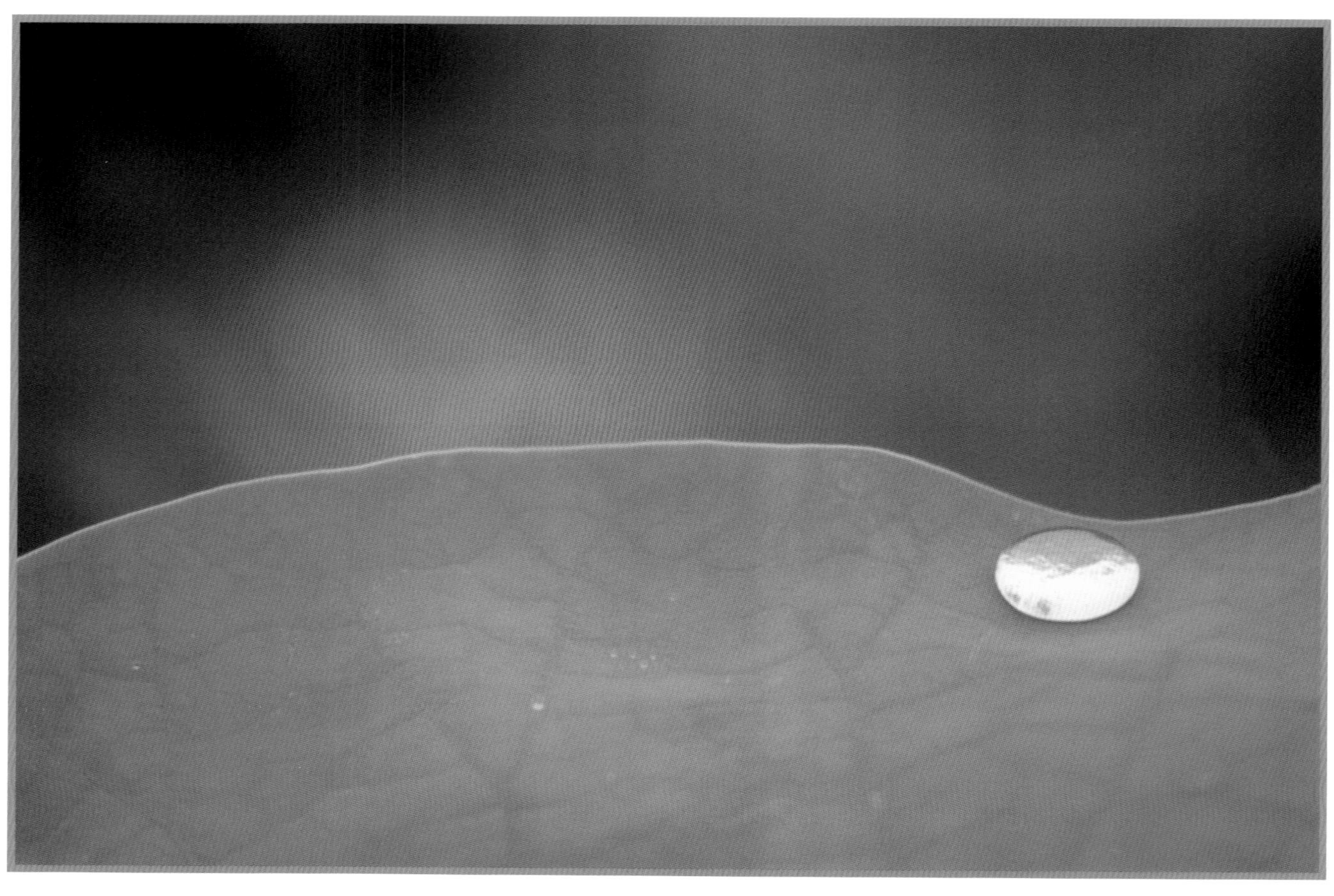

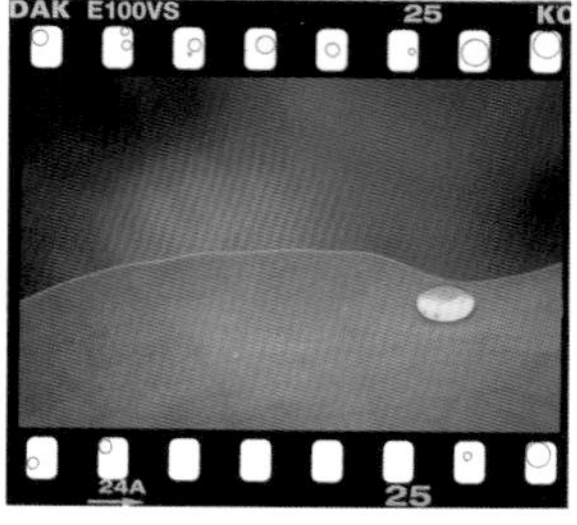

诗句摘于【清】连瑞瀛：《拟白居易荷珠赋》；《中国历代咏荷诗文集成》第786页
图片摄于2008年4月、广东佛山三水荷花世界

荷花诗句欣赏——红衣零乱 还认取 旧日弓弯裙褶

诗句摘于【清】董佑诚：《瑶花慢·残荷》；《中国历代咏荷诗文集成》第681页

图片摄于2008年7月、湖南张家界后坪荷花村荷花园

荷花诗句欣赏——秋至皆空落 凌波独吐红

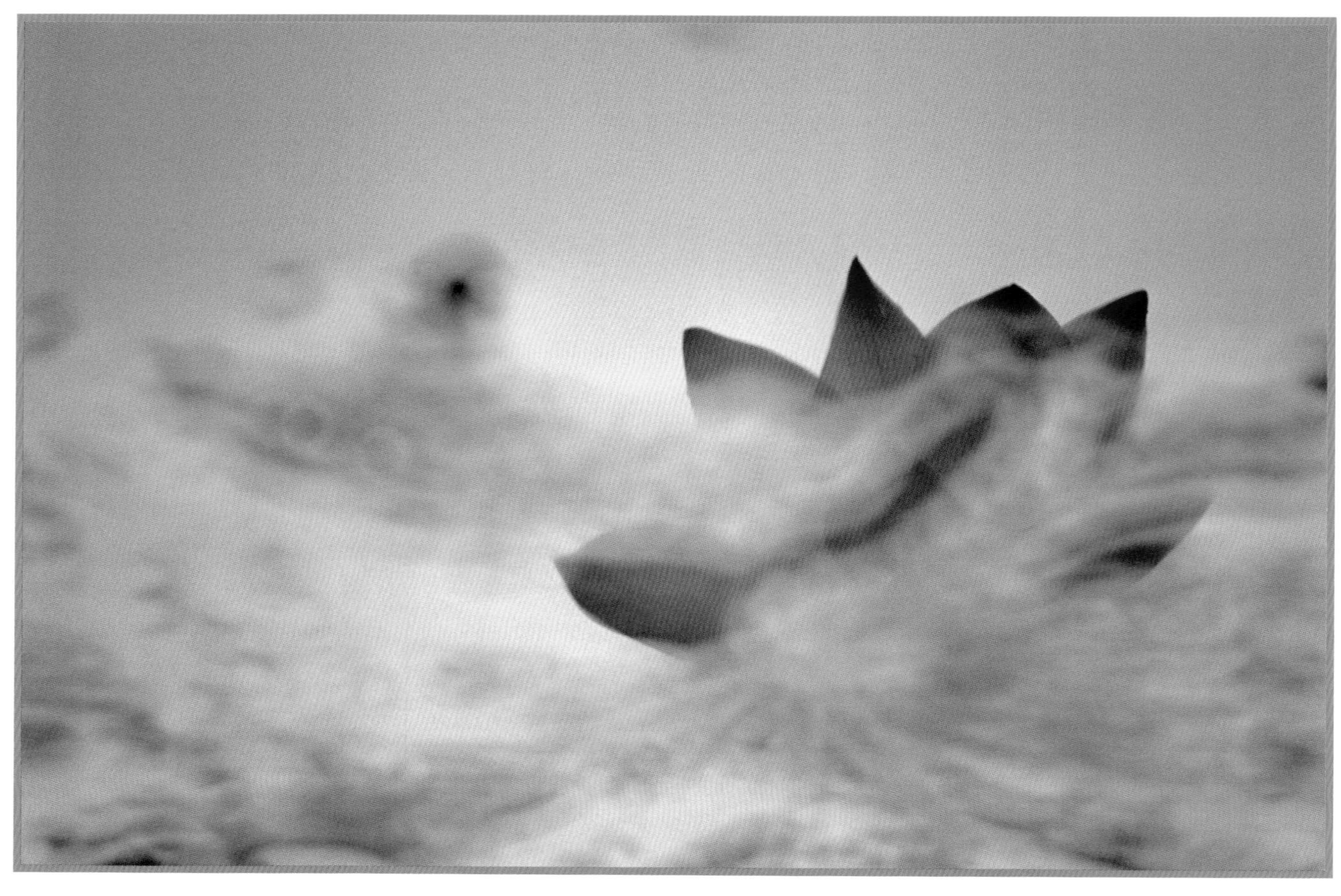

诗句摘于【唐】弘执恭：《秋池一株莲》；《中国历代咏荷诗文集成》第42页
图片摄于2008年6月、广东广州珠岛宾馆

荷花诗句欣赏——应是香红久寂寞 故留冷艳待人看

诗句摘于【清】爱新觉罗·弘历《九月初三日热河见荷花二首之一》；《中国历代咏荷诗文集成》第339页

图片摄于2008年6月、广东佛山三水荷花世界

休闲之趣

Joy of Leisure

目录

北京大兴亦庄博大公园

"博大"的博大

这个"博大"，总给大家带来欢乐。这里有我"最好的朋友"，有我喜欢的公园，让我安心在京都，享受天伦之乐、老年之欢，度过了一段难忘的美好时光。

南五环以外的亦庄，有一个经国务院批准的北京市唯一的国家级开发区。据说，这里入住了全球35个国家和地区的近1400家企业，已形成全国最大的移动信息产业基地、北京最大的电子信息产业基地、首屈一指的"北京药谷"。听说，这里是国家首个生态科技园区，区内绿化面积达50%。我讲的这个"博大"，就是这里中心区域的一个公园。一个紧靠博大大厦北侧、四面环路、以休憩为主的开放型公园——博大公园。这里的人称它为核心区的"绿色之肺"。这个公园与区内其他两大公园，将亦庄构建成了北京独一无二的公园新城。

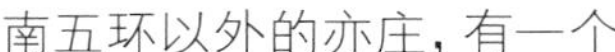

坦率而言，"博大"并不大。环道一圈，正好合乎我的心愿：1666步。总面积18万平方米，绿化却有12万平方米。除了3个干干净净的公厕、1个高高大大的雕塑标志和1个简简陋陋的办公地点，其余都是绿树成荫、鸟语花香，健身器材成行、乒乓球台一片、艺术喷泉欢舞、人行便道如网。我好喜欢这个公园，每天早晚都要来拜访它、享受它、感受它。

"博大"，每时每刻都在敞开那"博大的胸怀"，说唱那"沁人的心音"。尤其，东方还未破晓、万物还在沉睡；或者夕阳还在天边、华灯还未点亮的时候，人们陆续聚来，不一会儿人头簇拥、人流如潮。男女老少各有其所，聊着自己的开心事，唱着自己的热心歌，走着自己的欢心步，跳着自己的乐心舞，打着自己的舒心球，练着自己的畅心功……。这里是健身场，运动会，表演台，快乐的家园。好家伙，还有不少人开着汽车前来"赶场"。

我明白，围着人工湖绽放的荷花，尽情地张开她们的笑脸，用独特的"红情绿意"，迎接、欢送、陪伴、吸引着大家。不解的是，雕塑上的那个鸟窝。"落户"高新区没错，但"落脚"在光溜溜的钢管上？而每天入夜，这里劲舞不止、欢歌不停。可爱的鸟儿啊，你们且安身，又如何安眠安神？难道，你们也来享受"博大"、感受"博大"？大概，那是喜鹊的家吧。

有容乃大。"博大"，你到底有多大？你有"博大"的中国梦？我，常常回味"博大"。

河北安新安新王家寨度假村

本家荷塘的情结

荷花大观园附近有个王家寨。本家寨子？也有荷花？就去那里打一转吧。这一去，就是十多年，也不知转了多少次。为什么叫王家寨，至今未去搞清楚。可我一直旅居的陈姓良子家，反倒熟悉了；那荷塘，更是我的至爱。向往"王家"，是因为心系寨上的荷花。

王家寨，是一个度假村，有 50 座庭院，属安新镇。西距河北安新县城 5 公里，处在白洋淀的中心位置，水路四通八达。度假村，风光秀丽，景色宜人，民风淳朴。这里一桥连两岛，一塘牵二区，是一个集水乡民俗旅游、度假、餐饮、娱乐于一体的综合性休闲度假的地方。内设荷花观赏区、采莲区、捕鱼区、游乐区、度假区。的确是一处水上世外桃源。

荷塘面积 15 公顷，占总区域的 60%。蜿蜒曲折的荷桥穿梭于荷塘之中，犹如一条玉龙在荷塘中游动，把三处景观有机地连在一起。每到夏季，荷花盛开，争奇斗艳，香色怡人，站在岸边或桥上俯瞰眺望，天水一色，荷苇相融，

妙趣横生，独特的自然风光与荷塘美景尽收眼底。夜幕降临，鞭炮齐鸣，赏月荷、放河灯、玩烧烤、打水仗、篝火晚会、唱歌跳舞，犹如过节一样。陈家良子的娘子京戏唱得好，一到晚上，她和本寨的戏迷们就自导自演、自娱自乐，引来游客也参与其中。

坦率地讲，那里的条件一般化。但我总喜欢去，春夏秋冬都去过。我曾因为狂风暴雨，被困在栈道上，浑身湿透，唯有相机不沾一丝水，有幸见到最漂亮的风荷。有一年的八月十五夜晚，游客们兴高采烈放荷灯，我学着用几次曝光，拍到了心中想要的日照荷水点点亮。我在那里，还拍到了"一盏灯"，拍到了"双花恋""两叶爱""花叶情"，拍到了最扭曲的"荷梗麻花"……。本家寨子的荷塘，是我快乐的荷塘、收获的荷塘。

那里的喧闹，是一种开心的热闹；那里的寂静，是一种舒心的宁静。我的身心，在那里都得到安顿。

现在，虽有电话在"移动"，但我的心里，还是时常惦记着"王家"的良子与荷塘。

山西万荣西滩湿地

万荣笑话西滩荷

真可笑，万荣竟然是个笑话王国，很多人知道，我却无知。真好笑，本来赏荷品荷，现在却想赏笑品笑。别笑话我，我可比不上万荣人的聪明与睿智。万荣真的该笑。

万荣，是皇天后土之地，中华民族发祥地之一。史载自轩辕帝"扫地为坛祭后土"至宋真宗皇帝，先后有8位皇帝共24次在后土祠祭祀。其中汉武帝祭祀后土7次，并留下了千古绝唱《秋风辞》。

就在这片神圣的土地上，万荣"闹"出了笑话。这笑话可大啦，无脚走遍全国，无翅飞遍各地。万荣，1954年由万泉、荣河两县合并。以二县首字命名，成就了这么吉祥好听的名字。万荣万荣，万般皆荣，仅"话中之笑"足矣！中国很多笑话出自万荣，故有"中国笑城"之誉。万荣因笑话而闻名，不是笑话。万荣为什么"盛产"笑话，在此无须探究。在万荣，无笑不是万荣人。万荣笑话，来源于人们生活，作为一种民间口头文学，一种地方文化特产，被称为黄土地上的幽默之花，是中国汉族民间艺术的一朵奇葩。2008年，已入选国家非物质文化遗产名录。万荣有个笑话博览园，是以笑文化为载体的娱乐园。走进笑博园，有笑话喷泉、笑话舞台、笑话广场和以雕塑形式展示的万荣笑话"智慧园"和"开心园"，分布其中有笑关、笑门、笑墙、笑街、笑河，还有笑话村、笑话小邮局、笑话小医院。在这里，可观赏千姿百态的笑文化，领略笑文化的深厚底蕴。总之，可享受到以万荣笑话为笑台的多种笑文化艺术所带来的"精神按摩"。

带着笑，来欣赏万荣的西滩吧。滚滚黄河，夹岸携谷，倾壶口，劈龙门，一路狂奔直泻千里，在古老的万荣土地与山西的母亲河汾水交汇。在这广袤肥美的黄汾间，形成了黄河中段近百万亩的一方滩涂，成为闻名中外的中国黄河湿地奇观。这里有5000亩生态林、3000亩水面、1000亩沙滩、2000亩芦苇、1000荷塘……。我按"千亩荷塘"的指示牌走进去，走啊走，再往里走没有荷塘了。算上道路两边的，充其量百亩吧？这里是优质莲藕新品种种植基地，规划三年间由千亩到一千五百亩，现在还在试种吗？我有点笑不起来了。

衷心希望，西滩的奇观不要成为一个笑话。万荣，你是"万荣"哦，不要笑话西滩荷。

辽宁铁岭龙泉山庄

《刘老根》的荷花戏景

龙泉山庄，位于辽宁铁岭市清河区境内。它以清河旅游度假区和清河水库为依托，自然环境得天独厚，依山傍水，风光艳丽，山、水、庄相映成辉。山庄采用北方民间木制建筑风格，装饰古朴自然。瀑布、人工湖、吊桥、浮桥、曲桥、回廊及水坝，构成了完美的盛景。素有"东方笑神"之称的赵本山先生，自导自演的大型电视连续剧《刘老根》第二部，全部的外景内景在此拍摄。

刘老根很喜欢荷花？只见人工湖内一簇簇花红叶绿，映衬着董事长的办公室；成群结队的小鱼在游弋，象征着山庄的事业如花似锦、如鱼得水。花红、鱼红、廊桥上的灯笼红，似繁星点缀在碧绿金黄之中，构成一幅南北风格兼容的风景图。

大家在游览时，可亲临剧中的各个场景，装腔作戏，其感受和置身电视剧中一样。同时能欣赏到东北地区大秧歌、二人转等艺术表演。本山先生的"赵家班子"经常光临山庄小憩与演出。所有剧中的住宿功能均为营业性实景，游客可在此就餐住宿，享受北方农家之特色，顿生与大自然亲和之感觉。

谢谢李兄陪我去看“戏”。

辽宁盘锦鑫安源度假村

这里充满温情

千里迢迢来这里，不仅观赏到荷花，而且感受了温情，一个个自然而朴素的温情。

听说盘锦是湿地之都，怎么打听，都是鸟翔芦苇荡与红海滩。还好，在广义的湿地里，距市区6公里的地方，人们"战天斗地"，依托喜彬河宽阔的水域，环绕水面而建了一个鑫安源度假村。村内种植了300多亩荷花。人工荷花塘，号称"盘锦市最大的" "辽宁省最大的"，最大的号称是"东北最大的"。跨进度假村，迎面而来的就是碧荷塘——荷花产业基地。经过"自力更生、艰苦奋斗"的毛主席语录墙，就到了荷花村。村旁边，就是"最大的"的水芸塘。站在君子桥，即可四通八达去四面八方的荷花点了。

荷花盛开的海洋中，吸引我眼球的是，在花叶中那三三两两的成双成对。有的在拍照，有的在观赏，有的在调情……。只能远观而不可近视。见我带着相机走来，一对对无形散开。尽管如此，我看到了甜蜜，体味到温馨。跟荷花一样显现，有的娇羞，有的温柔；有的风趣，有的奔放……，形态各异，具有独特的北方韵味。

此刻，我想起了有关荷花的传说。相传荷花是王母娘娘身边的一个美貌侍女——玉姬的化身。当初玉姬看见人间双双对对，你情我侬，十分羡慕，因此动了凡心。在河神女儿的陪伴下偷出天宫，来到杭州的西子湖畔。西湖秀丽的风光使玉姬流连忘返，忘情地在湖中嬉戏，到天亮也舍不得离开。王母娘娘知道后，用莲花宝座将玉姬打入湖中，并让她"打入淤泥，永世不得再登南天"。荷花因此而来，这里的有情人因荷花而眷恋。

在我不舍离开之际，听说度假村要整体出售。不管结果如何变化，相信不变的是，人与花的温情。

吉林敦化雁鸣湖

幸会雁鸣湖

为节省路程，我们临时选择从吉林去东北方向的兴凯湖。意想不到，途经雁鸣湖，看到了湿地水域里长着的原生态野荷花。真是有缘啊。

汽车在公路上飞驰。无意之中，头望窗外，左边有关雁鸣湖的大广告，接着右边的雁鸣湖镇办公楼，双双映入眼底。迟钝一下，汽车已向前跑了一公里。赶快掉转，雁鸣湖想见我！我一醒，汽车回头了。其实，我早就向往雁鸣湖，只因路途不方便作罢。

雁鸣湖国家级自然保护区，位于吉林延边自治州敦化市境内。属于"内陆湿地和水域生态系统"类型的自然保护区。此区湿地是中国长白山区湿地类型最为丰富的区域之一。湿地中代表性的水生植物：莲，排在首位。且属国家Ⅱ级重点保护植物之一。

保护区有以雁鸣湖、塔拉湖为主的大小水域80多处。盛产各种野生淡水鱼和莲藕，山、水、林组合极佳，"小桥、流水、人家"的乡村气息很浓，是休闲、避暑、度假的旅游胜地。一打听，我们就处在雁鸣湖保护区内。想看荷花？过公路对面就有，往右不远还有。真的，过公路的马路两边，一边是黄金水库，一边是荷花池塘，一群圈养的鸭子在荷花盛开的地方嬉戏。再去往右的地方，有几处大小不等的水域，青山绿水好风光。有一处的荷花还不少，可惜没有开。栈桥弯曲地向荷里延伸，荷花深处有亭阁，可以一面观荷一面休闲。水域旁建有简单且还漂亮的农庄。如果不是赶路，真想在此悠哉一下。

幸会了，路边的野荷花；再见吧，心中的雁鸣湖。

台湾桃园观音莲花景区

莲花朵朵开观音

我这里所说的观音，是指台湾桃园县的观音乡。相传古时，一块石头的观音像在这里浮出井面，被乡民请来供奉。故名"观音"。台湾赏莲胜地，除了台南白河镇，北部就是观音乡了。"南白河，北观音"，声名远播。

心切切、行匆匆，我抱着在观音住一晚的愿望，赶往那里。在甘泉寺转了一圈，天就已黑。一打听，此处只有观音安身的地方，没有游客过夜的店馆。同胞再热情，也无法容留我这个人生地不熟的大陆客。只好返回中坜，第二天头班车再来。

真是吗? 观音少不了莲花，莲花离不开菩萨。乡里开始种莲花，纯属无意。起因是，曾有一群人抢救一条被污染的溪流。成功之后，周围种什么来让喜欢钓鱼的朋友有一个赏心悦目的感觉呢? "无心插柳柳成荫"。于是，种了莲花，种出了与白河完全不同风格的莲花。莲花，成了观音的乡花；灯塔+荷叶莲花，也成了观音认证的LoGo标志。乡里人说，我们起了观音乡名，观音菩萨赐给我们莲花。30多个莲花休闲农场，恰似一朵朵脱俗的莲花开在观音清净的土地上，形成了一个莲海花洋。这里的农场，相似农家乐，远胜农家乐。政府帮助规划，农场的创意、造景、设计，及经营方式均由农场主自己决定。如果说，白河种莲是生产业，那么，观音养莲就是休闲业；如果白河采莲是东方韵味，那么观音赏莲就是西方趣味。两种味道南辕北辙，却都一样引人入胜。

我去了荷坊莲庄、莲荷园农场、向阳农场、林家古厝农场、大田莲花农场等等，每到一个不同的地方，会有不同的体验和收获。我在莲荷园农场呆了许久，并点了一个莲花套餐。什么味道都尝了，什么感觉都有了。多美的风貌，多好的风情。

天热了，心燥了，就来这里参加莲花季，开开心心地赏莲娱乐一夏。

非常地遗憾，2015年海峡两岸荷花展在台湾举办，其中有安排去观音乡参观。我因长期在外地，没见邀请而错失又"娱乐一下"。对不起了，台湾观音；对不住了，宝岛荷花! 幸好早来过，而且东西南北中的去寻荷。不然，辜负了同胞能行吗?

台湾宜兰罗东北城庄莲花荷畔

我的心　已在阳台内外

出花莲，入宜兰，来罗东寻找荷花形象馆。幸喜，火车站的小妹知道该馆在哪里。因为此地，几年前已更名莲花荷畔。

馆也好，畔也罢，其实均属度假民宿。莲花荷畔，地处北城庄，是一家准四星级酒店，人人称赞是本市最受欢迎的民宿。一个远离尘嚣，值得您再三回味的好地方。这里有清澈的流水，葱绿的树木，遍野的稻海与荷香。酒店镶嵌在其中，构成一个环境优雅、十分田园的景致。

每到夏季，荷塘的花儿都会盛放，莲花娇嫩，荷叶翠绿。坐在荷畔午后斜阳中，一杯香醇温情的荷花茶，一些传统可口的莲藕点心，望着眼前花叶和稻谷一起随风摇曳，揉搓着荷香、稻香与茶香。闭起双眼，轻轻呼吸享受着这短暂珍贵的片刻宁静，仿佛置身在浪漫唯美的自然王国。

在民宿主人的用心经营下，几乎每个房间都是荷莲的主题，什么"荷风" "爱莲" "荷畔" "荷家欢" "日出莲田"等等，各个设计别具风格。前台、走廊、餐厅都有小巧精美、或大气雅致的荷莲叶、花、果制作的工艺品和书画的布置。老板先生及太太是一对非常友善的夫妇。天时地利人和，让每个来访的游客，都有不想离开的心情。

我从大陆来，很想享受这世外桃源的气息。可惜客满，容不了我。但是，莲花荷畔已经收留了我的心。临别，老板特地选择了手工品送给我。那是一个用荷叶纸裹着的小瓶，瓶下摆放着两个小莲蓬，每个莲蓬里还有一粒小莲子，甚为可爱。夫妇俩细心为我包装好，我带着"和平"周游了半个台湾，尔后带回了大陆。后来，我将《和荷天下》，寄给了同胞。

我会永远珍藏、珍惜、珍爱这个"和平"。

上海松江新滨荷花公社

新浜的"公社"

公社，是一个镇上的荷花公社，是上海新浜"芙蓉镇"的农家乐。但是公社二字，勾起我遥远的追忆。不管这追忆是甜蜜还是苦涩，一段段一幕幕都是刻骨铭心的经历。

那是一个疯狂的岁月、艰难的岁月。中国曾经的人民公社，是大跃进的产物。1958年，大跃进全面发动。喊着赶美超英口号的人们结成了人民公社。现在的年轻人不一定知道，人民公社是我国社会主义社会及政权在农村中的基层组织。"社员都是向阳花"。人民公社幸福美好的主要特征是公共食堂。如此多的人，在如此短的时间里，集中起来共同吃饭，集中到公共食堂吃起名副其实的大锅饭，的确是个奇迹。令人向往的公共食堂，刚开办不久就遇到了三年自然灾害。如果没有大食堂，还真不知那三年的灾害如何度过。大食堂是上帝送给我们的一只诺亚方舟。我那时还小，但有点肚量。幸亏我妈在食堂干活，不然，很难有我今天的存在。钵子饭，我的救命饭。我时常怀念我的大妹，如果那时不走，现在也有50多岁了。人民公社好，这是老人家说的。1968年，毛主席一声号令，我下放到本地公社的一个大队。从我个人得到锻炼教育的经历来说，我不能不讲公社的大队好。否则，我之后的进步成长，难以谈上。俗话说，好花不常开。所以，人民公社这一历史长河上的奇葩，大约存活了20来年，竟那么快地香消玉殒了。没有今日新浜荷花公社的起兴，我怎能在此感慨？我，忘不了下放与张兄"同居"，忘不了已经仙逝的"唐二爹""肖大"。我，忘不了那里的一草一木和各位父老乡亲！

新浜镇历史悠久，荷文化积淀深厚。早在1500年前，新浜由于地小多屿，形似荷叶，故名"荷叶地"。元朝时期，更因遍植荷花，而得名"芙蓉镇"。如今，新浜围绕"出水芙蓉"，做出一连串文章。每年举办以"缤纷荷花、生态新浜"为主题的荷花节，《荷花颂》朗诵不尽，《荷花谣》歌唱不完。看罢节目，游赏荷花，再品荷叶茶，再尝养生藕，过的就是荷花节。荷花公社，是荷花节的绝对主角。它是一个集观光旅游、节日聚会、修养小憩于一体、以荷为氛围的乡村农家乐。在荷池中心，建有水上包房，称其"荷池听香"。另外还有7个包房和1个大厅，也是依荷取名。公社还有陶艺馆，烧制一系列"荷"工艺品，可供游客购买。

虽然那天，我差点进不了"公社"的门，但我还是要谢谢公社的领导公社的荷。不仅使我回味过去"公社"的滋味，而且让我感受现代"公社"另一种生活的韵味。

海南海口琼山红旗荷塘印象休闲农庄

漂洋过海的第一次约会

一个电话，交给海南朋友一项"沉重"的任务。请求帮我打听，海南荷花在哪里。电话中，看得见朋友直摇头。没见过，也没听说。海南无荷，这不是天大的笑话吗？难倒一个走南闯北的海南通，是因为隔行如隔山啊。没有多久，兴奋的声音传来：找到了，来吧！

这是一个刚建不久的休闲农庄。聪明的朋友，是向记者好友打听的，别人几天前刚采访报道。农庄的老板是内地人。童年时代的事，许多记忆已经模糊。唯独老家村边的那口荷塘，开满花、结满莲之时，一伙小顽童光着屁股去摘花采果的情景，生动而又清晰地存留在脑海。那个时候有关荷花的梦，想不到在今天的南国得以实现。

驱车来到离海口市区38公里、距美南机场仅17公里的郊外。好文艺好气派的两块牌子挂在院墙门边：海口市荷塘印象休闲农庄、海南省荷花研究所。这是一家以荷花为主题的集观赏、采摘、垂钓与餐饮、住宿、会议为一体的生态休闲种养殖农庄。占地近百亩。荷塘分为大大小小的七片，利用海南独特的气候条件，种植反季节荷花，一年之中近9个月的时间，均有荷花绽放。游客可以划着小船，穿梭于荷花丛中，或拍照、或采摘、或垂钓……。各个荷塘中，自然放养了不同的经济鱼类，不喂饲料。各种蔬菜水果和猪鸡鸭鹅等，全部由农庄自产自销，纯绿色，无公害，不含农药和任何添加剂。农庄内建有一栋综合楼，设有不同标准的客房。在客房阳台可以直接赏花钓鱼。

绕过楼房，穿过小屋，眼前突然开朗，一条廊道的两边全部种植不同品种的荷花。百亩荷塘，坐落在南国风光之中，映衬着园林山景、蓝天白云，显得分外别致。我赶紧跑上楼房阳台，登高近望远眺，片片绿意点点红情尽收眼帘、直达心底。有人划着小船，正在采花摘果，高兴的情趣表露无遗。还有人在廊道上架起长枪短炮，瞄着荷花仙子尽情写真。因为是半个老乡，老板陪我走了一圈聊了一阵，深深感到他是个荷花达人，志向远大，激情奔放。

我们来不及尝尝这里的荷花宴。有关荷花、荷叶、莲子、莲藕等制作的咸甜食物，品种还真不少。感谢老板提供的信息，我们赶紧直奔陵水，去进行第二个荷花相会。

独秀农家乐

同学专程陪我前往仙荷源。来了才清楚，它是阆中市江南镇奎星楼村的一户农家乐。

阆中，一个不可不知的地方。它，位于四川盆地东北部，嘉陵江中游，被誉为四川最大的"风水古城"，是全国现存最完好的四大古城之一。阆中置县以来，这个名字一直未变，至今已有2300多年的历史。保持完好的唐宋元明清各历史时期的古民居街院、寺庙楼阁、摩岩石刻，构成了阆中独特的旅游资源和丰富的文化内涵。奎星楼村，与阆中古城仅一江之隔。在社会主义新农村的建设中，着力调整产业结构，改善人居环境。他们因势利导，大力发展果蔬、荷花莲藕产业，取得了强基础、兴产业、富百姓、绿乡村、美家园的良好成效。十多年前，就是阆中观光农业的第一道风景线。

四川阆中仙荷源农家乐

走进奎星楼，但见村容整洁、环境优美。灰瓦白墙的川北民居掩映在苍松翠柏之间，曲径通幽的石板路连接一家一户。成片的水田已经荷花莲藕化，水蜜桃、葡萄、枇杷……成片的水果树将村、塘团团包围。楼顶上"香远益清"的招牌，在朝阳的照耀下，熠熠生辉。这里，确是江南，胜似江南。奎星楼，到处有农家乐。小小的村庄，旅游旺季达到130多家。

仙荷源，是村里最大的农家乐。原是退伍军人的王小平，投资400多万，租赁100多亩土地，办起了以荷花为主题的农家乐。在赏荷景区内，打造绿色生态，丰富文化内涵。休闲凉亭、观光廊道、小桥流水、荷塘垂柳、咏荷碑牌、仙子塑像……颇有几分荷乡风光的韵味。仙荷源，已列入阆中旅游美景之一。来的游客，不仅看好这里的荷景，而且看中这里的荷菜。如荷花鱼片、荷花火锅、荷花稀饭、荷花酒……。菜地里荷塘中，不时有穿着时髦的人在劳动，原来是游客自己在摘菜采莲，然后自己去加工菜品。一句话，农家乐，图的是"一家乐"; 仙荷源，有的是"荷花味"。国庆节还没到，王老板手里的订单就有一大摞。重庆、成都、西安、广元、南充等地的订单加起来，已有好几百桌。

仙荷源和奎星楼村的荷花节，值得一看; 阆中古城，更值得一游。

四川泸县龙桥文化生态园

画中游 荷香飘一流

这是我要找的地方吗？简直一幅画卷。越往里走，越有惊喜。这是农居？是农庄；这是田野？是田园；这是农村？是城郊；这是公园？是我要找的泸县龙桥生态园，是一个社会主义新农村的综合体。我不敢相信自己的眼睛，太美了！

泸县，全国100个千年古县之一，中国龙文化之乡。为了建设立足川南、辐射川滇黔渝的一流乡村，积极探索实践丘陵地区新农村建设模式，精心打造了龙桥生态园。他们围绕观光农业、生态养殖、乡村旅游三大产业集中培育，形成了集休闲、观光、娱乐、购物、文化演展于一体的全省领先、川南一流的新农村。这里有文化广场、活动中心、农家乐、旅游服务站、农资店、购物超市、卫生计生站，天然气、宽带入户率、垃圾处理率均达百分之百。房内窗明几净，屋外花红草绿，田里机械作业，田间路网相连。基础设施完善，配套功能健全，农民享受到城里人一样的生活设施和服务水平。龙桥生态园，现在已是中国美丽乡村、全国休闲农业与乡村旅游示范点。目前，他们还在争取创建国家4A级旅游景区呢。

围着这个园子几乎打了一圈，到了"九曲荷风"荷花园。这是川南规模最大的荷花观赏基地。中心景观以"荷塘月色"为核心，建设有沿九曲河的绿篱长廊、观荷平台和游道、茶吧、艺术荷花和24节气文化浮雕墙。荷花园正在紧张筹备第二届荷花节，封园了。"龙"家的人，见我"这条老龙"远道而来，特准我进园游赏。站在木板铺就的栈道上，远近都是翠绿，一片片挤挤挨挨的叶子中间，粉红的、玉白的花婀娜多姿地绽放着。看朵朵丽荷，闻阵阵清香，仿佛身处瑶池仙境，令人心旷神怡。

饱了眼福，可到庭院式的农家乐里再饱口福。饭前，轻缀一杯荷叶茶，淡绿清香，食欲大增。餐桌上，有荷香鸡、荷花酥等，与荷花相关的各种菜式。可惜，在这里没有尝到我心尖上的美味。要赶路，朋友的老家就在附近隆昌，年轻的媳妇正盼望他早点回来相逢。

"你家菜地"荷花多

上花溪公园找荷花，结果，人家指点"阳光水乡"，我却去了农业生态园。

贵阳的环城公路"花二道"，把花溪公园的尾部一辟两半。就在公园西南的交叉口，修建了一处远近闻名的农业生态园。该园位于花溪区大寨村。园区开展了无公害蔬菜生产、果树生态带、湿地保护等多种项目，形成了集立体生态、农业观光、科技示范、生态旅游于一体的农业科技示范区。是贵阳现代农业、城乡农业、生态农业、高效农业的示范区。

贵州贵阳花溪农业生态园

"你家菜地"，是园区的一个重要项目，即游客可以通过租赁土地的形式，来营造一个完全属于自己的菜园，体验劳动的快乐。由于此项目新奇，好听又好玩，久而久之，贵阳人把生态园趣称为"你家菜地"。周末相约，只一句去"你家菜地"，大家便可心领神会。盛夏，是"你家菜地"最热闹的季节。三百多亩的荷塘莲叶田田、荷花亭亭。漫步绿荫长廊，奇瓜异果，鸟语花香，沿路观荷赏荷，甚有一番情趣。到了傍晚，蛙声连绵起伏，花叶随风摇曳，月光洒在荷塘上，好一幅农家荷塘月色的诗情画意图。

门楼不咋地，门票忒漂亮。大幅的绿底红色荷瓣，就像生态园的名片，凸显出它的品位和风格。我进园一看，长长的风光长廊上，结满了瓜果。两旁几乎都是连绵不断的荷花池，池间交叉种有树木、蔬菜。满目青翠，荷香飘逸。远眺左右，都是高楼大厦，隐见来往不止的车辆。一块完全生态的"风水宝地"就这样镶嵌在"现代"中。穿清风轩，过听雨亭，愈纵深，愈"大寨"，当地的村民行流其中，好似走在自家的田野上菜园里。鸭鹅在荷旁嬉水，"太公"在塘边垂钓，不像园区，远胜山庄，恰如江南的田园风光。

逛累了，肚饿了，可去旁边的"阳光水乡"。多美妙的名字，实际是融休闲娱乐、生态文化、园林艺术、餐饮于一体的大型室内生态园林式的餐饮广场。冬天，可上那里观"荷"，点点荷花开在石壁上。

花溪生态园——全国农业旅游示范点，我曾在这里流连忘返，乐不思归。

陕西西安长安王莽千亩月色荷塘

赶集去

这个赶集，真的不一般。一是走进长安相约王莽去赶集；二是赶集市场在荷花丛中；三是玩亦赶集吃亦赶集买亦赶集，不亦乐乎? 天底下，哪有这样的赶集。

长安，多么亲切的名字。我的同学挚友长安兄就在西安。因麻烦他太多，这次没去打扰。长安，多么厚重的地方。西汉高祖 5 年 (前 202)，始置长安县。刘邦在此修建新城，名长安城，意即 " 长治久安 "。长安，13 朝古都，曾经作为中国首都和政治、经济、文化的中心长达 1200 多年。长安，这座中国历史文化的首善之都，以世代传承的雍容儒雅、满腹经纶、博学智慧、大气恢宏，成为中国历史的底片、中国文化的名片和中国精神的芯片。长安，与罗马、开罗、雅典，并称为世界四大古都。长安，在我心中!

才恋长安，即见王莽。王莽乡的由来，也要从西汉说起。据说王莽称帝之时，有一方士占卦，认为长安城东南方向一带有天子气，且说此人叫刘秀，当时在长安城太学读书，必须尽快捉拿。刘秀闻知慌忙南逃，逃至现今的王莽乡刘秀村。王莽带领军队，也赶至了离刘秀村仅距一公里的王莽村。一切天意，刘秀第二天清早逃脱。人们便把王莽驻军的村子叫王莽村(今王莽乡)，刘秀藏身的村子叫刘秀村。之后不久，西汉覆灭，刘秀建立东汉王朝。

从历史中醒来，便到了清水头村。穿过"荷塘月色"、"荷塘人家"等一排排农家乐，一望无际的荷花展现在眼前。片片绿叶、朵朵红花白花，与绵绵的秦岭，和蓝天白云相配，构成了一幅天然的山水田园画卷。画卷中，最吸引眼球的别具一格风景：热闹非常的赶集。荷塘中的一条大路，临时成了农贸市场。卖桃的、卖瓜的、卖玉米的、卖向日葵的……都在那里自卖自夸。赏花的人，也像赶集一样。条条荷塘小道，水泄不通，大家排着队慢步行进在花香中。尤其那些青年中年甚至是老年女人，穿得花枝招展，跟荷花媲美。一个个、一对对、一家家、一群群，手舞足蹈在留影。即使摔倒在荷塘，爬起来，还要摆个姿态照个相。

我没经历过如此的气度非凡。从皇城帝王的历史里走来，欣赏关中难得一见的美景：赶集在荷花中。

庄园一梦

在我众多的荷花梦里，一梦曾在庄园。那里有过我的幻想、我的期待。可惜，梦难圆。难圆九羚，难圆西宁。

西藏和青海没有生长着的荷花……。看到这段文字的当晚，我就开始做梦。梦想这片隆起高原与天路的地域里，能够绽放出一朵朵或红或白的美丽荷花。打听到西宁，朋友说公园里有。到了那里一看，原来是睡莲。再打听，离公园不远的一个餐饮地方有。兴致勃勃赶往去看，原来也是睡莲。看来，当地人习惯于把睡莲当成荷花。

青海西宁九羚庄园

这个吃饭喝茶的地方倒还不错，叫九羚庄园。位于西宁城北海湖大道。远离城市喧嚣，风景别具一格：徜徉青山绿水，听鸟鸣，闻花香，云淡风清；回归自然怀抱，品美味，论茶道，心旷神怡。转到厅内，装饰比较雅致。正要找人打听为何不种荷花，只见总台的右端，一支花瓶中伸出数枝荷蕾。她们冲我含笑，本人心花怒放。一问，是该店刘姓的副总从甘肃刘家峡旅游带回来，特地摆放这里的。我在电话中，认识了这位在外出差的同样有着荷花情愫的赏花人。从此，我与刘总及庄园结下了荷花缘。我从外地要来莲种，与书籍一并从广州寄往西宁。就这样，相隔6000里路的有缘人，共同做起了荷花梦。一年下来，得到的消息是培育不成。第二年，我西藏寻荷，返程在拉萨火车站，刘总高兴地告诉我，剩余的莲籽长成了荷叶，非常惹人开心。我当即改变行程赶往庄园。原来，刘总是个园艺之人，他培育的荷花摆放在温室的大棚里。我亲吻了那稀贵的绿叶，眼眶一阵湿润。庄园外面的水池，也有几片淡黄的荷叶，无力地浮在水上，顽强地存在着。望着她们，内心顿生恻隐之情。两年后的夏天，我再次去了九羚。温室内外，均不见荷花的踪影，只有睡莲会心在笑。刘总的电话早已空号，是否人去荷空？我不愿打探"风云"的变幻。宁可相信，西宁这块地方"一年无四季，一日见四季" "山下百花山上雪，日愁暴雨夜愁霜"等气候特征在作祟。

无论如何，庄园的故事，已经成为我荷花梦里精彩的一抹风景。我只会，将那园那人的此缘此梦，永远珍藏在心里。

上海金山枫泾荷风嬉鱼生态园

福建厦门同安汀溪前垵湾休闲农庄

湖南常德柳叶湖休闲农庄

广东广州广州碧桂园

广东深圳宝安地产(桥头)山水江南

广西田东横山古寨十里莲塘

重庆九龙坡白市驿天赐温泉

四川成都锦里

四川成都双流荷塘印象

四川内江白马双河桃园

甘肃酒泉肃州铧尖铧鑫荷花园

荷花诗句欣赏——莲叶东西 引群鱼而共戏

诗句摘于【清】杨引传：《风定池莲自在香赋》；《中国历代咏荷诗文集成》第782页

图片摄于2011年5月、广东广州东方宾馆

荷花诗句欣赏——绿荷美影荫龟鱼 无限闲中景趣

诗句摘于【宋】赵长卿：《西江月·邀蔡坚老忠孝堂观书》；《中国历代咏荷诗文集成》第448页

图片摄于2008年5月、广东广州烈士陵园

荷花诗句欣赏——相望云遥 相思未接

诗句摘于【清】鲍申：《涉江采芙蓉赋》；《中国历代咏荷诗文集成》第806页

图片摄于2010年6月、广东佛山三水荷花世界

花节之韵

Fascination of Lotus Festival

北京莲花池公园

第一次赏京荷

北京莲花池，是北京的发祥地。一直以来，存"先有莲花池后有北京城"之说，是因为辽金时建都于莲花池西南，该池为城市的重要水源。以后的朝代，建城于它处，故此地逐渐荒僻。以文物古迹而得名的莲花池，距今已有3000余年，现在已成为以莲花为主的大型公园，是一处保留原始风光与水趣的游览之地。属北京一级古遗址公园。

北京莲花池，是个热闹、风流的地方。莲花池水的北岸，一条弓形长堤将水域分成湖中有湖、水中有水的景色。弓型长堤上有桥，桥端有小亭，与湖水和莲花构成如画的景观。夏季，有荷花节；冬天，还有庙会。荷花节目前已举办十四届。每次，都要集中全国的荷花(睡莲)品种来展览。通过荷文化室、独有的最大"文化广场"以及展台，实现文化"搭桥"，荷花"唱戏"。如今，还开辟了特色美食展区和风情小吃展区，可以一边欣赏荷花，一边品尝美食。

北京莲花池，是我进京摄荷的处女地。好美的第一次，让我尝到了甜头，以后就是常来常往。由于它紧邻京门——西客站，所以，许多次坐火车清晨到京，无奈园门未开，只好翻门而进。赶快支起三脚架，一拍就是一上午。夏季荷花盛开，您可欣赏"出淤泥而不染，濯清涟而不妖"的荷姿，也可享受"柳影渗渗水底天，荷气微风香暗通"的情趣，还可荡舟泱泱湖水，体会"绿萍涨断莲舟路"的愉快。我的尽赏尽享，都在与荷的对焦传情之中了。

感恩莲花池，我曾特地背了几本拙作《荷风》，送给公园管理处。

北京顺义瑞麟湾温泉度假酒店

瑞麟一湾荷花节

一个五星级酒店、温泉度假酒店，竟是北京首家荷花主题酒店。每年都办荷花节，此乃北京酒店行业别具一格的特色盛会。它，就是位于顺义的"瑞麟湾"。

相传，明洪武24年(1391)，各地灾患频发。于是天帝便令四灵之首麒麟下界，巡视为百姓解忧。麒麟其性温善，不覆生虫，不折生草，头上有角，角上有肉，设武备而不用，更为百姓带来祥瑞，因而被称为"瑞兽"。麒麟唤醒了这里干涸的荷花塘，引芙蕖庇护人间，便是今日的瑞麟湾。

瑞麟湾，地处空气清新、景色优美的京郊，是集温泉、客房、餐饮、会议、娱乐休闲为一体的综合性园林度假酒店。作为京城最豪华的复合式温泉休闲健康中心之一，拥有北京数量众多的各种疗效泡池，可以充分满足顾客温泉养生的不同需求。专业的温泉养生服务和异国情调的点缀，将瑞麟湾打造成一个生态自然、时尚幽雅、轻松动感的温泉梦幻王国。

"北京荷花节，印象瑞麟湾"。每年荷花绽放之际，酒店的荷花节开始了。走进高高矗立的牌楼，便有一片张开笑脸的荷花迎接你。清幽静雅的小石路，环绕着500亩荷花池。美景不用说，处处弥漫着荷文化。酒店大堂的正门、前台、接待处等，皆精心设计着各种荷花造型。工作人员身着荷花盛装，吧台上也是荷花装饰。餐厅主打荷花菜品：碧绿红莲鱼青丸、红莲玉龙吹白雪……，不得不感叹厨师的想象力和烹调高艺。垂钓也在荷香中，抬头低首满眼荷花。还有原生态荷花、莲蓬的采摘与售卖。节日期间，举行以养生休闲、健康自然为特色的休闲活动。赏荷之后，就可去泡荷花或荷叶浴，然后品荷宴。为广大来宾推出了温泉贵宾卡、温泉养生娱乐套票、荷花节套票，以及亲子生态农场、户外主题婚礼等一系列优惠措施。机会好的话，可碰上"荷花仙子"选拔赛，一饱艳福。参加选拔赛的仙子们，均是国内新生代模特或演员。优胜者，将成为荷花节微电影的女主角。更有人体彩绘拍摄，近距离接触人体彩绘，欣赏人体形体之美和原创艺术之美。

时空转换，斗转星移。麒麟的灵气，已经渗透在这一湾的每一寸土地、每一处温泉、每一朵盛放的荷花……

瑞麟湾温泉度假酒店

河北廊坊香河天下第一城

古都城里的荷气

河北廊坊香河，有个天下第一城，城内有荷花。清晨，从北京开车，直驱那里。一路上，总在想：为什么号称天下第一城？这究竟是一个怎么样的城？城里荷花有几何？我，真有点二百五的味道。

天下第一城，是按照明清时期北京城的形状规模仿建的。明清时期的北京城，是世界上公认的历史名城，是中国都城的代表作。昔日固若金汤、威震四夷的古都城，随着风雨的变迁和岁月的磨砺，而今早已面目全非了。天下第一城，承古城之遗风，再起十里城墙，其长度是在微缩了老北京城垣的基础上按其原貌恢复的。远远望去，动人心魂。若站在城墙上远眺、近看，畅想、回味眼前，仿佛是金戈铁马，耳畔依稀是鼓角争鸣。它由周边5公里的空腹城墙、22座错落有致的城楼，具有浓郁中国传统文化风格的建筑和独具匠心的皇家园林组成的。共分为1个中心、5大景区、88组景观。这是一个融历史与现实、宫廷与民间、教益与游乐、理智与感性于一体的中国首屈一指的大型现代化旅游景园。

早上九点，威武强悍的八旗骁勇，身着朝服的王府大臣，婉约动人的后宫佳丽，在少年天子的率领下，出城迎接八方宾客。皇帝亲迎我第一个进城赏荷。此刻，本人似乎有些洋洋自得。

天下第一城，好不气派！第一城里荷花节，芙蓉满园，荷香四溢。田田花叶间，镶嵌着皇宫王府、市井茶肆、圆明8景、22座城关、10里古城墙，形成了"荷在湖中、湖在景中、景在城中、人在画中"的靓丽景色，成为京津冀地区著名的消夏赏荷基地之一。为了充分挖掘和弘扬深厚的荷花历史文化及丰富的旅游文化资源，自2004年以来，每年6至8月，第一城都要举办荷花节。以花为媒，将荷花与艺术、荷花与民俗、荷花与佛教、

荷花与姻缘、荷花与美食等多种文化相结合，安排了一系列休闲文化活动。荷花节已成为第一城每年举办时间最长、规模最大的主题文化盛会。

天下第一城的荷花，在皇气与民风、传统与时尚中，尽显万方安和的气势与意境。

辽宁大连劳动公园

全国荷展首放东北

2007年的7月，第21届全国荷花展在大连劳动公园隆重开幕(与汉口解放公园同时举办)。这是我国东北地区首次举行的国家级荷花展览。

荷展的主题为：弘扬大连古莲文化，展现北方明珠风光，加强花卉苗木发展，推进森林城市建设。大连的普兰店，因20世纪初发现古莲，引起中外植物界的轰动。本次荷展在大连举办，意义确实非凡。这既是荷花由南方推广普及到北方的重大举措，更是大连借机向全国向世界，展示大连的千年古莲和发展大连古莲产业的一个契机，将提高大连这座城市在世界荷花界的知名度，带动大连花卉产业快速发展。

荷展期间，公园内6个展区共布置28个风格独特的观赏景区，共展出全国23个省市77个参展单位的荷花15000缸(盆)。这是历届荷展中，品种最多规模最大的一届。

大连劳动公园，始建于1898年，由俄国人兴建，其后几经扩建。新中国成立后，政府发动群众义务劳动，对该公园进一步修整翻新，并在荷花池畔立碑一座，上书"劳动创造世界"，由此而来的"劳动公园"之名沿用至今。公园东部，荷花池绿水荡漾，黑天鹅曲颈顶朱冠向天而歌，池中央的红柱黄瓦的凉亭倒映水中，配以成片的墨绿荷叶，再点缀上各色荷花，颇似中国水墨的写意境界。

山东济南大明湖

荷华第一节

"还记得大明湖畔的夏雨荷吗？"《还珠格格》的热播与经久不衰，大明湖早已伴着紫薇的这句台词响遍大江南北。佳人以"荷"为名，可见大明湖的荷花被赋予了极大赞誉。

大明湖，是由城内众泉汇流而成的、繁华都市中一处难得的天然湖泊。她，历史悠久，已经历了1400多个春秋。六朝时，因湖内多生荷莲，故称为莲子湖。至金代，始称大明湖。经过历代清淤整治，植荷栽柳，到清代已形成"四面荷花三面柳，一城山色半城湖"的秀丽景色。两岸翠柳环绕，微风轻拂，婀娜多姿；湖中碧叶田田，粉荷

似锦；水面扁舟争渡，画舫徐行；南山苍翠，宛如屏障，倒映入湖，画图难足。其间又点缀着各色亭台楼阁，远山近水与晴空融为一色，犹如一幅巨大的彩色画卷。如此风韵美景，难怪乾隆多次游历。

荷花盛开的季节，大明湖更是一派荡气回肠的独特风景。荷花在荷水泱泱、荷田荡荡中花香四溢，引无数文人墨客在酩酊沉醉中留下了许多赞叹荷花的千古绝唱。

殊不知，济南人自古以来就爱荷。1986年，市人大批准荷花为济南市花。并于当年开全国之先河，在大明湖举办了我国有史以来第一次荷花展览。而且，同时承办了第一届全国荷花展。之后，又承办了第八届，成为最早最多举办全国荷花展的地方。从此，每年都有荷花节在大明湖出台。翘首以待，30年时光，30届节庆，30载荷华！与其他地方不同，大明湖荷花节每年两次。农历六月廿四，俗称荷花生日，为迎荷花神节；农历七月三十，旧日的盂兰盆会，为送荷花神节。本来，盂兰盆会各地都有，节期在七月十五，唯独大明湖不同。也许是盂兰盆会，借大明湖的荷花才能保持其盛大与不衰，久而久之就变成了送荷花神节。本来佛家活动，但大明湖北岸北极阁的道士历来积极参加，一起恭送荷花神。

荷灯会，是大明湖荷花节的传统项目。夏夜，天空繁星点点，湖面荷灯闪闪，满载人们美好的心愿与祝福，随缘在水中飘荡。

大明湖，我去过几次。有一次，马小琳高工还亲自讲解和请餐，至今难忘。可惜，几个独特的节日未能参与。雨荷，请等我。皇上不来，没什么。我记得，敝人还会来的！

上海嘉定南翔古猗园

万千宠爱贵一荷

上海嘉定的南翔，有名的除了小笼包，还有古猗园。古猗园本以竹为名，如今却是荷的天下。你不信？请看百度百科古猗园介绍：特色项目唯一是每年夏荷盛开，皆有荷花展。

"猗园"的名字，取《诗经·卫风·淇奥》中"绿竹猗猗"为美盛貌，融嵇康《琴赋》中"微风余音，靡靡猗猗，余音袅袅"为一炉而得"猗园"名。《猗园》记："据一园之形胜者，莫如山"。山，指园内的竹枝山。它体现了竹叶青山，竹山青青，绿竹猗猗的意境。竹，以常绿、素雅、清秀之姿，给人以淡雅秀美之情，使古猗园的园名与园景相统一。

不知何时开始，素有淡雅、秀美和高洁的荷花，逐渐"占领"猗园之"高地"。每年情归"荷"处，宠幸有余。相信荷花，无意苦争夏，只把夏来报。也许，缘故在于荷花与修竹的品格一脉相承。总之，这不关荷花的事。假若要查原由，恕我戏说，关乎上海和上海人。

2012年，古猗园成功举办了第26届全国荷花展。我有幸第一次游览古猗园和它的南翔。全国展由上海人操办，其规格、场面、层次可想而知。真的谢谢他们，让我享受了一次"大观园"。上海就是上海。同样，上海人就是上海人。别的城市或许会仿效上海，上海却决不会追随他人。说实在的，我认为上海人就是"品位"高，先进一些、文明一点。身上忒有那种"上海味"。不是吗？往年，古猗园不是没有荷花展。举办全国荷展的第二年，上海荷花展正式"落户"古猗园。为举行一个精彩的首届上海荷花展，他们充分挖掘荷花源远流长的文化底蕴，完美打造"荷花盈满塘、荷香飘满城"的美景。以荷花名画、诗歌、文学作品为脉络，组合荷花等水生花卉，形成"水陆空"的景观。首次将不同材质、形状的容器和饰品，搭配不同品种、色系的荷花，巧妙地组合成"燃烧岁月" "小城故事" "花样年华"等一系列脍炙人口的电影场景，为游客带来跨界文化的视觉享受。还以"品荷之韵味、赏莲之雅趣"为主题，推出荷花顾秀展、绣片展、青花瓷展、书画展、插花等文化展示活动。当然，少不了以上海地方特色的荷、莲、藕为主题的菜品与小吃，满足游客舌尖上的需求。尤其是，他们各方寻觅全国各地的太空荷花。其品种、数量，堪称太空荷花的一次"家族大聚会"。

你、我、他，能不佩服上海、能不崇敬上海人吗?

江苏苏州拙政园

无一不与荷相关

没想到，这里似乎无一不与荷花相关；更没想到，这里的荷花好像和王家人有缘。拙者，王之群也；为政也，荷之类矣。苏州的拙政园，就是这样让我胡思乱想。

成也王，败也王。明正德初年(16世纪初)，因官场失意而还乡的御史王献臣，以大弘寺址拓建为园。取晋代潘岳《闲居赋》中"灌园鬻蔬，供朝夕之膳……此亦拙者之为政也"意，名为"拙政园"。开园王者，自谓"其为政殆有拙于岳者，园所以识也"。"广袤二百多亩，茂树曲池，胜甲吴下"，形成一个以水为主，隙地缀以花圃、竹丛、果园和建筑物，疏朗平淡，近乎自然风景的园林。嘉靖12年(1533)，文征明依园中景物绘图31幅，各系以诗，并作《王氏拙政园记》。王献臣死后，其子一夜赌博将园输给了徐氏。其后400多年间，竟有几家王姓人得手经营，但以兴始而后衰。拙政园饱经沧桑。现有的建筑，大多是成为太平天国忠王府花园时重建，至清末形成东中西三个相对独立的小园。至1960年，三园重合而为一，成为完整统一而又各有特色的名园。1997年，列为《世界遗产名录》。

不管如何变迁，拙政园植荷的历史已是垂垂数百年。当年的王献臣，所以要以水为主，广种荷莲，主要是想象征他为人刚直不阿、执法铁面无私，以及表达他孤高不群的清高品格。如今，从拙政园遗留下的建筑物名

来看，大都与荷花有关。春有杜鹃，夏赏芙蓉，正是拙政园一年之中的两大花节。全国荷花展，拙政园已两度举办。

沿兰雪堂往北一直走到秫香馆外，一塘碧水幽幽，一池荷花怒放，接天莲叶顺着水面缓缓伸向西去，分别在梧竹幽居、见山楼、荷风四面亭，以及卅六鸳鸯馆处，形成了观赏荷花的最佳场所。见山楼的底层叫"藕香榭"。这里的荷花，环环把楼围住。对面的香洲荷花台上，便与红花黄蕊贴面相对。芙蓉榭面临广池，是夏日赏荷的好地方。听雨轩一泓清荷，池边有芭蕉和翠竹，雨声各异，境界绝妙。留听阁，四周开窗，阁前置平台，是赏秋荷听雨的绝佳处。远香堂，在此赏荷，荷风扑面，清香远送。荷风四面亭，若从高处俯瞰它，但见亭出水面，分明是满塘荷花怀抱着的一颗光灿灿的明珠。

只要有荷花在，拙政园就会永远的拙政。

江苏苏州荷塘月色

又见月色融荷塘

我是带着熟悉又陌生、带着怀想又期待来到这里的——苏州荷塘月色景区。在这"荷塘里月色下"，将要举办全国第23届荷花展。

又要赞叹朱自清的《荷塘月色》了。他老人家融物兴怀，笔笔是景，句句是情，画意浓，情更浓。他的荷塘是月色下的荷塘、月色是荷塘里的月色，整个画面充满立体感、渗透感。其中的动静、虚实、浓淡、疏密，是画

意的设置，也是诗情的安排。这就不仅使画面色彩均匀悦目，而且透出一股神韵，氤氲着一种浓郁的诗意。我，深深感受到朱老情感波澜的冲腾。

自那以后，《荷塘月色》誉满文苑，广为传诵。可能朱老没有想到，如今的荷塘月色不仅成为一处景观、一种情怀，而且已是一个向往、一心梦想。一首中国风歌曲《荷塘月色》，由凤凰传奇的御用音乐人张超一手打造。创作灵感来源于朱先生的同名散文。随后，金立便在全球首创了荷塘月色系列手机。爽朗大气的唱风，又赢得了大妈们的喜爱，于是各种形式的荷塘月色广场舞风靡兴起。舞友们陶醉在优美歌声的同时，在手舞足蹈中享受着健康与快乐。更有甚者，全国各地很应景也很诗意的"荷塘月色"菜品，出现在餐厅酒店。全国各地的"荷塘月色"楼盘，矗立在东南西北……。我，无须在荷塘月色茶馆、荷塘月色论坛一一列举。

当初，朱老"背着手踱着""日日走过的荷塘"，尽情受用那淡淡月色下、薄薄轻雾里，荷塘的田田荷叶与亭亭荷花。现在，我应该背起相机，游览那"另有一番样子"的荷塘月色。这是江南最大的荷花主题公园。由300多个沉降鱼塘和200多亩荒滩废弃河道改建而成。总规划面积近6000亩，总投资达3个亿。苏州，与荷花的渊源可谓深长。300多年前的苏州，就把每年农历6月24日定为"观莲节" "采莲节"，称为"荷花生日"。远在春秋时期，这里即为楚相春申君的封地，当时就在这片湿地引种了楚地莲藕。看来，早在3000多年前，这里就已"荷塘月色"。百荷流香园、荷韵文化长廊、荷塘迷宫、莲香品茗馆、荷香阁餐厅、荷塘夜景灯光等，和其它特色景点，共同组成了如诗如画的现代版"荷塘月色"。

如果三生有幸，朱先生一定会来这里，尽情享用这无边的荷海秀色。可以泼墨写意，同样可以倾诉老人家心灵深处的忧伤与灿烂、追求与希望。伟大的《新荷塘月色》产生了！

浙江桐乡高桥中心小学

红领巾的荷花节

闻所未闻，绝无仅有。一个小学、一群孩子，自己栽培荷花，而且还办荷花节，吸引自己和大家欣赏荷景观、品味荷文化。周老夫子，爱莲的传承到了红领巾，你有什么感慨?

看到这条消息，我不敢相信。当即电话联系，吴副校长的谦逊，更让我生疑。一直等到来年六月，我悄悄地去了那里。只见，校园的荷花争奇斗艳；一盆盆摆放在教学楼前，又点缀成一幅盛放的荷花图。惊叹中，我匆匆上楼，急于探究这其中的妙奇。

浙江嘉兴的桐乡市高桥镇中心小学，仅此一栋四层的楼房，再平凡不过的学校。楼不在豪，有学则华；校不在富，有生则贵。很难想象，这群把手放在桌上听课的孩子，能描出这般的"别样红"。这个学校的领导和老师真用心，引导学生还干有另一个特色活——陶塑。

2012年3月，学校成立种植社团。购来10多根

藕种，当年全部开花结果，而且藕满各缸。第二年，原来的10多根种苗变为100多根。师生齐动身，一起选土、灌水、培植……。有了实践又要研究，有了近期还要长远。他们要把一道风景欣赏，延伸为一种文化浸染。于是，《农村小学"荷文化"校本课程的开发与研究》课题，应景而生。为的是让学生接受荷文化的熏陶，培养学生积极动手实践的能力和热爱劳动的品质，提高学生的美学鉴赏能力。

2014年，学校要办首届荷花节了。他们没有排场，但有气派；没有铺张，但有声势，用自己的独特过着自己的节日。为争取全校师生人人动手种植一盆，又新购花盆1000多个。荷花节，4月2号就开幕。那一天，孩子们个个兴致勃勃，跃跃欲试。只等科学老师示范完毕，就迫不及待动手了。高高地卷起袖子，全然不顾泥巴的污脏，挖坑下种填埋。待到验收过关，再端端正正在花盆边沿署上自己的班级、大名和花的名称。种下一盆盆荷花，播下一个个希望。早晨、中午、放学了，孩子们与荷都有约会。每次的呵护、期盼，让一盆污泥变为绿意蔓延、再到绚丽绽放。每个师生尽情享乐这份成果与快乐。5月30日，大会议室里书声琅琅，激情澎湃。孩子们正在进行荷花诗文朗诵比赛。这也是荷花节的豪迈一声。

这个夏日，学校没有因为暑假而冷清。八方来客欣赏红领巾的荷花，别有一番情趣。俞校长开车送我坐高铁，谢谢了！孩子们，待到来日荷花节，再上高桥看大家！

河南开封铁塔公园

铁塔下的荷花展

一幅名画的游园难比一座铁塔的公园。游园无荷可赏，公园年年荷节。我琢磨不出、也不必琢磨这其中个因。

还是多此一说吧。此番寻荷，全仗陈兄安排。从洛阳到开封，第一站就想去清明上河园。4年前，陈嫂曾陪我们来过。但那时与荷无约。期望太大，往往失望也大。皇皇清明上河园——大型宋代历史文化主题公园，有阁有水有人居的"汴京富丽天下无"的"宋都"，竟无一抹荷莲。是著名画家张择端先辈的"错"，还是现代人照搬照套的"妙"？不是要做"活"此园吗？园内汴河长千米，一展半园碧波情，有汴无荷。河的两岸怎样？农家周围如何？试问，《清明上河图》中有菊花展吗？开封的音乐电视《汴河游》，演绎开封风格、开封特色、开封气派有多美："月在走，水在流，灯影画舫汴河游。细雨打湿杨柳岸，荷花染香往来舟。一曲宋词人欲醉，流光溢彩灯火稠……。"穿行于历史和现实的画面中，都应是：无此夏荷不开封。也许，《清明上河图》描绘的是宋人在清明时节的活动。那么，此画题目的意思，就无二三之说了。一朝步入画卷，一日梦回千年。我在"宋都"为荷(何)而梦。

出园就是天波门，满目荷花映杨府。绕城的御河，就是《汴河游》的景啊！

"七朝都会"的开封，为宋朝都城长达168年。铁塔，始建于北宋。因它遍体琉璃砖褐色，混似铁铸，故称"铁塔"。建成960余年，历经战火、水患、地震等灾害，但至今仍巍然屹立。铁塔，就像一位饱经沧桑的老人，见证着千年古城的兴衰与繁荣，诉说着开封的历史变迁。

我不知昔日铁塔下有无荷莲，但当今铁塔的"夏之恋"，就是荷花。这里一直延续着养荷、赏荷的传统，举办荷节已有十几年。品味丰富多彩的荷展，意味开封旅游热潮的到来。

从公园大门外开始，沿园内各个景点延伸，荷花融入了每处自然景观之中。悬挂成串的荷花灯，随处吟诵的荷花诗，通往"接引"的荷花路，宛若仙境的荷花池，还有那如梦如幻的佛光莲……，处处营造出荷荷美美的诗情画意。

铁塔巍巍映日，荷花亭亭出水。这一派醉人风光、绝美画面，已存于我的镜框，更留在我的心间。

从此走向全国

汉口的解放公园，于斯于我都极富象征意义。第21届全国荷花展在这里举办，是她第一次举办全国性花卉展；更是我，从此开始走进荷花、走向全国。

湖北武汉解放公园

位于武汉汉口西北隅的解放公园，前身为英、法、俄、德、日、比六国洋商跑马场，俗称西商跑马场。用铁丝网圈起来的一大块地，本地穷人进不去，看热闹的份都没有。1949年5月16日，武汉解放了，帝国主义者"跑马圈地"的屈辱就此终结。1952年开始建设，1955年5月16日(武汉解放6周年)建成开放，故名解放公园。第二年，15位在武汉保卫战中牺牲的苏联空军志愿队烈士的遗骸，由万国公墓迁至解放公园立碑安葬。1972年，开挖八角回廊水系，布局逐渐由西方规则式转向中式园林"师法自然"的风格。2005年11月，公园又封闭改造。2006年9月，开园迎客。改写春秋，换了人间。从洋商跑马玩乐的"飞地"到人民群众修身养性的公园，从人造的游乐场所到自然天成的湿地景观，解放公园最终实现了回归人民、回归自然的本质属性。

解放公园第一展，荷池水岸耀新姿。2007年7月，焕然一新的解放公园，迎来了第21届全国荷花展在此举办，是有展以来规模最大、品种最多的一届荷展。包括澳门在内来汉参展的，达23个城市90余家单位。全世界荷花总计约600多种，此次展出的就有500多种万余缸。这是解放公园建园以来、改造以后第二年，第一次、也许是迄今为止唯一一次，举办全国性的花卉展。

先天晚上坐火车，当天早晨到汉口。我第一次踏入解放公园，第一次光顾如此盛大、如此美妙、如此独特的荷庆。一种过节的气氛深深感染着我。各城市各单位的展位，绚丽多彩。盆盆荷花，映衬着布景，展示出不同地区的风土人情与荷莲文化。开幕现场，更是热闹非凡。彩装铺地，锣鼓喧天。一张张笑脸，随着那舞动的红扇、扭击的腰鼓，似莲花般地尽情绽放。"刘姥姥进了大观园"。我是东瞧瞧、西看看，目不暇接，美不胜收。

感谢解放公园"解放"了我，不仅使我见了世面、开了眼界；而且让我从汉口，走向全国更广阔更深长的荷莲世界。

湖北武汉沙湖公园

沙湖啊沙湖

一个沙湖，几番笑话；一个沙湖，几多情怀。这个沙湖，我为荷如此执着，恰似那：爱有几分能说清楚，还有几分是糊里又糊涂；情有几分是温存，还有几分是涩涩的酸楚。

三年前，听说武汉刚刚新辟一个沙湖公园。公园的园花是荷花。查了地图，锁定导航，待到夏花烂漫时，兴高采烈地从湖南出发了。下高速，上省道，然后走过一段颠簸不平的乡路，终于到了目的地。多方打听，都说河那边有个公园在建，可绝对没有荷花。无荷？为什么以荷为园花？难道，先选定园花，建成了再栽植？脚边的荷花多得是，公园以后再去吧。就是这样的"二百五"，把武汉仙桃的沙湖镇，当成了沙湖公园的地址。直到2014年，确定沙湖公园为第29届全国荷花展举办地时，我才恍然大悟，此沙湖公园非彼沙湖镇。

第29届全国荷花展举办地有两家，其一台湾。2013年，我为荷专程去过宝岛，但我还想去。但因故无缘未成行。其二沙湖，只等开幕之时去。眼皮底下的事，又稀里糊涂，在左等右盼中错过良机。后来电话一打听，一星期前的6月19日已隆重拉开序幕。往年没有这么早，今日为何"君"匆匆？不怨天不尤人，只责自己没有"与时俱进"，按以往经验行事，老有所"昏"了。不能再"痴呆"，否则展位一撤，折腾几年的事无法再折腾。于是，从北京急忙南下武汉。也许那天，我是第一个进园的外地人。

一个沙湖，几经精彩。原来，沙湖是武汉市仅次于东湖的第二大"城中湖"，也是武汉市区环线内唯一的湖泊。2013年基本建成，2014年举办首届荷花节，2015年就承办全国荷展，实在荷为贵。我因误得喜，不仅看了仙桃的沙湖，而且赶上"节日"的沙湖。走进沙湖，四面荷花入眼来。无论你到哪里，荷花都在摇曳欢迎。以荷寓和，以莲倡廉，用传承古典与创造经典的手法，使荷莲美景与荷莲文化在这里完美融合。26个展点，均是根据26个省市的人文和地理文化特征设计制作的。

沙湖，清末民初就按四季布景，夏有荷塘。现在的沙湖，想必昔非今比。一桥一堤三片十景，似乎都有荷花装点。尤以那千米栈道下，一线荷美，洋洋洒洒铺湿地，花花绿绿出清水。难怪，沙湖园花。新沙湖十景，荷花榜上无名。这真是：无意苦争名，只把名来报。

水上花市的荷

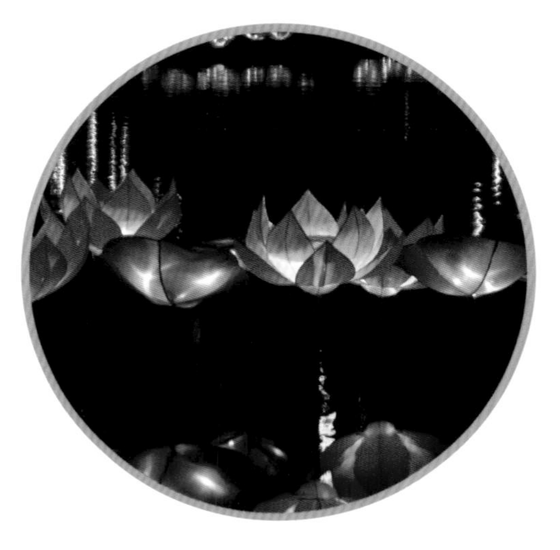

多少年前，我与朋友就在荔湾湖上拍摄夏荷了。没想到，春节花市还有"荷"。

2013年2月7日至3月13日，水上花市穿越千年，在广州西关腹地荔枝湾的荔湾湖首次举办。荔枝湾是千百年来著名的休闲娱乐消遣之地，素有小秦淮之称。早在明朝时期，广州便有花贩经水道进城卖花的传统。

广州首届水上花市，重现当年西关水道繁忙及水上交易的繁华景象：60多艘船艇与游客“会面”，其中10艘是主题花船，在水上巡游；30多艘商贩船艇，或水上游走，或停泊亲水码头，或固定在岸上仿古码头，向游客贩卖鲜花年货等节令商品；其余20多艘，专门作为搭载游客的游船运行水中。组委会又通过赴京赶考、粤剧奇葩、荷塘月色、硕果累累、鼓舞中华、木棉花开等充满荔湾水乡文化、西关岭南特色的六大主题系列灯组，向游人讲述不同的“关”与“湾"的故事。

荷塘月色——作为湖面唯一布景，以硕大的荷叶荷花，四处铺陈在水面上。各式游船穿梭于绿叶红花之中，宛如游历在赏花采莲的世界里，上演一幅华丽的荔枝湾“水上清明图"。

荔湾湖上，湖面莲叶绿，水中荷花红，春节水上花市的荷塘月色与夏日的荷花美景，一起展示着古今的西关风情，呈现着岭南水乡的魅力。

2014年农历小年的那一天，第二届水上花市开幕。荷塘月色依旧，湖中心又多了一个偌大的"和(荷)平(瓶)"布景。荷啊，你承载着中国与世界的梦想，

广东广州水上花市

多么幸福！当天，我去了两次。上午，花船围绕"和平"转；傍晚，电视台主持人以"和平"为背景，向世人表达新年的祝福。我，沉浸于荷气和风中。

广东广州南沙莲藕节

万顷藕海年年节

"2013年南沙莲藕节昨日(12日)举行，活动持续至9月17日……。"广州日报身边新闻头条报道。一点也没迟疑，拿上相机，拔腿就跑。很多热心人帮我找地图、查网络，就是难寻万顷沙镇十四涌。原来，十四涌就在新垦地区。广州南沙新垦地区，位于珠江入海口围垦区，泥层肥厚，水源丰富，环境净洁，气候适宜，因盛产品质优良、风味独特的"新垦莲藕"而闻名。在上世纪八十年代，"新垦莲藕"就已经成为驰名粤港澳、远销东南亚的名优土特产，是广州十大农业品牌之一。

南沙举办莲藕节，始于2012年。此届活动丰富多彩，有玩又有吃，有购又有乐。节日期间，不仅购买和品味到莲藕，又可到专门挑出的藕田里，亲自体验采藕的乐趣。特别是，开幕首日"重头戏"，8位采藕能手比拼挖藕技能。个个身手不凡，大家手捧收获的莲藕走上"擂台"，互拼重量级。最终，来自沙尾二村黄女士的莲藕，以6.39公斤的重量勇夺"藕王"桂冠。

聪明反被聪明误。原打算14日(星期六)去南沙，肯定人多热闹，活动不少。天气预报说那天有暴雨，我就提前行动了。选择坐地铁转汽车的最佳路线，到现场已近中午。还好，看到了电视台正在采访昨日的"藕王"采者和自采莲藕的乐者。打算等待到下午，目睹田中采藕之趣事。谁知，人算不如天命，一场暴雨提前到来。连绵不停的雨点啊，让我躲在莲藕市场足足一小时。幸好返程，否则一个下午只能心想采藕听雨声。得意的是，雨来之前，美美一顿绿豆酿莲藕，中餐也就这么解决了。当年，乾隆皇帝下江南到苏州，不也是悦尝莲藕美味吗?

一路汽车一路涌，涌涌都把莲藕种。"新垦莲藕"已实施国家地理标志产品保护，我坚信，万顷沙的藕田一片一片连连接，莲藕文化节的活动一年一年会更好。来年再去吧!

一枝荷开在桥头

如今讲桥头，必定说荷花；等你在桥头，是邀你来桥头赏荷。桥头，以"荷"为贵，努力打造一个别样的和谐的荷花家园；以"荷"为媒，努力创建一个独特的和美的荷花文化。

桥头镇，位于广东东莞的东部。是全国综合实力千强镇、中国环保包装名镇、国家卫生镇，当然是中国荷花名镇，是珠江三角洲腹地一个非常适宜创业发展和生活居住的城镇。

是谁要了这朵奇葩？是桥头人自己的选择。桥头荷花文化历史悠久，可以追溯到明清时期，但兴盛是在当今。早在明朝清代，桥头拥有数千亩荷塘。桥头人历来有种植荷花的传统。改革开放以后，桥头在寸土寸金的镇中心区，退耕还湖，开辟出300

广东东莞桥头镇

亩莲湖，广种荷花。并按照规划，建设以莲湖为中心、以荷花为特色的中国荷花名镇。基于这种得天独厚的生态优势，从2004年起，桥头镇乘广东省打造文化大省、东莞建设文化名城的东风，坚持以"荷"为媒，充分发挥旅游资源丰富、文化积淀丰厚、民俗文化多元的特色，连续举办了十届荷花节，先后承办第20届、特别是第27届全国荷花展。

一个乡镇级的桥头，能争取到全国荷展的举办，实属不易。在2013年第27届全国荷花展上，采用"一主会场、两分会场"的布展模式。主会场在莲湖理所当然，奇妙的是两个分会场：现代农业示范园和山水江南花园。现代农业和今朝楼盘，与荷展交相辉映。"等你在桥头"的主题，就这样不经意地延伸和扩展了。桥头的目标是，要办成一届具有中国气派、岭南气质、东莞气象的荷花盛会、文化盛宴、艺术盛典。一枝荷花在桥头，没有理由不等你！他们这样"玩"的目的应该是，努力展现以荷为美、民风淳朴、诗意迷人、底蕴深厚的"中国荷花名镇"城市形象，将桥头的荷花文化进一步推广与升华。在所谓荷花种植第一产业、加工第二产业、旅游第三产业等三大产业齐头并进的基础上，现在的桥头要"等"的是，推出更显生命力的"第四产业"——荷花文化创意产业。老谋新算，只有桥头。

荷花桥头：荷而不同，荷风莲韵，爱莲倡廉，香远益清。祝愿莲城：每天绽放新精彩！

广西南宁广西大学

不一样的荷香

不去不知道，南宁的广西大学是一所"荷花大学"；不读不了解，这所大学的荷花，散发出别样的荷香。

约3平方公里面积的广西大学，校园里竟有20多个荷塘。每到六月，20多池雀跃不安的是荷花竞相开放，整园芙蓉尽飘香，满脸笑颜尽开怀。那沁人心脾、醉人心扉的荷花，在轻柔的夏风中摇曳生姿。荷香伴着书香四溢，成了一大特色，让学子和游客怎么忍心错过?

广西大学，以"勤恳朴诚、厚学致新"为校训，与荷花虽处淤泥却自强不息、谦逊自廉的精神交相辉映。为了号召师生一起学习弘扬荷花精神，提升校园文化品位，每年举办一次荷花节，努力使广西大学的这一独特节庆，成为全国高校校园文化建设的一道靓丽风景线。

"什么凝住了我流转的目光？是你，一池出水的芙蓉；什么停驻了我匆促的脚步？是你，一央脱俗的凌波……。"随着诗的朗诵、"荷"的表演，就这样拉开了校园荷花节的序幕。开幕式上演出的节目，大多与"赏荷花知高洁，扬传统筑和谐"主题相关。为了办好荷花节，还制订了周密细致的总策划。每次紧扣校训与荷魂，但主题与形式不尽相同，各放异彩。如第七届荷花节，围绕"赏晨荷朝气蓬勃、筑学子青春梦想"，将活动内容分成："清莲出水、摇曳生姿"，作为节庆的开幕；"芙蓉飘香、共扬荷魂"，作为系列活动的主体；"菡萏向晚、梦圆西大"，作为闭幕暨成果展的圆满。特别是系列活动中，开展"一品荷泽，二品荷香，三品荷韵，四品荷魂"的"荷·青春"征文比赛；"赏荷多姿，绘荷高雅"的现场绘荷行动；"读荷经典，悟荷精神"的荷文化展；"中国梦，我的梦"的现场征集梦想……，整个活动都沐浴在荷花情缘中，徜徉于青春荷采里。让学子在荷文化、荷活动的氛围中，感悟人生，放飞青春，同时展示才艺，增长才干，磨炼意志，锻炼能力。

广西大学，荷香、书香的融汇，糅合出独创的荷景、独特的校魂。荷花，见证了学子的成长、学校的进步。

莲哉 澳门

我去澳门太多了，以至于有人猜疑：为什么呢？是澳门的莲花，让我在不断的往返中，逐渐认识澳门、喜欢澳门。

澳门是"莲花福地"。200多年前，澳门半岛的地势宛如莲花。有一条约十里的沙堤与内地相连，雅称"莲花茎"。莲花茎在澳门一端的尽头是莲花峰。澳门有很多与莲花有关的地名、街名、历史及传统建筑。现在，莲花是澳门的区花，区旗区徽亦有莲花图案。澳门，与莲花的缘分如此之深，说明澳门人对莲花有着强烈的感情，深切地喜爱。

去澳门，大三巴牌坊不可不看。你可留意？牌坊下有一尊雕塑最让人着迷。那是一个中国姑娘和一个葡人小伙子相对而立，他们的脚下是一艘有裂隙的船，船下莲花盛开。一个圆形的大环将裂开的船维系在一

起。在这个大圆环中，姑娘将一支含苞待放的莲花送给异国的青年。它的象征意味是不言而喻的。

议事亭前地广场，是澳门历史文化街区的重要部分。这里有五彩缤纷的最富韵味的建筑群。广场路面由碎石子铺就，组成波浪形的图案。在这个被南欧建筑环绕、波浪起伏的地方，每到初夏，高洁的莲花盛情绽放，总能让大家在此驻足观赏和留影。入夜，这里灯火璀璨，莲花映衬这些承载着历史与文化的老建筑，透露出一种不动声色的优雅与高贵。

澳门民署每年都要举办荷花节。他们将莲花分别布设在各主要景点、公园及部分绿化区、圆形地，营造荷香乐满城的城市景观，吸引居民及游客沐浴在荷香之中，欣赏荷花千姿百态的美丽风采，让游客对澳门留下美好印象。

最让人感同身受的是，澳门的物、澳门的人、乃至澳门的空气，都充满着莲花之心，散发着莲花之气。400年来，民居、赌场；庙宇、教堂；炎黄子孙、土生葡人；本地的、外来的……所有的中西元素交融在一起，谱写出和谐安详的乐章。

我被澳门深深地感动。多年的福地莲情，"孕育"出一个充满莲性的地方。在谭兄的帮助下，几千张照片化为瞬息之功，终于"产下"了我的《莲哉·澳门》。

莲花福地，莲花朵朵，莲香缕缕，莲性久久。

重庆大足雅美佳

无限熏风雅美佳

重庆大足还有一个雅美佳水生花卉有限公司。荷花，在雅美佳的助翼之下，一直以超乎想象的速度四溢开放。

1995年，大足荷花山庄——国内首家星级农家乐，其实是雅美佳现在老总陶德钧创建的。经历内部的重组，2007年前后，陶总和他的儿子小陶总，创建了另一个科技含量高、全国最大的田园式荷花品种基地——复隆荷花园。2008年开始，以荷花为媒，转向社会服务。当年，帮助成都双流公兴镇将1200亩坡地山田建成荷花世界；2009年，捐赠85万元的荷花等水生植物种苗，为成都彭州红岩镇大地震的灾后重建，开辟250亩"蜀水荷乡"。几年来，社会服务涉及四川、重庆、云南、新疆等20个地区、30个县、350个乡、400个村的范围。1200多亩的雅美佳大足龙水湿地，2010年开辟，成为三峡湿地植物科研示范基地和湿地植物资源圃。2011年，龙水湿地也是举办第25届全国荷花展的分会场。下一步，按照大足人民政府的规划，准备打造"雅美佳莲谷"。

雅美佳的梦想放飞，让荷花企业家经历一次次新的领悟、新的起点。雅美佳，尽显荷风，劲吹和风，充满无限的雅、无限的美、无限的佳！

荷城的荷有多重

云南有这么一个地方，非常重视荷花节。这就是楚雄的姚安。别的地区办节早已声名鹊起，他们却要后来居上。以荷为题，以荷交友，以荷招商，以此来促进经济发展、文化繁荣、社会和谐、生态良好……。目前，他们已办两届。我，第一届没赶上，第二届没等上。别的地方乃至全国的荷花节，我亲临了不少，的确重视且支持，隆重而热烈。不想类比。一个只耳闻无目睹的姚安荷花节，为什么我会有如此深刻的感受？至今，自己也不明白。

姚安，位于云南中部偏北。因县城呈荷叶状，故称"荷城"。县城虽小，却头顶三项"国"字号桂冠——梅葛、花灯、坝子腔被列为国家级非物质文化遗产。尤其，"一个姚安城，半部云南史"，它记载了大理国的兴衰，留下了诸葛亮的足迹。姚安，有个光禄古镇，人杰地灵。光禄，源自官名。宋代大理国相国高泰明以及他的后裔，均因对国有功，分别褒奖为光禄大夫和光禄寺少卿。古镇，有3000余年悠久灿烂的历史，深厚的文化底蕴。为西南方丝绸之路的必经之地，古姚安政治经济文化的中心，素有"迤西文献名邦"之美誉。

云南姚安光禄荷塘人家

荷城荷花开，姚安等你来。为了加大荷花旅游开发的力度，姚安在光禄实施了"荷塘人家"的项目。为了提升旅游形象，推介的品牌就是"荷塘人家、古镇光碌"，并为此举行了"荷花旅游形象大使"的选拔。2013年，在光禄举办首届荷花节，实现了优美的自然景观与底蕴深厚的人文历史交相辉映，传统浓郁的民俗文化与现代生态的特色旅游彼此融汇。姚安尝到了甜头。2014年，是"中国・姚安荷花节"。口号是：文韵荷城，魅力姚安；主题是：千年古镇，荷韵光禄。举办荷花节，幕后的推手是执政者的目光。县委书记认为：荷花节的举办，有利于提升姚安的知名度、美誉度，广结朋友、客商，加快县域经济发展。县文物景区管理局局长说：我们就是要以荷花盛会为突破口和着力点，拉动旅游业发展，带动城镇建设，提升群众生活水平。

荷城的荷，你能担当起姚安县太爷和老百姓的重任吗?

新疆石河子桃源农业生态旅游区

军垦的城啊兵团的节

这是第3次专程进疆找荷了。寻寻觅觅，来到了兵团农八师143团的桃源。与荷相约在天山北麓、准噶尔盆地南缘的石河子；与莲相拥在中国蟠桃之乡、新疆最大蟠桃基地之旁。

你可能有所不知，石河子市是农八师的师部所在地，是兵团建起的一座军垦新城。素有"戈壁明珠" "花园城市"的美誉。农八师与石河子市，师市合一，实行一个党委、政企分设、部门合一的体制。农八师，是兵团各师中最大的师，是一个以国有农牧团场为依托、大中型工业企业为主体、工农结合、城乡结合、农工商一体化的新型经济联合体。

143团，前身是中国人民解放军的22兵团26师77团。当年开赴沙湾县境内屯垦戍边时，到处都是茫茫戈壁、荒无人烟。现在，该团的桃源农业生态旅游区，由万亩蟠桃园和有着"鸳鸯湖"美称的卡子湾水库组成。2005年开放，当年被水利部授予"国家水利风景区"，第二年被农业部授予"全国农业旅游示范点"。

走进景区，迎面就是一水莲花，烘托着水天佛国——万福寺。开车左行一程，长长的一方荷塘映入眼帘。重重叠叠的荷叶之上，布设着铁索之类的游戏浮桥。男男女女、老老少少都想刺激一下，一步一步艰难地在过"荷"。顿时，我脑海里浮现出红军抢渡乌江的情景。汽车再往前开，就是百亩荷园了。自2008年始，每年一届的荷花节就在这里开场。此时此期，这是兵团最欢乐而又最闲适的季节，好火热而又好清凉的地方。军垦人的盛会，将荷花节打造成新疆夏天的知名品牌，深入挖掘荷花文化的旅游资源，为新疆旅游旺季的到来营造浓厚的氛围。2014年，他们一改往届传统，将开幕式定在傍晚开始，让大家感受夜间荷塘的清爽与荷塘夜色的美丽。"我像只鱼儿在你的荷塘，只为和你守护那皎白月光……"，《石城好声音》24强歌手一曲《荷塘月色》，拉开了大幕。当熊熊篝火燃起、千盏孔明灯升空，歌唱声、欢呼声伴随着荷香，传向大漠，飘往天山。

荷花开了，请来石城观赏桃源碧荷、领略戈壁绿洲、感受军垦文化吧。

荷花诗句欣赏 —— 冉冉江乡畔 溶溶水国中

诗句摘于【台湾】郑用锡：《荷风送香气二首之二》；《中国历代咏荷诗文集成》第851页

图片摄于2009年6月、广东广州螺涌公园

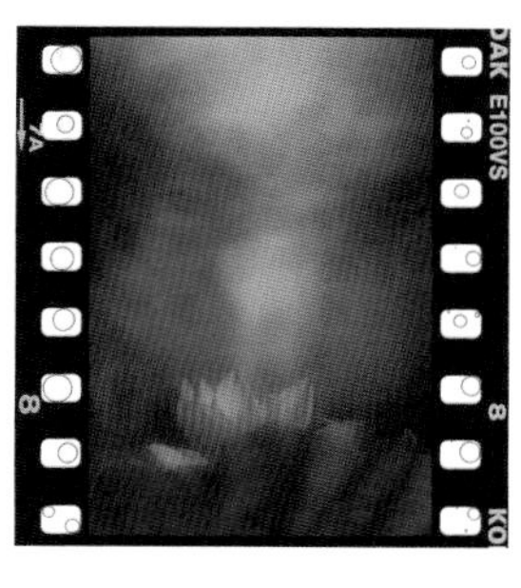

诗句摘于【明】王屋：《忆帝京·采莲曲次柳耆卿韵》；《中国历代咏荷诗文集成》第492页

图片摄于2011年5月、广东佛山三水荷花世界

荷花诗句欣赏——尔其艳外生艳 华中吐华

诗句摘于【明】申时行：《瑞莲赋》；《中国历代咏荷诗文集成》第755页
图片摄于2008年6月、广东佛山三水荷花世界

荷花诗句欣赏——灼若夜光之在元岫 赤若太阳之映朝云

诗句摘于【三国吴】闵鸿：《芙蓉赋》；《中国历代咏荷诗文集成》第735页

图片摄于2008年6月、广东佛山三水荷花世界

栽培之誉

Reputation of Lotus Cultivation

辽宁大连普兰店古莲园

埋没千年又怎样

你知道吗？上世纪初，在中国大连普兰店，发现了古莲子。之后的几十年中，又挖出了不少。中国、日本、美国、俄罗斯等国的科学家相继研究实验，测定古莲子的寿命已在千年以上。特别令人称绝的是，古莲子经过培育，仍然能够发芽开花！一宗引起世界植物界轰动的事，又变为一大奇观。郭沫若先生，曾于1962年满怀激情赋下《古莲绽新花》的诗篇：一千多年前的古莲子呀，埋没在普兰店的泥土下。尽管别的杂草已经变成泥炭，古莲子的果皮也已经硬化，但只要你稍稍砸破了它，种在水池里依然迸芽开花。

你还知道吗？1995年，有一个叫徐钢的人，他承包了当地的莲花湾，培育繁殖古莲子，将杂草丛生的水塘，变成了千年古莲生态园。目前，还在筹划扩建，要让"千年莲园"变成"莲花王国"。

你又知道吗？2008年，36颗千年古莲子，与翟志刚、刘伯明、景海鹏三名宇航员一起，随着神舟七号飞船踏入了浩瀚的宇宙中。沉睡千年的古莲子在太空遨游之后，又开出了"飞天"之花。古莲子"问天"的奇迹，再次吸引世界的目光。近年来，日、澳、美、韩、德、法、意等国学者与专家，专程来访，一睹千年古莲的风采。

古莲，千年等一回，已经诠释生命奇迹，展现生命活力。我思索着问问：千年古莲，你现在如不腐朽，也应变成化石，早已没有生命，为什么……？你生命的源泉来自哪里？

吉林吉林北方盆栽荷花艺莲园

半亩荷花一盆栽

只要你打听养荷花的老邱，当地无论老人还是小孩，都会为你指路。那天，我们开着车转来转去，最后还是一位热心人，开着他家的车，带了好几里路，转了好几个弯，才找到老邱的家。

一个实实在在很一般的平房，旁边挂着"吉林北方盆栽荷花艺莲园"的广告牌。家的后院，大概半亩多地，没有池塘，只见大大小小的盆子里，栽着各色各样的荷花。这是家庭养花，还是企业种花？现实，超出我原来的了解和想象。

不要怪艺莲园牌子大，只能说老邱名气响。老邱叫邱士森，六十好几了，住在吉林龙潭区江密峰镇黄金村。1998年，他汇出一百元，买来藕种，在"黄金"的土地上尝试盆栽荷花。边试边栽，十多年的摸索，他成了东北地区盆栽荷花的开拓者。时任中国花协荷花分会的会长王其超教授，感动之下赐给老邱那个园名。如今，老邱家的后院，变成了名副其实的荷花园。每年的吉林农博会，老邱肯定要去参加，人们看到摆在会场的盆栽荷花交相辉映，总是不自觉地围在旁边，一边观赏，一边拍照。现在，吉林北山公园荷花池边的盆栽荷花，都是从后院引去的。最自豪的是，2005年8月，艺莲园来了两位特别的客人，蓝眼睛，高鼻梁，一男一女是澳大利亚人。听说老邱在东北农村自己家里，搞了一个盆栽园，就一定要来看看。过去，只有长春、大庆、哈尔滨等地的客人来参观。意外的是，漂洋过海的外国专家也来了。

没想到，爱摆弄荷花的老邱，还真搞出了一点名堂。我，慕名而来，感叹而归。用老邱的精神激励自己，赶紧去"种"好本人的"半亩田"吧。

山东青岛中华睡莲世界

此花非彼花　这界岂那界

真的要弄清楚了。睡莲不是莲花，睡莲就是睡莲。荷花就是莲花，莲花就是荷花。这个睡莲世界，实在独具特色，但与莲花世界不可同日而语。一花各一物，两花两世界。

坐落在青岛崂山脚下的中华睡莲世界，依山傍水，风景秀丽，是以睡莲为主题，集科学研究、科普教育、旅游观光和产品产业化于一体的国际一流水生植物园。这个高新技术的企业，拥有2个生产基地，品种展示区占地300亩，睡莲、荷花800多个品种，年产各种苗木数百万株。是中国唯一的一个睡莲品种繁育生产基地，荷莲深加工产品示范基地。2005年第19届全国荷花展举办地，2011年承办国际睡莲水景园协会年会暨首届国际睡莲荷花品种展览会，2014年青岛世界园艺博览会的相关会址。

10年前，我慕名专程去了那里。这个看似简朴而实为不凡的地方，真是睡莲的世界。是我有生以来，第一次也是唯一一次见到这么多的睡莲。各种含有科学艺术又动听名字的、红白蓝紫黄粉等颜色的睡莲，漂浮或挺立在水面上，随坡势起伏、错落有致地招摇在眼前，五彩缤纷，婀娜多姿。这里也有荷花。但这个世界是睡莲的，色彩也是睡莲的。

睡莲是荷花、莲花吗？这是一个曾经让植物学家纠结、现在不少人们没搞清楚、和一些专家学者没说明白的问题。我是外行爱好者，觉得有必要在此照本宣科地哆嗦一下。

睡莲与荷花同为水上花，是邻居非亲属，是两个截然不同的物种。在植物分类学中，大家族睡莲科有8属，其中睡莲属，又有40多个种，睡莲是其一。荷花又称莲花。20多年前，植物学家把它从睡莲科中分出，独立门户成为莲科，莲科仅一莲属，莲属又仅荷花一个种。这个单科、单属、单种现象，在植物分类学中并不多见。植物分类学家之所以如此处理，是经研究发现，荷花的血缘与睡莲家族的血缘相距甚远，有着明显的差异，实在不能聚为一类。两者的叶、花、果等外形、生长特性及用途，都有所不同。佛中的"七宝莲花"，也是荷花睡莲不分。但佛教的莲花，确为"花果同时俱有"的荷花。《妙法莲华经》里说得很分明。

多好的一对难舍难分的"姊妹花"。一花一世界，一花一品味。我喜欢睡莲，但更喜欢内外兼修的荷花。

山东费县沂蒙荷花园

沂蒙一园荷

坦率地说，我去那里，是冲着"沂蒙"二字去的。虽然不甚了解沂蒙，更谈不上领悟沂蒙精神，但我向往沂蒙，敬仰沂蒙人，崇尚沂蒙精神。

那是多年前的事了，感谢贺总亲自陪同，好不容易找到费县沂蒙荷花园。一条小河的旁边，一户人家一片荷。这个园子的门不算"门"。一位头发花白的老头接待了我们，他的热情让大家一见如故。有点奇怪，目睹他的荷花园，略知他的建园经历，便使人肃然起敬。并且，很自然地联想起沂蒙、及其沂蒙所蕴含的意义。

沂蒙，与井冈山、延安，是中国举世闻名的三大老革命根据地。是一片血染的土地，一片红色的沃土。战争年代"百万人民拥军支前、十万英烈血洒疆场"，沂蒙人民为中国革命做出了重大牺牲和贡献。沂蒙六姐妹、沂蒙母亲、沂蒙红嫂……无数可歌可泣的革命英雄儿女的无私无畏精神，后来被概括为沂蒙精神。沂蒙精神代代相传，生生不息。沂蒙人民吃苦耐劳、勇往直前、永不服输、无私奉献的沂蒙精神，让世人为之动容。

走在荷园花间的小路上，如同踏在神圣的老区小道。听说，这位叫高汝彬的老人及其老伴，曾经都是教师。他们从上世纪70年代就喜欢种花，特别是荷花。退休后，兴趣更浓了。老人将自己精心培育的一种本地荷花，命名为"沂蒙红莲"。开始是送人，后来去市场卖。随着大家的喜欢，又决定扩大规模栽种。当地的温凉河有一处河湾，岸边有一片杂草丛生的乱石岗。高老两口子看中了这块"风水宝地"，于是承包下来。从此，他们便吃住在这里。沂蒙人用沂蒙精神开荒沂蒙土地，辛勤的汗水浇灌出秀色无比的沂蒙荷花园。园内，有他们培育的新品种"沂蒙颂"、"沂蒙红嫂"、"沂蒙春色"等。

沂蒙的人很可敬，沂蒙的荷好漂亮。那天，我们到达荷园较早。尽情地在荷花丛中欣赏，还摄了不少特写镜头。后来，一对新人来荷园拍写真，我少不了"偷"拍几张作留念。

蒙山高，沂水长……，一首《沂蒙颂》饱含深情。清楚地记得，我们是依依不舍惜别的。汽车跑离荷园好几公里，我突然请求车子调头。从口袋掏出一点钱，送到高老的手中，作为我们对沂蒙荷的一点心意。恰似温凉河的水，静静地流淌，我们之间的联系至今未断。高老来澳门观展，给我带来一大包莲子。惭愧的是，我却因故没陪他在广州游玩。

安徽临泉柳家花园

花园荷花开柳家

海南寻花，我才知道有一个柳家花园。听说很多荷花品种引自那里，我下决心非去不可。

柳家花园，地处阜阳临泉县，在安徽省的西南角。现已改名临泉县映日荷花科技开发有限公司。花园也好，公司也罢，它是全国唯一的一家主攻观赏荷花育种的民营企业。1979年，柳家两代人从16元钱的花苗起步，坚持走栽培技术创新和杂交育种创新之路，在黄淮平原旱地创建了栽培模式国内首创，生产技术国内领先，品种数量世界最多，品种质量世界一流的观赏荷花育种基地。历经30多年，荷花育种1680多种丰花型现代荷花，在花冠颜色、花冠形态、花瓣数量、叶片颜色、花朵产量、群体花期等十多个方面均有大的突破。2010年，荷花品种数量喜获大世界吉尼斯纪录。

很难想象，柳家人创造了这么大的成绩，这么多的奇迹。我拍摄的一些照片，充满了自己的敬意。衷心祝愿，中国有更多柳家式的花园，创建更多的现代特色农业观光园。祝愿柳家荷花，立足临泉、开遍全国、走向世界。

台湾花莲吉安莲城莲花园

这就是莲花

"这就是莲花"！一位帅哥，一边扎着从塘里采来的睡莲，一边抬头再次肯定地回答。我说，莲花是荷花的别名，睡莲不叫莲花。别人混淆无所谓，建议您还是搞清楚。"我都不明白吗？无论从哪方面讲，它就叫莲花。你回大陆去查资料。"谈到这个份上，我不得不佩服年轻人的执着。

莲城莲花园，当地同胞称莲城莲花广场，地处台湾花莲吉安乡。的士师傅找了几个路口才到那里。有人说，莲花园荷花是主角。其实，大部分是睡莲。可能又把睡莲当成荷花家族中的一员了。造成这种误解的原因，或许，一是自古以来荷花又称莲花，睡莲名称中有一个"莲"字，对植物学不太熟悉的人，以为"（睡）莲"与"莲（花）"相通。二是同为水生植物，常配植在一起供观赏。三是荷花与睡莲外观上有某些相似，特别是佛教中荷花睡莲不分。所谓"七宝莲花"，其实5种是睡莲，2种是荷花。而佛门崇尚莲花，又主要以荷花的内外特征和特性为标志的。荷花与睡莲的血缘相距甚远，从形态学、解剖学、细胞学、孢粉学、胚胎学、分子分类学观察，发现它们之间存在明显的差异。现实中，人称它们为"姊妹花""双胞胎"，应是上天安排的缘分。

园区主人郭昭安，由花莲农校农场经营科毕业。1994年创办莲花园，与母亲、姐姐共同经营，并于1996年转型为休闲农场开放参观。因对睡莲等的培育和研发，于2002年获得十大杰出青年神农奖。目前，已培育出60多种睡莲品种，每日可采收数千枝睡莲，除供鲜花销售外，并生产各式加工产品。他，发展了属于自己的莲花王国，实现了梦想中的田园。

讲"这就是莲花"的人，应该不是郭老板吧！

江苏南京艺莲苑

艺莲苑的异彩

记忆中，南京艺莲苑我去过3次。第一次，印象深刻的是那荷文化长廊。后来到那里，就是感觉那里的荷花很美。没想到的是，查来资料一看，"艺莲"美得大放光彩。

曾经是江苏省十大杰出青年农民、现在是中国花协荷花分会副会长及中国荷花新品种评审委员会委员的丁跃生，在1986年创办了南京艺莲苑。这是一家专门从事水生花卉科研与生产，以及农家旅游的民营企业。占地10公顷。主导产品是荷花、碗莲(微型盆栽荷花)、睡莲等其它水生植物。 艺莲苑，由已故著名花卉专家、中国工程院院士陈俊愉教授题写。

2001年，被江苏省花协评为江苏省花卉明星企业，荣获第五届全国花卉博览会铜奖，并顺利加入国际睡莲协会。与国外19家水景园有着密切的合作关系，从国外引入100多个荷花、睡莲及其他水生植物品种。2002年，产品被中国花协选中，参加荷兰世界园艺博览会。10年后，又为荷兰国际园艺博览会中国园水生花卉提供种苗。另外，为北京大学、郑州大学、南京大学等知名大学，以及国内多个湿地公园和房地产商的临水住宅提供种苗，受到广泛好评。被国家林业局授予全国水生花卉特色种苗基地。产品除供应全国各地外，还远销荷兰、美国、加拿大、日本、韩国。

多年来，选育160多个荷花新品种和国内首批切花荷花品种，选育5个睡莲新品种。2003年，在第17届全国荷花展、以及之后的18届、19届、21届等全国荷花展上，选育的诸多品种分别荣获荷花新品种一、二等奖。2006年，荣获南京市名牌产品。并先后出版《碗莲》《碗莲・睡莲》《荷花艺术》等专著。在举世瞩目的2010上海世博会上，该苑为中国馆专供荷花项目提供种苗和技术支持，使荷花在180多天的世博会上大放异彩。

艺莲苑，还与南京农业大学、中山植物园、中国荷花研究中心等国内研究部门密切合作，从事荷花等一系列水生花卉的科研工作。在台北，2010国际园艺花卉博览会荷花专供项目中，丁跃生任首席技术顾问。

夏季，艺莲苑每年举办新品种展示会。去那里吧，一边赏展，一边旅游，其乐无穷。

江苏盐城爱莲苑

海边一枝莲

盐城射阳淮海农场爱莲苑，一连串美妙的地名，引我好奇。最勾我心的，还是那爱莲苑。农垦淮海农场，是毛主席命令解放军农四师创办的大型国有农场，已有50多年的历史。这是一片神奇的土地。它东临黄海，与淮河入海口、苏北灌溉总渠入海口毗邻。在这里，我们可以看到现代化农业生机勃勃的景象，也能目睹爱莲苑这颗璀璨的明珠。

话说15年前，从农场绿化办主任岗位退休下来的李吉厚老人，喜爱君子之花。买来8口水缸，开始种养荷花与睡莲。一年后，水缸增至32口，品种也日渐丰富。2001年，我国申奥成功。老李和他的女儿李静等家人，不由产生联想：能不能办个水生花卉园，将来培育出好品种，去装点奥运场馆？说干就干。他们将刚买的一间门面转让出去，用5万元开办起占地2亩的爱莲苑。就这样，从爱莲出发，走爱国之路，开始了荷花的梦想。

为了掌握培育技术，他们购买了5000多元的书刊资料。多次进京，向中国科学院一位植物学教授请教。起初几次被婉拒，但最终感动了教授。经过3000多次杂交对比试验，成功繁育出80多个新品种。有的获得全国荷花展一等和二等奖。经过中国荷花分会的遴选推荐，获取了订单。2008年奥运开幕之前，20多个品种的7万株荷花等水生植物根茎装入箱式货车，发送北京。新落成的鸟巢附近，一种色彩绛红、花瓣重重叠叠达300多瓣的荷花分外引人注目，这就是爱莲苑的"红艳三百重"。

已是总经理的李静，一位20多岁的姑娘。与她约见在农场，亲自带车前往爱莲苑。未到其苑，先见莲开。她脸上总是笑容，就像一朵绽放的荷花。这是一片长方形的以养殖荷花为主的水生花卉区域。虽只有300来亩，由于形状规整，基地寸土必用。沿着中间主路前行，两旁是一片片水生植物。从"爱莲"诞生至今，他们一直致力于新品种的培育。只有以科技创新，靠品种的差异化，才能在这块江湖中走得更远更好。就是这种爱莲之心，培育的荷花等水生花卉，远销美国、荷兰、日本、韩国、澳大利亚等国家及全国各地。

那天很幸运，一朵建苑以来才发现的、五重花蕊的千瓣莲被我碰上。李总非要请客，由于赶路未成。她的热情，似乎她亏我一顿饭；其实，应该是我欠她一片情。我，铭记于心。

浙江宁波莲苑

儒者秋君

我无以报恩，只能感恩。只想用我的方式感恩。秋君老总的自谦，确让我为难。请他提供一点资料给我，于此照实"吹吹"，他总是说"没什么"。些许是"没什么"，可两次去宁波莲苑，我的认为是"有点干货"。无奈，为了感恩，我只好自说其一了。

宁波，"海定则波宁"，历史文化名城。还有，台湾的父子"总统"二蒋、香港特首第一人董建华，乃宁波籍也。早想去逛逛，谁知宁波有莲苑，只好此行独为我的荷花。

那大概是10年前初秋。下火车，坐汽车，一路辗转，左问右访，终于到了"莲苑"。一个不大的门面，这里有荷花？进门说明来意、表明请求，接待我的是张秋君。一番交谈，张先生言行中隐显儒者风范、宁波人特性。中国传统文化表现在商业行为上，讲求"信"，以信达人，无信不立；讲究"诚"，以诚待人，无诚不信。宁波人的商业传统是待人如宾。秋君先生，风范与特性兼之。他的热情，是从心里自然流出来的。我这个素不相识的冒昧人，上门找麻烦，他却一股劲地把我当顾客朋友相待。"你呀，为什么不早打电话给我，我可去火车站接你，免得你这么费力寻找。" "莲苑的荷花，有一点在基地，离这里有段距离。没关系，我开车带你去，怎样拍随你。"多么爽朗且含温度的几句话，从笑容中不急不火地说来，温文尔雅，谦恭礼让。到底是蒋氏故乡的人。他不以人疏而待之，不以事求而不为，秋君君子也。 拍完照，我要走。不行，来的都是客，吃了饭再送你。礼我请我送我，无言再多谢谢，但我心里已是满满地感动。

3年后，荷展再相遇。无意说出我想去普陀，张总马上讲：我来安排。我有感觉他是真心。无颜又麻烦，但心意已领受。那次去了浙江、江苏、上海好多荷景，同学一手包办。

时隔5年，我想上莲苑补拍。张总要出国，特别交代女儿接待我。如花的小张，接我陪我送我。因赶火车要去"西施"那里，饭来不及吃，却帮我买了带上车的食品。

一言一行，点点滴滴在心头。俗话说：滴水之恩，涌泉相报。我无"泉涌"，确实未报，只这几个字感恩。衷心祝福秋君：以更加宽广的视野谋篇布局，以更加宏大的气魄开拓创新，走出一条适应新常态的更好的莲苑发展之路。荷日又烦君，莲苑再盛时。

湖北武汉中国荷花研究中心

泱泱一国一中心

风和堂门前，左右两张牌。一块是：中国荷花研究中心；一块是：武汉东湖荷园。我是奔着这——荷花的中国之研究之中心来的。荷园之小巧，中心之大气，让人仰止。

东湖风景区，以秀丽的湖光山色和优美、恬静的自然环境及广阔的水域面积，成为闻名中外的旅游胜地，并被世人赋予人间仙境的美誉。坐落在东湖磨山南麓的荷园，是中国荷花研究中心的所在地。占地近百亩，以荷花为主的水生植物，已构成完整的自然水生生态景观。

作为研究中心基地，一直致力于荷花品种的收集、整理、繁育工作，并建有在国内国际居领先地位、品种最多、质量最高的荷花品种资源圃。分为5个室外展示区：种植池品种展示区、缸植品种展示区、新品种观测展示区、优良混合品种种植展示区、小型荷花展示及播种实验区等。其中种植池展示区最大，面积约1万平方米。830多个品种池中，种植荷花品种700多个、睡莲品种40多个、其他水生植物品种50多个。其中荷花品种资源，占中国观赏荷花品种的80%，为全国乃至世界第一。资源圃里，我仿佛见到了王其超、张行言前辈"荷花夫妻"的身影。以他们为代表的全国各地一代又一代的荷花专家、能手，精心研究培植，才有今天多姿多彩的荷花世界。大量的优质荷花品种，又相互交流交配，源源不断地输往全国及世界各地。

游客在这里，不仅能欣赏各种各样的荷花，还能系统地了解关于荷花的不少知识和源远流长的荷花文化。因为，基地建有荷文化馆。2010年7月1日，全国首个、世界最大的荷文化馆正式开幕。运用视频、图片、典籍、实物等展示，系统全面地介绍荷花的历史、文化、应用等相关知识。通过荷花与文学、荷花与医药、荷花与饮食、荷花与艺术、荷花与名人、荷花与宗教、考古与仿生等专门展示，普及荷花科普知识。徜徉在馆内，简直在享受有关荷花的美餐，出门就是"荷花人"了。

每年的东湖荷花节在此举行。游客可以观景赏荷、文化论荷、休闲品荷。

花的故乡
中国莲主要分布区

荷情荷恩因荷缘

王教授张教授，请开门。自从有了第一次，之后也就常来常往了。以前来访，都是带着崇敬之心去的。这一次，主要怀揣感恩之情而来。两位老人，总是面露慈祥的笑容，每次为荷缘把门打开。每每少不了关心支持，次次缺不了喝茶吃饭。一种亲切感一股亲热劲，让我一回回走进这个家。

八年啦！我不可能别提它。我知晓与认识王其超、张行言二位老教授，几乎是同时的。荷为媒。一本《荷风》寄往武汉教授家，一个星期后，一位长者热情而和蔼的声音注入我心。就这样，我们在电话中结缘了。那时的王教授——中国花协荷花分会的会长，已是国内最有名气的荷花专家，享誉国内外。二老"荷花夫妻"的雅号，在花卉界传颂多年，双双已获国务院特殊津贴。没有他们的平易近人、宽厚待人，我能走近二老、走进二老的家吗?

湖北武汉"荷花夫妻"家

初访这个家，我不敢四处张望。这是一个复式住宅。踏上弯弯的楼梯，径直去了二楼。二老退休后的所谓办公地点、卧房均在这里。双目不用扫，办公室内摆满了书籍。季羡林大师为王教授提写的墨宝悬挂墙上，旁边是王老的工作照和二老的合影。也许，这窄小的空间，就是二老不顾高龄经常外出研究考察之后，产生无穷智慧、产出无数成果的地方。我几次造访，送给王教授审阅的都是厚厚的、甚至一箱子的稿件，得到的是"画龙点睛"的教诲与开导。王老赠我"和荷天下"的题字，以及《中国历代咏荷诗文集成》的序言，就在这里挥就。

这次到这个家，我为感恩而来。想把这个有缘的家，作为一个点，十分敬重地编入我的册、嵌于我的心。先去花圃。这个家的平台早已成为二老栽种、研究荷花的培植园。保姆说，她每天一项重要的任务，就是跟着二老记录数据，不得有误。我来晚了，赶上了午饭，却没赶上有的花开。再上书房。毫不客气地请求二老，找出他们几十年来，用"超级大脑"和毕生心血编著的那些书籍，摆放在简陋的沙发上，让我拍个够。最后到客厅。就是因为这个玻璃屏风上，镌刻有荷花，二老认定买下这套二手房。厅里是荷花的世界。大大小小的古架、墙窟，四处陈列有雕印着莲纹或荷花造型的工艺品。"荷花夫妻"一辈子的情，无不与荷花有缘。荷花人，就该是荷花家？首个荷花终身成就奖，当之无愧属于这个荷花家的荷花人！

午睡在这个家，我久久不能平静。这个专家的家已现陈旧，早期的书也泛老黄，两位奔90的人又显岁月，尤其王老长期因病体虚……。已后悔，真不该拍下另一张二老合影的近照。我好想，荷花常开，荷缘长在。湿湿的眼，容不得我再多想多说了。

江西南昌火香爱莲苑

火香的爱心与爱莲

一个普普通通的女人——江火香，用真真切切的心，演绎出一幕幕人间悲喜剧。从"爱心妈妈"到"莲花妈妈"，恰似她的名字，角色又火又香。

一个女人种莲？养殖场又取她的名称为"火香爱莲"。我有点好奇。后来，她买了几本我的咏荷诗文集。她要汇款，我说反正要去你那里取景，届时再给也可。那个地方难找，全靠她电话指引、本人带路，好不容易到了一个地方。我问她：这是你的场还是你的家？她两口子讲，既是家又是场。登外梯进了屋，只见好几个小孩在玩耍，屋前的水塘边摆放着一排排盆栽荷花。此时此刻开始，江火香的故事，我才逐渐了解与感受。

南昌西湖区桃花镇雷池村的这处农房，虽有二三层，但实在简陋。水泥外梯高悬，扶栏都没安。屋内没有什么陈设，还略显零乱。尽管如此，这却是30多名收养儿童温暖的家。他们有一个共同的"爱心妈妈"：江火香。

1995年的一天，江火香经过江西省儿童医院时，看到一个重病男婴遗弃在门口，已为人母的她随即产生了怜爱之心，于是把他抱回家收养。从此，江火香走上了爱心救助小孩之路。孩子一大群，有的不仅要养，而且还要治病；大了要供学；自己还有2个亲生儿子。开支可想而知。幸好她曾经是个富婆。以前进军房地产、建材、酒店等行业，积累了上千万资产。为了能更好地照顾孩子，她投资600多万元兴建了一个水产实验场，主要经营水产品与荷花栽培。如此痴迷种植荷花，又与她命运有关。2004年一场车祸，让江火香的双腿失去知觉，当时诊断为腰椎骨骨折压迫神经，下半身瘫痪。万万没想到，她在种植荷花之中，能丢掉拐杖像莲一样"直起来"。后来又走出去，带着一群孩子，周末去花鸟市场卖荷花。医生难以置信这个拥有国家二级残疾证书的人，能有这么好的运气。应该是：善有善报。现在，南昌天圆网，以江火香为原型，拍摄公益微电影《莲花妈妈》。

"火香爱莲"，中央七台拍过专题片、进博览会得过奖，如今遍及南昌象湖公园。她带我围园一圈，哪知她是一个残疾人。她非要给书款，说我不容易。对比她的不易，我感触良多。只好临别之时，打开车窗将钱丢给了她。"保重"二字，满怀我的一心祝愿。

缘

一个荷花基地建在庙前面，千朵莲花开在寺门口。为什么？缘分啊！

"广东最美的乡村"——中山南朗镇崖口村的伶仃洋畔，有一个规模宏大的寺庙群，这便是集益寺庙群。从高速公路下来，按照李会长大姐电话的指示，不久就看到路旁荷花节标牌的指引，一路顺利。微风吹来清凉的气息，似乎离海越来越近。走进一个高大的牌坊，到了。左边寺庙，右边莲花，它们交相辉映。好像，是一份随缘而至的默契。其实，你我就是一家。

广东中山南朗荷花基地

眼前，是五百罗汉庙。寺庙依山而建，气势恢宏。它的一片殷红，它的金碧辉煌，还有那些油装彩绘、雕梁画栋、琉璃饰体，无不彰显雅韵悠长。寺庙的风范与感染，矗立在这里。过了五百罗汉庙，就是古庙群。它们背山面海，连成一片，共由10座不同的殿堂组成。从北向南依次是：大王殿、飞来禅院、瑶台洞府、财神殿、观音阁、天后宫、霍肇元大老爷庙、星君府、元辰殿、南海慈航。好家伙，三教九流，各路菩萨、神仙、圣人，在这里大集合，而且呈一字形紧邻着。这是一个极具地方特色的祈福地。不同的善男信女，每逢圣诞、初一、十五，一齐走向这里上香拜谒。活生生地体现了不同信仰的大融合。

庙前的一泓荷塘，由150亩的鱼池改造而成。是南朗政府积德积福，无偿提供给中山市花卉协会使用的。水边的高坡，摆满了不同品种的荷花，婀娜多姿，十分养眼。一望无际的水面，有太空莲区、粉莲区、睡莲区、香水莲区、王莲区，当然少不了中山莲区、中山红台区。君要有所知，国父孙中山先生出生在这里，翠亨村故居就在南朗。孙中山先生，也是爱荷之人。他在日本时，曾赠送中国莲子给日本友人，日本友人种植后又送回中国，留下一段佳话。基地的东南面，一条蜿蜒的情人桥，顺坡而下直入水中，把两岸联接起来，成为一道风景。入口处的长廊，布置了近百幅荷花图片。游客可以坐下来，赏荷品茗，吃荷花美食。夕阳西下，在莲塘中拖出长长的金影，与肃穆的寺庙、沉静的莲花融为一体，尽显天缘。实乃福祉。

上帝既然如此安排，那就手拈一枝莲花上庙去，把心中的虔诚献给天地。

李社长小姐，不仅热情接待我，而且晚宴招待我。你的"莲"心，领受了，感激不尽啊。

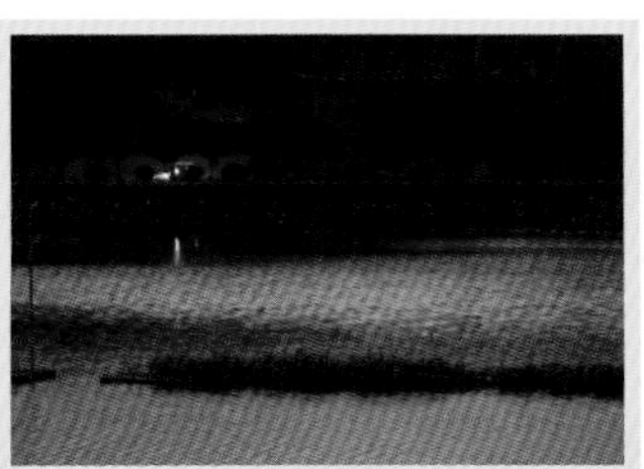

黑龙江望奎任大房子村孙德军荷花基地

江苏盐城鹤乡仙莲苑

江苏连云港远海园林科技公司

湖北汉川汉莲种植公司

云南澄江藕粉厂基地

荷花诗句欣赏 —— 览百卉之英茂 无斯华之独灵

诗句摘于【三国魏】曹植：《芙蓉赋》；《中国历代咏荷诗文集成》第737页
图片摄于2008年8月、广东广州珠岛宾馆

诗句摘于【清】劳纺：《摸鱼儿·新荷》；《中国历代咏荷诗文集成》第590页

图片摄于2008年8月、广东广州烈士陵园

荷花诗句欣赏——空留万古香魂在　结作双葩合一枝

诗句摘于【唐】韦庄：《合欢莲花》；《中国历代咏荷诗文集成》第36页

图片摄于2010年6月、广东佛山三水荷花世界

史事之风

Scenery of Lotus with Historical Events

目录

北京圆明园

心里总是那废墟与荷花

圆明园，位于北京市海淀区清华西路。曾恃八代君王之恩宠，历百年繁华之天赐，成为"万园之园"。然而，最后却落得残垣断壁，衰草孤茕，留一页遗憾给来此凭吊的游人，成为不幸中的不幸。雍正皇帝的释语"圆而入神，君子之时中也；明而普照，达人之睿智"，最后也是一句令人伤感的空话。

圆明园是由圆明园、长春园、绮春园（亦叫万春园）三园构成。纵观清代自康熙，到雍正、乾隆、嘉庆、道光、咸丰、同治和光绪等八代帝王与圆明园的关系，可以用如下几句话来总结：康熙雍正初成园，乾隆嘉庆中盛园，道光皇帝修补园，咸丰老儿辱没园，同治欲复难复衰败园，光绪自身难保兴叹园。修复后的圆明园除了山水格局尚存外，所有的建筑皆毁，所存大多为石构砖瓦。目前还在整修阶段。

我去过三次圆明园。每次去，眼里看见的只有残垣断壁与荷花。清楚地记得，第一次去，直奔那废墟，难以想象这一堆堆石砖上曾有的辉煌。一片一片的残荷在陪伴着它们。第二次去，参加第22届全国荷花展。开幕那天，晨曦初露，我特地徒步好几里路，来到绮春园门口，围着一对石狮转来转去。它们似乎要告诉我什么：冥冥之中，我好像又明白了什么。用相机记录下狮子与荷花的"对话"后，不由自主的我，进园还是直往那一堆堆石砖，和那一片片荷花。第三次，不用说，思绪未变，路线就不会改变。

那一堆堆石头砖瓦，积在那里显得很沉郁；那一片片荷花，立在那里又是很沉抑；我每次去，心情总是那样沉重，这是怎么啦！？一百多年前，"圆明"被"鸦片"毁了！现在，每年都有荷花展，"荷花"兴盛"圆明"！我们，还是从那堆废墟里寻找祖宗的艺术灵感，从那片荷花中感受祖国的繁荣昌盛吧！

天津南开大学

我是爱南开的

我去天津的南开大学，应该是为了荷花。头两回，为古老的荷、诗文的荷而去；这一次，为当今的荷、校园的荷而来。非常幸运，这次在荷边"拜见"到敬爱的周恩来总理。他是爱南开的，我对南开也充满了爱。

为了汇编出中国历代有关咏荷的诗词曲赋，在整整7年的时光里，我一人在外独往独来，辗转全国27个省(市)及港澳地区收集资料，仅全国重点大学和省一级的图书馆跑了73家。翻阅几十万页的参考书目，为的是在浩如烟海的古籍中，找出那穿越秦汉跨越明清的诗荷文荷。那是9年前的事了。大约是冬季，我来到南开大学图书馆。馆楼虽老显旧，但我收到了"干货"。后来，越跑越广，愈收愈多，自然产生了汇编成册的想法。既然要把事情办出个"样子"，那就力争整得"规范"。由于开始想法简单，早先去过的地方，就要来回一而再、甚至再而三地"折腾"。于是乎，又在一个冬天，再访南开图书馆，找出原来查过的书籍来完善资料。人痴不知傻。没想到这个夏日，我寻荷追荷第三次来到南开。

南开大学的马蹄湖不大，但荷花在津城很有名，并早已成为南开的一张闪亮名片。自2013年始，校方将荷花的高雅与南开的文化相融汇，年年组织荷花节，而且成了远近闻名的一个节日。每年毕业季，身着学位服的毕业生，总不忘与满湖荷花来一张"合影"。

一条不长的甬道，把人们引进三面荷花环绕的中心岛。岛的尽头中央，矗立着一座周恩来纪念碑。这是1979年，南开大学60周年校庆之际建成的。碑的左上角镶嵌着总理的铜制浮雕头像，正中镌刻着总理的手书——"我是爱南开的"6个金色大字。碑背面镌刻的是，杨石先校长亲笔书写的碑文。杨老校长的骨灰，后来按遗嘱撒在岛上的松柏中。伟人与君子，被一湖荷花簇拥。这个原本极富诗情画意的地方，由此又增添一层壮丽的色彩。

吟就南开一卷诗。我找到昔日光顾过的图书馆。其实，这个即将关闭的旧馆，紧挨着马蹄湖中的周总理。馆前摆满了盆栽荷花。追昔抚今，诗荷艳荷一齐展现眼前、涌上心头。

比之总理，青年时期为南开命运忧心，当上国家领导人又三次视察南开，确无资格说出我爱南开。但是，我的爱还是明明白白的。

总理爱不爱荷、喜不喜莲，无须考究。他曾坐过的专机，如今被一泓荷花映衬着。

河北保定古莲花池

古莲池里的那个花

莲花池就莲花池，为什么要加一个"古"字？难道比北京的莲花池还老吗？看了一些资料，去了古莲花池，似乎明白了一点"古"。

古莲花池，地处河北保定市内闹市区。蒙古太祖22年(1227)，元代汝南王张柔开凿。原名雪香园，为乔家私园。应该是，园内一开始就种有荷花。1284年地震，园林震毁，独存深池清水，繁茂荷花。明朝后期，进行一次较大规模的整修扩建，知府查志隆把莲池作为一面"水鉴"，并令增建一门，上悬"水鉴公署"四字横匾，以激人励己，秉政应鉴之碧水苍天。至此，350多年以后，才更名莲花池。从此，莲池成了达官贵人的场所，"水鉴公署"也成了莲花池的别称。

雍正10年(1733)，直隶总督李卫奉旨在莲池开办书院，一时间，人才济济，扬名中外。莲池又辟为皇帝的行宫，乾隆、嘉庆、慈禧等出巡，途经保定均在此驻跸。乾隆帝曾多次来这里并赋诗赞美莲池。民国期间战乱纷争中，天灾人祸不断。园受损严重，但莲花一直开着。

解放后，成立莲池文化馆，1950年重修园林。1952年11月22日，毛泽东视察莲池。1957年，刘少奇视察园林。1956年，列为省重点文保单位；2001年，列为全国重点文保单位。莲花池一路走来，从私家园林变成水鉴公署，再变成三朝行宫，又变成书院园林，最后变成公园。近800年的沧海桑田和风云变幻中，经历了无数次的繁荣与衰败、无数次的欣喜与悲哀。

现在的君子长生馆，旧名叫课荣书坊，取晋代潘岳《芙蓉赋》的"课众荣而比观，焕卓荦而独殊"之意。馆有对联两副："花落庭闲，爱光景随时，目作清游寻胜地；莲香池静，问弦歌何处，更叫思古发幽情"和"堂开绿野，园辟华林，俯仰千秋留胜迹；地接蝍缳，山邻宛委，师承百世起人文。"

一个"古"字怎了得！悠悠岁月中，莲花又扮演了什么样的角色？

山东微山微山湖

一湖一岛一春秋

"西边的太阳快要落山了，微山湖上静悄悄。弹起我那心爱的土琵琶，唱起那动人的歌谣……"。优美的旋律，一下子把我的思绪带到了英雄的微山湖。

广义的微山湖，亦名南四湖。由微山、昭阳、独山、南阳四个彼此相连的湖泊组成。微山湖，风光秀丽，自然洒脱，山、岛、林、湖、船、苇、荷，还有醉人的落日夕阳、炊烟袅袅，构成了独特的美丽画面。微山县的微山湖东南部，有一个微山岛，是中国北方最大的内陆岛。微山岛，历史悠久。除古迹众多外，是著名的现代革命斗争纪念地。抗战时期，这里是铁道游击队、微湖大队、运河支队等革命武装成长的摇篮。刘知侠的长篇小说《铁道游击队》即取材于此。一曲《弹起我心爱的土琵琶》，使微山名扬中外。作为革命老区，微山湖微山岛，被列为全国12个重点红色旅游区。

我第一次去微山湖，来去匆匆，是因《和荷天下》而去的。当时进湖不远，拍了几张照片就走了。这次又来，独自租了一条快艇，可以尽情地欣赏湖光山色。幸运的是我上了岛，遗憾的是因故没有看望那些被荷花簇拥的英雄。

游艇驰在湖中，但见一片开阔。天水相接，碧波万顷，有置身大海的感觉。清人胡翼廷过微山湖称赞的美景还在："万顷荷花红照水，千丛荷叶碧连天"。多条摇桨的小船穿梭其间，让我想起当年游击战士与敌周旋的场景。来到岛上的万亩荷园，不由我惊叹，微山湖上所有的风物中，尤以"荷花仙子"最为耀眼。纪念园的纪念碑，由帆船、人物形状组成。其中三尊铜铸的游击队员，有的怀抱琵琶，有的持枪站立，有的位于船头帆下，意为铁道游击队胜利归来。给人一种太阳快要落山的安谧气氛。余晖中的荷花，每一朵都郑重地开着。近处的一朵，凝神静思，缕缕幽香暗暗传递，她在想什么？我知道，她想着当年英雄战斗与生活的情景，想着为了那些逝去的英烈，我要灿烂地活着；即使只剩残枝败叶，也要显现傲然的风骨。

水面上，又见一排排被称作"湖上列车"的长队拖船，远远地驶来。微山湖，你还要承载多厚重多久远的历史?

台湾台北历史博物馆

在穿越"历史"中驻足

台湾历史博物馆，是大台北地区除故宫博物院外，一座以收藏、展示中原文物为主的历史博物馆。馆藏有五万多件文物，上从殷商时期下至民国，可以说是贯穿了中国大半个历史。

该馆位于"台江内海"，早期是台湾最重要的经贸中心，也是台湾第一处与国际接轨的地方，先后有亿载金城、赤嵌楼、安平古堡、孔庙等历史建筑在这里落成。因此，选址于此别具意义。历史博物馆，记录着台湾的历史。不论建筑、典藏和展示品，博物馆内外都以台湾意象为出发点。例如建筑即以"渡海" "鲲身" "云墙" "融合"四个台湾经历的历史过程，呈现先民渡海来台的景象。建筑结构则融汇了汉人红砖合院建筑及原住民干栏、石板等建筑，充分展示民族融合的风貌。

就在人们不停回望历史的氛围中，博物馆这里却有一处吸引人长驻的地方，那就是二四楼后侧的景观休憩区。分别命名为忘言轩、荷风阁、挹翠楼。此区特临绿浪翻飞、红艳凝香的荷花池。碧瓦红墙与荷塘水色相映，略可比拟为小小圆明园。台北植物园、美术馆与历史博物馆等形成一文教中心，故有"南海学园"之雅号。参观文物走累了，可在此凭窗赏荷。这里不只是个赏景，也是个品茗的好去处。坐在窗棂旁，一大片的荷花就在眼前。幽雅的音乐混合着古香、茶香与荷香，在空气中回荡。历史之风、自然之风皆存此间。这一切，可说是风雅极了。

甚为遗憾，我在台北的那两天闭馆。馆中的"几千年"与张大千的"大千世界"——大幅墨荷，我无缘一饱眼福。宽慰的是，我已在"历史"面前，仰慕了"历史"，品味了气象万千。

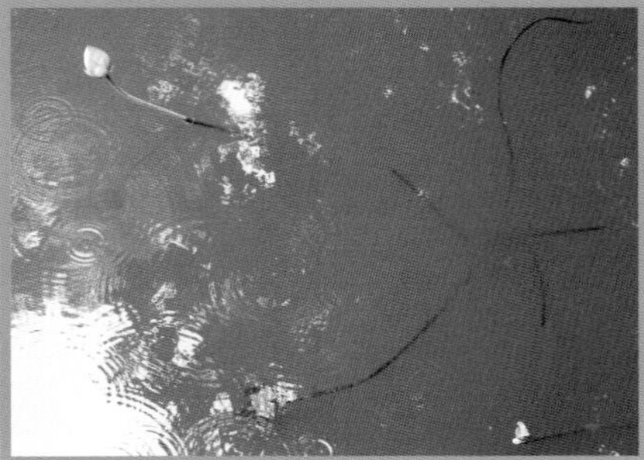

台湾台北国父纪念馆

为何都是那么含蓄美

在台北市政府西面，有一座公园，名叫中山公园。公园内矗立着一座巍巍的纪念馆，这就是纪念伟大的中国革命先行者孙中山的台湾国父纪念馆。该馆为纪念孙中山一百年诞辰而兴建。纪念馆为宫殿式建筑，四边均长100公尺，每边由14根大柱顶起翘角像大鹏展翼的黄色大屋顶，安静地坐落在十万公尺见方的平地中央，四周丛林、花草、广场围绕。引人注目与思索的是，该馆以简洁有力的线条勾勒屋脊，巧妙地将屋顶形成三度曲面。线条取代块面，注重柱子、门窗、屋檐的线条美感，色调朴实且耐看，具有淡薄而宁静致远的气质。整个建筑散发着一种东方古典的意蕴。

走进大楼大厅，迎面就是孙中山先生遗像。中山先生端坐沙发之上，左右有持枪卫兵护卫，台座上镌刻有孙中山先生题写的《礼记·礼运》上孔子论述"大同"社会的一段话。我肃立在遗像前，马上想起伟人曾在杭州西湖荷边说的一句话：中国当如此花。顿觉自己置身于一个大同的莲花世界。巧的是，不自觉转身走到了大厅服务台，台后满墙就是一幅莲花图。

来到馆外绿意盎然、垂柳摇曳的翠湖。荷花栽在水中圆地，花儿开了！成圈栽种的荷花，就像是水中的美丽盆景，随着晨光展露妩媚花容。鸟儿围着荷花飞，荷花朝着"国父"开。翠湖莲景，精巧美妙。与纪念馆对比，一大一小，一方一圆，如此默契和谐。

从翠亭亭边往下爬，蹲在湖边，啊！101大楼怎么藏在荷丛中？"101"，是世界最高摩天大楼和目前的第三高大楼。此楼融合东方古典文化及台湾本土特色，造型宛若劲竹，节节高升，柔韧有余，象征着生生不息。101数字，除代表楼层高度101层楼，也代表了超越满分、再上层楼的吉祥意涵。101，101种风情，101%的精彩，让世界看见中国台湾蓬勃的生命脉动。原来，"101"离"国父"不远，"101"想念"国父"了。不要隐形，中山先生看到欣欣向荣的你，现在一定会讲：中国当如此楼！

上海上海老街

繁华老街

讲去城隍庙，却一头扎进了老街。我见不得"花花世界"，更见不得"花花世界"中的荷花。我哪里也不想去了。到豫园，也是听说园内有荷花才进门的。我这人就是花眼，眼花到连城隍庙都没去。城隍爷们，我在这里给你们磕头，不要责怪我好吗?

过去，我心目中只有"大上海"。这繁华时尚的大都市，如衣着光鲜的女子，惊艳给世人。从宋代的"华亭盐场"，到元明的"东南名邑"；从国运衰败时的"十里洋场"，到今日的"世博盛会"，历史逶迤而来。现在，我站在"旧上海"。城隍庙所在的"上海老街"，将带我穿越时光隧道，回到100年前老上海的繁华。上海老街，就是老上海从明清向民国直至西洋文化涌入时期的一段历史文化的演变。历史上曾以庙前大街为名，汇集了一批上海最早的钱庄、金店、银楼、商行、酒肆、茶馆、戏楼，一直是连接十六铺和城隍庙、豫园地区的人流走廊。独特的地理位置和沿街人文景观，使其拥有丰富的商业文化底蕴。最早标榜为国际都市的上海，仿佛只有在这里，才能见到它建城700年的真实。

远远望见，一个高大的牌坊矗立着。牌坊上"上海老街"四个浑厚有力的金色大字，由汪道涵先生题写。穿过牌坊，老街出现在眼前。街上人来人往，中国的外国的都有。沿着老街漫步，只见两旁那高挂的灯笼、飘动的旗帜、红柱白墙灰瓦的房子，老上海的繁华旧梦，在鳞次栉比的店铺里，展现得淋漓尽致。让人感觉时光倒退。

商业老街往往与地方特色小吃密不可分。上海著名的"老饭店"在老街都有店铺，一排餐饮店都是各式的美食。上海非物质文化遗产的南翔小笼包，至今已有100年的历史。在老街，以经营南翔小笼包等而闻名的"南翔馒头店"，凭借其地道的口味、得天独厚的商业地段，享誉中外。为了吃上这里的小笼包，朋友排队，我占位子。总算饱了口福。南翔店的后面就是清池，清池里几座荷瓣式的墩台植满了荷花。一群群金鱼悠游其间，鱼又戏莲。

这也许就是老街的味道，这也许就是我逛老街的感觉。这也许就是上海。相信，老街变了，因为时代变了。老街，在变迁中幸运地留存下来。它保留了古香，幸存了荷色，满足了我的心和眼。

江苏南京玄武湖

多舛玄武 依旧红莲

怪不得，南京的玄武湖，现在是如此的恬淡悠然。满湖的红莲，是那么的清新安然。使然的，好像与经历的命运相关。

玄武湖，位于南京东北城墙外，火车站门口。历史上，像它这样命运多舛的湖泊并不多见。除了经常被迫更换名称之外，玄武湖忽大忽小、时有时无的经历，也不是其他湖泊所能比的。玄武湖，古称桑泊。后又名后湖、北湖。先秦到西汉，也称作秣陵湖、蒋陵湖。东晋至梁代，先后有过昆明湖、饮马塘、练湖、习武湖、练武湖等名称。六朝时，玄武湖是封建帝王的游乐之地。出于帝王都"四神布局"的需要，又由于宋元嘉年间(448年)，湖中两次出现所谓的"黑龙"，湖名开始改为"玄武"。隋唐以后，随着都城的北移，南京的城市地位一落千丈，玄武湖也被冷落。隋、唐、宋时期，玄武湖两度消失各200多年。明洪武年间，建黄册库(相当如今的中央档案馆)于此，作为禁地，玄武湖又与外界隔绝260多年。面对玄武湖地位的沧桑巨变，曾有不少著名文人，如李白、杜牧、韦庄、李商隐、王安石、欧阳修等，大发叹幽古之感慨。1909年辟为公园，当时称元武湖公园。民国初年，一度又改名五洲公园。解放后，进行全面整治，再度改回玄武。

有人说，南京最好玩的景点是玄武湖，玄武湖的著名景观即是夏荷。玄武湖——中国最大的皇家园林湖泊，方圆近五里，分作五个洲，洲洲堤桥相通，湖面荷花盛放。"莲湖晚唱"，是玄武湖最具代表的十景之一。"玄武红莲"，是源于该湖的品种，也是该湖的"当家花旦"。红莲的足迹几乎遍布全国。六朝时就已闻名天下的满湖皆荷的盛景，被列为中国八大观荷胜地之一。莲花广场，以荷叶荷花造型为构图，12米高的荷花仙子雕塑及4个憨态可掬的莲花童子，是广场的主要标志。红莲作证，2014年的青奥会第一块金牌，在玄武湖产生。

玄武湖的厚重，全因这一汪湖水和一水莲花而变得异常灵动与格外平和。

湖边的树，很有个性地挺立着。不动、不摇，似乎永远在倾听玄武湖的故事。

江苏常熟沙家浜

故事都发生在这里

不管爱看不爱看，作为八大样板戏之一的现代京剧《沙家浜》，恐怕都不会陌生。不管能哼不能哼，提到现代京剧《沙家浜》，谁都能哼上几句。在20世纪六七十年代，盛极全国、闻名遐迩的样板戏《沙家浜》所讲述的故事，就发生在这里——沙家浜。

沙家浜，地名，也是景区名。位于江苏常熟市东南方、阳澄湖边。抗日传奇故事与当地的阳澄湖、芦苇荡、大闸蟹，还有荷花等，丰富了这个地方也是景区的文化内涵和自然景观。

由毛泽东主席亲自定名的京剧《沙家浜》，前身是沪剧《芦荡火种》。根据真人真事创作的一个抗日传奇，讲的是在抗战时期，新四军某部和敌人迂回作战，一度撤离常熟一带，留下18个伤病员，和当地群众生活在一起、战斗在一起，结下了鱼水之情的故事。当时日寇疯狂扫荡根据地，反动武装忠义救国军的头子胡传魁、刁德一秉承日寇大佐黑田的旨意，千方百计企图搜捕新四军伤病员。但沙家浜的抗日军民团结一心，群众巧妙地掩护了救助了伤病员。之后，郭建光率领痊愈归队的战士们，配合大部队的行动。组成突击排直插沙家浜，活捉了黑田和胡传魁、刁德一。沙家浜重新回到了人民的手中。该剧经国家领导人审看时，毛主席幽默地说："芦荡里都是水，革命火种怎么能燎原呢？再说，那时抗日革命形势已经不是火种而是火焰了嘛……戏是好的，剧名可叫《沙家浜》。故事都发生在这里。"

在芦苇荡的绿色帐蔓里，新四军战士和沙家浜人民共同谱写了一首首壮丽的战斗诗篇。同时，"全凭着劳动人民一双手，画出了锦绣江南鱼米乡"。走进景区，河港纵横，芦苇葱郁，荷花竞放，绿野遍布，岸柳成行，尽现水乡田园风光。"绿波不尽尘难染，芦苇深处浮人家"。湖心洲"稻香村"，四周荷花盛开。湿地渔乐园，莲藕飘香。红石村，鱼戏莲叶在池塘。过莲花桥，经双莲桥，尽享芦荷美景。哪里有芦荡，哪里就有荷花。

当年，带领36名伤病员英勇抗敌的指导员——郭建光的原型夏光，2012年除夕夜，这位久经考验的中国共产党优秀战士因病医治无效于南京逝世，享年104岁。根据夏光生前遗愿，他的骨灰一半葬在沙家浜，一半葬在老家湖南武冈。荷花映在阳澄湖上。

沙家浜，一个永远产生故事的地方。

浙江嘉兴南湖

开天辟地的那条船

我久久地沉思，一条小船如何成为了一艘巨轮。当年，这条不能起眼的小船，漂在似烟如雨的湖上，荡出了一个"开天辟地"。随之，惊天动地、翻天覆地，换了人间。历史选择了南湖，南湖承载了小船，小船创造了历史。

嘉兴的南湖，以其烟雨迷蒙的秀丽景色，成为江南著名的游览胜地。"闻道南湖曲，芙蓉似锦张。如何一夜雨，空见水茫茫。"这是宋朝大文豪苏东坡对南湖的吟唱。湖心有一小岛。别看岛小，故事不少。六下江南八驻南湖的乾隆大帝，每次都要赋诗留迹。小岛有一楼，名烟雨，往日的凝脂繁华随着一弘烟波荡漾开去。烟雨楼下的堤岸旁，泊有一条画舫。就是这船，让南湖不同凡响、闻名于世。就是这人称之的南湖红船，定格了90多年前开天辟地大事件的历史画面，再现了中国共产党创建之初的苍茫岁月。

1921年7月23日，中共一大在上海秘密召开。7月30日，会议临近结束，突遭法租界巡捕的袭扰而被迫停会。根据上海代表李达夫人王含悟的建议，8月2日会议转移到嘉兴南湖的一条游船上继续举行。13个平均年龄为28岁的青年人，低头弯腰坐进这个仅能容下十几个人的小船。他们促膝交谈，通过了中共的第一个《纲领》和第一个《决议》，成立了只有50多名党员的中国共产党。谁能料到，这个出身微寒、处境艰难的政党，正是从一叶轻舟出发，引领一个民族从风雨如磐的暗夜起航，劈波斩浪，勇往直前，演绎了人类历史上一个又一个的传奇。如今，这条革命小船已经成为一艘载有中国梦的社会主义巨轮，这个政党已经成为能够影响这个国家命运的政党。

一湖烟雨无声。饱经沧桑的那条小船早已无处可寻。仿制的南湖红船，犹如一朵映日荷花宛在水中央。1964年，当年在这小船开会的董必武重来南湖。登上红船，他感慨万千，挥毫题诗一首："革命声传画舫中，诞生共党庆工农。重来正值清明节，烟雨迷蒙访旧踪。"1959年，毛泽东从上海乘火车赴杭州，他特别嘱咐专列在南湖停一下。一停就是50分钟，主席在车上临窗而望，追忆良久，而后离去。

红船犹如一座丰碑，永远伫立在南湖；红船更是一种精神，永远铭刻在人们心中。

古田的会　古田的莲

古田，古老的山田，却成了"生产"会议的场所、产生思想的地方。或许，它是一块种子田。播下的种子，无论何时何地，都能生根开花结果。古田，出发的标志，胜利的象征。

85年前的一天，数九隆冬，大雪纷飞，我党在古田召开了红四军党的第九次代表大会，史称"古田会议"。这是中国共产党历史上的一次重要会议。会议认真总结了南昌起义以来建军建党的经验，确立了人民军队建设的基本原则，重申了党对红军实行绝对领导，规定了红军的性质、宗旨和任务等事关党的事业兴衰成败的根本性问题。在生死攸关的转折点，毛泽东等人旗帜鲜明地召开古田会议，保证了中国革命走向胜利从这里开始。

福建上杭古田会议会址

85年后的一天，山峦含黛，层林尽染，全军政治工作会议，由习近平亲自提议在古田召开。在我们党确立思想建党、政治建军原则的地方、我军政治工作奠基的地方、新型人民军队定型的地方，召开"新古田会议"，目的是寻根溯源、饮水思源，重整行装再出发，荡涤尘埃再向前。这次会议彰显了党中央、中央军委在新的历史条件下，以整风精神除疴治弊的决心，确立了强军征程中政治建军的大方略。

如果说，85年前的那次古田会议永放光芒，那么"新古田会议"精神，一样会永载史册。

在一片开阔的田野上，坐落着一幢有着160年历史的祠堂，这就是古田会议会址。一座敦宗睦族的客家宗祠，涅槃为一座众人朝仰的神圣殿堂。后山坡上，森林茂密，古树参天。"古田会议永放光芒"8个红色大字，在绿荫的衬托下闪闪发光。会址右前侧有一口饮水井，井旁有一荷花池。这是当年毛泽东在此散步、休息和思考的地方。循着清澈蜿蜒的溪流一路观景，映入眼帘的是一片荷花、向日葵、水稻等农作物构成的生态田园风光。白里透着粉红的荷花，隐藏在翠绿的荷叶之间。相比于荷花的绽放，向日葵的热情也会让你有不一样的感觉。虽没有完全盛开，但每一张"笑脸"都朝着山上的"红太阳"。151级台阶上的毛主席，也在挥手凝视山下的"花海"和"人海"，倾注着无比慈祥的目光。

一个僻处一隅的普通山村，演变为一个闻名中外的红色圣地。古田，是红色的，更是生态的。会议的目标之一，应该是为了那个人民所渴望的"和"与"廉"。

河南许昌运粮河

运粮河里莲如"许"

古老的许昌有条河，它的名字叫运粮河。这河，见证了一代枭雄的雄伟霸业，承载着一座都城的厚重历史。曹操的许昌，许昌的曹操，运粮河将他们紧密地联系在一起。

清晨从许昌去南街村。返回许昌的路上，开车师傅告诉我，运粮河里有荷花。就这样，我因荷，认识了运粮的河。

从2500多年前开始，勤劳而智慧的先民们就已经在各地开挖河道，兴兵运粮。春秋时代，南方的楚庄王是开凿运河的先驱者。他沟通了长江与汉水，实现了自己"三年不飞，一飞冲天；三年不鸣，一鸣惊人"的施政诺言。公元196年，曹操"挟天子以令诸侯"，迁都许昌。许昌，由于其在曹魏政权中至关重要的地位，屯田与运粮成为支撑曹魏经济的两大主题。此后，许昌就有了一条河，一条为主的运粮河。凝聚"乱世英雄"心血的运粮河，许昌人称之为"曹操运粮河"。"发我许昌宫，列舟于长浦……"，从流传至今的诗篇中，依然可以想见当年赫赫声威的曹操，就是在许昌缺少大河湖泊的条件下，科学地利用有限的水资源，充分发挥运粮河的灌溉运输作用，奠定了他统一北方的物质基础。

往事越千年。运粮河虽然只有15里，却贯穿千百年时空，它既是许昌古老而辉煌的记忆，更展示着极富生机与希望的未来。曾经发生过许多故事的这条河，如今又成为一道靓丽的风景线。富有文化气息的屯田漕运景观，提升了许昌的文化氛围，同时也使周边居民充分享受洁净舒适的现代都市生活，还使游人感受曹魏漕运文化、生态文化的特色。

走在古老的运粮河岸边，看到流水潺潺，两岸垂柳依依，河面秀荷丛丛，不禁感慨万千。北宋起始，尤其明洪武、成化年间，许昌州官爱种荷花，使其遍布护城河。每到夏日，红绿交映，风景如画。"天下西湖三十六，许州西湖在其中"。"西湖莲舫"，也成为当时十景之一。许昌，"莲城"由此得名，莲花更成为许昌的市花。可惜，西湖公园因修建，荷剩无几。所幸，运粮的河里荷花盛放，象征着古老的许昌日新月异，愈发和美。

许昌的运粮河，就像一部史，它刻录下曹魏时期辉煌的漕运史；像一本书，它书写着许昌的兴衰荣辱；像一首歌，它吟唱着许昌城市变迁的美妙乐曲。

南 街 村

河南临颍南街村

这个村的村花是荷花

我有必要三上南街吗？第一次去，是看她的"红"——共产主义的实践；第二次去，是赏她的"绿"——荷花莲花的景象；还想去，是为她的"黑"与"白"。现在，"内幕"不少、"争议"颇多，"庐山真面目"究竟怎样？冷静一拍脑袋，干嘛这样再去呢？如此"异类"典型，无论多红多绿多黑白，均不可能纯色；不管过去、现在和将来怎样，只要富民强村为国。一切都会成为历史。我们历史地去看问题，不要用"单色眼镜"哦。

南街村，位于河南临颍县城关镇。大家耳熟能详的全国十大名村，受到全社会的广泛关注和赞誉。一进南街，在这个仅仅只有1.78平方公里面积所看到的一切，似乎让我回到上世纪六七十年代，但进行了"改造翻修"。临街墙壁上大红标语随处可见，风吹着五彩缤纷的旗帜哗哗作响，高高耸立着的马恩列斯毛巨幅画像格外醒目，为建设共产主义小社区而努力奋斗的标语特别亲切，广播中不时传出《东方红》《社会主义好》等坚持社会主义方向和发扬中华民族优良传统的催人奋进的歌声。老百姓的安居工程是清一色六层楼房，区内绿树成荫、花卉争艳，人行道上干干净净，健身器材种类繁多，儿童戏耍，老人欢笑，一点也不逊于现代化都市富人聚居的小区。漫步在休闲娱乐、陶冶情操的花园、公园、景点心旷神怡。幼儿园、小学、中学等建筑各有特色。东方红广场，庄严圣洁，每天24小时有民兵为毛主席站岗……。真是一步一风景，一景一特色。这种"过来红"，怎不令我这个"过来人"浮想联翩。

南街村，共有回汉民族3400多人。改革开放以来，他们依靠共产党政治工作这个优势，开展大学《毛选》、大学雷锋、大唱革命歌曲的三大活动，弘扬主旋律，统一大家的思想和行动，使村民凝聚到一起来，走共同富裕的道路。在"班长"的带领下，结合自身实际，大力发展集体经济，围绕农业办工业，组建了河南省南街村集团有限公司。至今，仍实行"工资+供给"的分配制度，村民们免费享受水、电、气、面粉、节假日食品、购物券、住房、上学、医疗等多项福利待遇。南街，生活安居乐业，文明新风扑面，环境舒适优美，秩序井井有条……，人称美丽的"乡村都市"和"世外桃源"。荷花，"种"在南街村府；莲花，开在村民心里。

再去南街，我会随意而行，轻松而去，到"旧居"瞻仰毛主席。祝福南街，越来越"自然"，越来越"健康"。

湖北咸宁向阳湖

相约向阳荷花开

这究竟是一个怎样的地方？你怎么也想不到，一批文化人，在这里成就了一段独特而又厚重的历史。而荷花，作为一个角色，一直承载着这一片湖群生态与文化的融合。

一湖历史激荡着一湖文化。之前，这里是古云梦泽尚未消逝的水影。环水湾而居的三三两两的农户，农耕渔织。这片鄂南水系边缘的沼泽，无名而平静。一切，直到1969年。让这个偏僻湖泊一举成名的，是这样一批文化人。1969年初，"文革"如火如荼，全国各地各行业各部门都响应号召，开办"改造思想"的"五七干校"。文化部来湖北选址时，被这个两次围垦而即将成功、可容纳几千人劳作的地方所吸引。于是，从1969年秋至1970年5月，文化部系统6000多文化人及家属分三批来到向阳湖。其中，既有孤身一人的，也有夫妻同居的，还有拖家带口全家迁移的。其人数之多、密度之高、名气之大，可谓世界奇观，在中外文化史上绝无仅有。这些人中，有冰心、沈从文、冯雪峰、周巍峙、臧克家、郭小川、张光年、楼适夷、萧乾、冯牧等300多名文学巨匠、艺术大师和知名学者。凡文化部所属单位的文化名人，几乎无一遗漏，来到这片湖区。6年的时光，6000多文化人，在这个曾叫"关阳湖"后改"向阳湖"集中下放劳动，已不可抹杀地成为中国文化史上的一个大事件。

无数人无数次，豪情万丈地走在泥泞的"五七路"上，硬是将一个个只会握笔杆的文弱之躯改造成十八般"农艺"样样精通的干练的老农；硬是将这片千年沼泽改造成万亩良田。如今，荷花依旧。站在过去围垦的高堤上俯瞰，但见道路两旁尽是成片的荷田，一眼望不到边。当年的劳作人和他们的"向阳花"(向阳湖文化人子女的泛称)，依然怀念曾经的荷花美景和荡舟采莲的快乐。著名影星陈宝国，当年随行的"向阳花"，曾在此生活、读书。39年过去，受邀重游旧地因故未成。但要求于来年，"相约荷花开，重回向阳湖"。

在当年的"干校总部"门前沉思，在文人们修建的"五七桥"上流连，在前辈们走过的"五七路"上穿越，在大师们居住过的农房前留影……，临别，带一支"向阳"的红荷归去吧。中央美术学院教授张立辰先生曾说："最让我留恋的还是向阳湖的荷花……。"此前，也许是文人们种养的莲子后代，在全国43家莲子竞选中胜出，作为专供"神十"航天员的食品原料。

洪湖的洪湖(二)：洪湖的红

洪湖已是一种情愫。我的洪湖，是少时看赤卫队电影、听浪打浪歌声留下来的形象。洪湖"红"的印记，深深地烙存在我的心里，一直挥之不去。到了洪湖的蓝田生态旅游区，这种"革命红"，伴随着荷花红，愈烙愈深，愈映愈浓。

千百年前，洪湖就"红"过。在历史的长河中，洪湖曾演绎出许多波澜壮阔的画卷。西周时，州国的都郢就建在洪湖区域内的乌林黄逢山，至今已有3100多年。中国历史上以少胜多的著名战例赤壁之战就发生在这里。赤壁之战并非火烧赤壁，实则火烧乌林。赤壁，因火烧乌林的大火映红了对江的赤壁而得名。

蓝田生态旅游区，是全国农业旅游示范点、全国百家红色旅游经典景区，位于洪湖西北角的瞿家湾镇。瞿家湾，洪湖的"红"中"红"之地。上世纪二三十年代，湘鄂西革命根据地的首府就建立在这里。贺龙、周逸群、段德昌等一批卓越的政治家、军事家以百里洪湖为舞台，立下了震撼全国、流韵万代的功勋。毛泽东曾给予很高的评价：红军时代的洪湖游击战争支持了数年之久，却是河湖港汊地带能够发展游击战争并建立根据地的证据。如今，革命旧址群、烈士陵园等系列红色旅游景点，向世人传递着洪湖辉煌的红色文化。英雄壮阔的革命历史和英勇顽强的"洪湖"精神，滋养着一代又一代的洪湖儿女。

湖北洪湖瞿家湾蓝田生态园

漫步在明清一条街，革命老区的痕迹历历在目。眼见陈列的渔船和湖藕，耳边顿时响起"四处野鸭和菱藕、秋收满帆稻谷香"的歌声。电影《洪湖赤卫队》，讲述的就是发生在1930年夏国内革命战争时期的故事。突出展现了一个特定时期、一个时代的主题精神，从而在歌剧艺术史上永绽里程碑的光芒。在1966年批斗《洪湖赤卫队》时，批斗前放了一段电影，在场的群众却主动地跟着哼唱"洪湖水，浪打浪"。可见，这部作品的优美旋律深入人心。

生态园里有一观荷长廊，是集中国长廊建筑之精华、结合洪湖水乡特点建造的。每3米的廊匾上，都描画有《洪湖赤卫队》的故事情节人物图。在这里，燃烧的激情化为悠闲的乐趣。静观摇曳多姿的荷景，口里还是不经意地伴唱起"浪打浪"的音调。

江西瑞金沙洲坝

"红都"红荷

站在瑞金"红井"的红荷边，神话般的景象出现了：星星之火成了星星之荷(和)，一支火把变为一枝红荷(和)。在红色的摇篮里，一枝红荷(和)燎原成片片红荷(和)。经历枪林弹雨，经受千辛万苦，片片红荷(和)在红色的天安门广场，又化为一面红旗。冉冉升起的那一刻，五颗星星最终演绎出泱泱大和。这不是神话，是实话，是胜似神话的实话。

在一次聚会上，王"冒号"朋友见到我时，几乎开口第一句就是："红都"红景有红荷。因为兴奋，没吃什么，但比吃什么都好。我的心早已飞向红了又红的地方。

1931年11月7日，苏联十月革命胜利14周年纪念日。中华苏维埃共和国，在中央苏区反抗国民党反动派第三次"围剿"的炮声中宣告诞生。瑞金为首都，并改名瑞京。成立当天，还举行了隆重的"开国大典"。这是继苏联之后，世界上第二个红色政权。诞生在赣南闽西偏远山区的红色政权，是年仅10岁的中国共产党人创建国家政权的首次尝试。在经历了第一次国共合作失败、在创建独立武装4年之后，中国共产党人向全世界宣示：他们要建立一个属于自己更属于人民的崭新政权。但是，由于"左"倾路线的错误，第五次反"围剿"失败，不到3岁的苏维埃共和国政府不得不与红军一起，踏上漫漫的远征之路。1934年10月，中央红军开始长征，临时政府撤离"红都"瑞金，从此成为"马背上的共和国"。

"瑞金城外有个小村子叫沙洲坝。毛主席在江西领导革命的时候……"那是我上小学一年级时，背着小手朗读的一篇课文。50多年后的今天，居然肃立在刻有"吃水不忘挖井人，时刻想念毛主席"的石碑旁，感慨万千，浮想联翩。从红土地到黄土地，长征的胜利使年轻的苏维埃共和国站到了新的起点。1937年9月，红色政权正式改为陕甘宁边区政府。至此，历时5年10个月的中华苏维埃共和国完成了自己的光荣使命。1949年，也是在10月，毛泽东宣布新中国成立。从瑞金到北京，红色道路伟大而曲折，梦想终于变成了现实。

"红井"边的荷花，格外引人注目。"红都"的天照耀了你，"红井"的水浇灌了你，绽放吧！现在，也应该盛开出荷(和)美的新天地。

革命的荷花

井冈山的荷花乡，那样充满传奇。如果没有这里的一次会见，就没有八角楼的灯光，没有黄洋界的"星星之火"与井冈山的革命斗争；中国革命的历程，也许……

1927年，秋收起义部队遭受挫折后，毛泽东毅然放弃原定攻打长沙的计划，决定向宁冈、井冈山一带进军。当时，此地有一支袁文才领头由绿林变为"官军"的队伍，对毛泽东这支外来部队格外警觉。为了争取袁文才一起参加革命斗争，10月6日，毛泽东一行7人徒手进山，在现在的荷花乡大苍村会见了袁文才。一出"鸿门宴"，让袁十分佩服毛泽东。这次会见，使袁文才等人接纳了革命军在井冈山安身，建立农村革命根据地，从而开辟了中国革命的新道路。从杀猪宰羊为毛泽东洗尘接风、用竹睡椅做一乘轿子把毛泽东(当时脚受伤)接到茅坪，到协助毛泽东创建和发展井冈山革命根据地，袁文才可谓功不可没。没想到，后来中共"六大"左倾决议，使袁文才由中国工农红军的早期将领成了"土匪"，被错杀。数日后，毛泽东得此消息，悲痛之至，连呼"杀错了"！毛泽东在延安对何长工说：错杀袁、王(佐)，要平反！1965年5月22日，毛泽东回到阔别38年的井冈山。5月24日，他想起袁、王两位战友，深情地说：他们两位是好同志，是"左"倾路线的牺牲品啊！当了解到二位的遗孀还健在时，毛泽东非常高兴。5月29日，两位遗孀在井冈山宾馆受到了毛主席的接见。毛主席依然像38年前一样，亲切地称呼：袁嫂子、王嫂子，并合影留念。如今，在八角楼旁，有井冈山英烈袁文才陈列室。雕塑园内，有19座革命先辈雕像，其中就有袁和王。

江西井冈山荷花乡

曾经的和谈，带来现在的和美。荷花乡本着"走进荷花赏荷花，荷花发展靠荷花"的理念，不仅只是把荷花作为一种产业，而且更是作为一种文化来培植。建成了荷韵花香入乡景观标志和颇具文化内涵的小游园——荷园，并打造了具有荷花文化的古诗词一条街 。七月阳光亮堂堂，井冈山下荷花乡。荷田无边花成海，荷花乡里荷花香。

革命的荷花乡，用那一丝丝荷香，吸引着人们来到开创井冈山革命根据地的第一站。

湖南韶山毛主席故居

韶山冲里荷花红

韶山冲，太阳红，中国出了个毛泽东；韶山冲，杜鹃红，日月同辉耀长空；韶山冲，荷花红，怀念主席情浓浓。

120年前的一天，毛泽东诞生在韶山冲。多少年来，一张经典的故居名片镶嵌在这里：还是那栋"一担柴"式的房子，还是屋后翠绿的山林，还是房前叶碧花红的荷塘。天人合一的农家。这么好的生活环境和条件，当时的毛泽东，为什么非要走出去？迈出韶山冲的第一步，1910年春，17岁，他到外地求学。毛泽东的这次出走，确实如"东方红，太阳升"，带领劳苦大众打出了一片红彤彤的新天地，并改写了中国的历史，影响了世界历史的进程。

从一名热血青年到一位成熟的革命领袖，是一个上下求索、遇难涉险、"万"死一生的过程。毛泽东成为中国革命的舵手、中国人民的领袖，是历史的选择。说起新中国，离不开毛泽东。离开毛泽东，也无法开启今天的中国梦。

毛泽东自革命后，一共回了5次韶山。"别梦依稀咒逝川，故园三十二年前。红旗卷起农奴戟，黑手高悬霸主鞭。为有牺牲多壮志，敢叫日月换新天。喜看稻菽千重浪，遍地英雄下夕烟。"在长期的革命生涯中，他先后牺牲了6位亲人。望着故乡熟悉的一草一木，抚今追昔，思念逝去的亲人，痛悼死难的烈士，更热爱自己的乡亲。阔别32年后的故乡之行，使这位已经66岁的新中国缔造者，思绪万千，疾笔写下了这首千古绝唱。

我去韶山无数次。每次，都是心的崇仰、情的感怀。尤其，第一次和最近两次。刚招工不久，学徒的我与各位师傅一道，去韶山火车站安装在我们车间制作的两个大字——韶山。当时是作为紧急的政治任务布置的。

听说去伟大领袖的老家，多么幸福，一晚都没睡着。一定要为毛主席争光！圆满完成任务后，故居都没去，就回单位了。最近去，是为了那幅没有我拿着红宝书站在镜头里的图画——池荷映故居。分外惊喜，车还未到景区，清清的荷香扑鼻而来，接着呈现眼前的是满目的荷花。这是什么时候开始的景象啊！200多亩的荷莲，恰似一个偌大的花圈，环绕着故居摆放，静静地艳艳地安详在那里。主席，我知道您喜欢荷花。不然的话，故居门前的一泓荷，怎会陪伴您度过童年少年的生活？怎会带着儿女，在中南海的池塘边赏莲、品荷？更多的人懂得您——心如莲花，直愿请您在莲花上端坐。站在荷田旁，眺望韶山学校，我好想看到主席和师生再次相拥，一起在荷花丛中照个相。

肃穆在主席铜像前，怀念之情愈发不能平静。我手执一朵荷花，恭恭敬敬地给他老人家鞠了三个躬。有朝一日，我坐火车来，仰望车站40多年前的"韶山"，再去广场鞠躬跪拜。

忆往昔峥嵘岁月稠

现在到橘子洲，哪怕是拍摄荷花的瞬间，怎么也没有闲情逸致的感觉。东方巨人锻造的名洲神韵，总把人凝重地带入那峥嵘的岁月，也想发出"问苍茫大地，谁主沉浮"的天问。一代伟人，神也！

湖南长沙橘子洲

橘子洲，位于湘江长沙段江心，是世界上最大的内陆洲。它形成于晋惠帝永兴2年(305)，距今已有1700多年的历史。橘子洲，因毛泽东主席《沁园春·长沙》一诗而名扬天下。今天的橘子洲，还是当年毛主席等早期我党领导人到过的橘子洲。所不同的是，长沙市斥巨资整治了洲上的环境。往景只停留在谙熟长沙的市民脑海里。亲临所见的全然是一幅大气、唯美、天人合一的休闲场所，但又充满了链接和遐思历史的厚重元素。站在橘子洲，西望岳麓山，层峦叠嶂，阅尽人间春色；东瞰长沙城，车水马龙，遍览都市繁华，形成"一面青山一面城"的独特景观。在湘江东岸或西岸，远眺整个橘洲岛，俨然是一座不沉的"超巨"航母。

橘子洲最具标志性的景点、景区的文化精髓，是橘子洲头新建的青年毛泽东艺术塑像。这个高32米、长83米、宽41米，由8000多块石头拼装而成的塑像，飘逸的长发、俊秀的脸庞、深邃的目光，与全国各地大大小小的毛泽东塑像相比，凸显出独特的个性。大家还可以看到当年的毛泽东眉头轻锁，再现了一代伟人忧国忧民的气质。恭立塑像前，你会即刻感悟什么是"恰同学少年"、什么是"风华正茂"、什么是"胸怀天下"。1913~1918年，青年毛泽东在湖南一师就读。当时的毛泽东为寻找救国救民的真理，经常与同学游过湘江，在橘子洲头小憩，或开展各类活动。共论天下时事或探讨人生，抒发情怀。1925年，毛泽东从广东回到湖南开展农民运动，期间重游洲头。胸怀天下的毛泽东朗声吟诵气势磅礴的《沁园春·长沙》，抒发了心忧天下、济世救民的壮志豪情。这是一种伟大心灵回声的抒发。细细品味主席当时的"今日之游、昔日之游"，我们不得不为一代伟人的才情所叹服。

一代伟人——毛主席，依然还像当年一样，意气风发地屹立在这块热土上。塑像之下，是如此多娇的江山和敬仰着他的子民。他应该看到了，由他缔造的传奇，还在继续着传奇……

湖南衡阳西湖公园

明翰的西湖

这个公园，叫明翰又名西湖。肯定是，后人为了告慰先辈，对明翰赐予一个西湖，再许上一湖莲花，又配饰一莲洁白。夏明翰烈士，安息在西湖的白莲中。

夏明翰何许人也？"砍头不要紧，只要主义真。杀了夏明翰，还有后来人。"一首惊天动地激励国人前仆后继的壮丽诗，就是夏明翰！1928年3月，由于叛徒的出卖，夏明翰在武汉被国民党反动派所捕。在狱中，他自知性命将要结束，忍着伤痛用半截铅笔给母亲、妻子、大姐分别写了一封信。遗书，给母亲写道："……亲爱的妈妈，别难过，别流泪，别让子规啼血蒙了眼，别用泪水送儿别人间。儿女不见妈妈两鬓白，但相信你会看到我们举过的红旗飘扬在祖国的蓝天！"给妻子写道："……同志们曾说世上唯有家钧好，今日里才觉你是巾帼贤。我一生无愁无泪无私念，你切莫悲悲凄凄泪涟涟。张眼望，这人世，几家夫妻偕老有百年？抛头颅，洒热血，明翰早已视等闲……。红珠留着相思念，赤云(女儿夏芸)孤儿望成全。坚持革命继吾志，誓将真理传人寰。"3月20日清晨，夏明翰被敌人押送到刑场，执行官问他：还有什么话要说？他大声对答：有！给我拿纸笔来！于是，大义凛然留下了20字的就义诗。这就是有血有肉、有情有义、豪气冲天、永远昂头的伟大革命先驱——夏明翰。

出身于官绅家庭的夏府少爷，成为农民运动的领导人，在昔人乃至今人看来，都是极不平凡的。他是毛泽东亲自发展的中共第一批党员。也是毛泽东做媒，娶了普通女工郑家钧为妻。李维汉、何叔衡、谢觉哉送的对联云：世上惟有家钧好，天下只有明翰强。不仅他，28岁慷慨捐躯，并有四位至亲之人相继殉国。情昭日月，义薄云天。夏门一家，情注革命。1964年，在排演大型音乐舞蹈史诗《东方红》时，在周恩来总理的建议下，夏明翰烈士的《只要主义真》与刘伯坚烈士的《带镣行》，被合成雄浑悲壮的《就义歌》而广泛传唱。

苍松掩映下的西湖，位于衡阳市区内。这里曾为衡州八景之一，至今已有千年的历史，素有"西湖夜放白莲花"的美誉。夏明翰的铜像静静地伟立在这里。曲曲折折的荷塘，遍布野莲白花。满目缟素，满湖清香，抚慰着烈士的英灵。明翰英烈的光辉形象，永远根植在西湖白莲之中，永远矗立在党和人民心里。

广东广州番禺莲花山

一锤一钎一莲花

走进莲花山，宛若在历史中穿梭，在心灵间旅行。一座山，一枝莲，从未如此震撼过我。

据说很久以前，南海有一条孽龙，在珠江口兴风作浪。适逢观音菩萨路过此地，不禁大发慈悲，将座下的莲花掷向水中镇压孽龙。莲花入水后，化为今日莲花山南天门边的莲花石。莲花山由此得名。也有一说。莲花山由48座红色砂岩低山组成，其中有座麒麟峰，因峰顶有一石酷似莲花，故称莲花山。还有一讲。莲花山原名石狮头。古代采石后留下的一块石头像出水芙蓉状，而改莲花山。神话毕竟是神话。像什么是什么，是心随境思、境由心定。莲花山，是一位历史老人。是先人给它起的名！

莲花山，见证了番禺以及广州2200多年的历史。 这里有一个古采石场，是国内仅见的"人工丹霞"奇迹。采石历史延续千百年，采石活动主要集中在西汉初期。从莲花山开采出来的石材，通过水路运进广州，营造了著名的南越王宫殿和南越王陵墓。遗址靠近狮子洋。经过莲花岩，穿行南天门，奇峰异洞林立。目睹这许许多多奇形怪状的巨石，有的断面平整，像刀削似的；有的石壁深陷，像个巨大的神龛；有的屹立于水中，仿如擎天一柱。燕子岩是整个采石场遗址的精华所在。峭壁嵯峨，巨石横空，气势逼人。从崖下向上仰望，四面崖壁连环对峙，奇峰突屹，广阔的天空被缩成一方天井，巍巍巨石摇摇欲坠，令人目眩神摇，惊心动魄。大家一定要知道，这些并非大自然的杰作，而是千百年来先人用锤钎劈成的，是中华民族勤劳智慧的结晶！手中的工具铁锤、铁钎、铁凿，附加绳索木架，代表了当时最先进的采石技术。如今，钎痕历历，桩孔累累，凿迹斑斑，还能找到先人在此规模采石的痕迹。此刻，我耳畔仿佛响起叮叮当当的钎凿锤砸之声，先民们艰辛而冒险地悬空作业情景也浮现在眼前。场内，至今仍保留着大量未能运走的石柱、石板等石材，何尝不是一朵朵未开待放的莲花？！古采石场的"莲花仙境"内，每年都要举办莲花节。各式各样上百种的莲花竞相争奇斗艳，与粗犷、厚重的古遗址融为一体，敬慰着远古的先民。

人工无意夺天工。随风而去，多少楼台；千秋不废，莲峰犹在。捧莲绕佛吧！仰古祈福，莲心永开。

蓮花石

蓮

广西钟山英家镇

英家第一枪

去钟山公安的荷塘村好多次，却不知相距不远的英家。英家，既是一个古老的村镇，更是一片红色的热土。又听说街前有百亩连片的池塘，塘里有荷莲。我应该专程一趟了。

英家，也称鹰家。有人说这是英雄的家，也有的说是雄鹰之家。它位于钟山县城西南30多公里的思勤江西岸。宋末明初开始有街，鼎盛于清康乾时期。走进古镇，已非古色。尽管有旧街商铺向人昭示，这里曾是繁华的商埠，但已破落不堪。池塘里的荷虽不多，但映衬在街前屋外，特别是邻近200多年前的粤东会馆，向人更显一片生机。其实，最值得我们追忆的是，这里曾是著名的革命老区。

1942年，桂林"七九"反共事件后，广西省工委将机关转移到英家开展地下活动。以难民身份为掩护，在茅草屋中，艰苦地继续领导和指挥全广西地下党的革命斗争。在英家近5年的时间，省工委克服重重困难，保存和抢救了广西党组织，广泛发动群众开展抗日游击战争，制定了全广西武装起义斗争的战略决策，对全省的革命斗争做出了卓越贡献。1947年6月5日，省工委组织策划"英家起义"，打响了解放战争时期中共广西地下党武装反对国民党反动派的第一枪，揭开了解放战争时期广西各地革命武装斗争的序幕。始建于乾隆42年的英家起义地址——粤东会馆，在民国时期曾是国民党的粮仓。六五起义举红旗，省工委在这里开仓济贫，数千担谷子一夜之间成为方圆百姓鼎中之食。茅草房早已湮灭，唯有会馆成为旧址。会馆"铁将军"把守，进不去。借了房东的高凳伏在围墙上，将陈迹留存在心里。此刻，天公的凉雨化为我们的热泪，籍以缅怀那次惨烈的起义。穿过小道，好不容易找到立在江边大桥头的一座纪念亭，它与旁边残损的古桥一起，见证着英家过去的历史。

不像我，许多人是通过英家大头菜认识英家的。英家大头菜已整整飘香300年。所幸，政府开始加大对这片土地的投资与宣传。中共广西省工委革命历史纪念馆正在兴建，街道也会整修扩建。英家即将以崭新的面貌，迎接一批批探寻红色足迹的八方来客。

四川成都青白江彭家珍祠

长使荷莲慰英魂

又是刘兄，亲自陪我来看彭大将军。

提起辛亥革命，不能不提到彭家珍。在武昌起义的紧要关头，23岁的彭家珍只身深入虎穴，炸死了满清全权大臣良弼，自己不幸壮烈殉国。这一行为，为辛亥革命推翻帝制立下了首功。当晚，这位同盟会历史上最后一名刺客离开寓所时，毅然留下一封绝命书：共和成，虽死犹荣；共和不成，虽生亦辱。

位于成都青白江区城厢镇的彭大将军专祠，是全国唯一一处纪念彭家珍的地方。

家珍公园，碑坊肃立。入门处，身披大衣、脚裹绑腿、抱臂执帽的彭家珍雕像静静伫立。与公园相通的，是专祠。专祠前面，荷塘小桥，池中花叶覆盖，池旁绿柳低垂。步近祠门，给人古朴典雅和庄严凝重之感。专祠里，苍松挺拔，绿树掩映，曲径通幽，沉静肃穆，织成一道独具特色的风景线。祠内，还有历年来孙中山、蒋介石、章太炎、于右任、冯玉祥等人题赠的金匾，以及其他社会名流的题碑。

1912年1月12日，清王宫的顽固派良弼、载泽、载涛等大臣组成"宗社党"。以良弼为首领，誓要血腥清除革命党。彭家珍26日晚探知，良弼将于次日入宫，密谋镇压南方革命力量的情报，决定独自炸杀良弼。当时，他化装成与良弼关系密切的奉天标统崇恭，冷静立于红罗厂良弼的家门前。良弼车到，彭家珍口称有紧急军事向良大人报告。右手掷去炸弹，一声巨响，良弼当场被炸断左腿，晕厥倒地，重伤无救，于29日晚毙命。家珍自己，不幸被一弹片飞伤后脑，当场牺牲。时为1月27日凌晨2时，年仅23岁。

这就是被载入史册的著名的"红罗厂事件"。那位誓与革命党"对抗到底"的全权大臣良弼，在死前疾呼：我死不足惜，可惜清廷完矣！果然，仅仅过了16天，1912年2月12日，隆裕太后即携还是稚子的清帝宣布退位。

1912年3月，孙中山追封他为陆军大将军，并令修建彭大将军专祠。1953年1月6日，毛泽东主席签发的彭家珍烈士光荣纪念证中称：丰功伟绩，永垂不朽。

先辈一去已百年。祠前的荷莲，年年日日和这里的人与物，时时陪伴着壮士的亡灵。

四川成都彭州磁峰鹿鸣荷畔

荷花的色香怎比人性的光灿

映秀，莫非荷花映日之秀？其实，是那牵肠挂肚的山崩地裂之后的映秀。彭州震后矗立起来的鹿鸣荷畔，只是我的第二萦怀。刘兄又一次出征。清晨驾车，直奔当年的地震中心。

2008年5月12日14时28分04秒，四川汶川、北川，8级地震猝然袭来。大地颤抖，山河移位，满目疮痍，生离死别……西南处，国有殇！这是新中国成立以来破坏性最强、波及范围最广、救灾难度最大、损失极为惨重的一次地震。震中的映秀，顿时名扬天下。

一次吞噬近9万人鲜活生命的强震过后，把10多万平方公里的破碎山河重整为安居乐业的家园，需要多久？在如此广阔的土地上，为遭受重创的经济重新注入活力，将震区社会发展水平提升一二十年，需要多久？抚平千万颗心灵的创痛，从毁灭走向新生，从悲壮走向豪迈，又需要多久？三年！这是一段浓缩的时间，从瞬息"归零"到经济重振、社会重整、文化重生，仅仅1000多个日夜，谁能有这样的信心，把一场惨烈的天灾变成新跨越的起点？中国没有美国那样的雄厚财力，没有日本那么丰富的抗灾经验，但在重建安民、重建利民的问题上，我们的努力有过之而无不及。千头万绪的灾后重建，指向"人"这个核心。青川的地震遗址公园，高高的大爱崛起碑，有一个大写的"人"字，寓意着灾后重建最核心的价值观念——以人为本。这一价值最生动的体现，莫过于3年间灾区大地站立起来的大写的人。

如果没看当年的镜头，如果不见保留的遗址，你无法想象，这里曾经经历一场浩劫。浴火重生的新映秀，完全可以用"日新月异" "天翻地覆"来形容。还没有从惊叹与感慨中缓解过来，我们到了彭州灾后重建的鹿鸣荷畔。小区是按照成都市灾后重建"四性"原则，建立起来的统规统建永久性住房。住房占地159亩，2008年8月动工，2009年元月竣工入住。入住居民562户、2113人。地震后，96%的灾区群众，最担忧的就是重建住房。这样的重建速度，意味着什么？早一天早一时，为的是群众少一分等待、早一刻安宁。

"鹿鸣荷畔"称谓，缘于《诗经・小雅・鹿鸣》篇，以蕴其古，昭彰灾后重建盛世新貌。为何这里种植千亩荷莲，我想，既为丰富昔日鹿鸣这个神奇而又美丽的传说；也为渲染今朝重建这个撼世而又生动的神话。

苍天啊，有感于灾后奇迹，请不要再发怒。

贵州贵阳花溪青岩镇

但愿和长久

不到这里不知道，贵阳的青岩古镇，满城的青石板上，处处书写着一个大大的"和"字。

古镇的和，首先来自苍然青石。青岩依山傍岭，层层岩石、迭迭垒积，整个古镇是用石头砌成。石板房、石头墙、石街、石巷、石滩、石坊，还有石台石碾石磨石缸……。房屋依山势而建，所以显得十分顺从。一溜溜院墙，在石板的承托下，高低起伏地延伸着。爬上黄家坡，鸟瞰全景，整个小镇的格局给人一种别样的立体美感。

3平方公里的范围，岁月的风云竟给小镇留下了9寺、8庙、5阁、3宫、2祠及府、院、楼等30多座庙宇祠堂。8座石牌坊，现存3座。这些建筑，画栋雕梁，飞角重檐，在古镇交错密布，相依相拥。明清的遗风，在灰色的墙面、灰黑的页瓦、青色的地板上冗远沉淀。

古时的青岩，是军事上的重镇，又是商贾的集散重地。军事和经济兼有的作用，造就了它的持续发展。这里有灿烂的历史文化、建筑文化、宗教文化、农耕文化、饮食文化、革命传统文化……，600多年的诸多文化浓缩于一个小镇里，600多年的世事变迁刻画在小镇的每一个角落。泛着青色的石板路面，在岁月的人踩马踏之下，诉说着曾经的繁荣和兴旺。

从16世纪至20世纪近400年间，佛教、道教、天主教、基督教相继传入青岩。每每到了初一、十五，寺庙里的香火不断。基督教堂里，教徒们聆听着白发苍苍的老先生讲解《圣经》。袅袅青烟中，不时传出道家的祷文。更为戏剧化的是，代表西方文化的教堂，就建在象征东方传统思想的节孝坊对面。高高尖顶屹立了百年之久。这种参差交错的不对称美，就像那镂空花窗、玻璃青瓦，和五颜六色的现代商品，流露出的是历史与现实之间的扯不断、理还乱。在这里，看似激烈的东西方文化宗教冲突，却空前地融合起来。一镇四教，各念各的经。在中国的古镇中，再也难有这样神奇的"四教合一"风景。

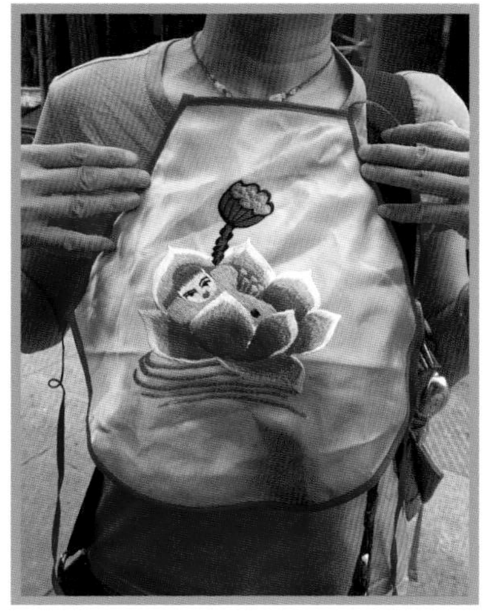

我的心被强烈地震撼了！站在教堂旁的一池荷花边，难以平静的心，感受着"和"的气息。不远处的田野里，皮毛带着青石板颜色的水牛，与三五个孩儿，一起在水中嬉戏。在荷塘边眺望古镇，似乎整个青岩被"和"风萦回着、包容着。

怀想青岩，感叹的脚步不曾停歇，任由思绪在古镇的"和"韵里畅游……

陕西西安莲湖公园

悠悠莲湖六百年

西安莲湖公园，位于西安城内莲湖路南，始建于明朝，建在唐代长安城的"承天门"遗址上。是西安历史最为悠久的公园。沧桑莲湖，几百年来，经历了多次的改朝换代，见证了无数的历史事件。并从"贵族"走向"平民"，一次次蜕变，努力实现着它的华丽转身。

明代朱元璋次子朱樉，依这里低洼地势引水成池，建王府花园。因广种莲花，故名"莲花池"。明清两朝，莲花池不断修缮、清淤、疏通和维护，这才有了西安城内唯一的一汪湖水，湖中莲花常开久在。期间，清康熙七年(1668年)，巡抚贾复汉主持疏浚池泥，莲花池改名"放生池"，"非贵客骚人不得游赏"。1916年辟为公园，定名"莲湖"至今。

曾几何时，莲湖公园经历的事件，像莲花一样五彩缤纷。孙中山先生逝世后，西安各界曾在园内举行追悼会。解放前在中国工作的德国林业专家芬茨尔博士，1936年8月14日病逝后，埋在公园，葬在莲花旁。为了纪念抗日战争胜利，曾在公园东大门内建有抗日阵亡将士纪念塔与汉奸汪精卫夫妇的铁铸跪像。1944年至1947年，中共地下党组织派梅永和先生于园中开设"奇园茶社"，作为秘密地下交通站，因而又给这里增添了一份神奇的红色底蕴。莲湖经历不少，莲花承载太多，波光与莲香却依然如故。

如今，公园免费开放，完全平民化，是市民和游客休闲娱乐、养身修性的好去处。一条通道，将湖分为两半。北湖种植莲花。夏天，莲花盛开的时候，整个北湖全在绿色中，几点红来几点白，点缀其间，显得分外雅致漂亮。南湖，片片小舟在水中荡漾，让大家领略山水美景。公园建有"水上世界"和儿童游乐场，以及"荷院"等服务设施，还有茶社、棋院、图书馆。每天清晨或傍晚，跳舞、踢毽、打太极、唱秦腔的不少，各得其乐。尤其，红歌嘹亮，到处飘扬。这歌声抒发着情怀，表达着心声，折射着和谐。那些经久不衰的不同时期的红色经典歌曲，一首曲就是一段历史，一首歌就是一个故事。"小萝卜头"斜着脑袋，于这里是在吊古怀今，还是听歌看舞呢?

莲湖，你有多久历史? 多少故事? 莲湖的莲花，你还见证多久? 承载多少?

小萝卜头宋振中烈士

甘肃酒泉西汉酒泉胜迹

汉酒汉泉汉时风

说来好笑，玉门的荷花，却要我再次穿过长城脚下，返往几百公里远的酒泉去找。万幸又庆幸，不仅看到荷花，还让我回到几千年前，去领略大汉的雄风。只有感激和开心，讥讽与埋怨荡然无存。一个不便讲明的"好笑"，歪打正着。完全就是老天爷使然。

公元前121年，汉将霍去病西征匈奴，在大漠深处打了一场著名的河西之战。大获全胜，汉武帝从长安赐御酒以赏。大将军倾酒于泉中，与将士共饮。于是，"酒泉"的美名便传承至今。在古酒泉流淌2100多年的地方，建起了一座源于西汉史实、表现大汉雄风、融合江南灵秀的古典园林。这是河西走廊更是丝绸之路上唯一保存完整的一座汉式园林。

汉阙组合建筑的大门，由阙楼、阙塔组成。汉阙门巍峨耸立，庄严肃穆。一股西汉雄风迎面扑来，让人肃然起敬，为它折服。进入这汉风十足的大门，跨过神明桥，穿过汉代风格的长廊，尽头有一个花岗岩雕成的大酒樽。酒樽正面镌刻着李白的《月下独酌》诗句："天若不爱酒，酒星不在天。地若不爱酒，地应无酒泉。"再向前走，一侧门扇上刻写着、国民党元老于右任先生1941年畅游公园时口占的一首词："酒泉酒美泉香，雪山雪白山苍。多少名王名将，几番回首，白头醉卧沙场。"泉之显晦，也是酒泉之兴衰；泉的荣枯，也是酒泉历史沧桑之变化。古酒泉，实则酒泉地方文化的核心和载体。

绕过泉边，沿曲径往里行，假山环绕着明清如镜的泉湖。一座高大的石拱桥，把湖面一分为二。放眼远眺，南望祈连，皑皑白雪倒映湖中，恰似祁连余脉卧澄波。近观身旁，一片片荷花映衬着这山这水、那桥那榭……。此刻，仿佛千百年前的阵阵荷风从湖面掠过，股股酒香于空中回荡。在古老的匈奴语言中，祁连就是天山。泉湖之水天山来。水脉，就是天脉。一条贯通古今的历史潜流，把我们的视线汇聚到辉煌的大汉历史中，成了大汉历史背景下河西特别是酒泉历史的主脉。

凝目荷花，凝思酒泉，一种心境是：吹拂不尽的雄风，感受不完的大汉。

宁夏同心清真大寺

你就是夏天

打开电视，中央台如是说：……这个清真寺的礼拜殿，殿前两壁有砖雕。通常是"梅兰竹菊"，这里却雕成了"竹荷菊梅"的条幅。荷代表夏天，而且她的品格……所以……。通过查资料，知道这个清真寺在宁夏同心县城西北角，亦知道这个县不生长荷藕。我还是饶有兴趣，决意为了这幅"荷"、这个"夏天"，专程走西北，去了解究竟。

同心清真大寺，距今已有600余年的历史，是中国现存的十大古老清真寺之一。虽历经沧桑，却气势雄伟，古朴典雅。它的确与众不同。没有绿色琉璃瓦覆盖的圆顶，也没有高高的宣礼塔。尽管有星月装饰，它却像具有中国风格的欧洲城堡，或像中国城楼。细细品味，大寺是一座把中国古代传统木结构和伊斯兰雕刻装饰艺术融为一体的独特建筑，体现了中阿文化的融合与友谊的交流。意想不到，大寺还是一座具有光荣革命历史的文物建筑。1936年，中国工农红军西征时，在此召开各界代表大会，并建立了中国历史上第一个县级的回民自治政权——陕甘宁省豫海县回民自治政府，被誉为回民解放的先声，民族自治的先河。

在这古色红色相映的天地里，我要寻找的在哪里？由券门过暗道，步石阶登高台，往北前往礼拜大殿。该殿是大寺的核心建筑，很多宗教活动在此进行。殿内非常宽敞，可同时容纳近千人礼拜。殿外装饰精致，翘檐斗拱，庄重朴素。那块高悬于廊檐下的自治政府成立大会会址的牌匾，是历史赋予这个古老的清真寺的无上荣光。牌匾下的殿前两壁的砖雕，除雕有文房四宝和宗教用品外，左边配以竹与荷，竹旁对联是：仁义为友道德为师；荷旁对联是：金玉其心芝兰其室。右边配以菊和梅，菊旁对联是：联进唐兵移在西域；梅旁对联是：更换回军来至中国。我徘徊于壁雕前，久久兀立，苦苦寻思：想当年为何要这样配图配文呢？在夏去冬来的日子里，教徒们就是这样早早晚晚几次，先净身，然后再到这里来洗心。殿前的"竹荷菊梅"，也就是这样一年四季地迎送着。它们见证了，戴白帽子的人心愿的实现，佩红五星的人使命的完成。

回望大寺，我脑海里的那幅"荷"，忽然变成了巨大的艺术画卷；那个"夏天"，陡然化为了久远的历史长河。一下子，我顿觉自己多么无知和渺小。羞愧之际，我也忘不了，凌晨四点多到达同心，火车站职工破例让我一人在候车室呆到天亮。忘不了，为了等待拍摄做礼拜的场景，清真寺的教长特允我在学生宿舍睡了两个小时。

四川汶川映秀

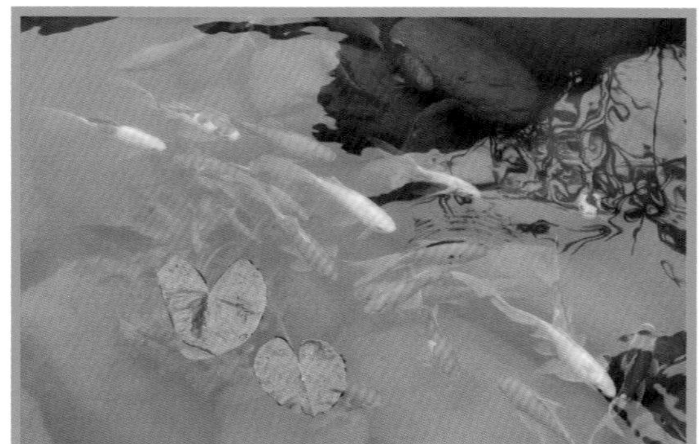

诗句摘于【唐】宋之问：《秋莲赋》；《中国历代咏荷诗文集成》第741页

图片摄于2011年5月、广东广州东方宾馆

荷花诗句欣赏——静中看 悠悠流水无穷 澹澹长空不尽

诗句摘于【明】马卿：《瑞鹤仙·夏日闲居》；《中国历代咏荷诗文集成》第490页

图片摄于2009年7月、浙江杭州西湖

荷花诗句欣赏——风轻月冷 听他瓣落 思入清微

诗句摘于【明】陶汝鼐：《金菊对芙蓉·莲花》；《中国历代咏荷诗文集成》第523页

图片摄于2008年6月、河北安新安新王家寨度假村

名称之悠

Sense of Names

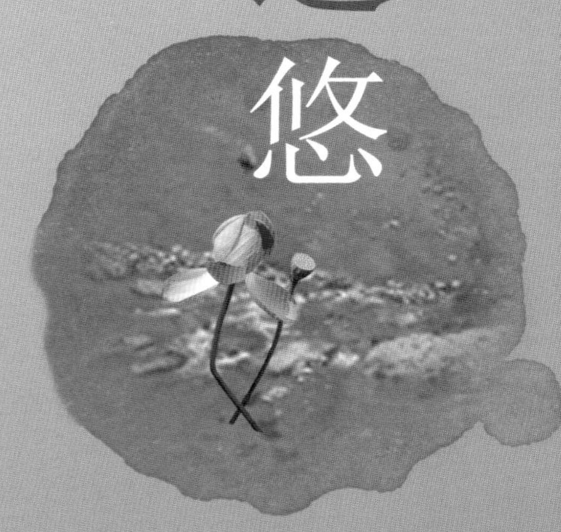

目录

河北山海关莲花湖公园

莲仰第一关

真没想到，30年后为莲花又来到了山海关。也没想到，莲花湖公园就在"天下第一关"旁，莲花摇曳在长城脚下。莲缘关分，一起来了。又是老天爷关照我。

先晚住在古城附近，第二天不到五时就起床，独自一人去拜关探莲。走过拱门，了无人影。只见箭楼上空乌云层层，一群和平鸽从天中翔过。我想，山海关应该弥漫在这种氛围中。沿着城楼脚下走啊走，"天下第一关"映入眼帘。栅门紧闭，城楼朦胧，我伫立那里，久久沉醉。直到一马破城，蹄蹄向我行来，梦似楼前叩醒。

万里长城，以她浩大的工程、雄伟的气魄和悠久的历史著称于世。她像一条巨龙，越荒漠穿草原，盘旋在高山之上，游走于黄河岸边和渤海之滨。她从修筑伊始到最后完成，历时2000多年。现存的长城，主要是600多年前的明朝，在前人的基础上修筑的。东起山海关，西至嘉峪关，全长6000多公里。有人做过这样一个粗略的估计，如果单单把现存长城所用的砖石土方，筑成一道2米厚4米高的围墙，那么它可以绕地球一周多。中国长城称为世界奇迹，当之无愧。

在渤海之滨、燕山之麓的长城上，有一座雄伟的城楼，依山傍海，十分壮观。这就是历史名关——山海关，世称"天下第一关"。登上"天下第一关"城楼，南眺渤海，白浪滔天，烟波浩瀚；北登长城，蜿蜒起伏，气势磅礴。那边绵绵起伏的城墙上，每隔几百米，就有敌台高耸。俯瞰烽火台，凝视兵器盔甲，顿感关高城重，仿佛置身于古代战场。

孟姜女还在这里。据说，她绕过万水千山，为丈夫送寒衣。当来到修长城的工地时，听到丈夫已经累死，顿时悲痛欲绝。一连三天三夜，将一段长城哭倒。后人为了纪念她，便修了贞女祠。姜女身着青衫素服，面带愁容遥望南海。

雄关梦断江南风，连绵长城宛如虹。多少无名好汉去，一湖莲花慰英魂。莲花湖，原来叫莲花坑。南邻古朴的新火车站，北侧与"天下第一关"、靖边楼交相辉映。一半清澈一半清香，古城倒映水中，莲花仰面绽放。一道花环，映衬古城，凸显长城和城楼的雄姿。

高山仰止。巍巍"第一关"，此刻的莲花与我，"虽不能至，然心向往之"。

山西襄汾燕村荷花公园

荷花开了 爱情来了

尽管现在的相亲五彩缤纷，有的规模宏大、颇具特色；尽管这里的相亲，比之相形见绌，而且我没目睹，但我还是要为他们点个赞。因为，他们县这次相亲活动朴实无华，而且在远离县城20多公里的农村举行。何况，在荷花公园举办，主题是：荷花开了，爱情来了。

山西的母亲河——汾河由北向南流自燕村一带，河道紧靠对岸向西弯去，留给燕村开阔的河滩。县兴民林业开发公司投资，对1500亩河滩彻底改头换面，在燕村修建了荷花公园。以此为龙头，指导和引领7个乡镇的34个行政村的5250户农民种植万亩莲藕，统一收购，品牌销售。不仅提高了襄汾县的旅游形象，特别是优化了农业结构，增加了农民收入。一园建在农村里，一荷开在村庄内。加之，蜿蜒的汾河景观、优美的田园风光、良好的生态环境、淳朴的乡土风情，为农业观光奠定了坚实的基础。一年一度荷花节，一节一次主题曲，"荷花开了，爱情来了"的相亲活动，显现出"爱您一世"(2014)的精彩。

日日相思夜未眠，苦苦盼望能相见。古时候，男女婚姻全凭"父母之命、媒婆之言"，相亲之事也由媒婆张罗、父母操心。男女双方在未拜堂进洞房之前，很难见上一面。到了近代，多少还要靠媒人从中周旋，双方见面时也仍会"手遮羞脸面火红，心撞酥胸怀忐忑"。看今朝的相亲，已被现代的价值观、婚姻观和社会心理变迁注入了娱乐、商业等元素。相亲成为了年轻人社交的一种方式，开放自由式相亲。更多地成为了一场秀。"爱情来敲门"，"我们约会吧"。"非诚勿扰"！"百里挑一"，"相亲相爱"，"让恋爱亮起来"，"为爱向前冲"！各大卫视不断上演"相亲"大战。

花为媒，300多人相约荷丛中。不少人带着泥土的芳香和乡亲们的期望来的。虽然缺些走秀，少点浪漫，可是荷花的婀娜多姿、摇曳轻舞，为相亲增添了情调和氛围。

人类情感中，爱情最复杂、最难表达和解释。浪漫的邂逅，一见钟情的爱情，也曾憧憬，不是每个人都能遇到。爱情姗姗来迟时，与其一个人苦苦寻觅，不妨借助更多其他的途径寻找。相亲用最传统的方式，演绎着现代的爱情，虽然会比自由恋爱少了一些浪漫，但谁能说，由相亲结缘的两个人生活一定不更好呢？幸福、和谐，也要靠双方的努力经营与体谅。

辽宁铁岭莲花湖

名副其实的莲花湖

辽宁铁岭莲花湖，位于铁岭新老城区之间，历史上有"五湖八坑"之说，水面非常广阔。现在仅剩下4·3平方公里的水面面积。2007年，铁岭市开展国家城市湿地公园试点工作。这是迄今为止全国第六个、我国北方第一个国家城市湿地公园试点。

该公园自2006年开始进行恢复、建设，总面积670公顷，由人工湿地区、中心湖区、西堤半岛核心景观区、荷花精品区、辽河湿地博物馆、儿童公园等八部分组成。

来到莲花湖，只见亭阁交错，亭阁之间栈桥相连，一路栈桥一路荷花与芦苇。核心景区，遍地荷花到处开，一眼望不到边，在蓝天白云下尽显妖娆。离花不远，水鸟在网桩上排队，偶有几只凌空飞起，在湖的上空盘旋点名。游人如织，共赏花前柳下美景。新城高楼好像建在荷花边，博物馆似乎立在荷花中。

我赞美，原原本本的莲花湖；我感慨，实实在在的城市湿地公园。一种人工与自然相结合的创作，让人尽享荷荷美美。

2014年，听说第28届全国荷花展在莲花湖举办，于此前夕我顺道又去了一次。四处都在布置荷展，莲花湖更漂亮了。似乎，荷花也很争气，叶茂花繁，摇曳各方，准备迎接国内外宾客与游人的检阅。

吉林珲春防川莲花湖

一莲香三国

这是一个特别的地方。这个地方，生长着一种特异的莲花。

这个特别的地方，就是吉林珲春的防川。防川，距珲春市区65公里，坐落在敬信镇境内，是一个朝鲜族小村庄。被称为"东方第一村"。它是我国唯一与朝鲜、俄罗斯三国的交界处，濒海临江，依山傍水，左侧与俄陆地相接，右边与朝鲜隔江相望。真可谓，"鸡鸣闻三国，犬吠惊三疆"的边界之村。位于防川风景区内，有一个东西宽480米、南北最长处达1000米的莲花湖。该湖一侧依山，三面环林，湖内生长的"图们江野生红莲"，距今已有一亿三千五百年的历史。许多久远而美丽的传说，使红莲更具神秘色彩。相传唐代渤海国时期，这里曾有荷仙显圣。一天清晨，数名红衣仙女乘绿舫、和管弦、歌古调，姿态艳丽。又传说，1900年庚子之乱的前一年，湖中荷花尽数凋零，三年后战乱平息，荷花才重生如故。人们纷纷传言，荷仙是"遇乱避难，盛世再现"。目前，这里已成为中国野生荷花研究基地。清末诗人韩文泉曾经赞叹："幽谷如临君子国，深山得睹美人仙"。

2007年7月下旬，在朱兄的陪同下，我有幸第一次造访莲花湖。非常吃惊，只见公园内的广告牌上红莲"火火"，却不见湖中荷花的踪迹，只有二三处零散的小叶在水里漂浮，伴着折断的树干，好像它们在一起叹息。满心的惆怅，我和它们一同在倾诉。1999年，中国花协荷花分会会长王其超教授率队来考察，将其湖中荷花定名为"图门江红莲"。2002年，老人家又一次来此考察。可笑的是，考察刚刚完毕，红莲"避难"，濒临绝迹。五六年间饱受生态环境的破坏。珲春风景区管理局与延边大学合作申请吉林省科技发展计划项目，极力抢救恢复红莲这一古老物种。时隔六年，又是7月下旬，

在朋友的帮助下，我第二次来到这里。变了，一切都变了！不变的只有那牌坊。荷花仙子站在广场中央迎接我们，湖边游船排着队等着我们。围湖四周的湖面上，荷花与其他水生植物相映生辉，凌波欢唱，花叶欢笑。那天，恰巧微雨薄雾，虽无明艳亮丽，却宛如游弋人间仙境。我，与它们相拥在湖中。

红莲，在天姿国色的精彩中，又开出了一种独有的北方豪情，成为长白山下图们江畔的一道美丽风光。

黑龙江林口莲花镇

莲花　现在啥样啦

黑龙江林口县的西北部，有个莲花镇，镇里有个莲花村，村里还有莲花泡。2004年，莲花镇政府也迁至了莲花村，离莲花泡不远。我们赶到那里，又知道了，在镇的境内，国家重点工程莲花水电站建成后，形成的大型入口湖泊——莲花湖，犹如一条蜿蜒的巨龙横卧在崇山峻岭中。通往莲花湖风景区的路上，还有一座莲华寺。真是，处处皆莲，每每花开。拜过庙，游完泡，走在莲花街上，还听到了让人倍感兴奋的消息。那就是，莲花镇进行生态搬迁，建设高标准、完全城市化的生态旅游中心镇，在全省打造第一个生态搬迁旅游示范镇。

我饶有兴趣地来到建设工地。精致的宣传广告，图文并茂，告诉我许许多多：在新镇建设规划上，以促进人与自然和谐发展为中心，以改善旅游区域内生态环境为重点，着重解决生态景观破碎和生态恢复问题。结合新镇选址"倒三角"、"喇叭状"的地形特点，将"步步莲升"作为主题构想，规划了"三心、四轴、七区"。新镇建设总体规划面积2.2平方公里，预计总投资18.75亿元，分三期组织实施搬迁、建设，共涉及16个村屯，15000多人。并立足"山、水、莲、佛"等特色创意，将真正做到"镇在林中，楼在园中，路在绿中，人在景中"。这里是莲花的世界。围绕"莲意四解"：君子之德，爱情之美，吉祥之意，佛道之缘，一期工程的景观设计，几乎完全是深入解读莲文化内涵。比如，接天莲叶、莲的心率、金水莲旺、玉莲门、宝莲卧、佛手莲、莲花池等等。搬迁户集中安置区，也叫望水莲湾小区。莲花，不远的将来，又要开出一朵非凡的奇葩。

一幅美轮美奂的新镇规划图展现在人们面前，一场声势浩大的"生态搬迁旅游新镇"建设的战役，在莲花这片神奇的土地上全面打响。莲花，你现在建设得怎么样了？一天晚上，我梦回莲花。面对莲花状的服务中心，站在诚心莲广场，目睹莲花人安居乐业在莲花境地。

台湾高雄莲池潭

先天的结缘

莲池潭（旧名莲花潭），位于台湾高雄市半屏山之南、龟山之北，是高雄左营区内最大的湖泊。1686年，凤山知县杨芳声建文庙时，以莲花潭为泮池，在池中栽植莲花，因此有"莲花潭"之名。每值炎夏，"熏风吹泮水，荷芰安清香"。"泮水荷香"列为凤山八景之一。昔日，不少文人骚客泛舟宴饮莲花潭，并吟诗作赋。

早期的莲池潭，是由文庙、龟山、半屏山、荷菱与垂柳所组成。之后，陆续兴建春秋阁、五里亭、龙虎塔、北极玄天上帝耸立于潭中。如今，西岸庙宇林立，500公尺内竟有20余座寺庙。是因庙有莲，还是因莲有寺？是因阁有荷，还是因荷有亭？其中的缘分，大概是天意吧。

1976年落成的孔庙，建筑宏伟堂皇，面积之大为全台湾孔庙之冠。春秋阁建于1953年，为两座中国宫殿式楼阁，系为纪念武圣关公而建。春秋阁的前端有一尊骑龙观音，地方相传观音菩萨曾骑龙在云端现身，指示信徒要依其现身之形态建造圣像在春阁及秋阁之间，故有现在的骑龙观音圣像。北极玄天上帝，立在潭岸边，号称是东南亚最高水上神像，传说乃是奉玉皇大帝降旨所建。庙宇高72米，手执的七星宝剑长38.5米，也被称为天下第一剑。龙虎塔，1976年兴建完工。塔高七层，潭水上立有龙虎孪生阁楼，楼前各有龙虎塑像。游客可以身为道，由龙口进、虎口出，取吉祥之意。一年一度的莲池潭万年祭，约在十月份举行。原本只是当地庙宇的庆典活动，但近年来，使之成为了充满传统文化和宗教气息的、与灯会并列的、最能代表高雄市的文化观光活动之一。

我自东由南向西到北，几乎围湖转了一圈。过去，"映日花开香世界，迎风叶漾碧琉璃"，"岸影涨红疑烈火，水光回映想流霞"。现在，西岸虽有一些荷花，但自从新建美轮美奂的殿堂后，增加了许多富丽，但莲池潭已不如往日花茂叶清了。也许，在"阿弥陀佛"的世界里，佛即莲，莲即佛。但是，莲花永远是点缀。

江苏扬州荷花池公园

一华三十又扬州

真没想到，我的最后一次追寻，会在"烟花三月"的扬州；最后一篇文字，会是扬州的"荷花池"。难道，下笔为荷，落笔成花，收笔在池？浮想联翩，再也不能入眠。干脆爬起来，"划"完最后几个字。此刻，是日军投降70周年纪念日的凌晨4时。

其实，8年以前，我来过扬州荷花池公园，还有瘦西湖，是为了《和荷天下》这个册子。当时，没入瘦西湖，也许赶急和只要一个门楼照。最主要的是，或许那个门票，全费有点贵。好不容易下扬州，哪有不想进去看看中国闻名的"瘦了身"的西湖？走进荷花池，好像不要门票。印象中，当时的池荷没有盛放，故找到公园办公室请教。主任热情接待，并指引我去该园的荷花培植基地。现在已记不清基地在哪，反正坐公交有点远。听说领导介绍，基地的专家让我拍个够。这是我第一次欣赏到盆栽碗莲，目睹这么多品种且十分漂亮的荷花与睡莲。

5年后，我专门为瘦西湖而去，从头到尾沿着瘦长的西湖徜徉了一遍。没进荷花池的门，只在马路边停车，远望了一下湖中的亭阁，默默祝福"荷花仙子"与那位"冒号"一切安好。

一晃3年过去。听说第30届全国荷花展2016年又回扬州举办，于是，盛荷八月三下扬州。这一次是，弥补了荷花池，怠慢了瘦西湖。也许有那天，全国荷展30岁生日之时，带上我的这本册子，重游一湖一池，好好逛逛古老的扬州、看看想念的荷花。

荷花池，原名南池、砚池，因池中广植荷花而名荷花池。清初汪玉枢在池边建有别墅，名南园，为当时扬州八大名园之一。园有太湖奇石九峰，乾隆巡游扬州时，御书"九峰园"额。1999年，该园引种品种荷花，成为扬州荷花培植中心。曾为第18届全国荷花展独家提供展览用花，并多次获得全国碗莲栽培技术评比大奖。

因园内修建地下停车场，从小门而入，一切如常开园。如今的荷花池，一座现代风貌与传统风格相融合的城中公园，已被打造成为扬州首个以健康为主题的休闲公园。假山石下，曲拱桥边，园林楼旁，池塘水内，到处都有荷花摇曳飘香。沿堤洁雅遍琼芳，丽质亭亭立水塘。清露凝珠千叶绿，微风吹萼一园香。

但愿来日有幸，30周年之际，再次信步一池一湖。

浙江湖州南浔小莲庄

一园莲花立中央

不能因为我的机会不佳，而不赞它。昔日的它，可是满池荷开、整园莲香。

小莲庄，是湖州南浔的王牌景点，为晚清南浔俗称"四象"之首富刘镛所筑的私家花园，始建于清光绪11年(1885)。后经刘家祖孙三代40年的经营，由刘镛的长孙刘承干于1924年落成。因慕元末湖州籍大书画家赵孟頫所建莲花庄之名，而自叫小莲庄，更带上娇小玲珑的感情色彩。

整个园林以荷花池为中心，依地形设山理水，形成内外两园。内园是一座园中园，处于外园的东南角。以山为主体，仿唐代诗人杜牧《山行》之意，凿池栽芰叠石成山。山道弯弯，半山苍松，半山红枫，枫林松径，山路回转，小巧而又曲折，宛然一座大盆景。此园与外园以粉墙相隔，又以漏窗相通，似隔非隔，内外两园山色湖光，相映成趣。

"江南小莲庄，十亩荷花塘"。外园完全沿荷池点缀亭台楼阁。移步之间，那种小家碧玉的绰约多姿，与荷莲的高风亮节凝于每一细节。荷池南岸主体建筑"退修小榭"临池而建，正是古代士大夫谨慎守身的外化。此榭的溪曲廊连"养新德斋"，是主人的书房。荷池北岸外侧为鹧鸪溪，沿溪叠有假山并植矮竹护堤。堤东端建有西式牌坊一座，门额上的"小莲庄"三字为著名学者郑孝胥所书。荷池东岸原建有"七十二鸳鸯楼"，抗战时被毁。其南侧有百年紫藤，似卧龙参天盘卷，枝叶茂密，伸达五曲桥顶。每到花季，即如紫色的彩带悬绕于桥顶，美不胜收。荷池西岸较高的建筑"东升阁"，是座西洋式的楼房，俗称"小姐楼"，具有浓郁的异国情调。西岸另建有"净香诗窟"，便是当时主人接待雅士、专门吟诗作对的地方。西岸还建有碑刻长廊，并引接家庙。

夏季是小莲庄最美的季节。因荷盛开，不少人在此赏荷。7年前，我专程千里追寻而来，只见池面荷叶稀疏几片。荷花池四周几个风格不同的赏荷亭子，似乎这刻闲着无事。倒是一溪之隔的嘉业堂藏书楼，书楼与盛荷融为一体，别有一番味道。

小莲庄的荷啊，你为何独独此期无芳姿？难道是，在南浔渐次繁华的城市建设中，你偏安一隅而心有不安吗？

浙江安吉荷花山

安且吉兮的荷风莲韵

荷花之山无荷，却处在安且吉兮之地；无荷有莲，莲花胜境且隐于竹海之中。荷山之神奇、莲境之神秘，元芳，你说去不去?

浙江西北部，有一个县叫安吉。公元185年，汉灵帝从《诗经·唐风》篇中，取"安且吉兮"之意，赐予江南这个新建制的县城。"安吉"之名，就这样被唤了1800多年。

安吉有一荷花山，位于一个以太极八卦为形的村落——余村。安吉，竹子之乡。荷花山，实乃竹山。进入大门，首先映入眼帘的是满目的竹林。从层层叠叠、似连非连的竹浪中看去，正中的山脉就像一朵盛开的荷花，叶瓣你挨着我、我挤着你。在微风的吹拂下，似乎轻轻地摆动着，真是美妙极了。就因为这连绵的群山像极了圣洁的荷花，而这南低北高的山体走势，又恰恰符合风水宝地之要求，所以，吴越国国王为感谢观音指点，于公元912年在此亲手操办，建起了隆庆庵。

"进佛门领山色神怡心净；寻荷花朝观音福至慧生"。仰望隆庆庵牌楼，来到大觉桥。桥两头各有两个狮子，代表一年四季。而两旁桥栏上的莲花共24朵，代表一年当中的24节气。走过大觉桥，一年到头都会顺顺当当、平平安安。隆庆庵，以供奉观音为主。池中的倒影观音，仿佛头顶白云，脚踏莲花，从山间去往竹海深处那庵。这座寺院，是尼姑庵，因而显得格外稀贵。因庵所处风水特别，佛光时有降临。虽历千年沧桑，但香火极盛不绝。

谁说荷花山没有荷花？走过逍遥桥，一路左下，在所谓"军事禁地"的附近，路的两旁生长着一洼洼、一团团见底不见水的旱荷。可能久干无雨，"营养不良"，发育迟缓，只有叶没有花。她们绿意葱葱，与芦蒲"野"在一块，摇曳自如。如果不是为了坚守山之"荷花"之名，如果不是为了寺院的"莲花胜境"，她们不会如此顽强执着。看着她们，想到此山此村的银杏树，我内心充满了信心。早在一亿多年前，荷花与银杏等，一起经历过气候恶劣、灾难频发，而奇迹般地活了下来。还想到，这里还有众多同一风骨的修竹"君子哥"，也与荷花一道坚守，我顿觉轻松了许多。

此刻，我在默默祈祷：救苦救难的观音菩萨，求求你！多洒甘露于人间。信不信由你，我们在余村吃罢午饭，天开始下雨了。

福建厦门同安莲花莲花村

莲花莲花连莲花

厦门同安西北部山区，有个莲花镇，镇内有个厦门唯一的莲花国家森林公园，公园有个莲花山景区。莲花山下有个莲花镇，镇里有个莲花村，莲花村里有莲丰厝等古厝，还有莲花湖、莲花基地……

这么多的“莲”，让自己联想起，当初眼戴老花镜、手拿放大镜的我，在地图册上查找“荷莲”的地名。后来，又连累到小刚兄与乐天兄，利用休息时间帮我校对与梳理。他们各方面的关照，恰似“莲花”开在我心。

不知莲源在哪里，将这一系列莲花连了起来。也许，就是那座山。莲花山海拔755米，是厦门最高峰。"莲花"，不时被云雾弥漫笼罩，忽隐忽现，变化万千。登峰四顾，林海浩渺，群山漫舞，峻岭交错，良田村舍一览无余。山间树木繁多，泉涌其间，自然风光秀美。莲花湖碧波荡漾，湖光山色相映成趣。

莲花村，有一叶氏建筑群。它们沉寂在那里，但争着想说自己的故事。叶定国，莲花村人，是大土匪、小军阀、同安土皇帝。1924年，着手修建了自己最具特色的房屋，取名同字厝。从空中看，整座建筑呈现一个完整的同字造型。叶定国十分可恶，但同字厝却建筑精美，风格独特。这是一座砖、石、木混合结构的二落式建筑。据说，叶定国原打算建起同字厝、安字厝，以实现他永霸同安的企图。但是，安字厝只建了一半，他被雷电击死，此事不了了之。紧挨着同字厝西侧，依次还有三座闽南古建筑，分别是二落厝、叶祖厝、莲丰厝。二落厝，是叶为自己这一房所盖的祖屋；叶祖厝，是村内叶姓的祖居；莲丰厝，则是叶的堂兄弟"大爷"叶硕俊的房子，跟叶定国无关。大家都知道，"大爷"人很好，挑柴来卖的，他会招呼大家吃饭；乞丐来了，他会给人家一点钱。可能，"大爷"有一颗"莲心"，故将自己的房子取名"莲丰"。希望年年丰收，多给别人一些好处。

扩建佛心寺，主题为"万朵莲花会佛心"。这是因为佛心寺坐落莲花村，背靠莲花山，面朝莲花溪，依傍莲花水库。建成后，与莲花基地连成一片，成为一个新的宗教旅游景点。

来自台湾的农民简福川，于上世纪90年代开始扎根莲花村种植莲花。2006年，又从台湾引进九品香水莲花，品种达几十个。这种莲花植株高，花朵硕大，且可全年观赏。经120摄氏度高温杀菌烘焙，还可制成清香怡人的香莲茶及菜肴，或用来提炼香水。北京奥运期间，10万株九品香水莲作为礼仪用花，吸引了八方来客。

莲花山下的莲花，同安厦门，永远绽放。

莲花"舞阳"

全国名叫莲花的乡、镇、村有好几十，先去河南舞阳的莲花镇吧。愧对那个亲自为我开车、而且全国有点名气的村官，以及陪我的另位"冒号"，还有镇办公室接待我的漂亮女士。我莲花一别，就再也没有联系他们。村官给我的手机号码，不经意消失了。只有待我编成册子之时，再来谢谢莲花的好人们。

河南舞阳莲花镇

莲花镇，1958年设拐子王公社，1984年社改乡，1994年更名莲花镇至今。全镇绝大部分为洼地。沙河、澧河、泥河三水横贯东西。自1992年以来，将泥河洼滞洪区开发出渔场2500亩，藕地1800亩。昔日废弃撂荒的沼泽地，今日荷花盛开鱼满塘。也许，因荷莲美景，莲花镇由此得名。镇府办公地点比较简陋，但一方牌壁尚可。牌壁下张着笑脸的莲叶，水灵灵绿意意地映衬着"为人民服务"。

我坐班车赶到莲花吃早餐。等了一会，镇办公室才来人。这位女士非常周到，不仅耐心回答问题，还热情帮我找人找车去拍莲花。村官带我去了沙河附近和泥河洼的荷塘与莲田。来早了，只见翠叶舒卷，没有灿花映日。但近乎原生态的"野莲"，吸引我忙个不停。

意想不到的是，莲花还真是个"舞动阳光"的地方。

村官顺路带我去了该镇韩寨村。有所不知，2个多月前的阳春三月，全国"两会"刚结束几天，温家宝总理不辞辛劳来到这里，看了庄稼，并进村入户和大家面对面交流。村官笑话我：总理前脚走，你是后脚到。这户人家就是总理问长问短的地方，这个广场就是总理会见村民的场所。他这么一说，我自觉得意，深感荣幸和开心。

莲花的韩寨可能有灵气。漯河农村的春节联欢晚会，在这里举行了几届。听说，2014年的那一场，一个叫小珂的青年人自费自导。来自河南多个市县百余名草根演员，全是自掏腰包从四面八方赶来，不要一分钱报酬。纷纷亮出"乡村好声音"，吸引十里八乡近3000人前来观看。节目一半还是原创，有《农民之歌》《青春我该如何选择》《开往中原的高铁》等歌曲。掌声不断，笑容也似莲花一样，挂在每个人的脸上。

是不是，凡"莲花"之地，都是这样有瑞意和祥气？

湖北公安藕池镇

藕池的藕　藕池的池

藕池，一个富于想象的地名。满藕的池，满池的藕，一派鱼米之乡田丰水饶的景象。藕池，让我向往，也使我怀想。

东汉建安13年(208)，曹操83万人马下江南，在此屯兵筹粮。次年，刘备领荆州牧，驻油江口，也曾在此屯田采藕。曹刘两军在此"屯田采藕，集藕于池"，藕池由此得名。

藕池，位于长江以南、湘鄂两省及公安、华容、石首县市的交汇处。历来为湖广重镇，荆楚要津。明清时期商货贸易发达，水上运输闻名。故藕池自古商贾云集，素以"小汉口"著称，曾经"九街车马通宵客，五里灯光不夜城"。很不幸的是，1938年，日军侵占藕池，全镇"五纵四横九条街"化为断垣残壁。1961年一次大火，全镇被火吞没。

日弹炸不断池下的藕，野火烧不尽藕上的莲。莲藕，现在还是藕池的优质农产品之一。

同学陪我前往藕池。一条多么熟悉的路线，引导我的心，顿时飞向了比藕池更远的地方。小时候，我爷爷和奶奶谋生，就住到了公安县境一个小村庄，靠补鞋修伞过日子。小屋子搭在水沟旁，沟那边就有莲藕荷花等农作物。我们劝老人家回来，他们怎么也不愿意离开那个第二故乡。十多岁开始，我就一人跑路去那里，六十多华里。从湖南动身，十多分钟就到了湖北。只听说藕池很热闹，但每次擦身而过。尽管那么远，还要过江渡，我就是特别想去。除了看望爷爷奶奶，主要是可以饱吃一顿。那时的我尤其肚饿嘴馋。碰上恰当季节，每次都有莲藕炖骨头和水煮荷包蛋招待我。记得有次，一下子吃了21个荷花蛋。

"藕池到了"。一句提醒，打断了我又酸又甜的回忆。好快啊，过去要走半天的里程，现在半个小时就跑完了。吃罢午餐，老板带我们去找真正的藕池。到处都是，但规模不大，比较符合"池"的特点。拍完几个点，老板兴致勃勃地说：走！再带你们上我们藕池的招牌点去，那里不仅有藕池，更有酒池。原来是"黄山头"酒厂。厂区内清泉碧水，荷花好像酒泡了似的，长得特别好。微风吹来，醉醺醺地摇曳着。真是"未登楼台尝美酒，心旷神怡人已醉"。

只能下次了。我会带上藕池的"楚酒文化第一酒"，去爷爷奶奶曾经留恋的地方。特别点上莲藕炖骨头和水煮荷包蛋，敬奉给已在另外世界的老人，请他们吃饱喝好。

莲花的莲花(一)：一枝莲花出山来

特别神奇！拥有全国最著名最宝贵的一枝枪，是莲花；全国唯一以花卉命名的行政县，也是莲花。曾经，高举这枝枪，成为全国有名的红色县；如今，遍植这朵莲，成为名副其实的绿色乡。充满绿意的海洋里，摇曳着过去与现在的那份红情，生气勃勃地走向未来的莲花。

"一支枪开辟红色区域在今岁，万民团结推翻黑暗统治属当年"。1927年，蒋介石发动"四一二"反革命政变，紧接着许志祥在长沙发动了"马日事变"。在革命的危急关头，莲花县工人纠察队领导人剥掉了革命的外衣，把纠察队的60支枪，带走59支投靠了敌人，参加了国民党"靖卫团"。只有贺国庆一人带出一支枪。为了这支枪，贺一家付出了沉痛的代价。1928年2月，中共莲花县特支用大革命失败时流血保存下来的这一支枪，重建莲花红色地方武装，开展武装斗争。至当年11月，莲花独立团发展到300多人，有枪220支，成为井冈山工农红军一支重要武装。富有光荣革命传统的莲花县，是井冈山的5个"全红县"之一；是湘赣革命根据地中心区域之一；是红军的重要来源之一。

莲花县，位于江西省西部，罗霄山脉中段，属山地丘陵地区，四周山岭环绕。几年前，我为莲花来到莲花。感谢县政府有关人员的带领，观赏了县城周边的莲田。他们自以为莲花遍莲花，莲花数莲花。我当时诚恳地说：天外有天，莲外有莲。好好的"莲花"品牌，应该好好地利用。2013年再去，面貌焕然一新。看今朝：莲花之乡在莲花；望将来：莲花天下数莲花！他们以莲为根、以莲为基、以莲为美、以莲为媒、以莲为铭、以莲为荣，兴莲产业、创莲文化、树莲品牌、育莲新人，加速推进"莲花之乡"崛起进程，努力建设富裕和谐文明生态的新莲花。

江西莲花县

中华民族有史以来的第一位伟大诗人——屈原，慧眼识莲花。他不仅借莲花以明心迹，而且经考证，陵阳是屈原放逐地，据说就是今天的莲花县。这还了得！神奇变幻的罗霄山脉别开生面；充满诗意的莲花，楚风流韵，余音袅袅，弥漫"江南之野"之神秘。古色的经典、红色的经典、绿色的经典浑然在一起，莲花真的全国唯一，不可复制。

江西莲花琴亭莲花村

莲花的莲花(二)：一村莲花入画中

这是莲花县的莲花村吗？不用问，你懂的。莲花的莲花这片土地，不仅已被莲花包围，而且孕育出一个荷花博览园。明明白白的莲花地名，实实在在的"中国莲花之乡"。

这是我第一次来莲花寻找莲花的地方吗？我的印记面目全非。一直被封存的情缘，在此突然冒出。谢谢当时县里"破格"接待我，派了两位好心人带路。第二次到莲花，参加第27届全国荷花展。匆匆而行，开幕式都没参加，只因我要抓紧"东奔西跑"。当时怀念地问起那二位，但没有拜望好心人和查询我第一回的拍莲之地。或许，一个美丽的误会影响了我的心路，就是莲花人太热情，第二次又"高抬"接待我。直至今日，看到萍乡日报2011年7月23日的一篇报道：莲花村里莲花香，我终于认证当初拍莲的地方，就是莲花村。回忆起7月18日那天，偶遇几位记者也来莲田。我曾经冒昧进言的意思写在报上，昔日冒昧进言的期望如今实现在眼前。我的莲花缘，在莲花县又多了一份感激与感动。

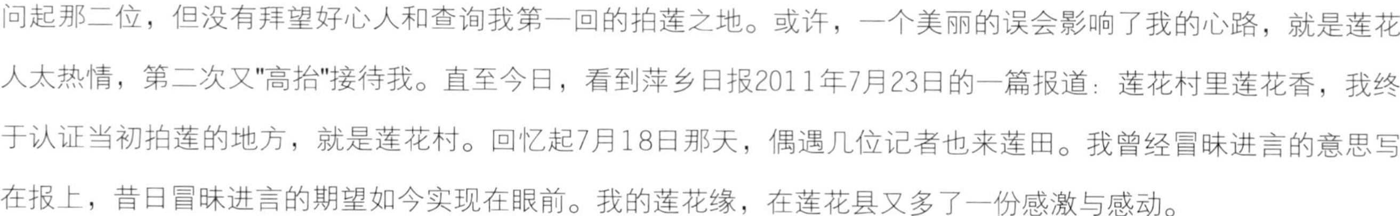

弹指一挥间。仅仅两年，旧貌变新颜。过去的经历现在记起，但承载记忆的旧景荡然无存。场景的变迁应该祝贺，不应改变的是心和情。那天清晨，天刚蒙蒙亮，我一人游走在莲花村，徜徉于博览园。清乾隆8年(1743)，因莲花县境内盛产莲花，加上四周青山似莲瓣怀抱，居中位置琴亭桥(或许是莲花村)一带被称为"莲花市"，故取名"莲花厅"。中华民国成立后的第二年(1912)，改叫莲花县。不知先有莲花村，还是后有莲花县，反正县驻地琴亭，莲花村距城中心2公里。一水莲江，绕村静静流淌亦不知多少年。村内古桥、古庙、古树、古宅众多，一派古朴典雅、环境优美之景象。清同知李其昌咏：村居原自爽，地又是莲花。疏落人烟里，天然映彩霞。赞叹给莲花又

平添绚丽迷人的色彩。无边秀色出水来。整个村庄浮于莲洋中，宛在荷海里。犹如一幅隽美的画卷。莲花人家的田里开遍了莲花，墙上绘满了莲花，农民朱建伟家内的厅堂与卧房悬挂着莲花；我无论走到哪里，莲花人的脸上绽放着莲花……。悠悠莲花村，绵绵莲花情。如此村景村色，我还需多嘴博览园吗？

莲花村好幸运。它的古往，因有莲花厅；它的今来，因有莲花县。村民创造历史，离不开领导的高明、精明与开明。

玉莲的荷花

荷花村的荷花园，是一个叫玉莲的女强人张总为首创建的。我不想了解她有多少头衔、或有什么荣耀和烦恼。我只想说说，玉莲与荷花的情，我与玉莲的荷花的缘。

荷花园，地处张家界永定区后坪镇的荷花村。该村背靠天门山，面临澧水河，因自古盛产荷莲而闻名遐迩。相传，茅岗土司王曾经顺澧水而下来到此地，被眼前的荷花美景迷住，下令在此修建后花园，并把荷花作为土家人的吉祥之花。古老的山寨已经不复存在，但荷花依然绽放在村庄。湖南三大机场之一的荷花机场，取名荷花，应该与紧邻荷花村不无关系。

湖南张家界后坪荷花村荷花园

听说风景如画的张家界，荷花盛开荷花村，离市区仅4公里。冒昧地打电话与张总联系好，我带上一本《和荷天下》，出发湘西了。荷花园比较简陋，但张总以礼相待，热情地接待。自然，少不了对我的画册赞赏有加。当天，非要留我在她的"好地"大酒店休息一晚，说要与我商讨荷花的事。实在抬举，我只是一个闲得无聊自找乐趣的门外汉，满怀谢意地笑一笑。玉莲老总，一个天生与打扮很普通的女人，竟然与荷花有那么深的情感，干事业有那么大的气派，已经显得不普通。她想来年就办首届荷花节，还想以后建成世界最大荷花园……。我无法预料节日的场景，更无法想象最大的荷园。我帮不了什么，但感染了不少。她要买我的画册"撑"会场。我讲不卖，我送你"一片"《和荷天下》，还送你"一阵"《荷风》。后来，我将为数不多剩留在深圳雅昌公司的两种画册共几十本，全"撑"了她。很抱歉，她想给我机会"抛头露面"，在荷花节展览我的荷花图片。我谢绝了她的好意，因为，登不了也不想登"大雅之堂"。我只想，清淡淡的"心"，静悄悄地"开"。

2008年7月26日，首届张家界永定区荷花节，在"神奇张家界、美丽荷花园"开幕。除了荷花园地址没变，其他都变了。高耸的土家门楼，绵延的曲径木栈，幽深的文化长廊，秀丽的各色荷花，还有那盛大的节日装饰……美不胜收。中国花协荷花分会会长王其超老教授为我题写的"和荷天下"，第一次亲眼看见，出现在园区门楼上。此刻，心里确有一种和与美的滋味。

如今的玉莲，已不是当初的张总。她一步一个脚印在前进。玉莲的荷花大道越走越宽广。

湖南双峰荷叶镇

荷叶塘出了个曾文正

唐浩明先生写的长篇历史小说《曾国藩》，开篇就讲到：这人家姓曾，住在县城以南一百三十里外的荷叶塘。荷叶塘，即如今的荷叶镇，原属湖南湘乡，现归双峰县管辖，是近代名人曾国藩（谥号曾文正）的故里。

离镇中心不远，西南有个白玉堂，是曾氏的出生地；东北有个富厚堂，是曾氏的住宅处，可谓"一叶荫两堂"。富厚堂，是中国最后一座乡间侯府。好不气派的曾氏府邸，门前大片大片的荷花，莫大一帜的深红色帅旗，在空中迎风飘舞。仿佛，这面面荷叶朵朵荷花，就是千军万马，曾统领就在那花间旗下，指挥大家勇往直前。

此刻，我想起另一景象：曾祖宗千余封家书中，最堪铭记的那一篇，即咸丰6年9月29日夜，单独写给九岁小儿纪鸿的信。以少有的温婉语气，告诫小儿"勤俭自持，习劳习苦，可以处乐，可以处约。此君子也。"尤其，信中"凡人多望子孙为大官，余不愿为大官，但愿为读书明理之君子"这句话，百余年来广为传颂在士人中间。身上有着民族和文化负载的此人此言，启迪了千千万万望子成龙的家长的心扉："龙"不是"大官"，而是君子！

看来，荷叶塘不仅生养了曾大人；塘里的君子之花，多少也影响了曾氏及曾氏家族的心灵世界。毛泽东23岁那年，写给黎锦熙老师的信中说：愚于近人，独服曾文正！

二十年前的我，曾经连续三晚一口气看完《曾国藩》。至今，愚我之人，看透没有曾老前辈？

戏台还在

这里有个"莲花戏台"？再细看地图册，方位在广西钟山县的两安瑶族乡。唉，它离我曾经去过多次的荷塘村不远。早知道多好，只怪自己。

广西钟山两安莲花村

到了才知道，这个戏台在两安的莲花村。莲花戏台，建于清光绪9年(1883)。戏台南向与其相向50米是龙王庵。整个建筑面积96.2平方米。青石砌基，砖木结构。重檐翘角歇山式顶，正脊饰鲨鱼及宝珠，二层瓦面上饰二龙戏珠，台口上方八角藻井，其天花板均绘八宝图案。前台两侧斗拱间是木雕狮子，后台正中屏风上饰歌女手抱琵琶起舞图画，上方是"河青海宴"四字大拱额，台基上有龙凤花卉及人物的石浮雕。前台与后台相通的两个门上有"龙飞"、"凤舞"木雕横匾，屋顶正脊是双鱼托珠。可以说，整个戏台，本身就是一件艺术品。布局、结构、扩音、雕刻，都达到较完美的结合。体现了瑶乡独特的风貌和瑶民的聪明才智。2000年，已被列为广西重点文物保护单位。这样的古戏台不多了！可是今天，因招商、因纪念、因宣教……等各种物质、精神需求的"搭台子"现象，如"无主荷花到处开"一样，遍地存在。把一个千年传统的"搭台唱戏"，演绎得淋漓尽致。尽管时代变了，戏台演出的传统方式，依然在中国大地上传承。

也许，戏台因莲花村而冠"莲花"。莲花村，应该与莲花有关而名。一条公路穿村而过，在建铁路在村中农田延伸开来。尽管修公路建铁路夺去了不少荷塘，但现在的莲花村，还是名副其实。漫步村内，到处都是荷花。房前的，玲珑小巧，既像菜园子，更像盆景地，装点着自家的花木生态环境。屋后的是，大小不一的池塘。碧叶尽情地舒展，红花灿烂地绽放。村妇牵着水牛，从荷边悠然地走过，好一派怡情的田园风光。远远的稻地里，大片的藕田点缀其中。似乎提示人们，这里是莲花村。

古戏台上，演出的瑶剧、壮剧、客家剧、桂剧等传统地方剧目，遗憾没看到。但我相信，戏台扎根在莲花地，曲调优美在莲花中，深刻影响着莲花人的莲花心。

海南海口府城珠良莲湖庙

最南端的古老

这是我迄今发现，祖国最南端有关莲花的一段古老的传说。

海南海口市的西南部——琼山区府城镇珠良村，至今已有580多年的历史。古村的东面，有一个莲花湖。古时候的湖面要比现在大得多，当时名叫境湖。湖边住着一位善良美丽的女子，有一手精湛的织绣手艺，尤其织出的莲花逼真得令人叫绝。因此，大家叫她莲花姑娘。她与同村的阿牛相好，众人夸为天生一对。新任琼州郡守，见境湖物产丰饶，就占为官有；见莲花漂亮，就想纳娶姑娘。莲花不从，就强扣姑娘与阿牛。村民激怒相救，混乱中莲花逃出衙门，当跑到境湖边时，再也跑不动了，就一头扎进湖中不起。后来阿牛也沉湖而死。从此，湖面漂浮朵朵莲花。年年自生自长，循环不止。遇到再旱的天气，境湖的水都是永不干涸。村里的人认为，是莲花和阿牛在守护着境湖，福佑着村民。于是，把境湖改名为莲花湖，并在湖畔修建了一座莲湖庙，将莲花和阿牛供奉为村里的保护神。

我找寻到莲湖庙，门前小小的白色野花非常繁茂。庙内干干净净，碰巧一位大妈在烧着香纸跪拜。可惜，求教大妈，海南话一个字也听不懂。庙前真有一个莲湖，听说过去很多莲花，现在远远望去，湖里不见莲花，只有不多的莲叶显得苍伤凄凉。无独有偶，在庙北数十米的地方，有一个古塔，有说建于唐代，也有说建于清朝；有说是风水塔，也有说是防海盗的报警塔。塔身外围分层圈绕着有关蝙蝠及祥云的雕塑造型，外表还曾抹上褐红色。寓意"福从天来"、"鸿福无量"。大概，古塔与莲花阿牛保护神一起，为村里祈福佑民。现在，塔身破落，且倾斜严重。岁月已为古塔换了一身新装——塔下杂草丛生，塔身爬满青藤。它望着莲湖，更显沧桑无比。

古老的传说有庙作证，有人拜祭；而古塔呢？古老，还能古老多久？

福

香港莲花宫

龙舞莲花

莲花宫，又称大坑莲花宫，是香港一所观音庙宇，位于大坑莲花街。现列为香港一级历史建筑的莲花宫，建于清道光26年(1846)，并于同治2年(1863)重建成今貌。

大坑，最初是一条客家村落。相传观音曾于此地莲花石上显圣，观音是坐在莲花上下凡，于是村民建庙供奉观音，故称莲花宫。经过几百年的演变，大坑已成为闹市中一个小小区，高楼大厦相继出现，唯独莲花宫的面貌未变，只是原本位于浅滩，如今却身处内陆了。

莲花宫的建筑设计，糅合了传统中国特色与香港本土文化，在香港独树一帜。宫的前半部为前殿，呈半个八角形，屹立于高台上，由数条长长的石柱支撑，柱与柱之间有圆拱结构。后因填海，路面升高，如今只剩下少许石柱露出。庙宇门口一般开在正面，但莲花宫的门却在两侧。相信因为庙前昔日为浅滩，不易进出之故。虽然没有正门，但正面设有圆拱顶露台，围以半圆形石栏，具有西方建筑风格。后半部为主殿，呈长方形，依大石而建。该巨石现为外墙所挡，却可于庙内见到部分。主殿地面比前殿高出约3米，两旁设有木楼梯供参拜者上落。当拾级而上时，善信会更怀崇敬之心。

庙内天花绘有龙于云间飞腾的壁画，以及莲花图案。且不知，这具有特殊的意义。相传很早以前，大坑一次风灾袭后，有一蟒四处作恶，村民捕后将它击毙。不料次日，蛇不翼而飞。数天后，大坑便发生瘟疫。这时，村中父老忽获菩萨托梦说，只要在中秋佳节舞动火龙，便可驱除。事有巧合，此举奏效。从此，大坑每每中秋期间，都要举行舞火龙的活动。火龙，必须先去宫内点睛，方可开始出发。现在舞火龙，据说可以趋吉避凶，风调雨顺。一条条的火龙走街串巷，给各家各户带来好运。只要鞭炮不断，火龙就会不停地舞下去。鞭炮炸伤的口子，红药水涂得越多，来年的生活越红火，运气越兴旺。难怪，导演林超贤拍摄电影《火龙》时，选择莲花宫取景。

莲花宫内燃点的数百枝莲花灯，映照着天花上的飞龙，也映衬着宫外的火龙。

澳门莲峰庙

奇特"莲峰"的独特"莲心"

莲峰庙，是位于澳门提督大马路的一所道观，为澳门三大古庙之一。始建于明万历年间，最早称天妃庙。后来在庙内又供奉了观音与关帝等。而寺名还是"天妃"。历史上，"莲峰夕照"一景，在澳门颇负盛名。寺庙又坐落在莲峰山下。故清嘉庆年间，第三次重修扩建时，天妃庙改成了莲峰庙。

虽然莲峰庙中的塑像，并无多少特色。但是一座寺庙内同时供奉着诸多人们崇拜的偶像，佛、神、人和平共处，各自的信徒也都相安无事，这就显得很特别了。这种儒释道三种文化浑然天成的现象，既让游客不解，也让游客大开眼界。这种奇特只有澳门才存在的现象，实在是处于特殊地理位置、有着特殊历史际遇的澳门，各种文化融会贯通的最好例证。

莲峰庙，不仅可供民间祭祀，同时也作为赴澳公干的中方官员的驻节公所。公元1836年9月2日，钦差大臣林则徐亲临澳门视察。在莲峰古庙接见葡澳官员，申明禁令，并深入澳门，收缴鸦片，驱逐鸦片贩子。故今莲峰庙外，立有林则徐雕像及其纪念馆。它留下的不仅仅是历史名胜，也许更多的是中国人民维护国家主权和正义的浩然之气。

民国九年，莲峰庙创办"莲峰义学"。是澳门当时也是目前唯一的一所华人宗教学校，专门招收贫困学童读书。经费来源主要靠善男信女捐赠的灯油钱，和社会名流显达的捐赠。庙学，善举中的极善之举。90多年来，从当年的"莲峰义学"到如今的"莲峰普济学校"，为社会培养和输送出万计以上的毕业生，他们用知识改变了自己，改变了家庭的命运。

在天妃殿前，有一亭式台座，亭上悬一巨大的心型横匾，让人参悟不透其中禅机。其实此处是明清时代地方官员到澳审案的临时公堂。而这块心型横匾时刻提醒着：为人为官，凡事须有良心。

庙内的石荷池，不见夏日荷开。一幅砌有栩栩如生神龙、巨鲤的壁画前，一朵白莲独特绽放，映衬着整个寺庙的莲花世界。

重庆大足荷花山庄

香远益清又一庄

重庆大足有一个荷花山庄。山庄邻近世界文化遗产大足石刻宝顶山风景区，占地面积860亩，其中水域600多亩。山庄继承发扬我国古典园林艺术的精神，借鉴江南园林经典，仿照自然山水风景，结合本地资源，逐步建成了具有自身独特风格、以荷莲为主体、富有诗情画意的园林艺术景观。

这里既有上百亩大面积种植荷花的青葱湖、圣涵湖，营造出"风过荷舞，莲幛千重"的浩渺气势。也有庭院小池的植荷造景。还有，中国第一个私人出资送莲种上太空而建的太空育种科研基地。特别是，山庄因地制宜地注入莲荷文化。具有古典风格的亭、台、楼、阁、廊、榭、桥、岛等园林建筑，赋予它们诗意的芳名，如益清廊、远香堂、咏荷村、藕香榭、莲肴馆、荷韵坊、玉带桥等。有词赞山庄：树绕山庄，水满横塘。转幽径，无限风光。茅亭竹榭，曲岸回廊。有红蕖艳，绿荷展，柳丝长。景佳堪赏，诗画盈墙。品荷鱼，笑饮琼浆。流水桥畔，乘兴徜徉。正蝉声噪，蝶飞舞，白鸥翔。无怪乎，董建华、汪洋、钱其琛、李肇星、张全景、周强、晏济元等领导和名人到访过荷花山庄。电视剧《延安颂》在山庄取景和拍摄。中央电视台先后几次免费为山庄做专题节目。

我有幸三进山庄。一次次，领略山庄风光，体味山庄荷韵。第一次，在荷花的亭子里美美了一餐；第二次，在山庄的宾馆内美美了一睡；第三次，参加在山庄举办的第25届全国荷花展。当然，那是美不可言！

云南广南莲城莲湖公园

彩云南现莲湖

没想到，莲湖这么古，莲花这么靓，公园这么美。

云南广南(清为宝宁)县的莲城镇，是县政府所在地。因"四周山势开敞，具有川原之家。然岗坡绵延，平壤无多，近治诸山布列，形类莲花，故曰莲城"。

莲城，有个莲花公园。莲湖始是清嘉庆24年(1819)，以人工挖掘而成，开始是"引流蓄水，以资灌溉"的水利设施。原称"承恩塘"。后因湖内遍种芙蕖，夏季于绿伞盖下，生出朵朵菡萏，芳香浮溢，满城飘香，故而又因莲城之名，改称莲湖。

1936年，重修莲湖。在湖中修建东西跨中埂长堤，长堤两端各建有一座单孔青石圆拱桥以贯通两岸，在堤上中心即湖中央建亭楼。湖心楼，是一座三重檐四角卷棚式歇山顶方形亭楼。檐下枋板、昂、翘等部位均绘龙、凤、鱼、象等彩画。建筑形式具有壮族吊脚木楼的特点。湖心楼一副对联：承恩荷香一泓碧水鉴古今、宝宁春早四周青山毓灵秀；横批：彩云南现，多少道出莲湖莲花的秀色。

现在，湖心楼南有40米长的九曲一亭桥，北有可喷8种花式的彩色喷泉，东北、西南沿岸分别建有方亭、圆亭。这些亭台楼榭，风格古朴典雅。环湖修有水泥路面的幽径。湖内遍植荷莲茭瓜，湖边栽竹种树。整个莲湖布局精巧，环境优美。漫步其间，湖水清澈，垂柳拂波，红亭倒映，观荷赏莲，给人几分诗情画意般的宁静与安详。湖的南面新建了文艺表演舞台，两边为长廊，既是游客休憩的场所，也是观赏歌舞的厢房。那天，我的运气真好，舞台广场搞活动，感受了当地人的开怀之心。可惜，因赶路无奈半途离场。清代秀才向溶，撰写对联赞曰：莲笔着烟妙染出梨影梅魂柳态；湖波漾月喜荡开诗怀剑胆琴心。

仰望公园大门顶上绘饰的莲花，心里一丝惆怅。彩云之南的莲城莲湖，我还会来吗?

陕西汉中莲花池公园

绽放在汉家发祥地中心

陕西汉中，是中国汉家的发祥地。公元前206年，汉王刘邦以汉中为发祥地，筑坛拜韩信为大将，明修栈道，暗渡陈仓，逐鹿中原，平定三秦，一统天下，成就了汉室天下四百多年。自此，汉朝、汉人、汉族、汉语、汉文化等称谓就一脉相承至今。

莲花池，位于汉中这个国家级历史文化名城的市区中心。一条大道——天汉大道穿越旁边，一个花园——街心花园坐落附近。公园，始建于1982年，其前身为明朝瑞王府后花园遗址。我总在寻思，发祥地中心的一方水土，当初为什么改叫"莲花池"呢？

景区占地120亩，已建成和恢复具有明清风格的一处46亩、为市民提供休闲、娱乐、健身、以及展示文化的幽雅舒适的环境。20余亩的池塘之水，周边广植荷花，与岸边垂柳相约伴行，与池中四面环水的小岛相互呼应，将公园主景区营造出山水相依的自然景观效果。加之，泛舟穿游在亭亭玉立的荷花旁，微微而拂的柳枝下，构成盛夏以来优美的景致。游人沿着蜿蜒迂回的曲桥，感受曲径通幽；直达池中央，感受四面荷香沁人心脾的味道。公园内，休闲茶庄不少，坐在池边，品茗赏荷，谈天说地，可谓无比优雅自在。

想进公园吗？二元钱的门票即可周游莲花池。还想省钱？就选择一早一晚的时候免费入场。我们玩拍照的，当然喜欢趁早赶晚。为了别样的纪念，第二天，我还是专程跑了一趟去买公园的门票。

新疆察布查尔米粮泉荷花池农家乐

我终于

我终于来到了新疆的伊犁；我终于在中国西北边陲与荷约会；我终于走出了新疆的乌鲁木齐。最后的一次新疆寻荷，为什么这么艰难而又出彩?

这几年，可谓多次来疆与荷相见，真要谢谢同学和朋友。美丽的误会，等我得知西北边境有荷的报道，转为伊犁河畔附近有荷的消息时，因为反恐，好心的同学与朋友，怎么也不愿要我远行了。那一年，其它地方可以去，就是不让我跨入伊犁。乌鲁木齐成了一道屏障，着实令我敬畏。现在，不得不单干，因为我的机会不多啦。选择从西安进入新疆奎屯，跨越乌鲁木齐，再转车到伊宁。奎屯有曾经陪我寻荷的靓女，我好想见她再谢，却只能心动不敢惊动。我没有万事不求人的本领，这一路还是全靠好心的善人帮助。

西北边疆的阿花，她在察布查尔锡伯族自治县的一个荷花池等我。上帝只给我不到3小时的寻荷时间。感谢太阳公公晚上10时才西沉。晚上8时从伊宁过伊犁河大桥，一路畅行，半个小时就到了。

察县，是中国唯一以锡伯族为主体的多民族聚居的自治县。由25个民族组成，少数民族占了72%。与塞外江南的花园城市伊宁隔河相望，西部与哈萨克斯坦接壤。该县唯一的民族乡——米粮泉回族乡的克米其村，有一个该县唯一的荷花池农家乐。一池白荷环绕"荷花池"。池塘不大也不小，白花点点，绿叶田田，荷花池的红房子坐落在池中花里。入眼的一切，让我无限着迷。来这里"农家乐"的车和人还不少，我真想在此饱一餐、住一晚。西边的拂晓，肯定比傍晚更美。

才相拥，就要分开；刚凝视，就要离别。万里之行，只为这一刻？相信，我再也来不了"荷花池"。我与她，终于约会。这一刻，成了我们的永远。一面之交的列车长，早已为我安排好返程之路，我能错失良机吗？原谅我，荷花池；原谅我，锡伯族兄弟姐妹；原谅我，伊宁"花园"；原谅我，我自己。

第二天早晨，上帝幸运地给我一个"无座"的机会，坐上了从乌鲁木齐开往兰州的动车。车行驶一小时后，我才确信自己，已走出了乌鲁木齐。此刻的我，踏上了另一个万里之程。

内蒙古巴彦塔拉荷花湖

黑龙江肇源莲花湖

江西莲花荷塘乡

湖南华容鲇鱼须和平村

四川成都金丰沙湾荷花山庄

云南腾冲荷花乡

荷花诗句欣赏 —— 一丝牵作两头恨 休问

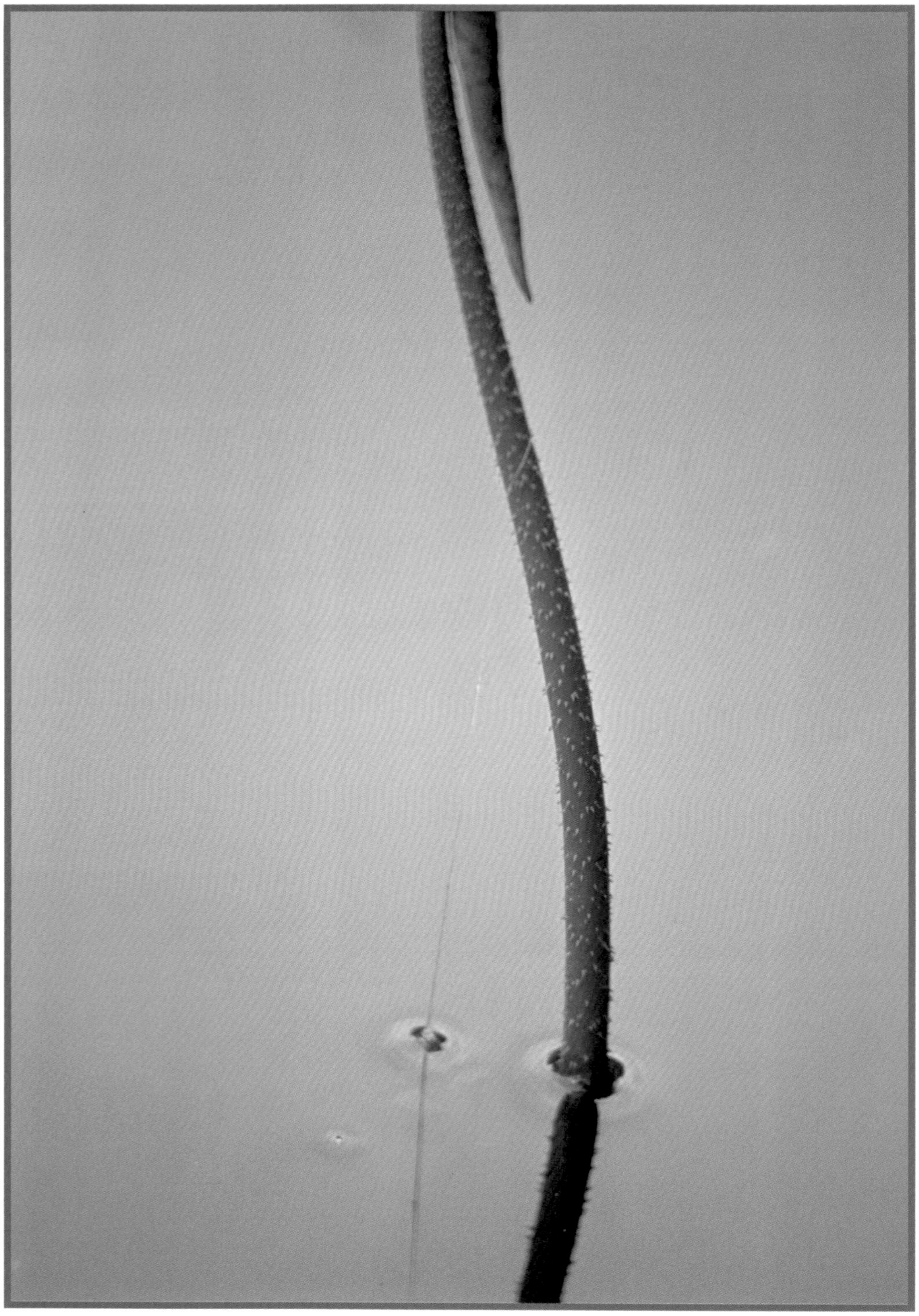

诗句摘于【清】陈聂恒：《荷叶杯》；《中国历代咏荷诗文集成》第619页

图片摄于2008年5月，广东广州流花公园

荷花诗句欣赏——万缕愁丝牵不断 谁识芳心独苦

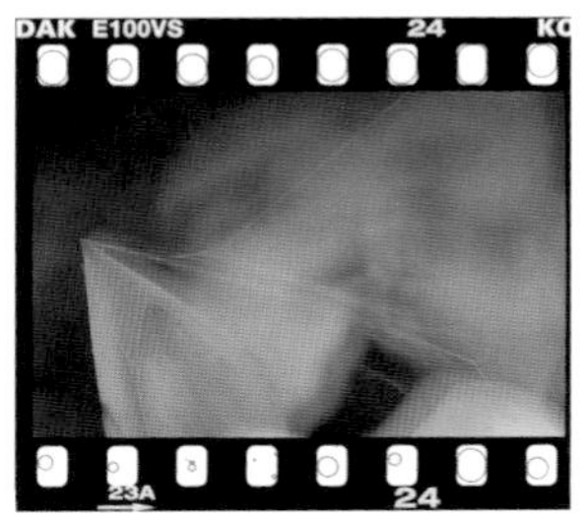

诗句摘于【清】曹慎仪：《贺新凉·荷花》；《中国历代咏荷诗文集成》第673页

图片摄于2009年7月、重庆大足荷花山庄

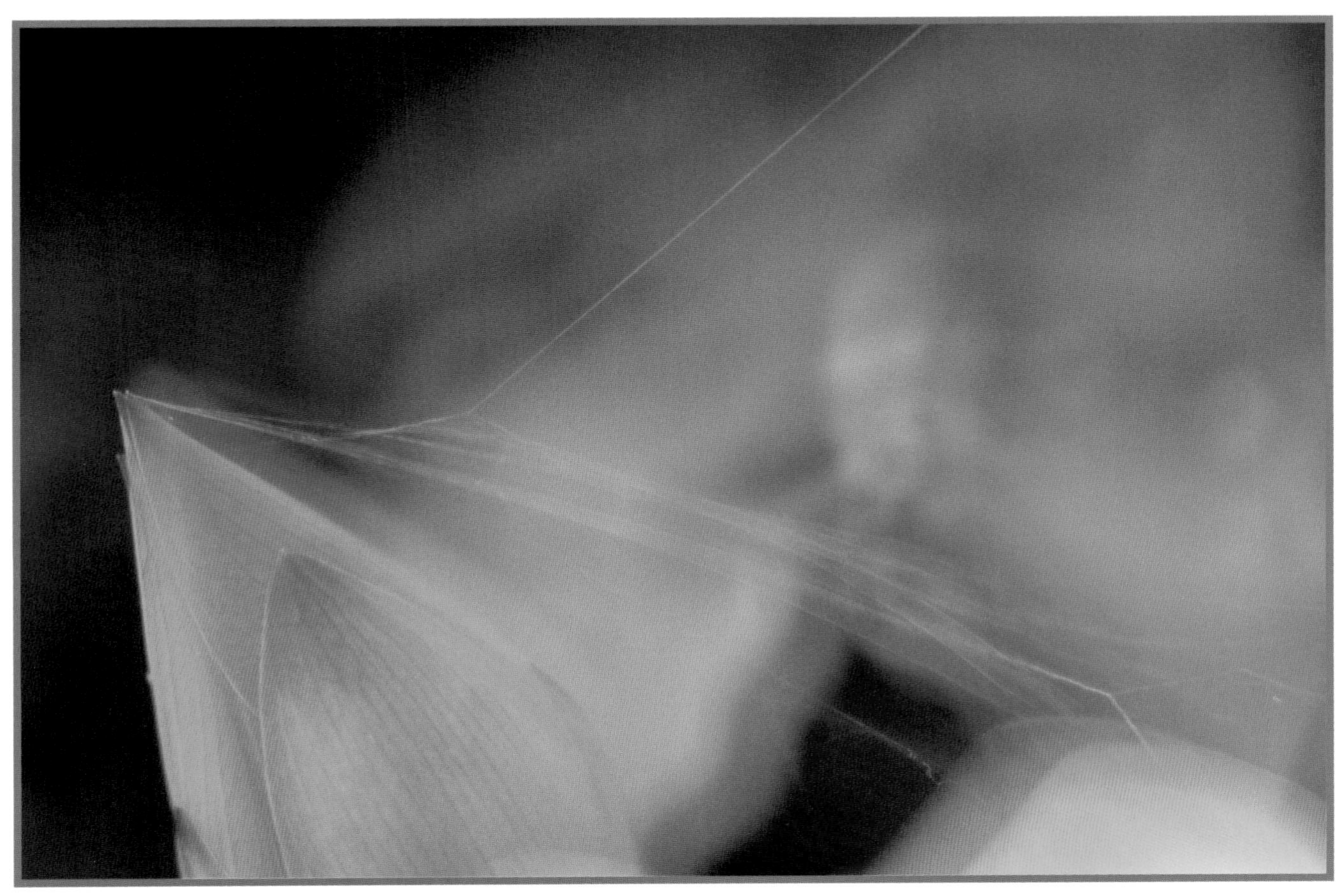

荷花诗句欣赏——若比相思如乱絮 何异 两心俱被暗丝牵

诗句摘于【宋】张先：《定风波》；《中国历代咏荷诗文集成》第420页

图片摄于2008年6月、河北安新安新王家寨度假村

诗句摘于【宋】李清照：《一剪梅》；《中国历代咏荷诗文集成》第428页
图片摄于2008年6月、广东广州烈士陵园

佛道之圣

Sacredness of Buddhism

目录

山西五台五台山

清凉五台

感受五台，莫过于它的清凉。

五台山，因五峰巍然矗立，峰面平地如台，故名五台。又因山上气候多寒，盛夏仍不知炎暑，故又别称清凉山。五台山风光奇秀，千古传诵。《清凉山志》对其有详尽的描述。夏季，这里峰峦叠翠，清泉遍布，白云漫舞，空气清新，树木葱茏，繁花似锦，是著名的避暑胜地。夜宿古刹，听暮鼓晨钟，远离城市喧嚣，归入心灵的宁静纯洁，好好一番清凉。

五座峰台，如五朵莲花，注定为佛盛开。五台山，位居四大佛教名山之首。它又是中国唯一一个青庙(汉传佛教)、黄庙(藏传佛教)交相辉映的佛教道场，汉蒙藏等民族在此和谐共处。这里，也有五体投地苦行僧式的朝拜，他们既能感受佛的圣灵，也能感受大地的清凉。

进塔院寺走前门，只见大牌楼正中间额枋上题有"清凉胜境"四字，玲珑幽雅。大白塔雄伟挺拔，直指蓝天。古人称誉此塔"厥高入云，神灯夜烛，清凉第一胜境也"。塔身下部压有覆莲瓣的圆盘，边缘吊装着36块铜质垂檐，各垂檐下端，又吊三个风铃，加上塔腰周围的风铃，共有252个。微风吹来，叮当作响，声音清脆，悠然成韵。环绕塔基建有长廊，内置铁皮制作的120个转经筒。听着铃声，转着经筒，内心又是别样的清凉。

1948年春天，毛泽东率党中央机关离开延安，准备经晋西北开赴西柏坡。4月9日傍晚，毛泽东一行来到塔院寺。4月10日参观完后，毛泽东等中央领导从五台山启程，离此清凉世界。继续向西柏坡进发，去打造中国一个崭新的清平世界。如今，毛泽东塑像在路居纪念馆安息，由莲花陪伴，他要在五台永享清凉和清平。

常听说，在五台山拜佛求愿十分灵验；也时不时听说，某个朋友又去五台山还愿。我虽不是佛教徒，确有两次到五台，似乎要完成一个求愿还愿的过程。尽管，罗睺寺藏经殿里著名的"开花现佛"没看到，但高大的八瓣莲花，始终是围绕阿弥陀佛左右旋转，随即开合。况且，清代文人陈裴之《五台山金莲花》三首中写道："五台山色本清凉，种出金莲满上方。宝相千层围法界，琼蕤四照散天香"。在我心中，已时时显现一个神奇的莲花清凉境地。我的收获，岂一个"愿"字而了？

祈祷清凉世界永远清凉！

辽宁鞍山玉佛苑

玉佛　你在想什么

每时每刻，都是佛在关照我；此时此刻，看到镜头里的玉佛，我不禁轻轻地问一声：佛陀，你在想什么？

这尊玉佛，的确与众不同。她是由1960年发现于中国玉乡——鞍山岫岩县的高7.95米、宽6.88米、厚4.1米、重达260.76吨的"玉石王"雕刻而成。正面为释迦牟尼佛，背面为渡海观世音菩萨。将沉睡32年的玉石请出深山，并由120多位玉雕师历时17个月精雕细刻成举世仰目的玉佛，其本身就是一项壮举。雕琢过程中所出现的诸多奇迹，更显现了佛面天成的佛缘和宏大悟真的佛法。玉佛，你比所有的传说都更伟大、更神奇！

佛陀，在你身下，我双手合十，什么都不用想。可你，在莲灯面前，又在想什么呢？我这是第二次来玉佛苑。这次能见到你，完全是你的成全。我与洪义同学上午来，说有台风，这几天不开门。几天不开门，肯定拜不成。无奈，驾车去千山吧。千山也因台风封山。我不甘心，下午返程再来求见，你可真是，为我"关了一道门，留下一扇窗"，我终于进来，看见你在想什么了！

莲即佛，佛即莲。佛陀是"人中莲花"，肯定在想莲花，在想莲花世界。宇宙创造者梵天神安坐在莲花上，如今，佛陀也坐于莲花上。你，告诫大家"我为沙门，处于浊世，当如莲花，不为污染"。你，坐落的玉佛阁，藻井四角高

悬着四盏莲花灯，上面镶嵌着上万颗水晶宝珠，三朵莲花层次分明，渲染着庄严而又高雅的境界。佛陀，我已知道，"千年暗室，一灯能破"。要想摆脱诸种苦痛，只有"修仁好德"。佛陀，不要挂心了。在你周围，处处莲花；走出殿门，脚踩莲花；来到"佛"石，栏柱上都是莲花；苑门外，莲花莲叶负载着放生池，池内莲花"出淤泥而不染，濯清涟而不妖"。看四周，清风舒莲叶，碧水映莲花。佛陀心中的"人心和善、家庭和睦、人际和顺、社会和谐、人间和美、世界和平"的莲花世界，已是人类共同的期盼与向往。

佛陀，该我想了：怎样做到心如莲花。

黑龙江漠河北极观音山

林海观音伫北极

我国金鸡之冠的北极，林海观音圣像坐北朝南；祖国的南端，海南南山海上观音圣像坐南朝北，南北相望，遥相呼应。观音山山间小溪缓缓流向山下，预示着北水直通南山。可谓佛像合南北，福祉惠神州。

满山是秀丽的白桦林。行走在林中曲折的木栈道上，自然生出清净心和愉悦情。栈道两旁的地面上，新生的小树苗和各种草木植物，从厚厚的枯枝落叶层中冒出来，倒卧的枯枝上生出苔藓和蘑菇。大自然中的生死荣枯，描绘出一幅清美和谐的图画。一切都在验证着＂诸行无常，诸法无我，涅槃寂静＂的佛教三法印，确是宇宙间永恒不变的真理。山之密林深处，一个四周环绕的盆地中，一座观音道场展现于眼前。观音圣像站立的鎏金莲台，安稳于广场中心汉白玉砌成的三层平台之上。头后的鎏金火焰圆光，大放光明。

北极林海观音圣像，是海南南山海上１０８米观音的原身像，身高１０．８米。为一体化三尊造型，每尊各持不同法器，代表了观音的不同化身，反映了观音菩萨普渡众生的方便之门。一面为持箧观音，体现观音的般若德；一面为持珠观音，体现观音的解脱德；另一面为持莲观音，体现观音的法身德。观音是密宗莲花部的本身。莲花是观音的三昧耶形，喻＂常乐我净＂四德，是佛门中的圣花，象征众生的肉团心；莲体清净，出淤泥而不染，根茎通心，象征＂心佛众生，三无差别＂。沿着环形广场的一周，置放着观音菩萨的众多变身，体现观音菩萨＂智悲双运＂、普渡众生的先进理念，难怪成为最受中国信众膜拜的菩萨之一。

观音的世界，世界的观音。这里将建世界观音博物院。与观音山近在咫尺的莲花湖，也正在建设中。届时，观音山、莲花湖广场作为一个整体紧密联系在一起。状如莲花的莲花湖，似一条跃跃欲试的鲤鱼，呈现一番欣欣向荣的景象，象征着吉祥和如意。

据说，当北极星最为闪耀的时刻，正是处于佛像的上方，可谓佛光普照，令人敬重。可以肯定地讲，圣像的上空，已多次出现佛光。

你可以南去拜南山海上观音，北来可拜北极林海观音。南海赐智慧，北地送平安。东方现慈悲，向佛即向善。君祝天下人，美好皆如愿。

山东荣城圣水观

天下一品圣水观

圣水观，因圣水而得名。当年，苏东坡在任澄州知府期间，到此巡游，被这里的景色所陶醉。当他品过圣水后，便挥笔写下"一品圣水观天下"的绝世佳句。圣水，只需一品即可入圣。品之，遂大彻大悟，可纵观天下。其实，这妙句还有另一层意思：天下一品圣水观。

人称世外桃源的圣水观，位于胶东半岛最东端的荣成市境内。这里是我国道教全真派的发祥地。1164年，东牟王处一，字玉阳，云游此地。只见山外天寒地冻，而此处溪水潺潺，草青树茂。相传，当年玉皇大帝下凡至此，口渴难耐，便用龙杖往岩石上一点，顿时一股清泉汩汩流出。千百年来就是这样流淌不息，当地人称之为"圣水"。王玉阳便在这方风水宝地建观，并以水命之。1167年，仙人王重阳东来传教，创立全真派。玉阳于昆嵛山烟霞洞拜王重阳为师。道成后回观，并广收门徒弘扬全真教。王玉阳仙逝后，门徒孙道古为铭记恩师教诲，修建玉皇庙、海神庙，悉心修道，终有所成，被成吉思汗封为"贞晦真人"。

步入圣水观，首先看到的是一片"和谐世界"，一派祥和瑞气。雨后荷叶，恰似甘露洒落玉盘。几朵妙花享用甘露的滋润，在观前更显清新婷丽。一对母子在池边沐足，以期先洗身污再涤心尘。

老子殿是太上老君的圣殿。殿内太上老君，用他那慈祥的面容笑对世人，正在莲花旁吟诵着道德规范，告诫人们崇尚道德，为我们指点迷津送来吉祥的福音。

拜过老子和碧霞元君，攀上那33级似冲云霄的青石台阶，来到各路神仙聚会的玉皇庙前。玉皇庙，也称灵宵宝殿。殿内供奉着玉皇大帝、四海龙王、雷公、闪母、雨师、风婆神仙，以求得万事如意、风调雨顺。玉阳大师当年亲手植下，这如今枝繁叶茂、且颇具灵性的盛产阴阳果的银杏古树。多少不远千里慕名而来的众人，只为求瓶圣水、一片银杏叶，以保家人健康平安。没想到的是，真人在玉皇殿旁，还赐我一丛荷莲，或许是仙人聚会时留下的。靠圣水滋润的叶片分外翠绿特别硕大。靠近玉皇只想托起神圣的殿堂，邻居银杏只愿依偎在她的身旁。没有开花，不想结果，为的是永葆青春，坚守自己的信念。

一品圣水观天下，天下一品圣水观。但愿千秋万代后，天下还有品之、观之。

安徽青阳九华山

莲花佛国

九华山以前来过，似乎记忆已遥远。我又来了，只为那莲花。莲花开在佛国。九华圣境里，莲花就在身边。

佛教自晋时传入，唐代盛极一时。唐开元年间，新罗国高僧金乔觉渡海来此修行。他圆寂后，九华山被辟为佛教地藏菩萨道场。从公元8世纪中叶开始，历经宋元明清千余年的时间，寺庙规模越来越大，"香火之盛甲于天下"。随着历代帝王的封赐题名，文人学士的诗文赞颂，九华山的名气与日俱增，从而获得了"莲花佛国"之称。

九华山如从地下冒出，状似九朵莲花，古称九子山。诗仙李白数游九华山，睹此山秀异，九峰如莲，触景生情叹咏中曰：妙有分二气，灵山开九华。故九子改九华。九子也好九华也罢，"莲峰云海"，奇景今在。因山高路险，荆棘丛生，多数人只能平地"望莲兴叹"。

号称"佛国仙城"的九华街，是九华山寺庙的中心区。20多座寺院分布在2.5平方公里的盆地中。九华街建筑密集自成体系，具有独特的"佛国"景观。所有寺庙都是围绕九华山的开山寺——化城寺为中心而展开布局。民房与禅院相间，山村小街与宗教建筑并存，形成了一个既有庄严浓郁的佛国气氛、又有活泼清新的田园气息的特殊环境。这里，有莲花池塘、莲花香店、莲花路灯、莲花灯饰、莲花灯盏、莲花地板、莲花台阶、莲花石柱、莲花堂门、莲花照壁……。其实，有佛就有莲。但九华山的莲花应有尽有，别具一格。有些冷落的寺庙中，远远见到出家人开心的笑容。虽然不知他们为什么那么开心，但感觉莲花开在他们心里。

不断出现的"肉身佛"，成了九华山的一大特色，因此蒙上神秘的面纱。也因僧尼肉身出现，吸引无数善男信女前来朝拜。百岁宫，普通又特别。此处是白墙黛瓦的依山傍势的徽派建筑，看上去不太大，却拥有99间半僧房。径直去后殿参拜无暇真身。悬于胸前的双手，看着让人震撼。生前，大师每隔20天一次刺破自己的舌头取血，掺以朱砂粉，抄写完一部花费了他28年时间、有42万字的血书《华严经》。百岁公的用血量，相当于一个正常人体内血液的总和。如此的礼佛，何等的莲心！百岁宫的莲灯，无时不光，照亮凡心。

来到佛国，一切的一切，都是那么地顺其自然。莲无处不在。莲在心间。

台湾高雄佛光寺

汝今哪里去

我要去台湾！我要专程去台湾——找荷花！2013年6月10日，我终于出发，独自一人从南到北、由西向东，在宝岛上奔波闯荡。在台近十天，一心寻觅荷，日月潭、阿里山都没去。为了省钱，在香港机场坐椅上度过了一个不眠之夜，第二天头班飞机到了高雄。

我早已选择，第一站先上山。佛光山，在我向往的心里，总有一种神圣感。坐班车，就碰上母女俩陪同韩国亲人去那里朝拜的热心同胞，热心到非要为我买斋餐。随缘随意吧，我一一领受了。除了心存这份情，我能做的，就是回大陆寄了《和荷天下》送他们。

佛光山，是台湾最大的佛教道场。创办人星云长老为提倡"人间佛教"之道，一砖一瓦建立起佛光山，成为台湾信众最多、最负盛名的佛教圣地。佛光山本是一座荒山，由五座形如莲花瓣的小山组成，先天具备了佛国净土的条件。凌空而出金光四射的接引佛，远远就慈悲相迎。他左手下垂，示意请进；右手竖掌，指引天路。四十八尊与其相貌一模一样的佛爷，更是步下莲台，从大佛身旁，一直迎客到放生池边。顿时，心到天国，神往莲界。

佛光山经过长期修葺，寺院建筑规模宏伟。大雄宝殿是院中最大的殿宇。内供三尊大佛皆高二丈余，崇伟肃穆，均为盘膝坐莲金身。2011年12月，佛陀纪念馆开幕。该馆占地近百公顷。穿过礼敬大厅，正中是开阔的"成佛大道"，两侧相对而列各4座宝塔。大道末端，是可容纳万人的"菩提广场"和主体建筑正馆，正馆后方则矗立着连基座108米、目前世界上最高的铜铸坐佛——"佛光大佛"。此时的我，头顶烈日，站立成佛大道，面对大佛，双手并掌由脑上方缓屈胸前，祝祷世界和平两岸和合众心平和，莲花常开！莲心长在！

遗憾的是，事后才知，佛光山最高山岭有一普贤殿。因为地势高，游人较少去。在这幽净的地方，慧义法师在这里养莲多年。普贤殿茶廊内，有满墙的莲花照片，美轮美奂。坐在茶座上，俯瞰不远处的普贤农场，法师的莲花正在莲池里绽放着。我相信，在春夏秋冬的每个时日里，法师心里一定开满了莲花，并让所有的莲香于无声中浸入每一个来者的心底。

佛光山有副对联是：问一声汝今哪里去，望三思何日君再来。颇具禅意，在此不论。只是想说，无须三思，我肯定再来！因为，自有莲心。

江苏苏州重元寺

水天莲国

如此独特，全国仅有。难怪，重元寺有那么多的全国之最。我认为，还应加上一最——水莲一色。这是其他佛国无从比拟的。

千年古刹，荣辱兴衰。苏州重元寺古已有之，与寒山寺、灵岩寺、保圣寺同为南北朝梁武帝时期。公元503年，梁武帝萧衍以佛化治国，一时上行下效，全国崇佛，重元寺应运而生。几经损毁，文革中完全毁掉。2003年，移建在风景秀丽的阳澄湖半岛之中。

外围的莲花路，是一条U字形的环岛之路。重元寺大约位置就在U形的最中间。走进山门，真如"莲界重开"。阳澄湖苍茫一片。一水之中盛开一朵莲花——重元寺。一条长桥，直通"莲花"深处。长桥取名"普济"，是全国寺院内最长的一座石拱桥。普济意指观音大士普渡众生，济世救苦，也象征跨过此桥便可到达极乐彼岸。桥长99米，象征九九归一。桥身共有19个桥洞，代表的是观音菩萨的3个19：2.19观音出生日、6.19观音成道日，以及9.19观音出家日。桥的两侧种植了成片的白莲。盛夏之时，莲花竞相开放，美不胜收，纯洁神圣，更显"水天莲界"胜境。

观音阁坐落于一座人工填湖而成的小岛上。整个岛从空中俯瞰，如同一朵盛开的莲花。岛上建筑莲花造型，而观音菩萨就端立于莲心之上。观音阁高46米，造型古朴庄严，乃是全国最高的水上观音阁。在岛周围设有现代光电造雾系统。开启的时候，烟雾缭绕，营造出一个唯美的观音莲花界。观音阁所供奉的主佛是杨柳枝观音像。像高33米，寓意是观音的33个应身。全像重88吨，全部由纯铜铸造，表面贴金箔而成。是全国室内最高最重的观音造像。瞻仰这尊观音像，但见菩萨神态安详，手执杨柳净瓶，具有无量的智慧和神通。生动地表现了观音大慈予人乐、大悲拔人苦，在现实婆娑世界中救苦救难的品格。

观音菩萨的脑后，有一朵为人少知藏得很隐蔽的莲花。也许我的心还不够虔诚，没有看见。菩萨没有责怪，并说：只要莲开心里就行了。

湖光、阁影、莲境、禅韵，重元寺向世人展现出，一方莲花净土的盛世风光。

江苏苏州东山葑山寺

荷花生日那一天

终于，我又到了一个好想去的地方。这个地方美，美在太湖水中有一"洞庭"。这个地方妙，妙在洞庭东山之龙头山葑山寺下，农历六月廿四，"仙子"开路，"猛将"登场，各路人马浩浩荡荡、轰轰烈烈、熙熙攘攘……。如何形容这质朴的虔诚、这热闹的气象都不为过。我无须搞懂，赫赫有名的太湖中，为何冒出"洞庭"；"仙子"与"猛将"又有何相干。

东洞庭山，又称洞庭东山，是延伸于太湖东麓的一个半岛。其以东山镇为中心。三面环水，湖光粼粼，帆鸥点点，与洞庭西山交汇而成绚丽宽广的太湖景区。葑山寺，位于东山西南部的龙头山上。其山原名葑山，因明初太湖中有妖作怪，山上筑石龙头镇妖而改名。明代，此山道教甚盛，嘉靖年间在山顶建真武行宫，后称葑山寺。旁有伍大夫祠及路公祠。葑山这里，山奇湖广，夏日芰荷数十里，风景尤佳，清代辟为游览地。东山八景之一的"葑山荷舫"即此。相传乾隆皇帝曾两次游历于此。如今荷景已淡，倒是环太湖大道的湖滨及小湖，荷景自然美丽。

农历六月廿四，苏州人的民俗节日——观荷节。年年这天，洞庭东山及葑山寺的内外上下，要举行荷花生日庙会。先天下午，我就来了葑山寺。烧香的人真还不少，拜了真武，又拜对面的荷花女神。站在寺下环山的荷花旁，仰望山寺，只见一条山路向上弯入黄墙黛瓦，顿生一种"龙不在高，有仙则灵"的感触。第二天东方未晓，烧香的人更多。而且越来越多，大多走路而来。远近无所谓，在乎的是虔诚的心。寺外殿内，烟雾腾腾，只见人头攒动、身影窜涌，川流不息。天刚亮，锣鼓、音乐声传入，大队伍开来。来自各村的数千民众，分别从陆路与水路涌现。自发组织，不约而同，规模宏大，井然有序。上天王、中天王纷纷到场，猛将、仙子也莅临，人间的百姓穿红戴绿芸芸会集，庙会就这样开始。没有什么仪式，只为到此一聚。舞龙的、敲鼓的、扭秧歌的，迎送着一批又一批的人马，绕场一周。队伍招摇而过，广场嘈杂如市。烧香拜佛的不为所动。彼此心有照应，你我同祈求福，其喜乎其祥兮。

前客让后客，有福共享。一队队、一艘艘、一群群、一家家、一对对……围着菩萨，带着幸福，迎着朝阳原路而归。归往那村那家，归向心之所望。

江苏无锡灵山胜境

心在净土莲花中

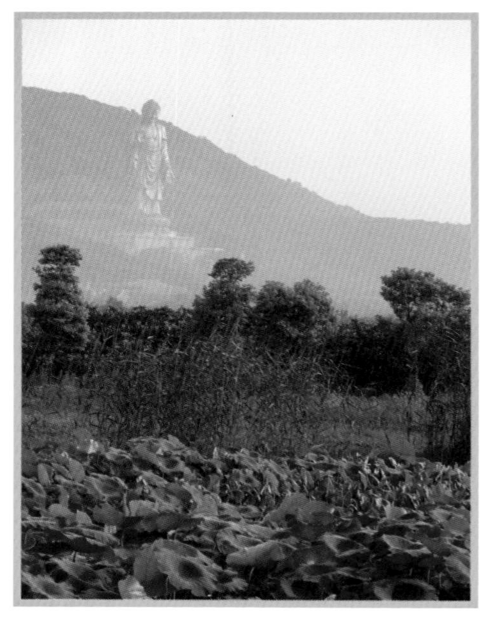

走进灵山，走近大佛，一直是我的心愿。去灵山，为的是一次心灵的旅行；拜大佛，求的是一回心灵的洗礼。殊不知，一枯一荣的荷叶莲花，更给我心灵的净化。

壮丽秀美的小灵山，初次光临，我却感觉如此的熟悉和亲切，仿佛曾经来过。远远地望见，坐落在山腰的大佛，南面太湖，背倚灵山，左挽青龙(山)，右牵白虎(山)，这般地灵形胜、风水绝佳。靠近大佛，向上仰视，湛蓝的天空中白云悠悠，让人产生佛"动"的感受。近看大佛是一心情，远望大佛更显佛的气魄。以心的跪拜面对大佛，有一瞬间心灵的触动。

看罢九龙灌浴，来到香水海。只见一线莲花摇曳在水里，与矗立在碧波荡漾之中的五印坛城交相辉映。听说灵山原有一白莲池，由于沧桑变迁，白莲已悄然绝迹。而神奇的无尾螺蛳，仍在池里繁衍生存。现在，这扎根在香水海石土中的莲花，与佛的莲心一齐绽放，隐现着灵山的灵气与佛性。

独自一人，在这莲花世界里享受。忽然间，又见一枯一荣：一片黄黄的枯叶与一枝灿灿的红花在一起。是依偎，还是呵护？当年世尊释迦牟尼在双树之间入灭，有常无常，双树枯荣。南北西东，非假非空。我坐卧红尘，看花叶一枯一荣，参浮生非假非空。终究一介凡人，看不明那拈花一笑，参不透那普渡众生。但花叶枯荣的融和实在惊叹，着实撞击着我的心灵。她们的依偎，让我感悟一枯一荣生生不息，同喜同悲同难同生死。红花应该绿叶陪。过去爱我、衬我。现在你已老，还在护我、伴我。我红花不离不弃。枯叶沉默了，深情地望着红花。红花的面容在枯叶的眼里渐渐模糊，但在枯叶的心里越来越清晰。也许，等到枯叶离开前的一分钟，枯叶才会倒在红花的怀抱里。但我坚信，即使在枯叶生命的最后一秒，他也不会说出心中埋藏已久的那句话：只想陪你同生同死。

其实，此刻身处佛国的我，不必为枯叶的早逝而伤感。世间万物皆如此，一枯一荣任它去。透着任其枯荣的佛理，佛心可鉴。人生的枯荣与自然的际遇何其相似。得失随缘，顺其自然。不执著好坏的概念，无论风云变幻、遭际顺逆，始终持有一颗平常心。

我不愿离去。我愿在这充满莲心的天地间，感受宁静，感受神奇，感受佛音。

浙江舟山普陀山

海天佛国的莲花

它，天生就是莲花圣地；它，注定就是海天佛国。它，也要见证莲即佛、佛即莲。

"海上有仙山，山在虚无缥缈间"。普陀山，位于莲花洋上，是舟山群岛1390个岛屿中的一个小岛。既以海天壮阔取胜，又以山林深邃见长，是山水二美著称的中国佛教名山。

唐咸通4年(863)，日僧慧锷大师从五台山请观音像，乘船归国。船经普陀至莲花洋遭遇风浪。此时，水上漂起铁莲花，转眼间整个海面全是，船被围在中间不能通行，想尽办法仍无法如愿。遂信观音不肯东渡，乃留圣像于潮音洞侧供奉，故称"不肯去观音"。后经历代兴建，寺院林立。寺院无论大小，都供奉观音大士。可以说是"观音之乡"了。观音菩萨就这样，于莲花洋的海山上，或端坐莲花，或脚踏莲花，或手执莲花，慈眉善目、莲眼低垂，时刻注视和关照着芸芸众生。从此之后，普陀山逐渐形成观音道场，并迅速成为汉传佛教中心。每逢农历二月十九、六月十九、九月十九观音菩萨诞辰、出家、得道三大香会期，四方信众经莲花洋聚缘普陀。山上烛火辉煌，寺院香烟缭绕，一派海天佛国景象。

海天佛国另有莲池夜月的美景。普济寺山门前，有一海印池，原是放生池，现为莲花池。池上古石桥横卧水波，远处耸立着一座古刹，疏朗雄伟中透出灵气。莲池三面环山，四周古梓参天，池水为山泉所积，清莹如玉。每当盛夏，池中荷叶田田、莲花亭亭，映衬着古树、梵宇、横桥、宝塔倒影，构成一幅十分美妙的图画。夏季月夜到此，或风静天高，明月映池；或清风徐徐，荷香袭人。真如：一轮池上月，万柄水中莲。花月双辉处，人间别有天。

观音文化节莲花灯会，是海天佛国的又一景色。夜幕下，千年古刹普济寺众客济济，恭敬站立；海天佛国灯影绰约，沉浸在金色琉璃世界之中。众人双手合十，将象征光明与智慧的莲花灯捧在胸前，围佛像、宝殿及莲花池缓缓一周，灯灯相传，光光互照，形成了一道流动婆娑的灯海。大家行吟祈愿，共求智慧慈善、国泰民安。

满洋雪浪白翻天，何处香船是铁船。大愿总知神力在，千帆日下尽红莲。为了寻找海天佛国一副关于莲花的对联，我竟接连两天内，两过莲花洋、两登普陀山。不见昔日楹联在，尽享今朝莲世界。但愿：莲花开在心里，心如莲花。

我不得不谢同学甘兄，是他首先帮助我漂洋拜佛仰莲，早先开启我系统周游寻荷。

如荷出世入世

折高墙，改矮墙；拆围墙，变景墙。随着南普陀寺与厦门大学中间地带的打通，学府和寺庙的建筑群景观融为一体，不再"互不相干"。一泓莲花出水来，学教佛教两边开。

简单地说，莲这边是寺庙，荷那边是学府。过去，厦门大学与南普陀寺因一墙之隔，有缘在一块，却无分融一起。墙变景，花探头，一片荷莲成了共同的景观。香火与学灯、书声与梵音，缭绕在山间海滨，显得无比地奇妙和神秘。

福建厦门南普陀寺与厦门大学

南普陀寺，坐北朝南，依山面海。始建于唐代，称泗洲寺；明代重建，叫普照寺；因其供奉观音菩萨，与浙江普陀山观音道场类似，又在普陀山以南而改此名。该寺是闽南地区最大的一座寺庙，也是全国佛教重点学院闽南佛学院的所在地。20世纪20年代以来，南普陀寺一度成为海内外佛教交流的中心。改革开放以来，诸方来寺朝参、访问的高僧大德和佛教界知名居士，络绎不绝。党和国家领导人，每来厦门视察，也必到此地。寺院的门前，屹立着七座如来佛塔和两座万寿塔。塔前是放生池、莲花池。盛夏之季，荷花盛开。蓝天、白云、白塔、绿叶、繁花，展现出这里是清净高洁的佛门之地。

出了寺便是中国最美丽的大学——依山傍海、建筑唯美、风光秀丽的厦门大学。该校是国家直属的全国重点大学，由著名爱国华侨领袖陈嘉庚先生于1921年创办。中国近代第一所华侨创办的大学，被誉为"南方之强"。不愧为最美。独具风格的建筑，古香古色的教室、图书馆、宿舍楼，还有林荫小道上整齐的棕榈树，独木成林的大榕树。富有内涵的21层大学主楼，前面就是芙蓉湖。校园内，有芙蓉楼群的学生宿舍。穿过芙蓉隧道，有学校最大的芙蓉食堂……。厦大的校训是：自强不息、止于至善。自强、自强，学海何洋洋，谁欤操钥发其藏……。自强、自强，人生何茫茫，谁欤普渡架慈航……。在如此"芙蓉"的学校里，不谈几场恋爱，真对不起这么美丽浪漫的校园了。自强，从不排斥"情爱"。在异乡，有一个陪在"自强"身边的人，也是一件温暖的喜事。

想清净，来寺庙；想浪漫，去厦大。从佛门到学门，只在穿越莲花。某时某刻的美妙，尽在这里。

河南洛阳白马寺

马背驮来的莲花

皇上的梦，就是不一般。汉明帝刘庄的那场梦，就让佛教走进了东方文明，也让莲花盛开在东方佛国，并影响中国文化2000多年之久。

在洛阳东郊一片郁郁葱葱的长林古木之中，有一座被称为"中国第一古刹"的白马寺。这座2000多年前建造的寺院，以它那巍峨的殿阁和高峭的宝塔，吸引着一批又一批的众人。从白马寺始，我国僧院便泛称为寺。白马寺也因此被认为是我国佛教的发源地，历代高僧甚至外国名僧亦来此说经求法。所以，白马寺又被尊为"祖庭"和"释源"。

白马寺是佛教传入中国后，由官方营造的第一座寺院。它的营建，与我国佛教史上著名的"永平求法"紧密相连。相传汉明帝刘庄夜寝南宫，梦金神头放白光，飞绕殿庭。次日得知梦为佛，遂遣使臣前往西域拜求佛法。他们在月氏(今阿富汗一带)遇上了在该地游化宣教的天竺(古印度)高僧迦什摩腾、竺法兰。于是邀请佛僧到中国宣讲佛法，并用白马驮载佛经佛像。跋山涉水，于永平10年(67)来到京城洛阳。汉明帝敕令仿竺式样修建寺院。为铭记白马驮经之功，遂将寺院取名白马寺。

白马驮经西竺来，中原自此佛莲开。梦后的等待，不仅仅是高僧佛经，还有莲花。莲花乃荷花也。她与佛教的关系十分密切，可以说"莲"就是"佛"的象征。佛祖释迦牟尼端坐在莲花宝座之上，慈眉善目，莲眼低垂；称为"西方三圣"之首的阿弥陀佛和大慈大悲观世音菩萨，也都是坐在莲花之上。其余的菩萨，有的手执莲花、脚踏莲花，或作莲花手势，或向人们抛洒莲花。寺庙道路、墙壁、藻井、栏杆、神帐、桌围、香袋、拜垫之上，也到处雕刻、绘制、缝绣各式莲花图案。佛教以莲为喻的词语，更是数不胜数。如：莲花座、莲台、莲花坐势、莲邦、莲花国、莲刹、莲胎、莲眼、莲宫、莲花手、莲花戒、莲花衣、莲花智、舌上生莲、归宅生莲、莲社、莲宗……，如此无莲不佛，是因为莲花的品格与特性，和佛教的教义相吻合。

穿过熙熙攘攘的市场，即是安安静静的佛国，这突然的变化恍有隔世之感。暮色降临，荷池莲合，整个寺院萦绕着缕缕柔和的古佛青烟，一切都是那么静谧、安然。清凉台内有一方池，水中有一莲花座。投一币吧，浮水、沉底，有福或有寿。落在莲花上，福寿双全。

莲开窟龛

中国四大石窟之一的龙门石窟，坐落于素称"十三朝古都"洛阳城南13公里处的伊河两岸。自北魏始，历时400多年的营造，南北绵延上公里的群窟，密如蜂房，星罗棋布。

走进龙门，恍若踏入佛国净土。秀水青山的美丽幽静，一下就隔绝了闹市红尘的喧嚣。蹬道攀坡，探头抬眼，窟龛之间，满目皆佛。佛啊，我的莲花在哪里？还记得那个最有名的释迦牟尼佛的拈花一笑么，只有迦叶尊者会心一笑。这就开启了禅宗的心传秘法。佛祖临涅槃前将眼睛付诸于迦叶，于是众罗汉和菩萨便都拿起莲蒂，顿时诸佛与菩萨坐下或站立都出现在莲台。所以，在佛教石窟中，多以莲花装饰。佛无处不有，莲无所不在。你还问？

万佛洞，窟顶有一朵精美的莲花，主佛端坐在莲花宝座上。主佛背后还有52朵莲花，每朵莲花上都有一位供养菩萨。她们或坐或侧，或手执莲花，或窃窃私语。神情各异，像是不同少女的群体像。别致的造型，表现的是一个西方极乐世界的"莲花净土"。

这里有个莲花洞，因窟顶有一朵大莲花而得名。这个大莲花，颗颗莲子饱绽着，莲的花瓣叠压着，立体感很强。像这样硕大精美的高浮雕莲花，在石窟中还是罕见。人民大会堂的莲花顶，就是依据此莲花设计而成的。这里有唯一一尊站立的释迦牟尼化缘像。化喻为教化、劝化之意。似是佛祖不远万里，一路风尘，从遥远的印度来到中国弘扬佛法。两侧弟子迦叶、阿难随侍左右，亦步亦趋。手执锡杖的迦叶像也是仅有的一尊。可惜的是，佛

的头像、弟子与菩萨的头像几乎都被窃了！据说分别"藏"在法国和日本。围绕莲花，还有6个手捧果品、迎风飞翔的大型飞天浮雕，婀娜多姿，生动传神。而天衣、云彩随着天女的舞动，如随着音乐的旋律在翻飞、飘扬，使整个藻井一改以前的宁静幽深，而变得灵动起来。

晚上来到伊河东岸，对面奉先寺中间的卢舍那大佛，嘴角微带笑意，好似向芸芸众生传递着慈祥与和悦。她那稍向下俯视的目光，白天总与礼佛者仰望的目光交汇，现在恰好和一水莲花对视。在五彩灯饰的映衬下，大佛与仙子，极尽女性的温柔与唯美。

依依不舍龙门的时候，我正伫立在石窟广场上巨型莲花的身边。她也让我感悟到佛性。

湖北十堰武当山

大美太和

俗话说，"天下名山佛占尽"。而在武当山，却是道教一统天下。当人们登临道教第一山，无不惊讶它浓郁的皇家色彩；无不惊叹它深邃的太极精髓。天地间的和谐大美，尽显武当。

北建故宫，南修武当，多有令人回味的深意。从开工之日起，这座大山就和帝国的京都紧紧地联系在一起。大明王朝200多年的历史，武当山共接受了近400道圣旨。少有帝王对一座大山如此热情。唐太宗降旨武当，元代帝王崇拜武当。到了明代朱棣，他将都城迁到玄武神守护的北方，要营造一个地上的紫禁城；在玄武神坐镇的仙山武当，要营建一个天上的紫金城。如此两大紫禁(金)城，一个占据精神的至高点，一个缔造权力的中枢。在武当，统御四海的威严皇权，被融入了更为尊崇的道法自然中，人与天地完美融合，成为了理想的洞天福地。永乐皇帝终偿所愿，大明王朝从此一统天上人间。百姓安居乐业，此谓太极。

武当的宫观独特圆形莲花如意门，与故宫的方正大门相对应，就像不同的取景框，形成了妙趣横生的天圆地方视角。阴阳为之道，阴阳演化太极。当北京奥运会开幕式惊艳世界的时候，一场行云流水的太极表演，柔柔刚刚，刚刚柔柔，让世人感受到东方文化的无穷魅力。

从永乐年间一直持续到康乾盛世，从故宫中轴线上主殿名称的演变，今天的人们可以看到武当文化、太极文化对历代帝王的精神支撑。从朱棣的奉天殿，到嘉靖的皇极殿，再到清代顺治改称太和殿，奉天承运，皇建有极，太和九州，天地间的和谐大美，成为了数代君王们的治国理想。历史的日月光华中，武当与故宫，承载了帝王的太和之梦。

武当山，又叫太和山。一个和字，点出了太极的精髓。日月春秋中，这座大山巍然屹立在中国的版图中心，好像协调着四方的风水，阴阳平和，共生共荣。神奇的自然景色与丰富的人文景观融为一体，其物华天宝又兼人杰地灵的特质，给人们留下了极大的想象空间。俗话说，佛家修来世，道家修今生。此时此刻，我好想问真武大帝：这一生要怎样度过，才能安顿此心，方能不负此生?

走进武当，来到逍遥谷这个充满侠气的地方。峻岭下的剑河与茅舍之间，被道家文化滋润的一片片荷花，又似乎绽放出此山此水的玄妙、空灵与神韵……

白莲净土

下武当，上九江，一梦之间就到了东林。全靠天佑友助，佛道显灵。

此地似乎都与白莲相关，皆因远公的莲缘。1600多年以来，白莲花谢花开，教义时衰时兴，唯有不变的是，东林的莲花莲宗同在。莲开僧舍，一花一世界，一叶一如来。

江西九江东林寺

九江的东林寺，东面庐山，北倚东林山，为庐山第一名寺。东林寺始建于东晋太元11年(386)，为净土宗(时称莲宗)初祖慧远大师所创立。慧远大师集释、儒、道三家学养于一身，在东林"影不出山，迹不入俗"，潜心佛学，广弘佛法，阐扬佛理，著述佛书，形成"众僧云集、四海同归"的局面。元兴元年(402)，他见机缘成熟，遂邀集"息心贞信之士"123人，其中高贤十八，既有中外高僧，又有达官贵人，还有学者隐士，创立了中国佛教第一个社团——白莲社。这个结社被称为白莲社，就是由于在山之东边和西边的池塘种有白莲。远公的莲社，以同修净业、共期西方为宗旨，熔释儒道于一炉，开佛教中国化之先河。以东林为中心的庐山，逐成为中国南方的佛教中心。远公倡导的"弥陀净土法门"时称莲宗，后立净土宗之名。后世遂尊慧远大师为初祖，尊东林为净土祖庭。

东林寺以中国净土宗第一道场而誉动中外。唐天宝9年(751)，鉴真大师第五次东渡日本未遂，辗转来到东林寺，朝礼慧远大师，并驻锡传戒，随后携东林寺两位僧人，带着东林教义及白莲种子，第六次东渡日本成功。

进入东林山门，展现在眼前的是一片莲池。当年慧远大师在这里"凿池种莲"。东林寺莲花中外闻名。1321年，日本澄圆法师到东林寺求道，特意将这里的莲种带回日本，种植在吉祥寺等13座净土宗寺院里。新中国成立后，江西将莲池列为省级文物保护单位。可惜文革中莲池被废弃，池里的莲花也绝种。1992年，日本佛教界将莲种回赠东林寺，杨成武上将也为刚修复的莲池题写了"莲池"二字。古称"青莲华"的白莲，又重新盛开在东林祖庭。

东土树莲宗，自成一脉；西方有佛陀，广接群众。今天的净土宗风所及已遍于世界。目前，净土宗成为佛教界拥有信徒最多的宗派。净宗文化，又搭起一座对外交流的金桥，沟通着不同国家、地区、民族之间的联系，泽被四方。

江西贵溪龙虎山

飘逸道家

在如此高仰的祖庭，竟有这么多的荷花。她，如仙一般，神游在宫观中；似云一样，潇洒于龙虎间。来这里赏仙花、沐仙香、沾仙气，下辈子做个仙人吧。

江西的龙虎山，是道教正一派的祖庭。张道陵曾在此炼丹，传说丹成而龙虎现。云锦山改为龙虎山。自后，龙虎山碧水丹山秀其外，道教文化美其中。被誉为道教第一仙境。

荷花——莲花，是佛门圣物。在道教中，荷莲也是鲜出其右者。道教以盘古开天为始，盘古天王由大道之莲孕育。据说，太上太清圣人"老子"的三花是红莲；太上玉清圣人"元始天尊"的三花是玉白色莲花；太上上清圣人"通天教主"的三花是青色莲花。救苦天尊坐九色莲花座；何仙姑手执荷花；哪吒莲花化身……。至南北朝时，随着道教的成熟，荷花顺理成章地成为了祥瑞的象征。莲花，"一为世珍，一为道瑞"。

对我来说，久仰"龙虎"，莫如说向往道教名山的荷莲。

天师府，从张道陵第四代孙张盛始，历代天师华居于此。张天师名号已承63代，是我国一姓嗣教受皇帝赐封时间最长的道派，形成中国文化史上传承世袭"南张北孔"两大世家。府内有一百花池，夏季荷花怒放。水碧花香鱼摆尾，不就是天师心中的莲花境界吗?

正一观，是祖庭天师张道陵结炉练丹的地方。云锦石，"在正一观下，仙岩上流，崭新壁立数百余尺，红紫斑斓，照耀溪水，光彩如锦"。也许是"云锦披不得"，七仙女与白莲花仙女，就在正一观大门前，亲手挖掘两个荷塘，取"丹井"之泉，播"瑶池"之种，使得浸透仙气的荷花，盛情绽放任人求取。

围着"龙虎"转，到处有荷莲，为道教名山渲染出一种祥和、淡泊与宁静的气氛。或许，王母娘娘还嫌此地的荷莲不多，便命悟空将"仙桃石"脚下的坠落碎石，堆积而成"莲花石"。无论春夏秋冬，无论刮风下雨，石莲花亭亭玉立，晶莹剔透，始终矗立在泸溪河畔。

正一者，真一为宗。正一教从老祖天师得太上道祖亲授正一盟威之道开始，真一不二，传承至今，将近2000年的历史。一茎百叶、千年之花的荷莲，秉持性洁与和美，将一直守护着正道、真道于"龙虎"圣境。

全仗朋友的"龙虎"精神，使我圆满江西第三行。难忘鹰潭一别，我开始新的寻荷征程。

心静风幡俱不动

河南的风穴寺，有一名联：风动耶，幡动耶，心静风幡俱不动；山无尽，水无尽，觉空山水本来无。作者已不可考。但是寺联，记述了中国佛教禅宗史上最有影响的第六代祖师惠能的一个故事。这个故事，发生在广州的光孝寺。

广东广州光孝寺

历史上，六祖惠能与光孝寺有着深深的法缘。当年，慧能从五祖弘忍处得到秘传后，即携其衣钵，由黄梅到岭南隐匿起来。经过长达15年的山隐，于唐仪凤元年(676)正月初八，怀揣衣钵到光孝寺。印宗法师正在寺内给僧众讲经，慧能混在其中聆听。一阵风吹来，寺院内悬挂的旗幡随之飘动起来。印宗法师即景说法，向众僧提问：这是什么在动？一僧曰：此乃幡动；另一僧曰：此乃风动。惠能趋前插话：此乃既不是风动，也不是幡动，而是自己心动。印宗闻之竦然若惊，知惠能得黄梅弘忍真传遂拜为师。这就是著名的"风幡论辨"。同年，慧能在此落发受戒，并在菩提树下为众人说法。这就是中国佛教史上所说的"开东山法门"。光孝寺的宣讲，主要是他自己根据《金刚经》的基本精神所独创的思想。这种思想逐步充实、完善，最后形成了独树一帜、流传至今的禅宗南宗。

光孝寺，位于广州市现在的光孝路。该寺名称屡变，至宋绍兴11年，才定名光孝寺。光孝寺最著名的传奇就是，六祖慧能正是在这里，以"风幡论辨"展露峥嵘，引起世人瞩目。后人把当时的睡佛阁，改称为"风幡堂"。过去，堂前挂有巨幡，迎风飘扬。

在禅学看来，人人皆有"佛性"。佛性又叫做：自心、自性，本心、本性。它不仅是众生向善成佛的动力，也是宇宙万物的本源。既然如此，所谓风动也好、幡动也好，都来自同一个本源——心动。万物唯心造，一切由心生。当我们的心似浮云，看世上一切都是浮云；当我们的心像莲花，看世上一切都是莲花。心净，一切都净；心善，一切都善；心美，一切都美。心静了，一切都会静。人生无非就是一场修行。心动，一切都动。

我们的心，到底是什么呢？为什么，心如莲花？

广东新兴国恩寺

一圣一世界

在英国伦敦大不列颠图书馆广场，矗立着世界十大思想家的塑像。其中，有代表东方思想的先哲孔子、老子和惠能，并列为"东方三大圣人"。

唐贞元12年(638)二月初八，惠能生于广东新州(今新兴)。三岁丧父，长大后靠砍柴供养其母。一日惠能卖柴于市，听一客诵经，惠能一听即能领悟。他打听何经来自何方后，归家告其母，矢志出家。母从其志，24岁那年，惠能直达湖北黄梅寺，拜弘忍和尚为师。

一天，五祖弘忍挑选继承人，告众僧取自本心般若之性，令其徒各作一偈，若悟大意，可付衣钵为第六代祖。时有上座僧神秀，思作一偈，写于廊壁间："身是菩提树，心如明镜台。时时勤拂试，莫使有尘埃。"惠能闻诵后，夜间请人代书一偈于神秀偈旁："菩提本无树，明镜亦非台。本来无一物，何处惹尘埃。"正是这一偈，惠能获五祖密授教法及衣钵，成为中国禅宗第六代祖。其主张"佛在我心、净心自悟、见性成佛"，独创了中国特色的佛教宗派。他的佛教思想，影响遍及日本、东南亚，乃至世界各地。

唐玄宗弘道元年(683)，惠能为报父母养育之恩，在故乡建"报恩寺"。唐中宗于神龙2年(706)，下诏赐名"国恩寺"。唐先天2年(713)7月，在外传法30多年的惠能，回归故土。8月3日坐化于国恩寺，享年76岁。后其徒广集六祖语录，撰成《六祖坛经》。

六祖的传奇一生，可以概括为：先悟佛道，后入佛门；先成佛祖，后落发为僧；下下人有上上智，留下惊世之作；把外来佛教中国化；传佛心印，不传衣钵；与佛缘深，一生随缘。毛泽东曾经评说：惠能被视为禅宗的真正创始人，亦是真正的中国佛教始祖。

惠能生前就深得朝廷的恩宠。武则天和唐中宗曾奉请弘法。六祖辞谢，又颁旨褒扬，诏赐钵袈等物。去世后，名位加身。唐宪宗追溢为"大鉴禅师"；宋太宗又加谥为"大鉴真空禅师"；仁宗再加谥为"大鉴真空普觉禅师"；最后，神宗更加谥为"大鉴真空普觉圆明禅师"。

一个乡村樵夫，成为一代宗师，全在"见性成佛"。"一切众生悉有佛性"，那我们就在日常生活中，去见性去成佛。一念一清净，心是莲花开。

海南海口湖中寺

酒店的梵音与荷香

也许，你没想到吧，邻近闹市的酒店打开后门，就有一个荷花湖；也没想到吧，下楼可进寺庙去拜佛赏莲；更没想到吧，住在酒店，打开窗户，可以闻到荷香、听到梵音、看到一派烧香拜佛忙碌而又虔诚的境界。这个酒店，就是海南海口市的凯威大酒店。

凯威大酒店是四星级旅游饭店。位于西海岸带状公园前沿，海口秀英时代广场、海口秀英港环亚太旅游码头南侧，北依浩瀚的琼州海峡，西邻美丽的"假日海滩"。风格独具之处，更在于它坐落在远近闻名的"港中湖"公园之中。园内"湖中寺"将宗教文化与现代文明融为一体，是旅游者和四海香客理想的梵音圣地。这在中外酒店中堪称一绝。

我不是佛教徒，但我心中有佛。天还没亮，我就来到了凯威，找到了"湖中寺"。微光下，我双手合十，向着灯火通明的大雄宝殿，默默地念了一句"阿弥陀佛"。宝殿几乎就在荷花湖里，一切都还那么安静，只听到荷叶发出阵阵风声。我守在那里，看到了第一柱香插进了香炉，看到了荷花湖里开的都是白莲花。接着，男的女的、老的少的，络绎不绝地来了。来来往往，进进出出，各自忙着自己心中的那个事。我也忙上忙下，寺里湖外穿梭不停。最过瘾的是，烧香的香味与荷花的香味糅合在一起，让我饱尝了一顿。

什么时候，我能停下来，静心地拜佛赏荷呢？

海南三亚南山佛教文化苑

南山的心灵慰藉

南山，面朝南海，历来被称为吉祥福泽之地。唐代著名大和尚鉴真法师，为了弘扬佛法，五次东渡日本受阻，登陆南山，得观音护持，随后第六次东渡日本终获成功。日本第一位遣唐僧空海和尚，亦为台风阻止南山，得观音加持，后经泉州至长安求法成就。中国传扬千古的名句"福如东海、寿比南山"，则更道出了南山与福寿文化的悠久渊源。

救苦救难的观音菩萨为了救度芸芸众生，发了十二大愿，其中第二愿即是"常居南海愿"。《崖州志》载："光绪六年，三亚鸭仔塘村(南山东南麓)忽自产莲花，叶甚茂，三年乃谢。光绪二十二年，复产，愈甚，至今愈茂。"莲花，是佛教清净境界的象征，也是菩萨得道的象征。观音菩萨是得道的菩萨。可见，南山吉祥福泽，皆南山与佛门与莲花之殊胜因缘。

我第二次来南山，就是找寻莲花的。在南山，莲花世界比比皆是。但是，引我最为注目的是：公交汽车身上的朵朵莲花。她们盛大绽放，鲜艳夺目。莲花时刻陪伴着汽车，汽车承载着游客，来来往往穿梭于各景点。南山佛门，"撒温情花雨，添人间欢乐"，祝福人们"梵天净土，寿比南山"。这好像"天女散花"：体态丰腴的天女们手持花盆，内装朵朵莲花，驾着祥云飞翔，把片片吉祥的花瓣洒向人间。

南山不二法门是景区大门景观。佛门有八万四千法门，不二法门是最高境界。入得此门，便进入了佛教的圣境，可以直观圣道。从不二法门趣入，再自不二法门喜出，当以解救灵魂、自由自在的体悟定格那一瞬间的拈莲。我仿佛看到，观音菩萨纤柔的手指，挟着一朵盛开的莲花，下垂的目光正凝视着她，专注到出神入化的地步。他在唤醒大地苍生要像莲花一样，出淤泥而不染，才能达到至高的解脱境界。

感谢观音，感谢莲花，让我们有清净的观想，让我们发现自己，退却热恼，心自清凉，慈悲善良，福智双圆。

香港南莲园池与志莲净苑

净土之中一南莲

我冲着南莲园池、志莲净苑几个"莲"字，来香港找寻我的莲花。

南莲园池由香港行政区康文署与志莲净苑共同建设，它是复建的一座隋唐式园林。全园山水相依，水随山转，山因水活，山上广植林木，建筑散落各处，把自然美与人工美结合起来，利用有限空间，展露无限美景，成为一座殿堂级的古典山水园林。中国古代有如此欣赏大自然的佳句："万物静观皆自得，四时佳兴与人同"。香港是现代世界最繁华的都市之一，城市人生活在喧闹的混凝土森林中，很少有机会在市区接触到一片净土。开辟一个清幽祥和的南莲园池，供游人静心游观，净化心灵，得以忘却世俗的烦嚣，减低工作压力，达到和谐心境、闲适生活的目的。

园内的圆满阁安置在莲池中央，莲花环绕阁台绽放，蕴含开花结果、圆圆满满的吉祥寓意。

南莲园池是一片自然净土，毗邻的志莲净苑又是一块佛门净地，一园一苑里均有净客——莲花，净身静心都在其中。

南莲园池是参考我国现存唯一有迹可寻、有学术考研的山西隋唐绛守居园池作为设计构思的蓝本，故命名为园池。那么，如何又称"南莲"呢？本人自作聪明猜想，北有志莲，南谓南莲，一脉相承。

心如莲花方为净也。

重庆九龙坡华岩寺

花开见佛性

一朵莲花，已经成为一个庄严世界。祈盼：身心如莲次第开。

重庆华岩寺，因寺南侧有一华岩洞而得名。民间一传说，清初僧人圣可锡于此古洞，夜梦五色莲花大如车轮，故称华岩。

一路走来，直到金佛前，处处都有盆栽莲花摆放。高大的佛祖端坐在莲花宝座之上，周围簇拥着红的白的莲花；两手爱抚着莲叶，庄严之外更显慈眉善目。石阶旁以及路面石板上，有许多以莲花为主题的石雕。尤其是石板上的莲花雕刻，美得让人不忍踏足。沿着小路慢行，不久便到了荷塘。荷塘一层一层好几个，称作"七步荷塘"。传说当年佛祖降生时，无人扶持即能行走，举足七步，步步生莲，故名"七步荷塘"。荷塘已现凋零。曾经绚丽的花瓣凋落在荷叶上，褪去花瓣的莲蓬象风烛残年的老者。掉下的或没掉下的丝丝黄色的花须，仿佛是她伤感的泪。旁边还未开放的花蕾，是她的曾经还是她的希望?

莲花是经常出现在佛家经典和寺院艺术中的佛教圣物。按照佛经说法，净土的圣人以莲花而化身，并能以世人所熟悉的形象示现。于是，莲花便成为佛教寺院里重要的供养植物，代表神圣纯洁。佛教的莲花象征也完全符合东方文化的风尚。所以，华岩寺每年举办荷花节，莲花成为人们清心养眼的一道风景。这，不仅仅为了好看和热闹，也是在无声地传达着深刻的佛教思想。夏季，莲花在水中盛开。炎热的天气表示世间的烦恼；莲花依旧盛放，寓意在烦恼的人间，仍能有高尚的境界。莲花，象征着从烦恼中解脱而生于佛门净土的圣人。莲花，所蕴含清净的功德与清净的智慧，永远为佛门弟子所崇仰，为世间善众所喜爱。因此，人们在观赏莲花时，被她超凡脱俗的姿态感染，更加努力修行，追求清净无碍的境界。人有了莲的心境，就出现了佛性。佛如莲，人生亦应如莲。

点亮一盏莲花灯，在《心灯》的歌曲中，手捧莲花灯走向大金佛。传灯吧，唤醒每一位信众的良知与善意，把佛祖的智慧和慈悲传递到人们的心中。

全民消暑泼水大狂欢
爱Shui就泼Shui

重庆大足石刻

大足一个　刻出千莲世界

大足，是重庆的一个县，位于市以西172公里。这里散布着为数众多的摩崖石刻造像。这些闻名中外的石刻群，不但是中国石窟艺术的重要组成部分，亦为9世纪末至13世纪中叶的世界石窟艺术，写下举足轻重的一笔。

难以相信的是，世界文化遗产的大足石刻，在展现中国唐宋时期的佛教造像为主中，在反映儒道释三教合一的广阔内容里，一枝莲花，万般丰采！遍布全县75处大大小小的石刻造像龛窟中，到处都是莲荷的妙像：佛菩萨端坐的莲花宝座，佛像头顶的莲花宝盖；观音、大势至菩萨脚下的莲花宝踏、手持的莲叶莲苞；西方极乐世界的莲池、莲花；佛国天堂的莲荷世界……，简直就是无尽莲叶无穷花的莲花大观园。

北山佛湾是大足石刻中造像最多的石窟，共有龛窟290个，造像4300余躯。据估计，1华里的石窟长廊中，荷花莲台不少于2500个。仅以《罗汉洞》的观音壁、《孔雀明王》窟的千佛和《观经变》的菩萨群像计，三个窟的莲台就有2000多。第245号窟的莲花很集中，好有气势。从上往下看，窟顶正中是一朵盛开的直径大约50厘米的莲花，环绕着莲花的4躯首尾相接，盘旋飞翔的飞天。视线下移，天空中飘飞的伎乐、飞天，手中捧的、空中撒的是莲花、莲瓣；佛菩萨头上罩的是莲花华盖，身上坐的是莲花宝座，身旁身后簇拥的是千姿百态的莲叶莲苞；两壁楼阁亭台的前面是七宝莲池、菩提树，莲池里花繁叶茂，乘舟人游弋在莲花丛中的极乐世界，如此四面莲花菩提绕、一天鲜色荷香盈，真是天上人间！美妙的莲花，让幽静的佛国充满了风景如画的诗意和纯净绝尘的禅意。

宝顶石窟500米马蹄形的长廊，也是500米的莲香世界：从《圆觉道场》的莲台、莲花装饰，到"华严三圣"的足踏莲台、千佛莲座与莲叶供盘，从《佛涅槃图》香案上的莲花、送别弟子手中的莲花，到《毗卢道场》满窟的莲花；最终，在国内规模空前的《观经变》中，一叶一花多姿多彩达到高潮。在高8米多、宽20余米的佛国天堂里，不仅佛菩萨有莲花相伴，而且一般的儿童，也个个与莲结缘。莲花的馨香伴随悠扬的乐曲，在佛国传播，为天堂的美好增添了欢乐与雅趣。

倾倒在大足下，我虔诚的心，在那莲花世界里飘荡。

贵州铜仁梵净山佛教文化苑

我愿是一粒佛珠

真神奇，我见到了一水莲叶上的佛珠。顿然，大彻大悟，自己好想成为一粒佛珠。

贵州东北部的梵净山，中国五大佛教名山，古弥勒主道场。在梵净山脚下佛教文化苑内，最大特色便是天下第一大金佛寺。一座耸立于山上、莲花水榭之中的金殿，金瓦鎏砖，气势如虹，全球绝无仅有。金殿内供奉的是，由来自北京的国家级工艺美术大师采用宫廷工艺纯手工敬造的，一尊高达5米、耗用250公斤黄金和镶嵌数千颗名贵天然宝石的世界最大的金玉弥勒佛像。梵净山，由此形成了一派"金顶、金殿、金佛"的佛门圣境。

人间广为流传的大肚布袋和尚，实际就是弥勒佛的化身。弥勒佛也称未来佛，古今中外民间普遍信奉。对于弥勒佛的信仰，已成为众法对欢乐幸福美好未来的向往和追求。

那天下午，有幸来到文化苑。走过风雨桥，行过莲花广场，便到达了大金佛寺的前山门。进入山门，经过天王殿，再穿过大雄宝殿，只见山势陡然上升。168级台阶，三座石雕牌坊，最高处就是未来佛弥勒世界。上金殿，首先要过净水桥。净水池内，田田莲叶浮在水面。有一片翠绿的叶子，托着多颗大小相差无几且排列有序的"水晶"，晶莹剔透，闪闪发光。啊，是一串佛珠！可爱的小蜻蜓，"俯拜"在珠中心。也许是，弥勒佛有意留在这里的。

佛珠，弗诛。上天有好生之德。大和尚笑着告诉我：只要能做到"静虑离妄念，持珠当心上"，也就可以早证菩提、成就涅槃了。

大佛，我愿做一粒佛珠，好吗？一场神雨袭来，我仿佛睡了去。等我睁开眼时，我已躺在莲叶上，由一片云彩变成了一颗水珠。莲叶温婉舒展，体贴入怀，还带着淡淡的幽香。自此，我与莲叶相依相伴，同看明月繁星、日出日落，每天都沐浴在清风梵音之中。这样不知过了几世几年。有一天，我突然发现自己，离开莲叶到了佛的手中，居然成了佛掌中的一粒佛珠。就这样，莲叶变成了佛前的一朵莲花，我每日在佛的指间转动。

一花一天堂，一草一世界。一念一清净，心是莲花开。与佛真是有缘啊！

云南景洪勐泐大佛寺

傣家的莲花世界

到了西双版纳，首先就来拜佛，在佛地寻找莲花世界。

勐泐大佛寺，坐落在南莲山上，巧妙地依山而建。整个建筑群，呈坐佛形，为国内独有，充分展示南传佛教的历史与传统文化色彩。南传佛教，对傣族社会的政治、经济、文化艺术等都有极其深厚的影响。西双版纳的傣族人，几乎全民信仰南传佛教。傣家男孩到了8至10岁，都要入寺去过僧侣生活，在那里学经识字，一般1至5年还俗回家。佛寺佛塔遍布村寨。大佛寺，是所有佛寺中最大的，地位也是至高无上的，是傣家人心目中的圣地。

大门口，迎接你的是莲花。大缸里的莲花，与并立在门旁的金刚夜叉，一起守护着道场。

寺内所有的建筑全都如此金碧辉煌、高贵富丽、气派非凡。特别是翠绿半山腰的一尊大佛像，让你一进来，就有一种佛光普照的感觉。

进入寺门，是浴佛广场。广场正面立有佛祖释迦牟尼金色太子像。童像足踏莲花，沐浴于九龙喷泉之下。一手指天，一手指地，寓意天上地下，唯我独尊。浴佛的背面，栽有傣族奉为吉祥的菩提、莲花等五树六花。

从浴佛广场拾级而上，高处为弘法广场的景飘大殿。大殿，极具傣族民居的建筑风格。它是大佛寺的核心建筑，也是信徒、僧众修持之处。长年累月，香客如云，梵音不断。大殿前，偌大一个用花木拼出的莲蓬头平立在斜坡中央，指引着人们进入佛祖的莲花境地。

上到山顶，一座巨大的金色站佛——吉祥大佛巍然屹立，是南传佛教中最大的佛像。大佛面带慈祥俯视芸芸众生，教诲人们要慈悲为怀多行善事；左手掌心向外自然下垂，告诫人们要杜绝一切贪、嗔、痴念；右手吉祥莲指平胸伸出，教化人们心里祥和平静，摆脱一切痛苦的束缚。抬头看着高大的佛像，他那肃穆的面庞，让我心中充满了敬畏之情。我在佛前清默，沿着佛的目光眺望大地，心情就像天上悠悠的白云，那样闲静，那样平淡，那样洒脱。我想，这也许就是南传佛教所要达到的境界吧。

出了大门，自己不由地回头再看了大寺一眼，高远处的大佛还在笑望着我。

西藏拉萨布达拉宫

见证大和

无论如何，我一定要去！踏上神圣的天路，去寻找神秘的故事。

布达拉宫，我终于来了。这座具有1300多年历史、世界上海拔最高最雄伟的宫殿，是松赞干布迎娶唐朝文成公主之后，欣喜之余，于公元641年为公主造的。它，正好建在莲花地的花心上。红山，与佛有缘；布达拉宫，藏传佛教的圣地。

清楚地记得那一天，天还没亮就起床，一人先跑到了布达拉宫。见到朦朦胧胧的红白宫殿，看到一步一俯地的虔诚信徒，我只有不停地用相机，来表达自己无语的心情。

现在的布宫，是17世纪以来重新修建的。红宫建于1690年。当时，清康熙帝还特地从内地派了1100多名汉、满、蒙工匠进藏，参与扩建这一浩大的工程。红宫中最大的殿堂——西大殿，殿内正中上方，高悬着乾隆皇帝所赐"涌莲初地"的匾额。我有备而来，突然从胸内掏出相机，以拥挤的人头作掩护，在昏沉的光线中，慌慌忙忙偷拍了唯一的一张照片。其余那些金碧辉煌的佛像和令人眼花缭乱的珠宝、文物及工艺品，只能用眼去记录、用心去感受那份震撼。西大殿，还存有康熙帝赠送的大型锦帐一对。殊胜三界殿，是红宫最高的殿堂，一旁的经书架上，置放着雍正皇帝赐予七世达赖喇嘛的北京版《丹珠尔》经书。50000多平方米色彩鲜艳、人物形象栩栩如生的壁画，是布宫中的一绝。文成公主进藏的壁画，再现了公元7世纪汉藏两民族和睦相

处的情景。西大殿的一面墙上，有1652年五世达赖喇嘛进京觐见顺治皇帝的壁画。十三世达赖喇嘛灵塔殿内，则绘有十三世进京觐见光绪皇帝和慈禧太后的场面。表明历史上西藏地方政府与中央政府关系的、明清两朝皇帝封赐达赖喇嘛的金册、金印、玉印、诰命等，也珍藏在宫中。这些实实在在的文物，是中国形成多民族团结统一国家的历史见证。1961年，国务院将布宫公布为国家重点文物保护单位，每年都拨专款维修。1985年，国务院决定对布宫进行大规模的维修。这是中华人民共和国建国以来，对古代文物建筑保护投资最大的工程。

第一次进藏，就恰逢雪顿节的好日子。一场喜雨，把布宫倒映在节日的欢庆中。第二天，金色的太阳照耀在布达拉宫上，透出温暖的祥和之光；抬头仰望天空，只见没有尽头的蓝；回眸布宫，恍若看到一朵洁白的雪莲花，在眼前慢慢地绽放开来，片片花瓣，散发着淡淡的清香。我来这里已有两次，不管今后还来能否，西藏也好，拉萨也好，布宫也好，她们都是我心中——金、蓝、白的"三色雪莲花"。

在此，晒不了大佛。借机，"晒晒"一路无比的藏域风光。

陕西西安广仁寺

广仁之和

别看它才300年，可它却承载着1300年来有关"和"的故事。安定之和、交融之和、团结之和……在这里演绎得如此生动。魅力广仁，浩荡大和。

西安的广仁寺，它和千年名刹古寺不能相比，年代仅有300多年；但有一个区别，它是一座藏密黄教寺院，也就是人们常说的喇嘛庙，而且是陕西省唯一的藏传佛教寺院。它，还尤以绿度母主道场而闻名于世。绿度母菩萨是藏传佛教21度母之首，是观世音的化身。

相传唐朝时，吐蕃王松赞干布派他的大臣到大唐来求亲，带来了一尊用六公斤黄金塑造的绿度母像，作为献给皇帝的见面礼。当太宗见到这尊面带微笑、婀娜多姿的绿度母坐像时，顿时眼前一亮，心生欢喜。立刻下旨将她供奉在当时最大的皇家寺院——唐开元寺里。和亲的文成公主出嫁前，提出要将开元寺里供奉的镇国之宝——佛祖释迦牟尼十二岁等身像一起请入吐蕃。唐太宗虽然万分不舍，可一想到文成公主的使命，是加强民族团结与和谐，便应允了公主的请求。等身像，现在供奉在拉萨大昭寺主殿。等身像被请走，莲花座被留了下来。后来唐太宗去拜佛，当他看到那个空着的莲花座时，心想再来供奉一尊什么佛像好呢？这时，绿度母菩萨显灵开口讲话了。她说：皇上不必供奉其他佛像了，就由我来替代释迦牟尼教化和普度长安的众生吧。从此，这尊绿度母菩萨的声名，传遍了神州大地。

到了1703年，康熙帝西巡，决定在长安敕建广仁寺。并选址在城墙内西北角，寓意为安定西北，加强西北地区多民族的团结与稳定；还为寺院提名为广仁寺，意为广布仁慈。由朝廷拨专款建造，目的是为青、甘、康、藏及蒙等地的活佛提供住地。后来成为班禅大师和达赖喇嘛进京途中的行宫。1705年广仁寺建成，康熙下旨将开元寺的绿度母菩萨请到广仁寺供奉。在藏人的心中，从长安嫁过去的文成公主，就是绿度母的化身。直到现在，藏人世世代代把文成公主视为菩萨，把她供奉在寺院里，万民敬仰，受持香火。

不难理解了，一个喇嘛庙，为什么每年要举办荷花展，让荷相映广仁，相伴佛堂。实因和的渊源、和的因缘。

陕西扶风法门寺

莲花之上的"第九大世界奇迹"

提起法门寺，我只能说那件石破天惊的事了。

公元前486年，佛祖释迦牟尼圆寂，他的弟子用香木焚烧了他的遗体。待大火熄灭，人们在灰烬中惊奇地发现了许多圆珠一样的结晶体，还有一节手指骨、四颗牙齿及一块头盖骨等。这便是被称之为"舍利"的佛祖遗骨。从此，舍利被视为佛门圣物。古印度为此建起了佛塔将其珍重地收藏起来。公元前261年，古印度的阿育王发动了大规模的战争，俘虏15万人，杀了10万人，统一了印度半岛。当他为胜利举杯的时候，突然想起了释迦牟尼不杀生的教诲，感到了极大的不安。为了弥补过错，赎回自己的良心，放下屠刀的阿育王开始推行佛教。传说，他来到藏有佛祖舍利的圣地，开启塔门，取出所有的佛祖遗骨，将它们分为84000份，然后发送到世界各地，并造塔84000座安放这些圣骨。

中国东汉灵帝统治期间，阿育王的特使携释迦牟尼那节未焚化的手指骨，跋山涉水来到了八百里秦川上的扶风法门镇。据说，扶风上空顿时光芒万丈。灵帝闻讯大喜，视为吉兆，遂令工匠营造地宫私藏佛骨，并建塔置寺。时间过去了400多年，盛大的唐王朝带来了中国封建文化的繁荣，佛教文化也兴盛了起来。佛祖舍利被视为护国之宝，法门寺成了皇家供佛祈福的场所。笃信佛教的盛唐，有八位皇帝每三十年开启法门地宫一次，迎奉佛指舍利于长安宫中殊礼供奉。从唐太宗开始，至懿宗、僖宗父子迎奉后，按照佛教的最高仪轨，将佛指舍利和数以千计的稀世珍宝，埋入法门寺佛塔地宫。从此，1113年不被人知。十多个的世纪里，几次修塔，或几历惊险，佛宝均安然无恙。

时间到了1987年重修佛塔，考古人员进驻法门寺。4月2日清理塔基时，人们在距地表1米左右的地方，发现了一条裂缝，由裂缝中窥视下去，但见一片金光……。地宫就在下面！通过长长的地宫甬道，人们见到了地宫的大石门。取掉石门上的大锁，神话般的地宫大门便打开了。2499件大唐珍宝，簇拥着佛祖遗骨重回人间！了如一声惊雷，震动了佛学界，震惊了全世界。顷刻之间，法门寺便名扬四海。

请知晓，千年前的地宫基石，都雕成仰莲瓣形。俯视宫基，似端坐于莲花之上。

黑龙江望奎红光寺

山东临沂罗庄宝泉寺

江苏苏州灵岩山

广东江门江海茶庵寺

海南博鳌东方文化苑

願你清心

四川威远佛尔岩

西藏日喀则扎什伦布寺

荷花诗句欣赏——清池片影 波动禅心静

诗句摘于【清】汤焴：《点绛唇·金莲池和慧山新咏》；《中国历代咏荷诗文集成》第571页

图片摄于2008年7月、湖南张家界后坪荷花村荷花园

诗句摘于【唐】陈岩：《咏偃月池》；《中国历代咏荷诗文集成》第55页
图片摄于2009年7月、重庆大足荷花山庄

荷花诗句欣赏——空实外莫辨　甘苦中自了

诗句摘于【明】高启：《莲房联句与[illegible]　张孟兼同作》；《中国历代咏荷诗文集成》第235页

图片摄于2009年7月、湖南张家界后坪荷花村荷花园

诗句摘于【明】苏致中：《莲花赋》；《中国历代咏荷诗文集成》第757页

图片摄于2008年7月、湖南张家界后坪荷花村荷花园

本色之蕴

Implication of True Colors

目录

北京清华大学荷塘月色

受用那心中的荷塘月色吧

1927年的7月，朱自清写下了脍炙人口的《荷塘月色》。文中所述的引人入胜的景色在近春园一带。近春园原是清咸丰皇帝的旧居。咸丰十年(1860)，英法联军侵入北京，火烧圆明园，近春园内所有的房屋被化为灰烬，沦为"荒岛"，前后近120年。1979年，"荒岛"才被修复。近春园的核心景观是被一偌大的荷塘包围的一座岛。

时隔86年的7月，我来到清华园，专门围绕那个岛，找寻着那个荷塘。因为是白天，当然没有月光。之前我来过清华多次，当然不是仲夏。多少年来，脑海里浮现的，似乎是由绿色的荷叶、皎洁的月光，以及多姿多彩的荷花所组成的一幅清新的夏夜荷塘图。可是，眼前的荷塘景色，好像比之久去的年代，相差也太远了。我坚信，这不是生花之笔的原因。毕竟，时过境迁。难怪，水木清华的荷塘边，有一家年轻的三口，肃立在朱自清像前，似乎异口同声在问：老师，您的荷塘月色在哪?

其实，自己珍藏的，是心中的那个《荷塘月色》。我十分享受这样的解析：《荷塘月色》的结构，是圆形的。外结构、内结构均如此。从外结构看，这篇文章的作者出门经小径到荷塘复而归来，依空间顺序描绘了一次夏夜游。从内结构看，情感思绪从不静、求静、得静到出静，也是一个圆形。内外结构的一致性，通过描写一个荷塘，来表现朱先生的一段心理历程。

总之，《荷塘月色》，镶于我心里的不仅仅是那一幅美丽的风景画；刻入我心中的还有那一曲幽静的心灵之歌。我将太阳摄入水中，能代表月光吗？自己觉得，再好的数码技巧，也无法修饰出我内心的荷塘月色。这荷这塘这月这色，不管是啥样，都能勾起我淡淡的甜甜的怀想。

我好像到了朱前辈那夜去的那个世界，那一片天地也像是我的。一切，那么原始、自然、真实地印象在心底，多美多妙。

天津杨柳青年画

莲年有余

我国四大名镇之一杨柳青，位于西青区西北部，是天津市最大的卫星城镇。杨柳青镇历史悠久，文化底蕴深厚，孕育出了中国四大木版年画之首——杨柳青年画，并成为北方的年画中心，深刻影响了国内近百种年画。

走在民俗风情旅游街上，两边绝大多数为卖年画的店铺，年画几乎全是喜庆吉祥的题材。当然，荷花是年画图案的重点。来到有"天津第一家"美誉的石家大院，只见一娃怀抱鲤鱼，手持莲花的大雕塑"莲年有余"，背倚御河，立在大门前，供游人观赏拍照。杨柳青年画馆，中心馆内的大屏风，两面分别是"莲年有余""五子夺莲"的大年画。电视机里播放的，以及陈列柜里摆放的，均是"莲年有余"年画的制作工序。进馆门票上的年画又是"莲年有余"。想起来了，澳门回归，天津市送的贺礼，也是"莲年有余"。行进在高速公路上，巨大的广告宣传牌，还是"莲年有余"。

"莲年有余"——成了杨柳青年画中的经典！是的，国家富强、家庭幸福、生活美满……，都离不开"莲年有余"。

富貴有餘

山西灵石静升王家大院

刮目看王家　另眼视莲花

很难想象，在一望无际的黄土高坡中还隐藏着这么一座令人震撼的深宅大院——王家大院。顺山而建的混合型四合院，有一种意想不到的效果，那就是当你站在每一院的高台上远眺时，都会有天地广阔、心旷神怡之感。王家大院先后经历了清朝康熙、雍正、乾隆、嘉庆几个时期的修建，建筑规模宏大，拥有"五巷" "五堡" "五祠堂"，总面积达25万平方米以上，共大小院落123间、房屋1118间。目前，以"中国民居艺术馆"开放的高家崖建筑群与"王氏博物馆"开放的红门堡建筑群东西对峙，一桥相连，皆为黄土高坡上的城堡式建筑。国际知名学者、清华大学教授王鲁湘先生感叹：王是一个姓，姓是半个国；家是一个院，院是半座城。

更难想象，王家大院是砖雕、木雕、石雕艺术精品的宝库。之所以称为"华夏民居第一宅""中国民间故宫""山西的紫禁城""王家归来不看院"等美誉，一个重要原因，就是于此。对于王家的"三雕"，我只能用鬼斧神工来描述，大到庭院的建筑，小到茶几茶杯的装饰，都是那样的典雅细腻，那样的意味深长，表达出了主人士大夫志向、情怀及修身养性的文化层次，创造出了不一般的王家大院。实在叫人另眼相看。

最难想象，在"三雕"众多的题材中，以鱼莲文化为主题、体现生殖崇拜的装饰，在王家大院建筑小品及其构件上，表现丰富，占有十分重要的地位。花是植物的生殖器官，而莲花又是生命力极强的水生植物，因此，莲花也就成了女性生殖的命门。而鱼作为偶合多子的象征，也就成为男性生殖器官的指代。通过对自然界鱼莲(荷叶形似胎盘)形象的借用，隐喻两性结合、夫妻和好，是生命繁殖的艺术化。"三雕"中，均有表现性结合、生殖崇拜的艺术小品，而且已成系列组合，如鱼穿莲、鱼穿荷叶、莲蓬生子、荷叶生子、鸳鸯荷花、鹭鸶踩莲、五子戏莲等。尤其，木雕窗棂鱼穿莲，伴随主人存在了200多年。挂落上的五婴戏莲，四个婴儿分别坐在四片荷叶中，中间一婴则坐在莲蓬上，即是由性崇拜到生殖崇拜的系列构图。

无怪乎，静升王氏家族，历经元明清三朝，由农及商，人丁渐旺，继而读书入仕，遂"以商贾兴、以官宦显"，成为当地一大望族。

山东聊城南湖湿地

又见和荷天下

在我的视界里，"和荷天下"从画册中走出来。首先在张家界落脚，然后到达东莞桥头停歇，经过岳阳整装，又来聊城安寨。"天下之荷，谁欤不爱？和之天下，谁欤不求？"荷与和，你们还到了何方？多么希望，她们就这样一直走下去，走遍天下所有天地。

山东聊城，国家历史文化名城。聊城东昌湖，素享"南有西湖、北有东昌"之誉。我，是仰慕斯城斯湖之荷来的。失望得很，只见"千倾湖水清如许、明如镜"；却不见"万束荷花白如雪、粉似玉"。湖水退缩，沿湖一线一片的芙蓉，出水成了旱荷花。荷叶黄残，干涸的荷丛中已走出条条羊肠小道。这就是东昌湖的"荷香"吗？打听当地人，今年就是这样了。"江北水城"还有荷在哪里？朋友跑来跑去四处询问。除了镜明园的荷塘与湖边，那就是远处的植物园了。不能白来，一定要去看看。

植物园改名南湖湿地公园，正在举办聊城第8届荷花节。园内园外尽莲摇，好似整个公园被荷花环绕。这是一个莲池莲花飘莲香、荷风荷韵送荷情的地方。跟着荷花转圈，眼前一亮，一块巨石上镌刻着四个大字：和荷天下。扭身一看，漂亮的门楼上，"天下之荷，谁与不爱；和之天下，谁与不求"端庄地成为一副楹联。啊，我的"和荷天下"，走到华东、华中、华北三大区域的交界处，"看大门"来了。惊讶之余，没有骄傲和自豪，但显宽慰与开心。此刻有点萌的我，想到了萌动全国的"梦娃"。

几千年的华夏文明，积淀了以仁、义、道、德、礼、智、信、和为基本内容的优秀文化。中华民族的存续与复兴，依靠的正是上述优秀的文化传统。在儒家文化传统中，一直把"和"作为最高的价值标准，在今天各种关系处理上的影响极其深远。小到人与人之间，大到国与国、人类社会与自然之间等，崇尚的是和谐。包括天地之和、天人之和、身心之和、人际之和、万邦之和……

我送南湖和之心，南湖送人荷之爱。梦娃，小年夜送的是吉祥与美德。她——"中国梦"的Q版代言，送给我们"国是家、善作魂、勤为本、俭养德、诚立身、孝当先、和为贵"。

中国送给世界：和谐与和平、和美与和亲。

台湾基隆和平岛

我们渴望和平

因为叫和平岛，我一定去那里。不否认，只因为爱荷花，我更加憧憬和平，也盼望在"和平"中找到她的存在。

和平岛，位于台湾基隆港的东北端，俗称社寮岛。四周环水而西临台湾海峡，东部面向太平洋。当初原为一孤立之海岛，后来由于和平桥的修建而与基隆相连成所谓"陆连岛"。大概，因一桥"和平"，带来全岛"和平"的更名。也许，更由于它们……

据史料记载，五百年来，和平岛已为世人所知，经历了荷兰、明朝、清朝、及日据时代。期间曾有海盗、倭寇觊觎，亦是列强入侵台岛的跳板。和平岛上的烽火岁月，使其初期成为军事要塞管制区，于 1989 年才开放为公众风景区。岛上现存的蕃字洞，洞长 20 公尺有余，洞壁上留有模糊的荷兰文字。传说是郑成功击退荷兰人时，荷兰人的最后据点。就让历史的一页这样翻过，此洞永久成为古迹。无际的海，湛蓝湛蓝；无边的云，斑斓斑斓。我们沉思，我们希冀：战乱，远去吧！"地球村"要发展，全世界要和平。

岛上滨海公园的岩石，因长期受东北季风的吹蚀，及海浪的侵蚀，形成了奇特之地形景观。如海蚀平台、豆腐岩、万人堆、蕈状岩等。这些岩石，历千万年的自然风化，海水洗练，浑然天成，状如蘑菇。不管何时风高浪急，游客匿迹，只有"岩菇"：无惊风浪，依然故我！太阳出来了，唤醒许许多多沉寂的生命，它们好奇地伸着一个个脖子向东方瞻望……。那不是含苞待放的"荷花"吗？与东南的鼻头角遥遥相对。它们遥看着前方，是相恋？还是相惜？还是相待？它们可否长久地相守？世界能否永远的和平？一堆石头，引发我幽思奇想，也使我看到了大自然中的"和花"。

我走进岛上的天后宫、天显宫，面对莲座上的菩萨，默默祈祷普天下的大众：和和气气，平平安安！

上海鲁迅公园

扫除腻粉呈风骨

这里是上海鲁迅公园。这里有鲁迅墓，墓碑上是毛泽东的亲笔题字。这里有鲁迅纪念馆。这是新中国成立后的第一个人物纪念馆，馆名由周恩来总理亲笔所题。鲁迅，地位独特。

在此，无须多说他的生平和经历，只要稍讲对他的评价和赞誉就够了。鲁迅原名周树人，天生的性格和先进的思想影响他一生。1902年，21岁的鲁迅赴日本留学。一年之后，认为"救国救民须先救思想"，于是弃医从文，希望用文学改造中国人的"国民劣根性"。1909年回国。1918年，37岁的周树人首次以"鲁迅"为笔名，在《新青年》发表中国现代文学史上第一篇白话文小说《狂人日记》，奠定了新文学运动的基石。他首创以论理为主、形式灵活的新文体——杂文，并将之发扬光大。五四运动前后，他成为新文化运动的主将。1936年10月，鲁迅因病逝于上海。他的死讯引起全中国的注意。在上海，上万民众自发为他一个文艺界人士举行前所未有的隆重葬礼。民众在其灵柩上覆盖写有"民族魂"的白旗，轰动一时。中国共产党对鲁迅有着高度的评价：他不但是伟大的文学家，而且是伟大的思想家和伟大的革命家。鲁迅的骨头是最硬的，他没有丝毫的奴颜和媚骨……。鲁迅，在西方世界也享有盛誉，被誉为"二十世纪东亚文化地图上占最大领土的作家"。

鲁迅的诗歌创作，只是偶尔为之。早期的诗歌深受古诗影响，多吟咏离情感伤。唯有的是，他去日本前不久，在绍兴老家度寒假时，作了一首《莲蓬人》：芰裳荇带处仙乡，风定犹闻碧玉香。鹭影不来秋瑟瑟，苇花伴宿露瀼瀼。扫除腻粉呈风骨，褪却红衣学淡妆。好向濂溪称净植，莫随残叶堕寒塘。鲁迅或因饱览南国荷塘盛开的莲花，思此花颇为历代文人高士所钟爱；而前人诗中所蕴涵之高洁寓意，与青少年时期的鲁迅精神有某种程度之相通。然莲蓬，唯其"扫除腻粉呈风骨，褪却红衣学淡妆"的风貌与精神，绝不亚于莲之花，且更有进之者。联系到清末的黑暗，不觉开撰以寄其意。从中可以看出，鲁迅学生时的品格与性情。从而影响他，后来成为"现代中国的圣人"。

鲁迅如果仍活着，毛泽东曾说：依我看，按鲁迅的性格，即使坐进了班房，他也还是要说要写的。公园里的一株荷花，不屈不挠地开着。似乎象征鲁迅，就是具有这种风骨的人。

江苏吴江同里退思园

幽韵冷香

"闹红一舸，记来时、尝与鸳鸯为侣。三十六陂人未到，水佩风裳无数。翠叶吹凉，玉容销酒，更洒菰蒲雨。嫣然摇动，冷香飞上诗句。……"白石道人的《念奴娇》，在造园大家的妙手下，活脱脱地出现在苏州同里的退思园。

目前江南古镇唯一世界文化遗产的退思园，园主任兰生，清光绪 11 年(1885)，落职回乡，花十万两银子建造宅园，取名"退思园"。其弟任艾生哭兄诗为"题取退思期补过，平泉草木漫同看"之句，可见园名取《左传》进思尽忠，退思补过"之意。

园主以诗文造园，追求宁心养神的意境。各类建筑布局玲珑精致，品味清淡素朴。园内，异乎寻常地相对集中，将南宋词人姜夔一首《念奴矫》词的意境融进三处景点。《念奴娇·闹红一舸》，是一首咏荷词。它对荷塘景色的描绘，把人们带到了一个光景奇绝清幽空灵的世界。退思园，让人们来这里体验这个世界。水芗榭，额取"嫣然摇动，冷香飞上诗句"之意。此榭悬挑水面，既能俯视水中倒影，又可下看游鱼。特别在夏日，绿荫荷香，水波澄碧，水动风凉，令人尘襟一洗，邈然有出世之想。闹红一舸，无疑是水景乃至全园的焦点。石舫似船非船，几块太湖石又似船边浪花，碧波半浸，列坐船中，清风徐来，红荷摇曳，耳闻水声潺潺，确有"意象幽闲，不类人境"之感。闹红一舸的热闹，毕竟是退思园的例外。园里更多的，还是菰雨生凉轩这样意境萧瑟的景观。最特别的是轩中来自异国的大镜子。夏日，凉风习习，荷香阵阵，人立轩中镜前，犹如置身荷风之中，自然便生出一片清凉。

姜夔，以清空骚雅的词笔，把荷塘景色描绘得十分真切生动，更写出了尚荷的最真实的心灵感受。写荷实写人也。白石道人，一生未曾做官，过着清净游士生活，才华极高，却穷死江湖。而任兰生为官一时，贬退回乡，心灵受到伤害，需要精神抚慰。"幽韵冷香"的姜词，园主显然非常喜爱这种风格和韵味。

我曾"退思"又"退思"。再次时，已像主人的朋友一样了，推开轿厅东面一扇不起眼的小门，去看园内的精彩。虽又未见红荷，但深深感染到："闹红"中的"冷香"。

江苏常州荷园

大爱在荷边

我本是来看人间荷景的，却见到了一幕感人肺腑的世间温情：慈母莲心。

这是一个荷的园林。崇轩俯万荷：绿意无限，红情尽洒，一派荷莲王国景象。有文曰：荷者，清洁之谓也。天有之则清，人有之则洁。以天之清养吾，以吾之洁惠天，俾天人合一，得葆生机。欣赏荷清，余兴未了，远远地，见一女怀抱"宝贝"席地而坐。原以为秀恩爱，行近一看，是大爱啊。雨幕中、荷色间，一母、一子、一坐、一抱、一伞、一叶……，以一种很平凡的构图存在。这存在并不特别，但入我眼帘、心底的是，一幅生动的荷园摇篮曲：小宝贝在妈妈的怀抱里睡了、梦了。顿时，我心醉心酥。伟大的母爱，在荷清中天人合一。

父兮生我，母兮鞠我。拊我畜我，长我育我，顾我复我，出入腹我。万爱千恩百苦，疼我孰知父母？慈母爱子，非为报也。欲报之德，昊天罔极。母爱无处不在，爱子心无尽。母亲，人间第一亲；母爱，人间第一情——最圣洁、最崇高、最无私的情。

母爱，一直以来都是文人与乐师偏爱的一个主题。文人以此写出沁人心脾的篇章；乐师以此谱出动人心弦的乐曲。我，一个文不文乐不乐的老者，此刻好像回到了老母的怀抱，在静静地体味这世上唯一没有被污染的爱。年轻的妈妈，一下望着荷塘，一下听着雨声，一下亲着酣儿。她此时不是文学家音乐家，但却用母爱的肢体语言，在谱写人世间最平凡而又最动人的旋律。这一曲无言的歌，在我的心中唱响、震撼。睡吧睡吧，我亲爱的宝贝，妈妈的双腿稳稳地托着你；睡吧睡吧，我亲爱的宝贝，妈妈的双手牢牢地抱着你；睡吧睡吧，我亲爱的宝贝，妈妈的双眼脉脉地看着你……。不必担心地湿，不要害怕风冷，不必担心雨淋，不要害怕天黑。地湿有荷叶，风冷有荷挡，雨淋有荷廊，天黑有荷伴。你妈在荷边，我儿在莲间。花香任你嗅，花语任你赏，花舞任你梦，花美任你想。这里的一切，全都为了你。天啦，这母爱，明明白白就是一首荷园诗。如荷一样幽远纯净、和雅清淡。盎然的红绿，芳菲而宜人。于这里，荷花所有的气质，全部浸入人心了。

雨果说：慈母的胳膊是慈爱构成的，孩子睡在里面怎能不甜？此刻的小儿，正在梦乡咬诗：慈母手中线，游子身上衣。临行密密缝，意恐迟迟归。谁言寸草心，报得三春晖。

母爱，不分春夏秋冬。母爱，就这样袒露在荷园里，无所谓有没有目光的注视。

浙江桐乡乌镇西栅金莲馆

绝代金莲

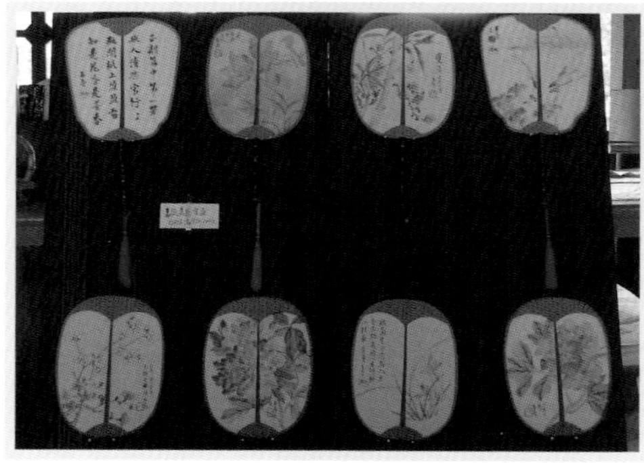

世界互联网大会会址的乌镇，一个有关"三寸"的展馆里，有金莲，而且是绝代金莲。

无法想象，中国古代有一项国粹就是所谓的"三寸金莲"。千百年前，中国的女子判断自己是否美丽，最主要的不是漂亮的容貌、丰满的身材，而是自己的脚够不够小、迷不迷人。三寸金莲，四寸银莲，五寸铜莲，六寸铁莲，七寸就是可怜了。那时的三寸小脚，就是最美的标准。婚姻的好坏，也取决于脚的大小。

金莲，最多的说法是，得名于南朝齐东昏侯的潘妃。赤脚走在用金箔铺成的地毯上，在上面留下莲花状的脚印，产生了另一个步步生莲的故事。后来，人们就根据脚的大小来细分贵贱美丑。展馆里有一双特别有趣的鞋。鞋跟后面有个小匣子，是镂空的，莲花的图案，里面放些金粉。据说是以前舞者穿的，每跳一步，地上就会生出一朵金莲。一曲下来，众多小莲花就形成一朵大莲花。故名"步步生莲鞋"。

缠足的创意者，据说是南唐后主李煜。他让宠妃窅娘用布帛缠脚，着素袜在金莲花上跳采莲舞。舞姿曼妙，莲步轻巧，被李后主誉为"凌波之态"。之后，宫女皆仿效缠足，并由宫内传至宫外，由达官贵人传至庶民百姓，逐成脚以小为贵之风。元代末年，甚至出现了以不缠为耻的观念。当时文学作品中，写人先写脚，写脚必写小。"三寸金莲"之称，就是这个时候开始出现的。到了明朝，缠足被赋予礼教色彩。传说明太祖朱元璋与马皇后成亲当日，风吹轿帘动，马皇后的一双大脚无意间被人看到而遭耻笑。从此就有了"露马脚"之说。清代帝王曾几次禁而未止，缠足已成自然风俗，"三寸金莲"深入人心。

秀美小巧的金莲鞋，花纹各异，独有风味。绣有荷花与盒子，寓意和和美美；绣有莲花和桂花的，其主人必是企望"连生贵子"的新婚少妇；更有新娘睡鞋内藏有春宫画，可在洞房花烛夜，进行婚前性教育，可谓中国生育文化中的一大有趣发明。一双金莲，一个谜语，一段寓意。那臭臭长长的裹脚布，虽说缠绕于女性的足间，不如说是缠绕于女人的心田。

蹒跚地行走在中国大地上的小脚即刻就要消失，绝代金莲真的要绝代了。到那时，你不看到这些"金莲"鞋子，你也许永远无法了解和感受，千年间中国女子曾经的欢笑与泪水。

浙江嘉善西塘半朵悠莲

就是你 半朵悠莲

半朵悠莲，吸引我到西塘，就是这个名字。

西塘，位于浙江嘉善，是一座生活着的千年古镇。走进西塘，仿佛踏入了久远的历史。河流纵横，绿波荡漾。晨间，小桥流水，薄雾似纱；傍晚，夕阳斜照，渔舟扁扁，是典型的江南水乡写照。跨水的各色古桥，已倾听了千年的流水低吟、桨橹浅唱，阅尽了两岸的屋舍变迁、旧事新人。依河而建的街衢，临水而居的民舍，使整个小镇在记忆中慢慢褪去了色彩。虽有些泛黄，却逐渐清晰……

春夏秋冬，晴阴雨雪，名镇各有不同的景色。而不变的是，半朵悠莲，与那水、那桥、那廊、那铺、那家的古香古色，混同在一起，完全不一样的气质，却显得如此怡然和谐。

半朵悠莲，是一家客栈，坐落在古镇的中心景点烟雨长廊上。一楼是口碑极佳的情调咖啡酒馆，楼上为简约温馨的情趣客房。河正对岸是客栈的中式工艺品店和茶坊，有西塘最大的沿河院子。馆店均不大，却内蕴无限。半朵悠莲，推广"在纷繁的生活中慰藉心灵的疲惫，在喧嚣的尘世里享受内心的宁静"的禅意生活。她，是一方隐藏在长长巷弄之后的清幽之地。外面人来人往，人声鼎沸，都不会影响到内里的清静，正如一朵隐于荷叶之中半露的清莲。来往的游人，常常是受到门前那个很有感受的招牌，以及那条绘有莲花颇具异域田园风的巷弄所吸引，拍照时才发现里面大有乾坤。于是，正想歇歇脚的人们便入内，点上一杯咖啡，要上一份小点，听着空灵舒缓的歌声，悠闲地消磨时光。此刻，疲惫的身体和负荷的心灵逐渐轻下来、静下来，只想趴在绣有莲花的桌布上沉沉睡去。

半朵悠莲，自有一种清灵脱俗的逸致和风韵。

这里是半朵悠莲。可是，河这边那边的屋里屋外、院内院外，处处绽放着一朵又一朵的莲花。这朵莲花，"一半还之天地，让将一半人间"！

我，还会来西塘！吸引我再次，还是那半朵悠莲。

朱子的理花

有人说，莲，既是佛教的花朵，又是理学的花朵。无可置疑，佛花乃莲。走马五夫，闻听朱熹，不无道理，莲乃理花。

武夷山有一方理学胜地，名叫五夫镇。五夫，仿佛躺在莲心里，被周围的群山如莲花瓣环抱。一个人杰地灵的古镇，这里的水土孕育了胡安国、刘子翚、刘勉之等一大批理学硕儒，滋养了理学集大成者朱熹。周敦颐在《爱莲说》中，接受并融汇了佛家的佛性说，用莲花的特性比喻为天赋的人性至善与清净不染。"出淤泥而不染"的莲花，渐渐成了理学的象征，爱莲也由此成为凝聚理学源流的一种文化。从此，只要有理学浸染的地方皆有莲花的引种。作为"理学第二故乡"的五夫自然也不例外，并荣膺了一个极其相配的雅称——白莲之乡。

福建武夷山五夫朱子故居

14岁的朱熹被托孤到五夫后，便与莲花结下了不解之缘。并有了时常品尝莲子美味的口福。朱熹年少时，母亲常煮带芯的莲子给他吃。因为莲子芯性寒味苦，一来可以降火，二来可以培养他吃苦耐劳的品格。但是，其母的良苦用心似乎破坏了莲花在他心目中的美感。使得朱熹对以莲花为象征的理学，也产生了暂时的厌恶。登第后，他的母亲开始煮去芯的莲子汤给他吃，试图让他体味"先苦后甜"的人生滋味。同时，也想以此教他做一个懂得"忆苦思甜"的人。直到这个时候，朱熹才猛然发现，莲子原来是那么地香甜爽口。从此一改对莲子的厌恶，对莲子和莲花产生了强烈的好感，也同时回到理学的道路上来。后来，朱熹在长期寓居的紫阳楼前的半亩方塘遍植莲花。对理学开山祖师周敦颐的仰慕之心更加炽热，曾挥笔写下了爱莲咏：闻道移根玉井旁，开花十丈是寻常。月明露冷无人见，独为先生引兴长。正因为母亲播种了"苦"的因，才让朱熹收获了"甜"的果。也正因为朱熹年轻时有学佛悟道的因，才结出了集儒释道之大成的理学之果。此中，正是莲花成就了这一历史性的因缘果报。同时莲花蕴藏的因果不二的深刻佛理，也得到了精辟的演绎和鲜活的印证。

紫阳楼前，半亩方塘及其周边数百亩的莲花竞相开放，千姿百态。走进紫阳楼，仿佛朱子捋须撩衫穿过历史的时空向我们走来。似乎告诉大家：如果人人都能像莲花一样在乎因果，遵循因果的规律，广种善因，普结善果。那么，世间就是一个永远美丽的莲花池。

福建福安溪潭廉村

此处无莲只有廉

历史上，由皇帝赐名的地方不少。但是，在中国历史上由皇上敕封以"廉"字命名的村庄，仅"廉村"一个。曾经的繁华，难盖过去的清廉；现在的低调，难掩昔日的荣耀。

廉村，旧名石矶津。南朝梁天监年间(502~519)，光禄大夫薛贺由江南迁入福建，辗转定居于此。他的第六代孙薛令之读书勤奋，在唐神龙2年(706)成为八闽第一位进士。及第后授官左补阙、太子侍讲，当上了未来皇帝的老师。他为官廉洁正直，侍读东宫时苜蓿盘餐，甘于清苦，不愿与奸臣李林甫之流为伍。因对朝政日非、腐败日盛不满，毅然挂冠归隐故乡。至德元年(756)，唐肃宗即位，召薛令之入朝，是时已去世。为嘉许他的清正廉洁，肃宗敕封其所住之村为"廉村"、水为"廉溪"、山为"廉岭"。从此，"三廉"声名远播。薛先辈的事迹，影响造就了廉村人求学从仕的思想。千百年来，当地文风强盛，人才辈出。仅宋代一段146年的时光，有进士23人，还出现一门五进士、三代俱登高第。其荣耀显赫，流芳一时。

当年去那里，要穿过一片村田才见闻古色古香。也许因为"廉"，似乎至今没人敢碰它。这里的古道古墙古宅古码头，虽经沧桑，但还是那么自然与质朴、清丽与古雅。它像一座迷宫，若不是几个可爱的小孩引我进村，可能要更费周折才上"官道"。一路行走，一路厚重。轻轻的脚步，生怕把古韵踏碎，把古香踩褪。只有陈氏支祠敞开着。牌坊、戏台、厢房、正厅构成的古建筑，呈现当年经济的繁华与文化的繁荣。抬头望见牌匾，怀想其背后隐藏的故事。宋朝廉村人陈升，在江西吉水当县令，受秦桧迫害回到老家。因做官清廉，得到当地百姓爱戴。其回村后，吉水百姓制作了一块"吉水流芳"的牌匾，千里迢迢送来廉村，谨表敬仰。此时，但见一座石莲立于天井，与存留的"风范"相互映衬。均不玄光，却很显贵。

相传，薛公出生正值中秋月圆之时，故号"明月"。在廉村，现仍有一口明月井。薛及第后，其父母教育他为官，要像明月纤尘不染，像井水冰清玉洁。此说真实性不可考，但"明月先生"的廉洁清正一直为人称道。最近新建的明月广场上，一个红色的"廉"字引人注目。明月祠内高悬的"覆载资生"，呼唤和希冀清廉之风代代相传。

守住这份沉淀、这份文化、这份感动。无莲有廉，足矣!

朱仙的荷

"年画是中国民间艺术的龙头，我们中国的民间艺术成千上万，但是年画是第一位的。”作家冯骥才曾这样写道。我选择年画，从民间艺术中寻找充满年味的荷花。

2013年春节，我第一站来到了朱仙镇。该镇位于河南开封西南23公里处。朱仙镇的木版年画来源于乡土，盛行于民间，历史最为悠久，可谓中国木版年画的鼻祖和发祥地。关帝庙，是现在朱仙镇年画的社址，陈列着各家老店的年画。徜徉其内，如步入一个艺术的殿堂，门画、灶画、中堂、门头、影壁、斗方等琳琅满目。没想到，居多的门神年画中，有荷花图案的四壁皆是，如年年有余、步步连升、年年富贵、步步连生等。镇中心的天成老店的老板，听说我要找年画中的荷花，顺手从柜子里拿出几叠给我看。还特地带我去他家，看门上张贴的，他们自己制作的手工年画中的荷花。并说：现在贴"原始"年画的不多了！果然，逛尽街头街尾，各家各户门上的年画都是印刷品。仔细一瞧，什么新年好、好日子、富贵来、财宝进、一帆风顺等等新年画上，都有荷花芳迹。看来，荷花已融入传统与现代的朱仙镇年画。

很想一睹中国木版年画博物馆。很多人说，别去了，只有领导来才开门。我不死心，走了好几里，确实大门紧闭。

河南开封朱仙年画

RISE STEADILY IN YOUR CAREER 步步连升
步步连升 RISE STEADILY IN YOUR CAREER

清幽
神怡
中國朱仙鎮木版年畫博物館

福
福

湖北蕲春蕲州李时珍纪念馆

凡品难同

500 年前，一代伟人、一代医药界的巨人——李时珍，出生在这里；被英国生物学家达尔文称之为"东方的医药巨典"、"中国古代的百科全书"的医药巨著《本草纲目》，也是从这里诞生并传向世界各地。这里，是湖北黄冈蕲春县蕲州镇的雨湖。

李时珍热爱雨湖。他濒湖而居，临湖而葬。现在，雨湖之畔建有李时珍纪念馆。这是中国唯一集李时珍文物、文献资料征集、收藏、研究为一体的专业博物馆，同时也是展示中国本草药标本和弘扬中华医药文化的重要场所。仿古建筑群，亭廊楼阁，红柱青瓦，古朴典雅，气势恢宏，错落有致。馆内树木茂盛，绿水环绕，坡岗起伏，鸟语花香。

过百草园的药物长廊，便进入了墓园。我，默默地远望墓地，肃立在墓园没有荷莲的荷花池前。据说，这是与雨湖相通的一个池子。谁说没有荷莲？一泓静如平镜的清水之上，铺陈着明代最伟大的科学成就——那部中药书中登峰造极的《本草纲目》。巨典里，清晰地显现，时珍先辈伏案撰写有关荷莲的思考与研究。

"莲产于淤泥而不为泥染，居于水中而不为水没。根茎花实，凡品难同。清净济用，群美兼得"。"医圣"、"药圣"对荷莲的溢美之词，毫不吝惜。荷花，莲花也，是一种多年水生草本花卉。人们既能欣赏她浓妆淡抹的美丽，又能品味她冰清玉洁的高雅。更可贵的是，她既能食用，又能药用，是一种不可多得的宝贝，而且全身都是宝。《本草纲目》记载：荷花、莲子、莲房、莲须、莲子心、荷叶、荷梗、藕节等均可入药。"医家取为服食，百病可却"。

先贤可谓对荷花情有独钟。他在《本草纲目》中，以7000字的大篇幅，详细论述了莲的释名、地理分布、种质资源、栽繁技术、食用药用。特别对莲各部器官的药物医疗功效，在前人研究的基础上删繁补缺、勘订讹误，提出了自己独到的见解。先辈对荷之爱，表达了一个人民医药学家的高尚情操。他出身于世医之家，有世交师长，生长在莲藕之乡，这些都是造就一代伟人的重要历史背景。

拜谒了圣贤，走出纪念馆大门，右手边就是雨湖。这个哺育一代伟人的"母亲湖"，给人朴实、包容、宁静而又富于灵性的感觉。雨湖边，一线荷花，依偎于纪念馆。

哭之笑之荷为之

哭之笑之，实乃无可奈何之；几笔残枝败叶，诚为清高冷寂之。八大先辈，命运委屈了你，但也成就了你。你是前无古人后无来者的！

不知为何，我还是"八九点钟太阳"的时候，就仰慕八大山人。伊始，就因为他这个名字？后来，我买了一本关于他的书，圈圈点点接连看了两遍。为荷为他，我都要去南昌。

八大山人，是明太祖朱元璋第十六子朱权的九世孙。19岁时遭遇明亡清立。为躲避政治迫害，他先削发为僧，后又当道士。时而疯癫，时而装聋作哑。多少名号，朱耷此名用时很短，最后号八大山人。在其书画上，把"八大山人"连缀写成"哭之"或"笑之"字样，即哭笑不得，作为隐痛的寄寓和对明王朝的怀念。一生坎坷的际遇，造成了他沉郁、孤独、怪癫的个性。他潜心于艺事，并在艺事上尽情发泄他的愤世嫉俗与无可奈何。他笔下的艺术形象，蕴涵着一种孤僻、冷峻、忧伤的情感世界。正如郑板桥题他的画时所说：墨点无多泪点多。

江西南昌青云谱八大山人纪念馆

八大先辈，一位极富个性、创造性的书画家。绘画尤以花鸟著称，又特善画荷。"莲尤胜，胜不在花，在叶，叶叶生动……"。《荷花翠鸟图》，描绘了荷塘中的三茎荷叶与一只水鸟，水鸟立在石头上，侧身回望荷叶，其惊弓之态，好像是随时准备仓皇逃窜。荷花形象，最上一细长的茎上，生出一朵纤圆的小荷花，靠中一轮荷叶呈放射状，左右各一轮又黑又大的荷叶从斜上垂下。不论画法，仅意境而言，画面传达出一股荒凉、寂寞而又冷隽的气息，这当是先辈凄凉经历、遗世情怀的心灵表现。《墨荷图》，荷塘一角有荷柄七株，一株伸出画外，一朵荷花自立其中，刚正不阿。另有荷叶如伞、水鸟栖石的一幅，有感于水鸟避于荷叶之下躲雨的情状，一经拟人化的引申，不禁令人想及先辈不同寻常的身世和内心世界。

八大先贤的书画，对后人影响太大了。郑板桥、赵之廉、吴昌硕、张大千、齐白石、潘天寿、李苦禅、弘一等均受其熏陶。张大千，形成驰名中外的"大千荷"，大师自己说：予乃效八大为墨荷。八大山人，一座不可翻越的高山，完全可与西方梵高、达芬奇相提并论。

八大山人纪念馆的荷池中，五叶一枝花，衬映着一锁一门一房，似乎切合八大山人"简"之艺术特色。我，总算了却一点心思。

江西星子爱莲池

独有名篇存千古

在江西星子县城周瑜点将台的东侧，有一方 1661 平方米的池子，这就是因周敦颐的千古名篇《爱莲说》，而得名的爱莲池。

北宋熙宁年间 (1068 ~ 1077)，著名的理学家周敦颐来星子任南康知军。是时朝政昏庸，官场腐败。周敦颐为人清廉正直，襟怀淡泊，平生酷爱莲花。来星子后，在军衙东侧开挖了一口池塘，全部种植莲花。先生当时已值暮年，又抱病在身，所以每当公余饭后，他或独自一人，或邀三五慕僚好友，于池畔赏花品茗，并写下了脍炙人口的散文《爱莲说》。《爱莲说》虽短，不到 150 个字，但字字珠玑，历来为人所传诵。一年以后，周敦颐由于年迈体弱辞官而去，在庐山西北麓筑堂定居讲学。他留下的莲池和那篇《爱莲说》，一直为后人所珍视。南宋淳熙 6 年 (1179)，朱熹调任南康知军，满怀对周敦颐的仰慕之情，重修爱莲池，建立爱莲堂。并从周敦颐的曾孙周直卿那儿得到周敦颐《爱莲说》的墨迹，请人刻于石立在池边。朱熹作诗曰：闻道移根玉井旁，花开十里不平常。月明露冷无人见，独为先生引兴长。明成化年间，知府曹凯重修建亭其上；嘉靖年间，知府张纯整葺一新，复刻《爱莲说》于亭。爱莲池，历代以来屡经兴衰，但是，以爱莲池为背景写下的《爱莲说》，却成为千古名篇。建国以来，一直列入中学语言课本，成为一代又一代学子的必读课文。

《爱莲说》，文字简洁优美，含蓄而富有诗意。作者借莲花以自况，通过对莲花的爱慕与赞颂，表达了对美好梦想的向往，对高尚情操的追求，对正直人格的仰慕。同时，通过对牡丹的看法，表现出对趋附权贵、苟随时俗及其风尚的不满。文章鲜明地表现了作者的进步理想和审美情趣，把自己的审美观念与花的自然特点完美地结合起来了。白居易曾作诗，通过赏牡丹、买牡丹来揭露统治者骄奢淫逸的生活。周敦颐能在数百年的习染成风的势力中，独步于尘俗之外，显示他的高超不凡。

读着"予独爱莲之出淤泥而不染，濯清涟而不妖……"这些诗句，"君子"先生仿佛穿越千年的时空隧道，正款款向我们走来。

歸去亭

江西彭泽渊明湖公园

回家咯

他是从这里回家的。是不愿为五斗米折腰回家的，是带着"归去来兮"的情怀回家的。这一回，他就再也没有"以心为形役"，归到了"采菊东篱下"，归到了"复得返自然"。

陶渊明，东晋后期的大诗人、文学家。他陆续做过一些官职。最后一次做官，是去彭泽当县令，刚过"不惑之年"。到了年底，郡官派督邮来见他，县吏叫他穿好衣冠迎接。他终于爆发了：我岂能为五斗米向乡里小儿折腰！不与世俗同流合污，决绝官场，归隐田园。当天自行解印，第二天乘船离开，挂冠而去。在任仅80余日，13年的仕途生活划上句号。

如果说陶渊明一生有什么惊天动地的举动，那自然要属彭泽辞官。本无什么特别之处，但辞官之后，写下的《归去来兮辞并序》，它却非同寻常。因为辞官，陶渊明造就了一个心明声亮、大气磅礴的文化符号——归去来兮，所蕴涵的意义太不一样了。归去来兮，这个巨大的文化符号，已经深深地镌刻在中国文化史上，而且永不褪色；镌刻在中国有识阶层的精神深处，成为他们告别体制、重归自我与自由、坦然面对人生风雨的力量源泉。

信不信由你，我在苏州念书，初知陶公，就被"归去来兮"沉沉地感染着。那时可谓意气风发的我，为何那么钟情他的"归"呢？也许我愿意，一方面承有祖宗的血统，另一方面拥有民族的气脉。陶公既有儒家的入世精神，也有道家的出世思想。安贫乐道与崇尚自然是他人生的两大支柱。安贫乐道是他的为人准则，崇尚自然是他对人生更深刻的思考。我崇奉他的人格、崇拜他的心怀、崇仰他的才华。我崇敬这个先辈！

在九江拜谒陶公之墓后，接着前往彭泽寻迹。渊明湖公园，到处都有陶公的铭记。湖的南端建有陶令纪念馆，紧邻有个陶令园。引人注目的是，公园花卉以菊花与荷花布景。陶公独爱菊，世人皆知。为什么彭泽人彰显菊荷并举？"菊，花之隐逸者也；莲，花之君子者也"。将人格与情趣诗意般地融合在一起，约隐约现一个丰实的陶渊明。先辈的菊花与美酒从不分离，"醉收陶令菊"。酒下菊花，品之莲花，"采菊东篱下，悠然见南山"；赏莲荷塘里，淡然望江湖。可否？淡雅、洁高，菊莲皆具。唯牡丹不可类比了。

用世俗的眼光看来，陶公的一生很是"枯寂"；以超凡的眼力来看，陶公的一生却很"艺术"。他永远地回家了，可后人将会久远地"归去来兮"。

湖南道县周敦颐故里

濂溪的流淌

有个地方必须要去，那就是濂溪故里。不去则已，一去先后三次。那里肯定有莲花，果真一次比一次多。爱莲的人，他的故土怎会没有此花？爱爱莲的人，怎能不去他的故乡？

世人可能不知周敦颐，而不可不知《爱莲说》。这朵千年的莲花，陶冶了一代又一代人的精神世界。在中国的哲学思想史上，周敦颐的地位如禅家的慧能，如西方的马丁·路德。孔子以一篇 2 万 5 千字的《论语》奠定儒家的思想基础；老子以一篇 5 千字的《道德经》成为道家鼻祖；周敦颐仅以一篇 2 百余字的《太极图说》和一篇不满 3 千字的《通书》成为理学开山。北宋大儒周老夫子的学识，"上承孔孟，下启朱程"，捍卫了中国传统文化。他开创的理学，影响了中国传统社会近千年；他写的名篇《爱莲说》，从古至今被世人传颂。

周敦颐，出生在湖南道县清塘镇楼田村。高大的牌坊，坊额上刻有"濂溪故里"四个大字。坊柱上一副长联：周庭举世皆尊，元公哲学鲁迅文章恩来开国总理；风景这边独好，濂水湛蓝都庞苍翠道岩湘南奇观。这副对联，概括了周敦颐后裔的繁衍发达和濂溪故里周围的自然景观。濂溪，原是一条小溪流。这条小溪，发源于故里道山下的一个泉水，现称之为圣脉泉。由于这条小溪，在周敦颐心目中有极其深刻的印象和极其重要的地位，因此他晚年隐居江西庐山莲花峰下，将其书斋命名为濂溪书堂。后人于是称他为"濂溪先生"。其所创学派，也被称为"濂溪学派"。国人为纪念他而建的濂溪祠、濂溪书院遍布大江南北。濂溪注入的营水，也不知何时改称濂溪河。濂溪在村前，因泉水终年涓涓而流。溪两旁，也因泉水成为带状沼泽。每逢夏季，莲花盛开，清香远溢，美不胜收。溪上有小桥，名曰大悟桥。相传当年，濂溪先生常垂钓赏莲于此，天人感应，大彻大悟。

我希望再次去那里。也是莲花盛开的季节，于一轮满月之下，端坐于大悟桥上，面对川流不息的濂溪河，一边怀想《太极图说》的千古名句：惟人也，得其秀而最灵；一边吟咏《爱莲说》的千古绝唱：出淤泥而不染，濯清涟而不妖……向周老夫子请教天人心性的问题。

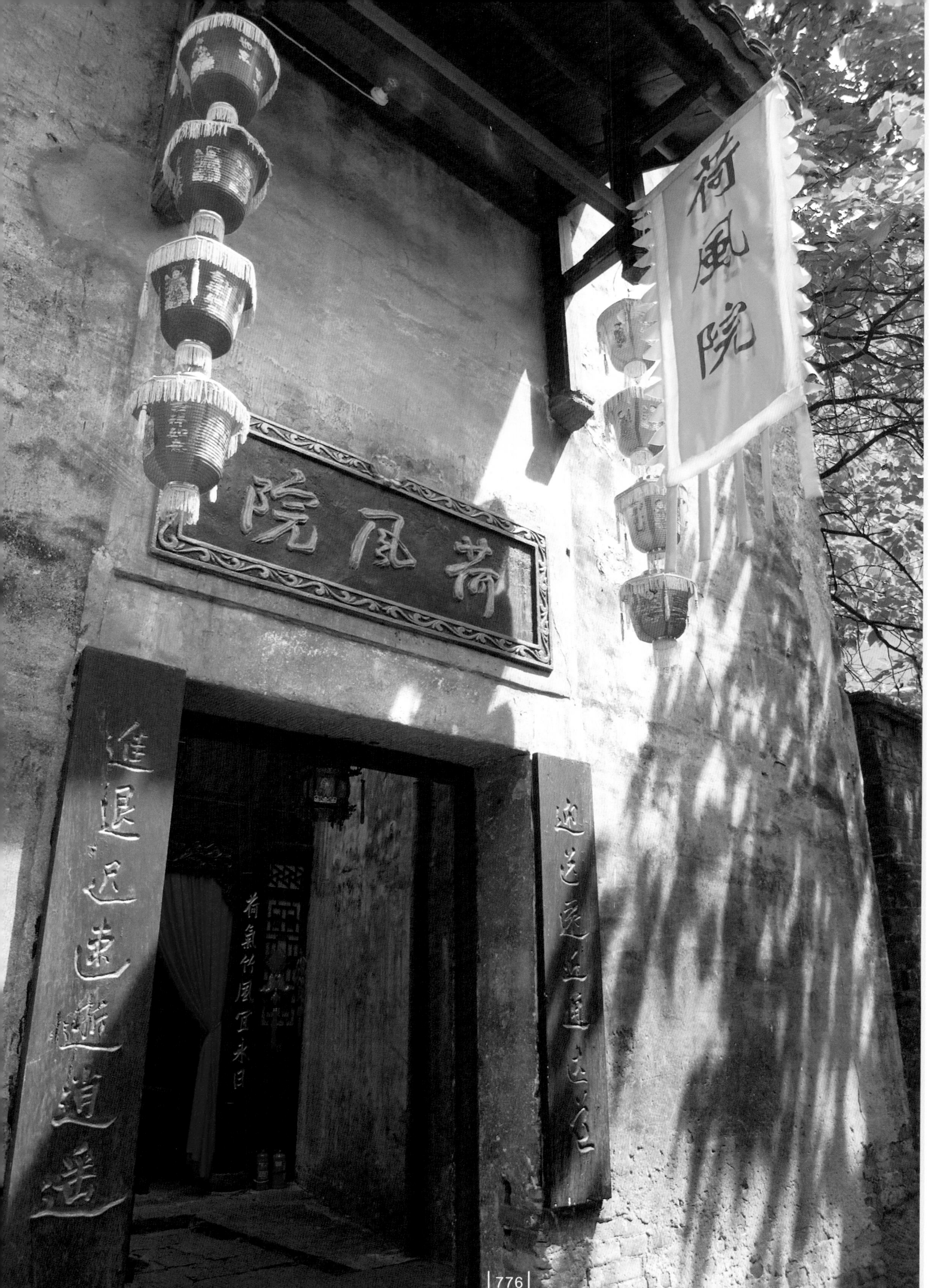
荷風院
荷风院
荷氣竹風宜永日

湖南洪江古商城

繁华的荷风

这是一座沉淀着奢华与财富的商城，是一座用完整的商业语言和行为诠释历史的商业之都。它用一种绝版的真实，挥洒着隔世的美丽，震撼着今人的心灵。它，就是洪江古商城。

我来洪江，是奔着美丽荷花园去的。杨老板在洪江接我，汽车开出一程，道路整修被挖断，去不了啦。既来洪江，不逛古商城，说不过去。

牌楼前，跟朋友父女俩照了一张相，就匆匆一头扎了进去。随便钻进一条巷子，就是走进了悠悠的岁月里。这座 30 万平方米的古商城，因为雪峰天险，避过狼烟战火，幸运地存留有 18 家报馆、23 家钱庄、34 所讲堂、18 个半戏台、50 多家青楼、60 多家烟馆、上百个店铺、近千家作坊……，俨然一幅《清明上河图》活版本。极盛之时，18 个省、24 个州府、80 多个县市曾在这里设立商业会馆。人称 " 中国资本主义萌芽历史的活化石 " " 小南京 "。

伫立在会馆、钱庄门前，似乎嗅到了它们还未散尽的商业气息。而从中，又看到了那曾经流金淌银的天地，曾经繁华奢糜的日日夜夜。

漫步青楼街，一面绿色的 " 荷风院 " 招牌迎面飘来。荷啊，你怎么在这里，而且还成了风? 莫非，青楼主人当年爱荷爱得发了疯? 荷风院是作为绍兴班的副院而修建的。它是专供被一些商人看中赎了身的艺妓居住的地方。因为这些人虽被赎身，但在妓院做过事，不能带入家中，又不忍再置妓院。于是，商人们就将她们继续交给老鸨另院居住，单独管理。荷风院跟绍兴班差不多，建筑风格具有鲜明的行业特征。不是 " 惟楚有材 " 吗? 怎么 " 惟春有情 " ? 让人不禁为青楼女子的身世和命运叹惜。下面一副对联：" 荷气竹风宜永日，花光楼影倒晴天 " 格外显目。许多绅士、阔少与客商，将大把大把的银圆倾倒在这灯红酒绿的温柔乡里，笙歌夜夜，酒香阵阵，软语切切。这期间，有肉欲横飞，也该有真情故事吧。在楼里，一间间精致的隔离小屋，一条条曲折避人的暗道，一扇扇曾经笑语飞扬的木窗……，如今，自然人去楼空。荷风院，现主要为中国青楼历史文化展室，是全国重点文物保护单位。

荷园未去，倒上了荷风院。徜徉在光亮的青石路上，遥想 3000 年的时光。倘若没有昔日的和风，哪来当年古商城的繁华?

湖南桃源枫树维回乡

第二故乡的和美

是异乡，也似故乡。繁衍传承六百年，为国迁徙建家园。昔日天山来客，如今湘土主人。

众所周知，我国 56 个兄弟民族之一的维吾尔族，世居新疆，并以其灿烂而独特的民族文化为人们所熟悉。殊不知，在我国内地的湖南常德桃源县的枫树乡，自明朝以来，也世代居住着一支维吾尔族的后裔。枫树，因维吾尔族先祖在此遍植枫树而得名；维吾尔族在此繁衍生息已 27 代，成为除新疆外最大的维吾尔族聚居地，因而被称为 " 维吾尔的第二故乡 "。我国著名的马克思主义史学家、北大曾经的副校长、历史系主任、教授翦伯赞，就出生在这里。

明洪武 4 年 (1372)，朱元璋启用回纥后裔哈勒・八十，随徐达等名将南征北讨，以其剪除敌对势力有功，亲赐 " 翦 " 姓，更其名 " 八十 " 为 " 八士 "，将义女吐叶公主赏赐为妻，并封其为荆襄都督府都督，由燕京迁往江南，镇守湖广辰常一带。洪武 21 年，八士因平定南患而死于军中。第二年，八士之子荆襄都督总兵拜著讨伐云贵阵亡，与其父敕葬于常德黄龙岗。明太祖痛惜哈勒父子阵亡疆场，" 翦旗营 " 官兵屯田于常德、桃源、辰州一带，戍守武陵。这原住新疆的一个姓哈的氏族，被历史上两阵狂风接力吹送，便变成了湖南的翦氏。

清真寺旁是明太祖敕建的 " 荐德楼 "、" 镇南堂 "、" 忠勇坊 " 等。荐德楼，取颂扬祖德之意。睹楼内之物，令人想到翦氏先祖镇南平蛮、制寇灭巫之伟绩。镇南堂是湖南维吾尔族唯一的宗祠。洪武 22 年秋，朱元璋御笔钦赐 " 威震南方 " 的金匾悬挂于此，以示纪念。

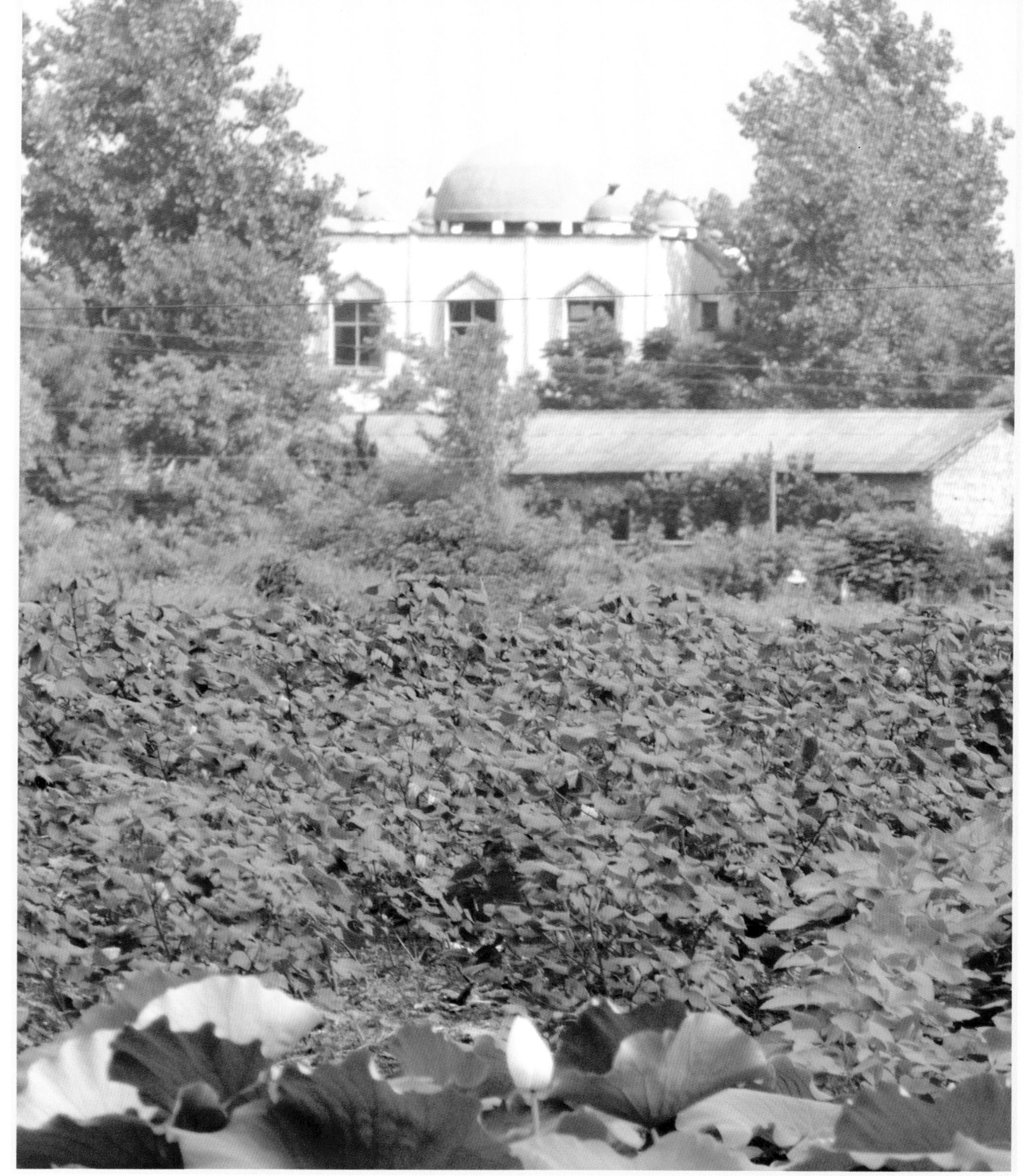

600 多年了! 枫树的维、回、汉等民族，在这里和睦共居。共同走过艰辛曲折，迎来繁荣兴旺，写下了一段鲜活的民族团结"同心"史。维吾尔族，人种特征已发生实质性变化；语言文字通用汉语和汉文；生活习俗主食是大米，但保留许多禁忌；服饰已与当地汉族无异，但在节日及举行宗教活动时，还有男人佩戴四方花帽、女子披上"盖头"的习惯。岁月改变了他们的面貌，但改变不了他们的心。维吾尔民族，永远是他们的根，永远植入在中华大地。

荷塘园，与葡萄园、枫树园、花海园，与清真寺、风情街、特色民居、民族小学……一起融合在"维吾尔的第二故乡"，呈现出一派繁花似锦的和美图景。

湖南汨罗屈子祠

求索屈原

我寻荷花，寻到"最高境界"。为了拜谒中华民族有史以来的第一位伟大诗人、也是中国有名有姓最早咏荷的那位诗人，先去他的出生地吧。事不凑巧，秭归屈原祠因重建还未开放。惜别高耸的门楼，转过身，深情地望了一眼紧紧相邻的举世瞩目的三峡大坝。再到他的殉身处吧。生死两重天，心情异样地沉重。伫立汨罗屈子祠前，回首我漫漫的寻荷之路，不禁思绪万千。我的寻求如何相比先贤的求索!

"路漫漫其修远兮，吾将上下而求索"。屈原，战国楚国人。他热爱楚国，主张改革朝弊、明法治国。但他遭到了旧贵族的反对和谗害。最后被楚襄王放逐，漂泊于沅、湘流域。流放中，仍忧心忡忡，痛切惦念灾难深重的祖国和人民。公元前78年，秦军攻破楚都郢。屈原希望破灭，悲愤交加，遂于该年农历五月初五，怀沙自沉汨罗江而死。一代忠魂飘然逸去。为我们遗存的《离骚》、《天问》、《九歌》、《招魂》等伟大诗作，将诗人寻寻觅觅中，对人民的热爱、对祖国的忧虑、对美好境界的向往留在了这片热土上。

"制芰荷以为衣兮，集芙蓉以为裳"。我用荷花的叶子做上衣，剪裁荷花的花瓣做下裳。以上衣下裳的芳洁，来喻示自己内心的芳洁，屈原如此象征自己的洁身自好。荷花出淤泥而不染，挺拔而又洁净地立于水中，本性高洁，被称为"花中君子"。这就是屈原所追求的一种精神境界。所以，司马迁称赞屈原：濯淖污泥之中，蝉蜕于浊秽，以浮游尘埃之外，不获世之滋垢，皭然泥而不滓者也。推此志也，虽与日月争光可也。

"举世皆浊我独清，众人皆醉我独醒"。这岂是俗人所能做到的？但也是一个伟人的无奈。随波逐流者易，出淤泥而不染者难。要不李白怎么会也发出"自古圣贤皆寂寞"的感叹！中华民族如果没有屈原这样的脊梁，将会是怎样的苍白？屈原的精神感召着后人，才有了文天祥的"人生自古谁无死，留取丹心照汗青"的呐喊；才有了夏明翰"砍头不要紧，只要主义真"的选择。这些人是我们民族的骄傲！我要寻求的荷花，原来在这里。

人生就是一条路。无论它是什么样的路，我们注定要走完它，悲喜交加是我们的必然过程。悲也好，喜也罢，我们都必须上下求索。

广东广州白云湖崇廉园

尚莲与崇廉

白云湖畔添新景，廉洁文化谱新篇。广州白云湖的东湖西南侧，建起了一个占地 10 万平方米的崇廉园。

崇廉园，紧扣湖区、园林的特点，通过一池莲花、两个观景长廊、三个亲水平台和四君子园，深入挖掘水文化、莲文化、花文化和古代官箴文化中的清廉元素，让多种文化相互交融，形成一个与自然景观相融汇的廉洁文化有机整体。在莲文化中，采用木刻的形式，以古代咏莲诗句和现代廉政格言相结合；在水文化中，充分利用长廊，引用了古今表现水的高尚品格的警句；在花文化中，打造"四君子园"，种植了梅兰竹菊，让游客感悟君子精神；在官箴文化中，用简洁的成语诠释"忠、公、廉、信、勤"的丰富内涵，并利用亲水平台展示了一代清官"吴隐之怒饮贪泉"的故事，等等。发挥了廉洁文化的感召和启示作用。

站在这一片莲花里，观莲则思廉。说到廉政，人们心中自然而然地就想起了莲花。" 莲 "，花中的君子；" 廉 "，为人之正品。莲花之 " 莲 " 与廉洁之 " 廉 "，既有谐音，又有同义，此乃天意也。古人常以 " 一品清莲 " 表达对清官的赞誉。有这么一首诗，更道出了莲花与廉洁的深刻内涵：高洁青莲若为官，光风霁月伴清廉。世人都学莲花品，官自公允民自安。自古也有对莲花品格的总结：内敛而不事张扬，奉献而不求索取。浊世中不随波逐流，默默地延续着自己的根本，执著着自己的追求。在纷纷扰扰中坚定自己的方向，于浮浮沉沉中恪守自己的誓言。或许，我们应该停下自己前进的脚步，审视一下自己，欣赏一下这一池的莲花：出淤泥而不染，濯清涟而不妖。中通外直，不蔓不枝，香远益清，亭亭净植……

" 陆上百花竞芬芳，碧水潭泮默默香。不与桃李争春风，七月流火送清凉。" 从古至今，赞美莲花的诗句数不胜数。从这一首首、一句句中，我们都可以体会出莲的美丽和独特，更应该体会到莲的思想、品格和精神。以莲的品格洗涤心灵的尘埃，以莲的精神演绎人生的真谛，让 " 莲 " 洁之花盛开在我们每个人的心中。

广东广州莲香楼

莲香已百年

广州莲香楼，已经126岁。始创的"莲蓉"食品，更是广州、乃至全省、全国"第一家"。而且，莲香早就飘向全国及世界各地。

1889年，在古老的广州城西一隅，一间专营糕点美食的糕酥馆开业了。这就是莲香楼的前身。那时的西关一带，繁华十分，住户多是富裕人家，因而饮食业异常兴旺。馆内师傅改进制饼工艺，用莲子来制作饼点馅料，使之独具一格，吸引客人。光绪年间，糕酥馆改名为"连香楼"，并扩大经营，当时在香港九龙开设了三家分店。为了保证饼食质量，该店严格选用当年产的湖南湘莲。由于制作讲究，生意日渐兴隆。宣统2年(1910)，一位名叫陈如岳的翰林学士，品尝了莲蓉食品后，有感于莲蓉独特的风味，提议给连香楼的"连"字加上草头，众人一致赞同，他遂手书"莲香楼"三个雄浑大字。高悬于该楼门前的金漆牌匾上的"莲香楼"三个大字，便是这位学士的手迹。从此，莲香楼制作的莲蓉食品，进入千家万户，被誉为"莲蓉第一家"。

一百年来，莲香楼虽几经风雨，历经沧桑，人事沉浮，而生意始终兴旺。莲香楼还大力发展名牌月饼的生产，有计划地购进和改造生产机械设备，逐步向机械化生产转化。莲香楼的月饼已发展到40多个品种，以莲蓉为主料的月饼品种，便达20多个。从上世纪50年代起，就被广州有关部门指定为广式月饼和冷冻食品的出口生产厂家。莲香月饼远销东南亚，以及美国、加拿大、澳洲、英国、瑞典、德国、荷兰、南非等国家。小小的月饼维系着华夏子孙的亲情，传递着友人的情谊。今日的莲香楼，已发展为集餐饮、饼食、贸易、蓉馅生产于一体的连锁型企业。

莲香楼，国家特级酒店。莲香，香满花城。走进人头攒涌的上下九路，一栋三层楼的西关大屋，大红灯笼高高挂，莲藕荷叶造型的莲香楼招牌格外醒目。莲香楼厅堂，其布局以"莲"为主题，雕梁画栋，古朴典雅，尽显岭南风韵；硕大的莲花灯晶莹剔透；厢房屏窗，华丽高贵。我多次闻香而来，一为莲的味道，二为莲的文化。既满足了舌尖上的享受，也满足了心尖上的感受，还满足了手指尖的承受。

广东广州性文化节

性的使者

曾几何时，中国人是保守的，西方人是开放的。可如今，谈"性"色变，似乎已成为历史。不是吗？如果要看"性文化"，何必要到阿姆斯特丹？到中国来吧。今天的神州大地，"性文化"之博物馆、之节日举办，已是花开处处了。开全国风气之先的性文化节，又将在广州拉开帷幕。不去不知道，去了惊一跳：古代的性爱场景，为什么有那么多的荷花（莲花）？

被誉为"君子之花"的荷莲，千百年来一直深得人们的喜爱。其实，千百年来在人们心中传承的，还有一个永不更迭的情结，那就是莲花（荷花）与生殖崇拜有着千丝万缕的联系。

莲花最初是生殖崇拜的对象。以生殖崇拜为起点演化而成生育、婚恋、繁衍与性爱，是莲文化的最初内涵。莲花作为生殖器象征由来甚古。创世之初，太阳从荷花中升起，这世界荷花——即伟大女性的象征，具有无限的创生功能。在公元 800 年的梵文中，莲花已被用来象征孕育生命的子宫，后来又演化为荷花女神（世界之母）、宇宙莲（创造之源），成为母性生殖崇拜的伟大象征。神话传说：莲花生人或莲花产子。正因为如此，莲花作为神性的标志，当其以莲花宝座、手执莲花等造型出现在寺庙中神灵身边时，也是象征着繁衍和创造。莲花象征人类生命之生生不息的——母亲之花，在人类亘古的生命之河中默默地流淌盛放。

莲花还是性爱仪式中性爱对象的象征。我国的"莲鱼图"是最为典型的。就说陕北的裙子、门帘、荷包、枕头和窗花等图案上，还可以看到更明显象征意义的各种"鱼戏莲"：鱼儿穿莲、绕莲、钻莲、啄莲、咬莲、吻莲等多种形式。闻一多先生曾经讲：鱼喻男，莲喻女。说鱼与莲戏，实等于说男与女戏。民谚如是云："鱼儿闹莲花，两口子上炕结缘法"。

随着审美意识的觉醒，荷花生殖、性爱的象征意义渐渐生发出美人的象征意义，出现了女性美的象征。美是生殖的转换，但并未从根本上去掉性的意味，美仍然不可避免地包含着性的内涵，对女性的象征意义依然保留。尽管后来荷花的象征意义更多彩，出现以荷花象征高尚情操原型等，但以荷花象征美人作为一种原型象征，不是越来越少而是越来越丰富。

在植物的王国中，没有哪一种花，能比荷花(莲花)受到的礼遇而至尊了。

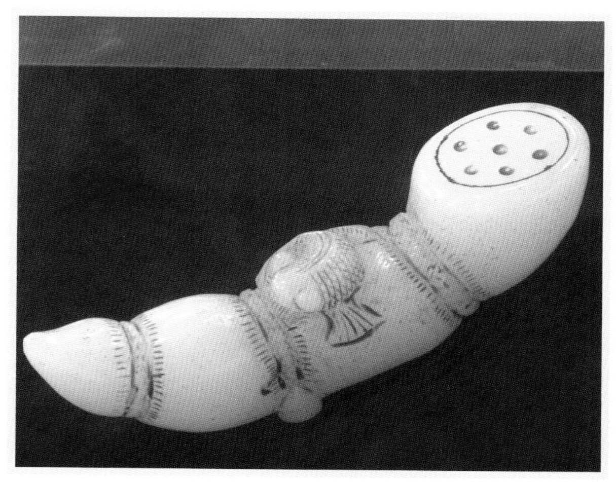

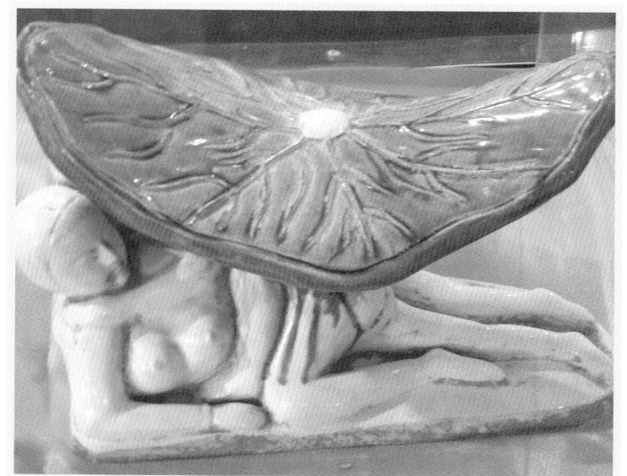

广东广州人体艺术

女人花

犹豫良久，思虑再三，为了这朵花，我还是"豁"出来了。这，到底算什么呢？

大千世界，林林总总；艺术园林，更是百花争艳。艺术流行色，犹如万花筒，变化万千，令人目不暇接。人体，以艺术的形式出现，少不了会有所圈点。荷花，莲花也，芙蓉也，在人体艺术方面，你又有如何的表现，充当什么样的角色？谁要你，是一朵出水芙蓉？谁叫你，是一个莲花姑娘？谁夸你，是一名荷花仙子？

爱美是人的天性。所以，凡是美的东西，人们都会去研究、探索和追求。古代的园林、建筑、服饰、瓷器等，是那样的绚丽多彩，美不胜收。四川的乐山大佛，敦煌的人体壁画，无锡的惠山泥人……无一不是劳动人民对美的奉献。

人体是美的象征。世间万物形形色色，多姿多彩，无论是动物还是植物，是建筑还是景观，都具有美的因素。至于人体，则更是美的典范。人体美，包括造型、曲线、色彩等，她是一种柔性、协调、对称、含蓄、健康的美，就像大自然那样纯洁、自然、和谐。

崇尚人体艺术是时代发展的必然。随着社会的发展，人们对人体艺术的认识发生了巨大的变化。人体艺术作为一种文化载体，是崇高和神圣的。由于人爱美，由于人体很美，由于人体艺术美上加美，所以，人们研究它、表现它、欣赏它。当代的雕塑、摄影、绘画、园林、建筑，以及服饰、首饰等，都离不开人体艺术。

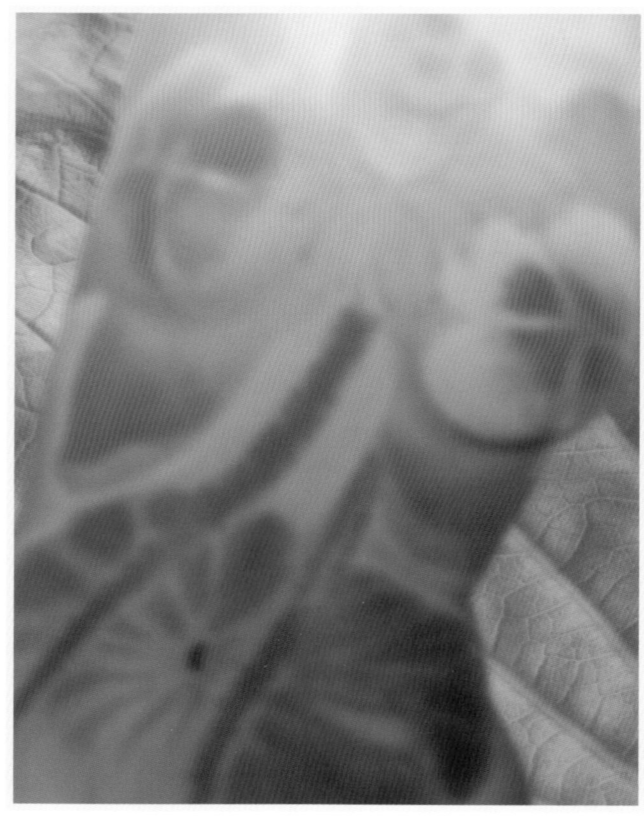

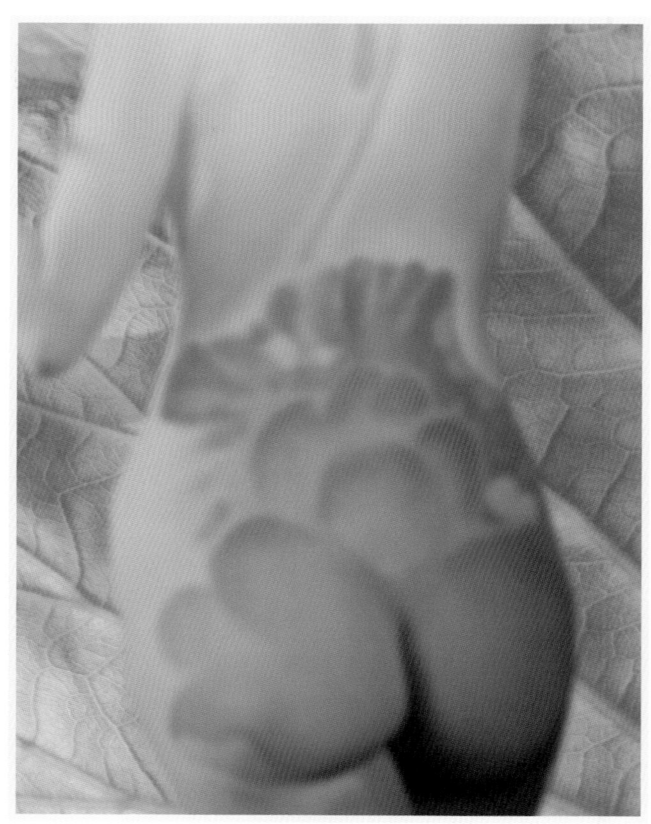

人体艺术的出现，自古就有。古时与现在，两者也许有着"原始"与"文明"的区别。但有一点是相同的，那就是：在茫茫宇宙中，在繁杂的社会里，人类始终看重的是自身的力量——美的力量！

荷花，你怎么跑到女人的身上去啦？一位人体彩绘大师曾经讲：如果要用什么花，来表现人体的"诗韵""画致"，我看非荷花莫属。大师，百花园里，雍贵的、娇媚的、清新的、幽雅的、傲骨的……应有尽有，各具特色，你为什么非要把我心爱的花，摆出来惹人耳目呢？

女人花，摇曳在红尘中。若是你，闻过了莲香浓，别问我，荷儿是为谁红。命该如此。谁，既是仙子又是君子？雅也俗矣，任人去评说。

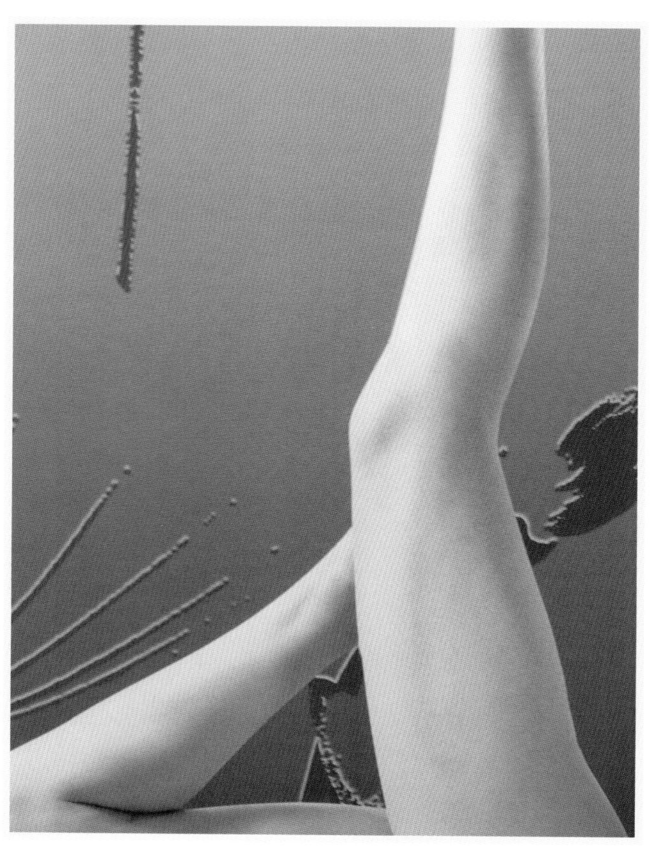

广东广州增城何仙姑家庙

仙姑的那枝荷

八仙之一的何仙姑，相信大家并不陌生。但仙姑为何总是手执荷花，你又知道吗?

八仙之中七个是男人，只有何仙姑一人是女的，又长得十分美丽。吕洞宾风流倜傥，与仙姑年龄相当，还是她的师傅，两人难免接近多些。于是人们议论二人有私情。一次，有人扶乩请仙姑降坛。掌乩人故意问：仙姑来了，吕仙为何不一起来? 仙姑听了很生气，便在乩盘上写了一首诗：仙姑一到问洞宾，我与洞宾实无情。世事一入凡人口，千担河水洗不清。有人看了这几句诗，发笑不信。更有一人发难说：八仙过海，七男一女，为何不羞? 仙姑听后，便一气走了。她去请教众仙，怎样才能为自己辨冤。人们要这么看，这么说，就是神仙也无办法。还是铁拐李老练，他给仙姑出了一个主意。要她手中执一枝荷花，表示自己美而不妖，清净纯洁；又以荷花出淤泥而不染的品格来警示自己。何仙姑觉得这个办法不错，从此手中总是执有一枝荷花。

这个超凡脱俗的神仙，出生在广州增城一个叫小楼镇的地方。如今那里有她的家庙，供后人凭吊。仙姑像坐镇家庙正堂神龛，端坐在莲花台上，手执法器——荷花，神态安详。见此雍容，我又想起了 "八仙过海 "。一日，八仙在蓬莱聚会饮酒。一时兴起，欲过海一游，相约不得乘舟，各显其能。汉钟离抢先把手中扇子一抛，那扇子刹那间便大如蒲席浮在海面，汉钟离跃身卧在上面向远方飘去。何仙姑不甘落后，随手抛出荷花，那花忽然大如磨盘，红光耀眼，清香四溢。仙姑在花上亭亭玉立，随波逐浪。其余六位纷纷抛出自己的宝器，跃入海中，飘飘荡荡，遨游在万顷碧波之上。八仙的宝器震撼了龙宫。龙王大怒，命太子外出查询。龙子欲夺八仙法物，双方大战一场。后经观音调解，双方罢战，八仙终于漂洋过海而去。从此，留下了 "八海过海，各显神通 " 的美谈。

" 千年履舄遗丹井，百代衣冠拜古祠 "。阅尽沧桑的古庙几经盛衰起落，但依然屹立。对人们来说，仙姑传说也许只是一个纯真而美丽的梦。但她身上被寄予的一切美好并不因时光而褪色，反而成为民间文化中一道深厚而斑斓的风景。家庙周边的荷花，始终为仙姑守候。

广西柳州白莲洞

白莲花开祖宅洞

读了余秋雨老师的《白莲洞》，虽然已知是一个什么样的洞了，但我还是想去看个究竟。

白莲洞位于广西柳州市郊东南 12 公里的白面山麓，是个岩厦式洞窟。洞口上部有一块钟乳石，形似莲花蓓蕾，白莲洞由此得名。洞主厅前方是一处距今 7000 多年至 30000 年石器时代不同时期的古人类文化遗址。三四十年来，陆续发掘出人类牙齿化石和石锛、石环等史前文化遗物，还出土一批动物骨骼化石。我来找寻 " 白莲花 "，结果探望了祖宅。

来这里的人，包括我们的祖先，都会发出很多疑问。我的疑问却是：洞口为什么长一块像莲花的石头呢？本来，也可以把它想象为其他什么，为什么非取名白莲洞？在中国，为什么那么多叫莲花洞、莲花峰、莲花湖？我们的祖先，当时多少个洞可去，为什么非要进这个洞？进洞时，他们可能疑虑地仰望过 " 莲花 "，不知它会带来什么灾祸。结果，白莲花的神灵，让他们完成了一次占有，孕育了远古人类的重要系脉。殊不知，人类的来到、离去、重返，对比 " 白莲花 "，还有无数的化石，确实只是一瞬而已。不多说了，我上述的疑问，似乎有些荒唐。

我还想问，洞外有重现原始森林生态环境和上古动物形象，以及古人类生活的大型雕塑。除此之外，为什么还搞了硕大的莲花造型呢? 不少中外专家学者，在参观考察白莲洞后，均给予了高度评价。中科院院士、美国科学院外籍院士贾兰坡，为白莲洞遗址发现 40 周年纪念题词，为什么题词是：" 白莲清香泥不染，洞内堆积内涵多 "？不必再讲了，我这样的疑问，至少有点幼稚。

尊敬的祖先，请原谅我的 " 荒唐 " 与 " 幼稚 "。

广西柳州奇石馆

奇石奇葩

柳州去过多次，竟然没有去看奇石，说来有点奇怪。汽车要经过藏有奇石的地方，自有天福，这回一定要去逛逛。古人云：仁者乐山，智者乐水，仁智兼者乐石。我，"兼"与"乐"都谈不上，只想去沾沾光。一沾，就上瘾。第八届柳州奇石节又去了。

奇石，是大自然散落的美，是立体的画，凝固的诗。柳州，一座美丽的千年古城，柳江在广西喀斯特大地上冲刷出几十平方公里的舟状岛屿。大自然的天趣远胜人工之匠气，境内所产奇石种类繁多闻名遐迩。作为中国奇石交易的聚散地，柳州人玩石赏石登峰造极，已经到了极致。"中华石都"之称号，实至名归。

被誉为奇石"梦之馆"的柳州奇石馆，是目前世界最大、风格独特的奇石主题馆。一个从头到尾充满运动变化的形体，采用流动的曲面与层叠的折面相结合，线条逐级渐变，外观宛若一方巨大的珍奇石玩。后面的奇峰，在我眼里，是一朵含苞待放的莲花。与藏馆依偎在一起，奇趣天成，完美呼应，和谐共生，具有丰富惊奇的视觉效果。

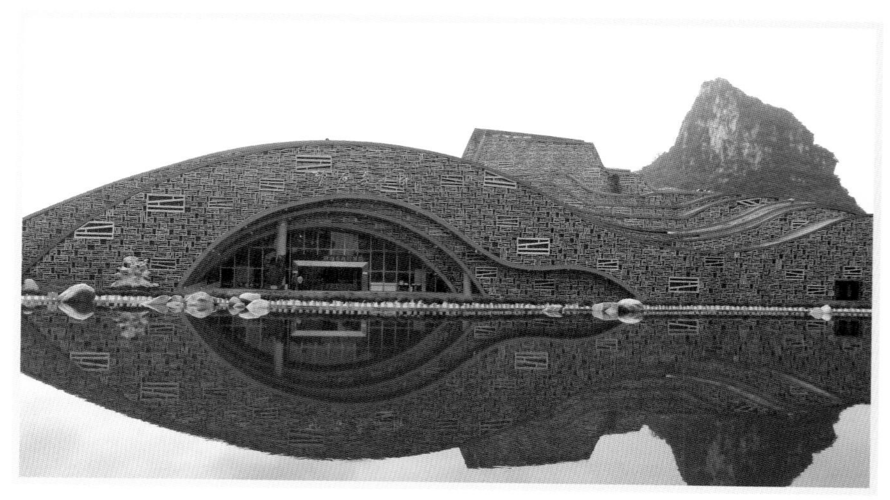

这里是一个石奇的世界。馆展藏品逾千件，石种百余种，全属东方明珠，稀世珍玩。它们聚造化之魁宝，备宇宙之玄妙，钟灵毓秀，鬼斧神工。走进展厅，犹如踏入一座似梦亦幻的自然造化之艺术殿堂。

怎么，这里也"生长"着莲花荷花？许多珍品的背景图，均以荷莲配之；莲花宝座，端庄且安宁，恭候着菩萨的到来；残荷里结满的莲蓬，是最原始的植物化石；特别一朵青莲，从整体上达到了形、色、质、纹、座的协调统一，把形奇、色美、质佳、纹丽、座雅五美集于一身。绽放在电梯旁，一年四季无时无刻都在欢迎着八方来客……。后来，匆匆去了奇石市场一角。奇石节那天，又去了好几个市场。那些奇特秀美的小石头，也能引发无限的遐想，竟然成了一个个荷蕾。

我真不是一个玩家、赏者。倒是一位寻访人，游览于奇石间探花来了。

香港饶忠颐荷花

仰止饶荷

同学有命能走近饶公；我呢，有幸能亲近饶老的荷花。有命也好，有幸也罢，皆有缘也。饶宗颐大师的艺园里，盛放着"他心中的荷花形象"，可谓独具特色的"饶荷"。

一晃十个年头。2006 年，我去澳门拍摄回归礼品中的"荷花"时，巧遇"普荷天地——饶宗颐九十华诞荷花特展"。我又赏又拍，一呆就是近半天，最后买了一本大大的《普荷天地》。4 年后，我在加拿大，看到一则消息。温家宝总理在北京亲会饶老时，饶公特意向总理赠送了一幅自己精心创作的有诗有画的《荷花图》，勾起我的饶荷情结。时隔 1 年，我陪老师去景辉同学那里，景辉书记送给我的画册中有一本让人好生羡慕。《走近饶宗颐——尹景辉书记与大师饶宗颐在一起》，记入了他曾任东莞长安镇镇委书记、人大主任时，于长安和香港与饶老在一起的情景。还是这一年的一则报道，再令我神往饶荷。李克强总理在香港看望饶公时，饶老向总理赠送的画作又是荷花。李总理欣赏后说：您画的荷花别有风采。又过了 3 年，我去深圳雅昌彩印公司拜访朋友之际，一眼瞥见才印出不久的《饶荷盛放》。当即，我毫不客气地要走一套。回到广州，翻了又翻，看了又看。就是这样，我虽然见不到饶老，得不到饶荷，但饶公的"荷花形象"，始终萦系我心、饱览我眼。

饶公取名宗颐，父亲就是要他效法宋朝大儒周敦颐。著名国学大师的他，人称"南饶北季"。其学问涵盖国学的各方面，且有显著成就。曾获"世界中国学贡献奖"、"全球华人国学奖终身成就奖"。这位学富五车、著作等身的学者，又是当今社会难得的"学者型"书画艺术家。自上世纪70年代较多绘画花卉，但以荷花为主。在80年代初，他得见八大山人的荷花巨构《河上花卷》。自此，饶公就开始在荷花的气势上着力，与张大千的创作趋势不谋而合。从90年代开始，饶老还将艺术与学术互补、传统文化意象与现代文化意识互连地追求荷花的新表现形式。近10多年来，他所画的"心中荷花"，千变万化地"师古"又"超古"，成为了与众不同的"饶荷"。可以说开前人所未有之境界，也是现代鉴藏家最为注目的一种画风。

香港是饶公的福地，饶荷在福地里盛放。饶老多么希望，人们心清纯洁，如莲花一样的高逸。他的百岁心愿是：天下太和。

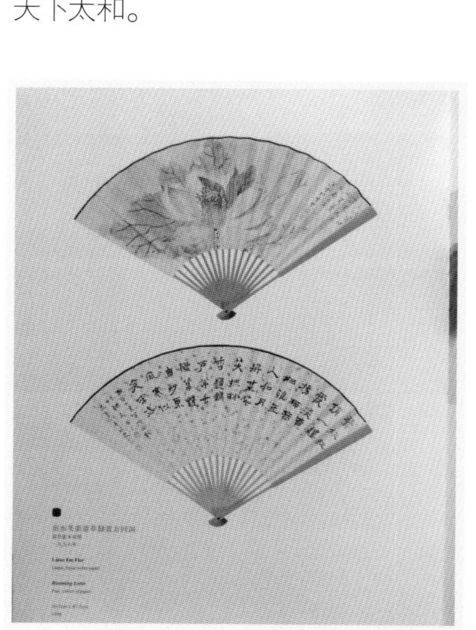

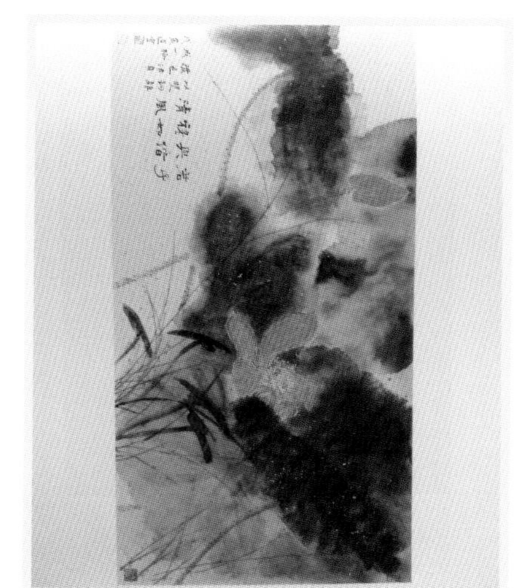

澳门龙环葡韵

风韵种种

有人说，去澳门旅游，最值得去的不是赌场、赛狗场，而是那处被称作 " 龙环葡韵 " 的地方。我多次去那里，都是为了荷花。因为，澳门每年荷花节的主戏台，大多在葡韵。

龙环葡韵，是住宅式博物馆，属于澳门八景之一。" 龙环 "，是氹仔的旧称；" 葡韵 "，是指这里的葡式建筑，又指氹仔海马路一带的欧陆风情。

在昔日海边古老榕树的重重环绕下，坐落着一排美丽典雅的葡萄牙式建筑。很难相信眼前的这 5 幢簇新的独立式大宅，建于 1921 年。淡淡的粉绿色外墙，朴素又雅致。昔日高级官员的官邸，现在摇身变成博物馆。既有展示传统葡式华丽装饰摆设和生活痕迹的 " 土生葡人之家 "，又有反映路氹历史的 " 海岛之家 "。它们，静静地呈现着中葡两国的悠久文化。

宽阔的门廊台阶上花团锦簇，楼前碎石铺成的道路上很少有人行走，给你一种梦境般幽秘的感觉。从大宅走出来，阳光明媚，漫步林荫大道，海风吹呀吹，一点也不闷热。博物馆前面是一片湿地，可以欣赏到白鹭、灰鹭、翠鸟和鸳鸯，还有大面积种植的荷花。博物馆对面，就是美国拉斯维加斯 " 来 " 的威尼斯人酒店。以前，这里地势较高，人们甚至可以在此眺望澳门南湾一带的风光。时至今日，氹仔已被各大赌场阻挡了视线，却也成了别样的风景。" 威尼斯人 " 倒映在荷塘中，是想显赫高贵？还是想显现高洁？不管是什么，葡韵、店韵与莲韵交融在一起。一眼望着，各种滋味涌上心头。

喜迎澳门回归十周年之际，澳门成功举办了第 23 届全国荷花展暨第9届澳门荷花节。龙环葡韵是主会场和主要展区。在 " 荷香乐满城 " 的主题下，举办 " 荷花处处 " 品种展、" 莲华古韵 " 古莲图文展、荷花饮食文化展、荷花花艺展、荷花书法摄影展，以及赏荷生态游和各种文娱活动。在西方风格的环境中，展示荷花的东方风采，令大家耳目一新。

荷花时节来葡韵吧。观葡韵、赏荷韵，顺便也去看看 " 威尼斯人 "，带给你别致的风韵和不同的感受。

莲花下的赌

澳门新葡京酒店——一所赌场酒店，获选全世界20座最具标志性大楼之一。它是澳门唯一入选的建筑物，以独一无二的原创设计，凸显其作为澳门地标建筑的风范。无论远观还是近看，昼看还是夜观，新葡京犹如一朵花，一朵屹立于金蛋上面巨大的盛开的金莲花。

澳门，从全球四大赌城之一跃升为世界上第一大赌城，完全是回归后的高速发展所致。2006年，澳门来自博彩业的收益就超越了拉斯维加斯。现在，整个博彩业的规模已是拉城的4倍。但是，澳门不应只是一个博彩之城，还应是一个文化之城、旅游之城。中西文化长期交融这一历史因素，决定了澳门的城市形象应该是多元的，特别需要着力于化中西文化元素共冶一炉的独特文化城市形象。澳门，向来就有"莲花宝地"之称。莲花，是澳门的区花，是中国人喜爱的名花，也是外国人熟悉的靓花。新葡京以莲花为主题，体现了本土企业——赌王何鸿燊的博彩集团爱国爱澳的情怀，以及他们对澳门历史和文化的尊重。

澳门新葡京酒店

"莲花"酒店，极尽豪华，耀眼的工艺杰作，为你展现不一样的气派。52层，高258米，为澳门最高大厦。最下面的九层，从下到上依次是博彩大厅、VIP包房和各类与博彩相关的服务设施。底部的"万象球"，以金蛋为造型，寓意"吉祥好运"。吉祥好运上面的"莲花"，也许就是"连连美满"了。还没进去，就被它的气势所震撼。以"三闪金"为主色调的装饰，突出华贵富丽。这里真的有：金山、玉山、玉白菜，及巨龙造型的纯金大船。大楼是"莲花"，这里也少不了莲花，而且是纯金的大莲花。瓶身上镶着58万颗水晶的"盛世莲花"瓶，矗立在纯金制作的莲花瓣之中，高贵典雅，气势无双。

这里，有最为昂贵的宝物——枕型D级全色完美无瑕的钻石，象征"一生安枕无忧"。赌场，确实没有硝烟，但还是感受到了"战场"上的味道。夜色凝重，"金蛋"与"莲花"，越发灿烂。呆在"红金""绿金"层的赌客，此刻你的心情，是否也呈灿烂？

不怕见笑，有次春节我去澳门拍照，原打算拿点小钱，除夕进老葡京、初一上新葡京显显身手。谁知，看上一款小相机，让我至今没有试试运气。

陕西勉县武侯祠与武侯墓

武侯先辈 旱莲花守护您

陈兄告诉我，勉县武侯墓有荷花。"出师未捷身先死，长使英雄泪满襟。"浓浓的怀亮情结，一直萦系我心。走汉中，拜武侯，赏荷花，真是太好了。

公元263年，为表诸葛亮功德，千秋祭祀，在武侯墓不远的地方，建起了一座武侯祠。在这以后，各地又陆续修建了多如繁星的武侯祠。现在规模较大尚存的还有9座。陕西汉中勉县的武侯祠，是全国最早、也是唯一由皇帝下诏修建的，故有"天下第一武侯祠"之称。

我是先拜祠后谒墓。"成大事以小心一生谨慎，仰流风於遗迹万古清高"，拜谒使我对"大汉一人"更为崇敬。祠内大殿后有东西两院，西为"径通草庐"。过去，草庐在一池荷花中。相传，这是诸葛亮观鱼纳凉、陶冶性情、运筹帷幄的地方。随着亮的远去，荷花早已了无踪迹。进武侯墓大门，右边有一荷塘，只见稀稀拉拉几枝荷叶挣扎在池中。这是我要找寻的荷花吗？一打听，就在一个礼拜前，一场狂风暴雨，糟蹋满池的花叶。现在的几枝残叶，是工作人员清理后余下的。老天爷，您为什么要让我，本来沉重的心情更加负重呢？

上帝关上一扇门，就会留下一叶窗，决不让我失望的。武侯祠，不见了水莲，却意外看到"旱莲"。鼓楼东院内，有着一株高13.4米、胸围1.36米的大树。虽说它长在旱地上，树的花朵外形却与水中莲花极其相似，因其得名"旱莲"。又名"应春树"，属木兰科。这颗树，就是明代人为纪念诸葛亮、迁建武侯祠时栽植的。让人称奇的是，旱莲先花后叶，花谢后长叶子。每年5月开始长花蕾，孕育过程经历夏秋冬三季，一直到次年3月再开花。花苞刚开时呈红色，越开越淡，宛如粉莲，花团锦簇，丽冠群芳，颇具"出淤泥而不染，濯清涟而不妖"之姿。人们把她理解为是诸葛亮淡泊廉洁、奇才大志、名闻于世的象征。这株旱莲，是迄今世界上发现的唯一。400多年来，美丽的旱莲花从不失约。其色、香、韵与祠内的古朴建筑，以及众树众花众草交相辉映，一起时时刻刻陪伴着、守护着武侯大人。

汉中人，认定了旱莲与水莲就是一脉相承，甚爱她们的内外兼修。2000年，旱莲被汉中确定为市花。每年3月，还有旱莲文化节。

清清黄河混混莲

"贵德……引进 9000 株盆栽荷花，全部种植在尕让乡黄河村水域……"。一则青海新闻网的消息，令我惊喜不已。立即确认，县和乡异口同声答复：荷花长在那乡那村一个名叫千姿湖的水中，引来的荷花也种在那里。青海又一"重大发现"，着实让我梦享"千姿"。

尽管国庆节后，我还是决定马上去高原与荷约会，不论她现在艳美还是残美。坐火车，日夜兼程 6000 里赶到西宁。第二天天未亮，第一个进站买票，搭上头班汽车直奔贵德。

一出西宁，举目四眺，莽莽的群山形成绵绵的山海。由于风雪的冲刷，山体成为一个个层层叠叠、千姿百态的小山丘。那遒劲富有张力的树干，披上了金黄，完美地诠释着秋的色彩。成群的绵羊，还有牦牛，在或远或近的山丘沟壑，认真地啃着稀疏的枯草。虽然一路奔波，我好像没有丝毫的倦意。原来，风光也可让我精神抖擞。

青海贵德千姿湖

"千姿湖到了",就我一人下车。穿着毛衣秋裤也感寒意,明天真会下雪?冷冷的山风呼啸着从耳旁掠过,拖箱立在地上自行移动。一路下坡转弯、转弯下坡,只见千姿湖以苍凉壮阔的山脉为背景,五彩缤纷。丹山碧水之下,让人体会到"抬头是高原、低眼似江南"的感觉。我的荷花,肯定就在这山这水、那苇那草之中。围绕湿地,转来转去,找来找去。不管问谁,住家的、过路的、放羊的、卖东西的……望着指着睡莲,这就是荷花!躲在避风处打电话给县里乡里,告诉我说:你跑的那一片水域,特别是山丘与公路间的那大块池塘,引种着从河北弄来的荷花。头脑必须清醒了,我应该跟着贵德人乃至青海人,把睡莲当荷花!

去好好欣赏"天下黄河贵德清"吧。如果不到黄河清大桥,难以置信"黄河黄"原来仅是片面之说。这条源于青海、穿峡谷、纳百川的中华母亲河,我费解眼前的她,温柔、碧绿、恬静,宛若一位江南淑女,端庄、清秀、含蓄。没有惊涛骇浪,卷着黄沙奔涌而来;也没有高高在上的"黄河之水天上来"的威严气质。清澈见底的碧水,静静地流淌,跟古往今来文人墨客眼中的或雄浑、或激昂的黄河,贵德境内的黄河——妙若"少女",显得这样的别具一格。

此刻,我看到了,飘扬的经幡伴舞着一朵莲花,在黄河水面生起。福运轮,在花的中央总是不停地转着转着,给贵德给中华,带来和谐吉祥。

青海湟中八瓣莲花

奇葩——"八瓣莲花"

武警战士带我游完塔尔寺，信步笑谈间，抬头偶见"八瓣莲花"。强烈的好奇心，吸引我走到了中国魅力古镇——青海湟中鲁沙尔镇。"八瓣莲花"绽放在这里。

湟中有着灿烂的地方文化。长期以来，生活在湟中地区的人民群众，特别是人数众多的能工巧匠，充分发挥着自己的聪明才智，创造了丰富多彩的民间艺术。为此，湟中着力打造别有风姿的民间艺术——"八瓣莲花"，即：湟中农民画、湟中堆绣、湟中皮影、湟中镶丝、湟中木雕、湟中壁画、湟中泥塑、湟中银铜器。"八瓣莲花"，原来是国家非物质文化遗产，是湟中的民间艺术宝库。

湟中民间绘画发展历史悠久。早在明清时期，就有众多民间艺人活跃于河湟谷地。经过漫长的探索和发展，成型于上世纪七十年代，形成了以汉藏文化为主而独具艺术风格的现代民间绘画——湟中农民画。它熔民族文化、地方文化和民间绘画艺术于一炉，以鲜明的地域色彩和浓厚的民族特点为创作背景，突出表现了高原风光和风土人情。1988年3月，湟中农民画，带着青藏高原的泥土芬芳登上了首都中国美术馆的艺术殿堂，开创了建国以来青海省在中国美术馆举办绘画艺术展览之首。同年，被文化部授予"中国现代民间绘画画乡"荣誉称号。有力地撑起"八瓣莲花"，成为青藏高原汉藏民族传统民间艺术中的一朵美丽的奇葩。

我问了制作工房的许多艺人，他们不甚了解为什么取名"八瓣莲花"。当我知道很多学徒身有残疾，党和国家各级领导曾来这里，深切地感受到：莲花开在湟中民间，湟中人民心如莲花。

八瓣莲花
塔尔寺
Taersi
塔尔寺
西塔高速
西宁
八瓣莲花
民族奇葩
圣域旅游
八韵争艳

你要告诉我什么

西藏寻荷，无果而返。途中，西宁武警部队的严参谋朋友请我去青海湖。上沙岛？过去只听说鸟岛、蛋岛。老小一家人陪我，盛情难却，客随主便吧。

久仰了，青海湖。我立在岸旁，阳光软软，清风徐徐，一眼望去不见湖边，真可以用海来形容。蓝天、白云，水天之际，也只看到一条蓝蓝的"丝带"，没有多余的装饰。青海湖，简单、平凡。大美若简，大美若凡。默默无声的青海湖，从不特意向人们展示什么，但她的博大、纯净、朴实，却让我感受到她的美丽。

我坐在凉亭里，心里总想着青藏之行，未免有点惆怅。就在此刻，遥远的水中传来朋友夫人的喊声：王老师，这是什么？好像是莲花呢！真逗，青海湖知道我的心事？我的神经，还是经不起诱惑，马上跑往那里。天呀，这是什么？！透明的湖底，仰卧着一块石头，石头上一朵红色的莲花，在闪亮的金光、雪白的云团中摇曳。她是那么柔静、那么雅致、那么洒脱，周身流泻着她的情愫与神采。她在微笑，在欢迎我的到来。我自私地赶走了朋友们。一人躬身站在水中，久久地静静地凝视着她，不知怎的，一种无名的感觉涌上心头。莲花石，青海湖的石莲花，你想告诉我什么……

青海青海湖沙岛

她，为什么如此坦然在那里，当时的我，没有去寻思。我只想知道，她要告诉我什么！究竟，她要告诉我什么？她，不限于纯美意境的营造，并可给我感觉上的愉悦，更且给我心灵的触动和启迪。她，没有身居繁华，而是独处一隅；没有哗众取宠，却是甘于沉寂。她，清清淡淡，明明秀秀，幽幽婉婉。莲花石，强烈地冲击着我的眼，浸染着我的心。再没有比影响心和眼更宝贵的了！眼中，她不是石块，不是莲花。心里，她已是圣灵，已是仙魂。石莲花，多么富有诗意！你以其独特的方式，驰骋情操、冶炼精神、释放心灵。你的存在、你的选择、你的付出，已经告诉我很多很多。人生如梦，光阴似水，生命意味着什么？

水天无语，石头无言，却实在震撼人心。浮想那千古的壮怀和刹那的空灵，我无须追思，莲花为什么在那里，岛上的佛手与她是否一脉相承。我的求索，依然是：她要告诉我什么。

她，已汇入我的心海，融入我的心乡。

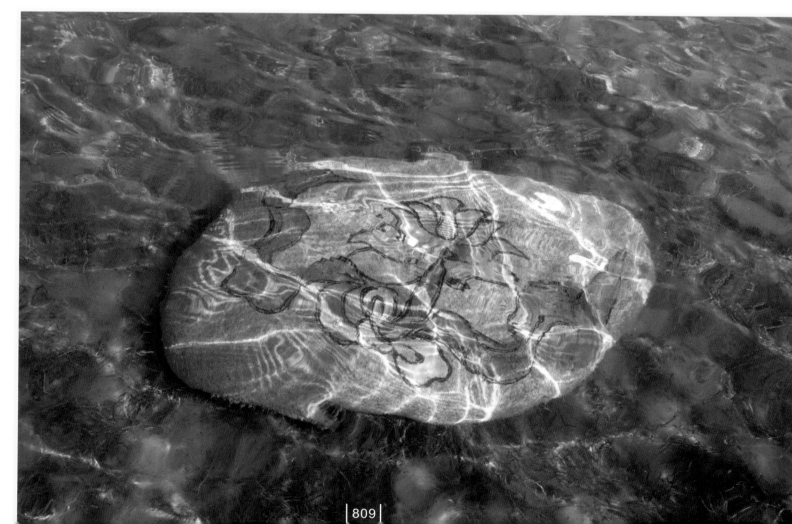

宁夏泾源野荷谷

这是野荷吗

眼睛紧盯着地图册上的"野荷谷"，另一本上又印为"荷花苑"，我惊呆了。宁夏南部的泾源、六盘山附近的山区，真的有荷花吗？而且还是野的？打了旅行社和景区的电话，都说有。怎么也没想到"谷"里长出野荷。心，确有期待。

等到七月的夏天，从银川直驱南下。好漂亮的峡谷。临到景区大门的时候，远远看见荷叶状的一线绿色。啊，真的有野荷！走近一看，不是，只是太像了。站在大门的入口处，只见奇峰峻峭，林木繁茂，蓝天白云间耸立着高高的电线塔，风光煞是好看。走进峡谷，这时才明白，野荷非荷，就是先前见到的那种植物，真名叫"大黄橐吾"。因为叶子形状酷似荷叶，这里的人们都叫它"野荷"。大大的"野荷谷"三个字刻在了山岩上。

野荷谷，为一条南北走向的峡谷。位于县城西北5公里处，是泾河的另外一个源头。峡长10千米，又叫香水峡。两岸山峰对峙欲合，松林层层，竹木萧萧，遮天蔽日形成一道天然绿色长廊。临近夏日，"绿廊"下溪流涓涓，蜿蜒淙淙，丛丛的野荷铺陈两岸，清清的谷水掩映于重重的叶盖之中。花黄灿灿沁香，彩蝶翩翩起舞，百鸟嘤嘤歌唱。其山石、林木、溪流、花草与峡谷浑然一体，如锦缎，如团花，妩媚秀丽。景色确实迷人。我只顾享受这里的美妙美好，早已忘记是荷非荷的失望，而沉醉于似荷是荷的热望。溯流而上，又顺水而下，我和朋友兴高采烈地徒步了一个来回。

如果把荷花比作优雅的小姐，那么野荷就是质朴的丫环。她那米黄色的花朵，仰起倔强的头，高高在上俯视着行人，似乎在向大家展示强大的生命力。我被她们生机勃勃的气势所折服。尽管没有荷花艳丽，但是，敢说荷花在这样的环境下难以生存。也许，正是野荷这种顽强的生命力，才得以这个山谷的名声如此之大，堂而皇之地走进地图册。

野荷谷，这个名字真好听，这个谷的野荷真神奇。

荷花诗句欣赏 —— 心原抱洁 曾何染乎污泥

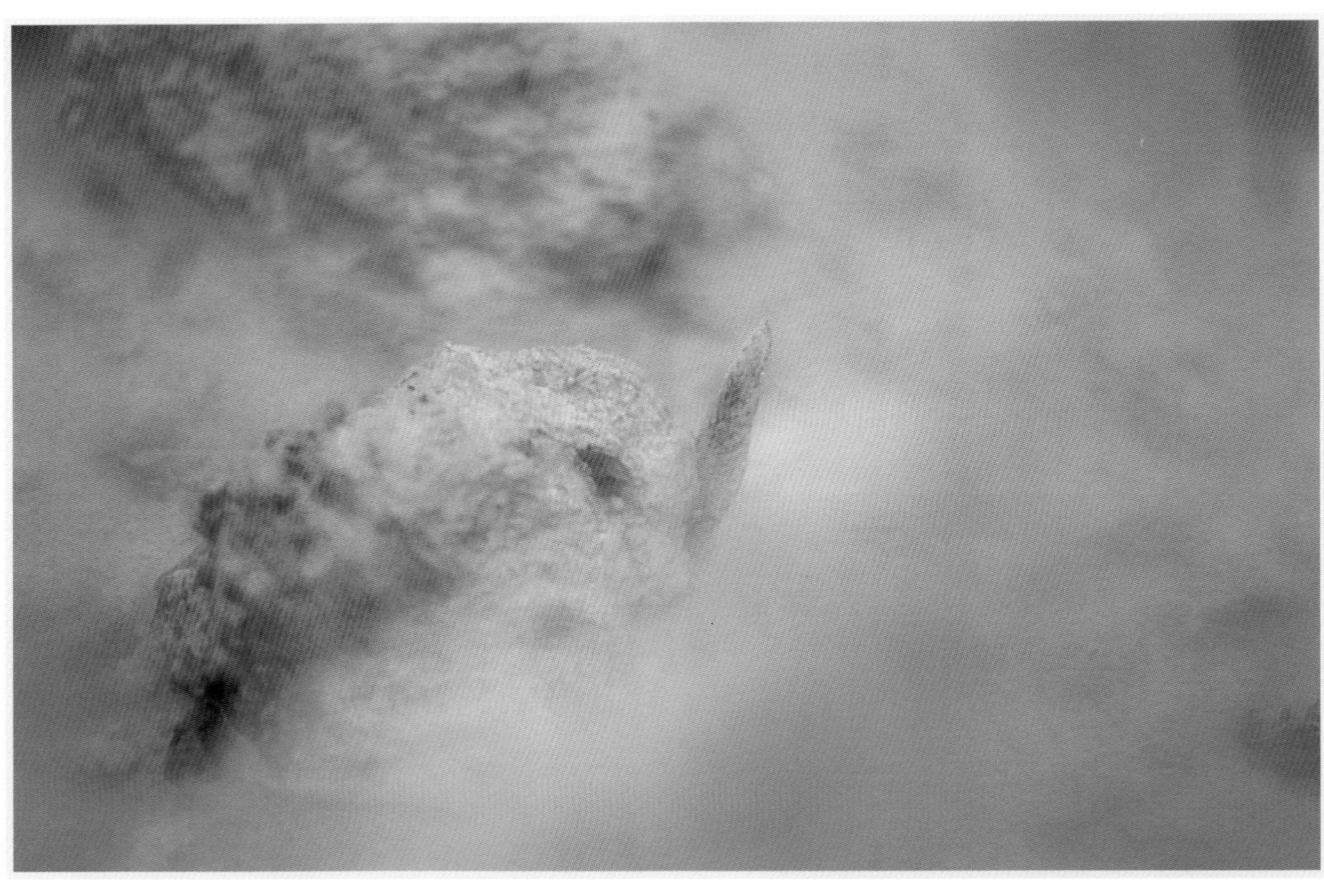

诗句摘于【清】温子巽：《点溪荷叶叠青钱赋》；《中国历代咏荷诗文集成》第805页
图片摄于2008年4月、广东佛山三水荷花世界

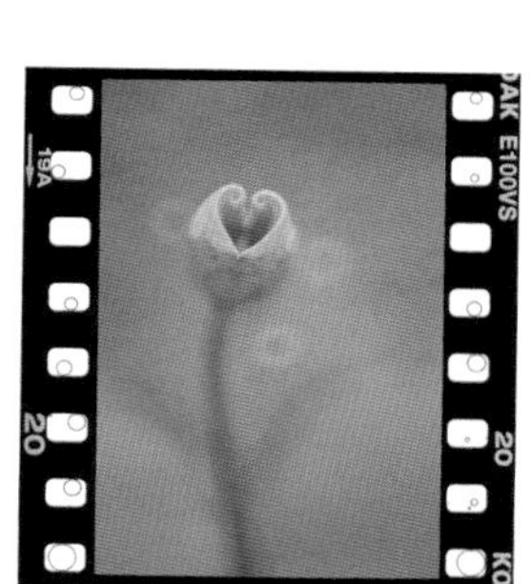

诗句摘于【唐】孟浩然：《题义公禅房》；《中国历代咏荷诗文集成》第62页

图片摄于2008年4月、广东佛山三水荷花世界

荷花诗句欣赏——净比禅心月上女 妆羞丽质水边人

诗句摘于【宋】林泳：《白莲二首之二》；《中国历代咏荷诗文集成》第122页

图片摄于2010年6月、广东佛山三水荷花世界

荷花诗句欣赏 ——

诗句摘于【宋】张炎:《瑶山聚八仙·为焦云隐赋》;《中国历代咏荷诗文集成》第421页

图片摄于2008年6月、湖南华容县城郊外

疑惑之问

Puzzles about Lotus

北京北京大学

不可想象的"一流"与"二流"

所谓"一流"，当然是自豪我们的北大。北京大学，创办于1898年，初名京师大学堂。是中国第一所国立大学，也是中国近代第一个以"大学"身份(名称)建立的学校。其成立，标志着中国近代高等教育的开端。作为近代唯一以最高学府身份创立的大学，北大既继承了中国古代最高学府正统，又开创了中国近代高等教育先河，可谓"上承太学正统，下立大学祖庭"。自建校以来，一直享有崇高的声誉和地位。百年育人，百年树人。在中国近现代史上，北大始终与中国国家民族的命运紧密相连，影响了中国百年来的历史进程。

所谓"二流"，无非是自卑我们北大校园现在的荷花。过去，曾有不少人作诗赋文赞美北大的荷花。诗曰："……此地即仙界，北大即潇湘？当风持袖舞，净书在身旁。婷婷出碧水，举首迎星光。皎皎洗尘沙，幽影透霓裳……"。文说："……美来自内心，对外在的观赏只是一种情景的促发。如果像文人一样去欣赏它不可言传的意境，也许这就是北大的荷花传递的美的信息……"。近几年，我去北大拍荷共两次。第一次深秋时节，去图书馆查资料到了校园的荷塘。当时的残枝败叶难以想象出仲夏的茂叶盛花。所以，第二次特地选择七月下旬的时候，由在北大读书的我妹妹的高材生儿子带路寻找。昔日风光不再，要么几枝荷叶立在塘角，要么成片荷叶长在几近干涸的"海"(名叫勺海)里。以前开遍荷花的"荷花池"中，如今干干地长满了杂草。我尽可能地去找美感，说实话，内心的美无论如何传递不来、感觉不到。

北大，"不可言传"的"仙界"，何时再重现？

北京奥林匹克公园鸟巢

繁华落尽 就该荷来荷去

我们一定不会忘记，2008年8月8日，全世界的目光聚焦鸟巢，第29届奥林匹克运动会在此举行。这个造型独特、雄伟壮丽的国家体育场，一下子闻名全球。

我们是否注意，2008年8月8日晚上8时整，首阵烟花燃放后，电视镜头扫过鸟巢外景时，其中精彩的一瞬：这个建筑的南面水域里，开满了多姿多彩的荷花，让全世界的观众为之惊叹。

曾经，一个话题无比关注。那就是奥运之后，繁华落尽，当时万众瞩目的宠儿——鸟巢，一个用树枝般的钢网编织成的一个温馨"鸟巢"，该何去何从。它不仅是个体育场，更是寄托中国人情感的地方；它如同孕育与呵护生命的"巢"，更像一个摇篮，寄托着人类对未来的希望。设计与搭建鸟巢不易，要让鸟巢在未来的日子里充满生机与活力更为不易。如今，这个具有地标性的体育建筑和奥运遗产，除了体育赛事，其他一些大型活动，如文艺演出、非商业性质的政府主办的大型活动、公益活动等，也在这里举行。它周边的购物娱乐场所渐渐兴起，吸引着越来越多的游客。

现在，我想提出一个与何去何从不能比拟的问题。那就是当时，掩映过雄浑的灰红色钢结构的荷花，是不是为奥运增香添绿之后，就该卸红褪碧逐渐消失？我专程去鸟巢拍摄荷花有2次。其中特地选择一次在仲夏，就是想一睹孕育生命的那个"巢"边的荷花，在"摇篮"里还好吗？经中国花卉

协会荷花分会遴选和推荐，江苏盐城淮海农场爱莲苑精心培育选送的"红艳三百重"，当时长在"巢"旁，现在生根安家吗？映入眼帘的情景，已"做成一片凄凉意"。木桥两边的、水面中间的荷花，都没有了踪影。"巢"边一线的，好像无精打采；对面一线的，稀稀疏疏的几枝，在菖蒲、水葱等水草的簇拥下，略显生机，但无生气。看来过去的"装点"，现已沦落到"点装"。多少枯荣事，尽在自然中。但还是期望，既然是旅游的一个"点"，最好还是培育成一个"景"。

我相信，荷花——当年隆重登场，未来不会怆然而退。请看，2022年冬奥会的开场吧！

河北衡水衡水湖

几多无奈几多期待

衡水湖，北倚衡水，南靠冀州，享有京津冀最美湿地、京南第一湖的美誉。荷花，是衡水湖一道亮丽的风景线，又是衡水市的市花。这么好的湖，这么美的花，这么高的位，深深地吸引我，必去那里游湖赏花。

2013年的7月，我兴致勃勃地来到衡水湖。只见岸上都在建设中。一打听，左走有一个还未完工的荷花精品园；右行是码头，湖中荷，当然只有船家带你去看了。一切美好都在憧憬着。我和几个年轻人合租了一条船，都是为荷而来。船，无论如何先到一个看鸟的三生岛，进园要买票，不进在外等。然后再去莲花岛，不过，又要付钱。什么岛？只是一块填充起来的地，作为码头和小休的一个地方。转船摇桨，绕荷一周就可以打发回程了。如果摘莲和稍久拍照，这些给钱尚可。大家很失望，我是更绝望。便问：这就是衡水湖的荷花吗？前面还

有，想去，又要船钱和进门钱。原来，湖内的荷花，是好几片相隔不远圈起来的水域，只留一条窄小的水道可以进船。入口处插满了彩旗，一两个人在那里守着。进到里面，荷花竞相开放，一片片、一簇簇点缀着湖面。经过这样一折腾，总感觉衡水湖的管理，没有水那么美，没有花那么好。心里已不知什么滋味。

根据规划，围绕滨湖浅滩及湖中岛屿、沿湖池塘四周，种植万亩荷花，分为爱莲亭、浮香洲、荷角屿、碧叶湾、香远庄、古莲苑、芙蓉榭等十二个荷区。美丽的衡水湖，将被荷花"镶"上一圈绚丽多姿的花边，呈现出"接天莲叶无穷碧，映日荷花分外红"的壮丽景象。荷花精品园，是园中园，旨在打造国内品种最全的荷花园，使其成为中国荷花界的新地标。也许，到那时，"水市湖城"的面貌焕然一新；衡水湖的管理，也有了新的水平。我们期待着！

黑龙江密山兴凯湖莲花泡

谁的莲花谁的泡

稍微详细一点的中国地图册，都会在我国东北中俄边境上的第一湖——兴凯湖，标有"莲花泡"的景点。网上，介绍这个景点的几乎都会说：莲花泡，是兴凯湖国家级自然保护区由西至东的第二大景区。总面积1平方公里，西倚国家一级陆路口岸——当壁镇国门，东靠兴凯湖湿地，南临"水域浩瀚、气势磅礴"的大兴凯湖。号称"东方第一池"，与湖南北呼应，相距仅300米。泡内生长着30多万株天然野生荷花，竞相怒放，分外妖娆。更有赞者，2009年写道：清灵水秀的荷花和郁郁葱葱的芦苇荡一望无际，野生荷花一片片、一簇簇……。众多游人赞美兴凯湖的荷花比西湖的荷花更鲜泽亮丽，更加气势夺人。因此，黑龙江省政府将其列入"旅游胜地"之一……

够了！2012年的7月，我不远万里，慕名专程而去。眼见破落不堪的景象至今不敢相信："长虹卧波般"的曲桥，多处东倒西歪。走到桥的尽头，一汪池水不知臭了没有，几小小菱角花，几片片芦苇枝，几只只小鸟们，

陪伴着几少少荷叶……。我没水平也无心情描绘眼前的一切。东北别的荷花都在相继绽放，这里，哪有"碧水映荷花，荷花仙子正含笑点头喜迎八方来客……"！它们，似乎想与两个垂钓人一起，向我诉说莲花泡的过去和现在。过去，"渔人轻舟短棹，悠然荡于荷花、芦苇丛中，好似一幅恬美的南国水乡画卷"；如今……我，别有一番滋味在心头！兴凯湖当壁景区的荷花，我没去欣赏了。

这真的是兴凯湖的莲花泡吗？也许，当年江泽民与叶利钦签订的共同保护兴凯湖环境的协议，不包括多年来一直生长在这块泡里的荷花……

"东方第一池"，怎么啦?！梦里梦外，我总在期盼"春风吹又生"。

黑龙江抚远黑瞎子岛

俄罗斯的确归还了荷花

报上一则消息：黑瞎子岛上荷花盛放……我的第一反应，就是……

黑瞎子岛——全球唯一的内陆两国一岛，位于中俄边界的黑龙江与乌苏里江交汇处主航道西南侧，地处中国最东端"金鸡"版图上鸡冠的位置，是中国最早见到太阳的地方，面积327平方公里。它并非江中岛屿，而是一块冲积而成的三角洲。在中国的行政区划中，归黑龙江省抚远县管辖。隔江与俄罗斯的哈巴罗夫斯克相望。但是，自从1929年中东路事件后，前苏联(今俄罗斯)一直对该岛实施管辖。2004年，中国收回半个黑瞎子岛的主权，获地171平方公里。2008年10月4日，中俄双方在岛上举行界碑揭幕仪式，游离多年的西半部岛屿，回归祖国怀抱。东半部为俄所有。至此，一岛两国格局完全形成。它，拥戴着神秘和期待走进人们的视野。

去抚远的火车上，我专找当地人打听。"黑瞎子岛上有荷花？"一时间，男男女女的热心人，或电话，或上网，为我到处询问。一位《唱着歌儿向前进》的女孩楼主，查到抚远官方网上介绍有荷花，她也惊呆了。总问自己：去了好多次，为什么没听说也没见到呢？临下火车，一天一晚，终无结果。走出站，即上进岛的旅游车。导游说，开放旅游那一刻，就是夏天。几年了，没听说也没见到荷花。岛外附近倒有一些，快到那儿可看见。我不死心，一再请求，终于高价租到一辆专车，司机和导游专陪我一人，去岛上旅游线以外的地方找荷花。

黑瞎子岛的西半部，基本上是荒芜的湿地和林草地。品味岛上的清水、绿草、树林和遥远的黛色山岭，无论是色调和层次都赏心悦目。汽车驶过"神州东方第一桥"——乌苏大桥，在宽广的柏油路上跑来跑去。空气纤尘不染，一股莲香糅合着大自然的清新气息扑面而来。为什么，就是闻香不见香呢？在湿地公园，一位边防长官给了我答案：我们岛上确实有荷花，只是靠近边防线。对不起，一般不能去那里。原来如此，回了家的荷花，在陪伴边防战士巡逻站岗！这是别具一格的"自然之醉"。瞎子"黑"，我已经深感欣慰，了无遗憾。那天傍晚，我站在酒店附近的江边，远眺岛子时，楼主女孩打来电话告诉我：找到荷花啦！在部队那条路边。可是……。不用说了，谢谢你！现在，我不仅找到而且看到了，岛上的那一片和与荷。边疆啊，"秦时明月汉时关"的风光犹存，化干戈为玉帛的情景有可能长久。以黑瞎子岛为代表的中俄边界遗留问题必定写进历史，而两国共守一岛、同建一家的开发建设必将描绘未来。

我又一次好幸运，听说第二天不能进岛旅游了。第三天，2013年的8月8日，黑瞎子岛被洪水全部淹没。界碑没入水下，只露出旗杆等的顶部。荷花，你还好吗？

山东章丘白云湖

历史性的"飞跃"

广州有白云湖，故对章丘的白云湖有一种向往。听说那里荷花景美，更想去看看。这是个国家级的湿地公园，而且还是去年晋升的。很难想象，过去的白云湖像不像"湖"；也难想象，未来的白云湖，能否建成济南最大且

最好的湿地生态区。期待越大，失望越大。但愿章丘白云湖，在宣传中跨越，而不是飞跃。请恕我一面之词。

百度称，白云湖被誉有苏杭风光，犹如瑰丽明珠，镶嵌在章丘的西北边陲。自古以来，白云湖是著名的旅游胜地。"白云棹罢归来晚"为章丘八大景之一。被誉为"千古第一才女"的宋代女词人李清照、元代文学家张养浩等众多文人墨客，都在此留下了千古名句。经过近年来的开发保护建设，已成为章丘首家、济南市第3家国家湿地公园。千亩红莲、万亩水面、广阔的芦荡、40华里柳堤，构成白云湖秀美的自然风景。

难以置信的是，有苏杭风光的白云湖，曾经满目疮痍，是当时江北最大的废旧塑料回收集散地。白云湖曾经有20多个村2万余人从事这一行业。污水横流，浓烟滚滚，生态环境不断恶化。为加强生态治理，2011年3月开始，章丘对白云湖周边经营废旧塑料的行业进行彻底取缔，存在近30年的"污染顽疾"被彻底根除。一别30年，弹指一挥间。不到两年时间的整治，旧貌变新颜。而且于2013年2月，马上变身国家级湿地公园。到底是事实的错位，还是文字的矛盾？人有多大胆，湖有多好样。国家级应该是目前的顶级。这样的飞跃，堪比过去的大跃进。

我们应该是从不像"门"的北门进的，车沿西边的道路一直前行。越走越不像"国家级"。那一望无际的荷花无水，不是出水芙蓉。祈祷这只是"天灾"的偶然。路西的部分红莲与芦苇，过早地"衰老"。28米高的荷花女神，也只能眼睁睁地干着急，她的神力救不了姐妹。长桥亭阁，以及"像样"的南门牌楼，已显破旧，倒有沧桑感。去年评国家级，难道没有"化妆"一下？从女神下巴"受伤"被"锈铁丝绑扎"，确是"天然来雕饰"。

路东2000亩碧波荡漾、舟船摇曳的天然水上乐园，远远望去，还像那么一回事情。肚子饿了，也无心再游，不想影响这"水上乐园"在我心中的美好印象。对章丘白云湖还是有感情的。在湖边吃了一顿饭，买的一罐"荷花酒"至今还留着。

江苏苏州桃花坞年画

荷花开在桃花坞

苏州，我是必须要去的。一是，桃花坞年画是中国江南主要的民间木版年画，与杨柳青年画齐名，有"南桃北柳"之誉。二是，苏州曾是我读书两年的地方，桃花坞就在原母校附近。尽管，毕业后去了苏州无数次，可年画至今一无所知。

"君到姑苏见，人家尽枕河。"水，是苏州的灵魂。城内纵横交错的河道将这个古老的城市串联了起来，其中较为著名的有桃花坞河。荡漾于水乡，是轻柔的生活，是朦胧的梦境，摇曳多姿。"最是那一低头，像一朵水莲花不胜凉风的娇羞"。小家碧玉、温婉柔肠，令无数人为苏州特有的魅力所倾倒。唐伯虎晚年曾隐居于此，桃花坞河和桃花坞街也因此多了一笔历史文化的水墨，更加美丽迷人。而清代开始，桃花坞的百姓民宅鳞次栉比，商家作坊比比皆是，其中最盛者便是年画作坊。

晚上到达苏州，直奔桃花坞。天色已暗，店铺关门。我安顿好旅馆，还是夜探桃花坞，以便第二天顺利找到我的期盼。整条街好几里路长，除了一家挂牌苏州木版年画博物馆体验馆(还有一间木刻馆)外，站在桃坞桥上，只见小桥流水人家。宁静中透露出古老的韵味。年画博物馆安在离街不远的朴园内，赶到那里一打听，说什么已全部拆掉正在重建(实际是唐寅故居)。春节期间，体验馆明天开不开门，也是个未知数。这一晚，真的没睡好。

难道白跑吗？第二天大清早，就开始东奔西走地继续寻找博物馆。费尽周折，老天爷关照，朴园还在，博物馆虽有名无实(所有年画已库存安放)，却让我找到生产年画的工房。几位姑娘特允我拍照。在这里，我只寻见一幅荷花图。来到体验馆，谢天谢地正在开门。这是一间卖年画之类的店铺。于这里，工房见到的荷花图高悬首位。除此之外，我只在2006年5月出版的《桃花坞木刻年画》册里，找到"莲生贵子"、"八仙过海"。古往今来，苏州的荷花到处开，不仅盛开在田野里，而且绽放在人们的心间。荷花生日的起源地就是苏州！为什么？谈及这些，店主说：苏州好东西太多，年画能有一席之地不错了。至于荷花……

够了！不虚此行，我终于有所知：桃花坞——年画——荷花。

蓮花蓮葉

滿籃筐

幾朵嬌姿

嫩六郎

丁亮先製

湖南华容塌西湖

前世今生

前世，因激怒龙王，而塌地形成这个湖；今生，是否要惹火民众，而"塌天"拯救这个湖?

一千多年前，塌西湖曾是一片平壤良田。人们在这里日出而作，日落而息，安居乐业。一天，龙王视察至此，龙心大悦，决意要将如花似玉的心肝宝贝小女儿，嫁到这富甲大海、胜过龙宫的宝地。小龙女与王家小三成婚后，心灵手巧嘴甜，孝敬公婆无微不至，照顾丈夫温柔体贴，对待兄嫂谦逊礼让，相处乡邻善良真诚，很快博得大家的欢喜。公公婆婆对这个三媳妇满怀开心疼爱有加。有一天，轮到小龙女做饭。早起妒心的二嫂，将所有油盐酱醋藏了起来，借机要看笑话，出口恶气。炒菜时，油瓶空空，盐罐光光。危难之时，小龙女使出绝招，对着锅里一个喷嚏，鼻涕为油，眼泪当盐，炒得菜肴格外香浓可口。吃饭时，二嫂述说所见，惹恼了公婆。不由分说，又打又骂小龙女，从此疼爱荡然无存。龙王知道后，大发雷霆，立誓报仇。天崩地裂一声巨响，龙王施展法力，将此土地全部塌陷下去。万亩良田成泽国，后来人们取名塌西湖。

塌西湖，就在我的家乡。位于湘鄂两省交界处，为湖南华容第二大湖。该湖一分为二，由两个乡镇共同管

理。上世纪60年代末，毛主席一声号令，我们去农村接受再教育，一部分同学分到了该湖农场。彼此相距十多里，我都觉得好远好远。后来，大家分别招了工，进了城，相隔远了一百多倍，可心里感到很近很近。弹指一挥间。40多年后，杨兄亲自陪我围着故乡拍荷花。我第一次站在塌西湖边，既有一种亲切感又有一种陌生感。同学直摇头说：变了！变了！想当初，碧波荡漾，荷花飘香，鱼虾肥壮，一派江湖秀色。可如今，湖中一道小堤，好像美女身上一条长长的疤痕，将湖分为两半。一半承包给别人种植芡实(俗称棘淋梗)，另一半围起分作好多鱼池荷塘。我们开车一来一回，两边都看了。我们的母亲湖，似乎快吸干奶水成沼泽地，又被随意分割处置。怪不得老乡疾呼：拯救塌西湖！

有点担心，不知何时，再也不存在这片塌的湖了。干脆，让龙王发火，还原塌西湖。

湖南汉寿西港太白湖

太白还来吗

"山是龙的魂，水是龙的歌。荷花别样红，水鸟戏云波。一船船莲藕，一船船笑；一车车鲜鱼，一车车歌……"。一首太白湖放歌，吸引我好想跟谪仙一样，洞庭天下水，太白湖上游。

太白湖，坐落在湖南汉寿县东北方的西湖垸内。汉寿，曾称龙阳。东汉时期取"汉朝江山，万寿无疆"之意，始有汉寿之名。太白湖原有湖泊3万多亩，现存水面1万多亩。该湖原为洞庭湖西泽——赤沙湖的一部分。后来湖床淤积抬高，筑堤围垸，成为内湖。相传唐朝诗仙李白曾来此游览赋诗，故以太白湖名之。

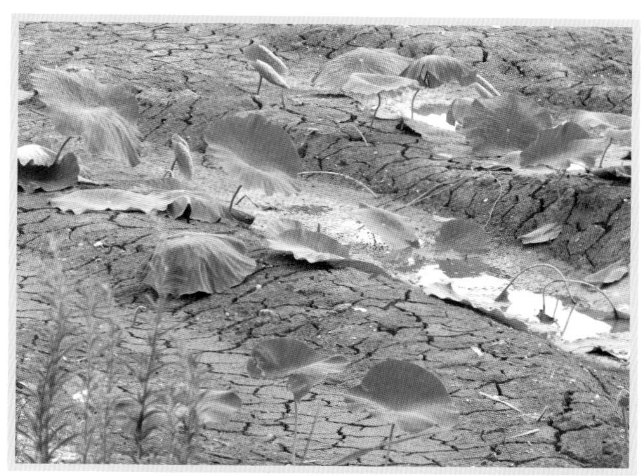

唐肃宗乾元2年(759)秋，刑部侍郎李晔和中书舍人贾至，被奸臣诬陷。李晔被贬为岭南一县尉，贾至被贬为岳州(今岳阳)司马。那时，李白因参与永王李麟谋反失败，被流放夜郎，不久遇赦释回。经江夏，在岳州小憩，与李晔、贾至相逢，李白便邀他们载酒泛舟洞庭。一个天晴阳朗的日子，一叶扁舟载着他们迎着洞庭的湖光山色，无拘无束地在湖上漫游。黄昏时候来到了赤沙湖西。当时秋高气爽。秋风萧瑟，湖水澄碧，皓月当空，鸿雁南归。这难得的良宵美景，激起诗人心中的万丈诗涛。贾至首先赋诗："江上相逢皆旧游，湘山永望不堪愁。明月秋风洞庭水，孤鸿落叶一扁舟。"李白十分理解他俩的心情，奉劝他们开朗豁达，一连赋诗五首。其二是："洛阳才子谪湘川，元礼同舟月下仙。记得长安还欲笑，不知何处是西天。""洞庭湖西秋月辉，潇湘江北早鸿飞。醉客满船歌白苎，不知霜露人秋衣。"算了吧，你们汉时的本家贾谊都曾贬到湘江，李膺也被贬到湖南。他们都还想念长安吗？还笑得出来吗？大概连西天在哪都不知道了！

如今的太白湖，是汉寿莲、鱼、鳖、珠的重要产区。湖中盛产的水中皇族——中华鳖，美誉世界。我是来赏荷的，很想一睹"茫茫太白湖，浩瀚八千亩"的夏荷盛景。极目远眺，似乎"接天莲叶无穷碧"；低头近看，一片白鹭飞疏叶，落在快要完全干涸的湖土上。这是它们赖以生存的家园？这里，是不是又要大兴土木，人造一个家园给它们？或是为我们游赏？

太白，他在天有灵，会故地重游、诗兴大发、放声咏赞？我们，也还游太白吗？

广东深圳洪湖公园

难忘洪湖

洪湖啊洪湖，你捉弄了我，我见识了你。你让我有如此经历和收获，还得谢谢你。

久闻洪湖。早就听说，深圳洪湖公园的荷花了不得。自己总认为，"好戏"在后头。记不清哪年了，从三水荷花世界直奔深圳。特地选择公园对面住一晚。朋友安排后，我请他第二天不要再来。洪湖公园，是一个以荷花为主题的公园。园门口，那门柱上一朵盛开的荷花装饰，昭示着里面别有洞天的美景。我，终于可以亲临其境一睹芳容。

迷惘洪湖。这里就是荷的世界、莲的海洋。无论你到哪个角落，眼尖眉梢都逃不过荷花的绰约身影。从天还未亮，到东方破晓，至斜阳直射，我背着摄影包，拿着三脚架，兴高采烈、全神贯注地绕园而赏、围园而摄，那感觉无比美妙。不知转到何处，也不知拍到何时了，太阳公公不露脸。我架着三脚架，对准树枝丛中一朵花，好想拍一个《荷塘日色》：缕缕斜阳如流水一般，静静地泻在荷叶与花上……。就在我等待之时，过来两个小伙子，一左一右，恭敬地请求要看我的构图，我还没来得及谦虚，一瞬间，脚边的包包魔术般地不见了。顿时，脑海里翻腾着我的胶卷、镜头、相机、钱包、证件、手机、钥匙……统统不翼而飞。想守住它们，但不知飘向何方。两个人还在，周围似乎少了一些人。我发疯了，背起脚架，沿路奔哮：谁拿了我的包！只要还我胶卷就行了……。胶卷里，有我一路的奔波、一路的情感、一路的记录。万般无奈，噙含泪水，来到公园管理处。领导赶快派了一部电瓶车，带我依园寻找。一会儿，派出所来了人。好心的人悄悄告诉我，公园有录像可查。民警却说，先回所搞清情况要紧。左问右询折腾了一阵。好兆头，抓

到一个人，你看是不是。天哪，我怎知谁是小偷？我太累太饿，借电话找朋友。从人家的言行判断，朋友直觉那些宝贝还可找回，我的感觉是"泥牛入海"。程序做完，赶走朋友，民警陪我再去洪湖。通过录像，清晰地了解到多个年轻人演双簧，偷包藏包到背包，从大门一溜了之。很困惑，为什么不先看录像？我们这些人，不知在忙乎"几国演义"。民警要送我去车站，我不由自主地说：三脚架上的相机里，还有胶卷没拍完呢。似乎，别人无法理解我；其实，我也读不懂人家。后来补拍的照片，我选了一些放在《和荷天下》册子里，有一张还摆在前面。今日，选上园门照，以志纪念。

铭记洪湖。事情了无消息过去了。感谢朋友，感谢所有人，给了我这么一段奇妙的回忆。

荷城

真的是慕名而来。这就是确定荷花为"市花"的"荷城"吗?

广西贵港，因城里多种荷花而别名荷城。贵港的东湖，相传在明朝前，由大小20多个荷塘连成一片。昔日盛夏，东湖荷叶碧绿，荷花艳香，垂柳飘拂，招千万燕子。"东湖荷燕"被定为贵港市新八景之一。湖中有"荷花仙子"等雕塑，位于"莲塘夜雨"景点中。

2012年6月，我来东湖寻荷。区区几点荷花，围着荷花仙子与仙鹤，好像在诉说什么。这难道就是徐霞客笔下的荷城，一"荷"一"莲"的景色？我问了许多人，他们笑而不言。后来，在东湖广场，见到了一些咏荷诗词。过马路不远，有一池荷花。"被荷花包围的城市"的贵港，城内其它地方还有多少真荷实景，有所不知。反正，一路过来荷不少，但眼前让人有点疑惑。事隔近四年，真实的图片让我释疑解惑，贵港市郊外，荷花一片又一片。

首届广西园博会第14园，是贵港的"荷趣园"。第六景荷塘，这是30年前贵港最为熟悉的景致了。那时的市

区，荷塘密布，满城飘香。而如今的贵港，其庞大的母亲湖——东湖都被瘦身，那附属大大小小的池塘是否安然保全？贵港展园的设计理念是，通过贵港长久以来的荷文化内涵来展现贵港的文化特色。30年"荷"东，30年"荷"西，我们不否认要发展要变化。城市建设在一系列"高"的原则下体现时代特色，同时可否多保留或创建一点传统特色？无荷，哪有荷文化？少荷，怎叫荷城？新世纪广场主轴中部，有"荷香千里" "莲藕莲蓬" "荷城春秋"三个组合体，分别展现贵港的昨天、今天、明天。多有意思的展现。

贵港，居然一个叫华隆超市的，2010年开始举办荷花节。好稀奇！琳琅满目的商品卖场中，挂满千姿百态的荷花照片。超市广场上，也摆出百多个品种的荷花供人们观赏。可惜，我擦肩而过。后来，又与佛门南山寺联办荷花展。还拿上自己培育的荷花，去参加第27届全国荷花展览。真粗心，当时没发现华隆得奖的品种。2014年，贵港要举办首届"美丽贵港，我爱荷城"荷花展，以2万以上的盆景荷花为主要形式布展。又是这个华隆，免费向市民提供7000份荷花种子与花盆，大家自养后再去参展。贵港的创意，佩服；点赞，华隆的奉献。

我坚信，荷城的今天与明天，还是昨天的荷城。

海南万宁英豪半岛荷花湿地

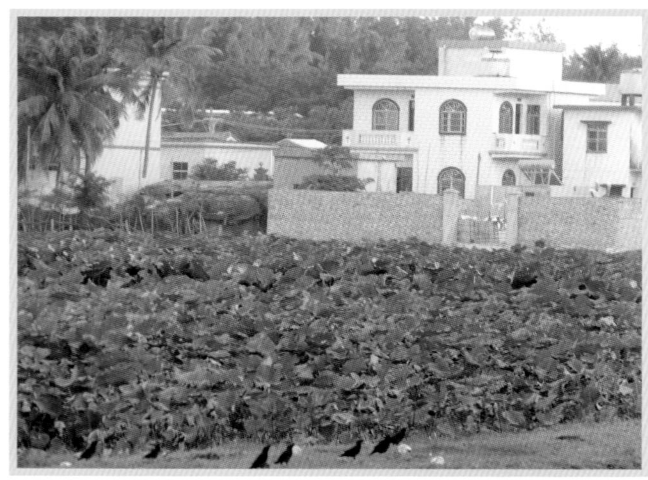

一动一静润一野

打开地图册一看，这地方还真有点意思。地理位置、地形、地名……都可让你产生奇思妙想，总不能称为胡思乱想吧。

话说我国南极——海南之南，有一个万宁市，古称万州，曾叫万安。"万事平安、万方康宁"的万宁，有一个半岛叫英豪。它长12公里，平均宽度2公里，西临形如葫芦的中国最大的内海泻湖——小海，东接烟波浩淼的南海，形成两边是海，两边是岸，岸岸相依，海海相连。半岛恰似一条狭长的玉带，飘在湖滨与海滨之间；南海与小海，一动一静演绎着英豪的英姿飒爽和豪气万丈。有趣的是，"英豪"却是"黄花闺女"。作为万宁尚存不多的处女地，成为了海南最具开发潜力的旅游度假核心地带。海南上升为国际旅游岛后，旅游业已成为代表现代产业发展的龙头产业。下一步，"英豪待嫁"，半岛确实要逞英豪啦！海南已规划，百多项目中最大一笔投资是，用350亿将半岛打造成一个面向未来的生态旅游度假区。

再说半岛上有一个小镇叫和乐，宋代就有之，取"和睦相处、安居乐业"之意。镇里有一个村叫多德。村人记不清了，不知从什么朝代开始，该村一块地，一直独自绽放着美丽的荷花。我猜想，或许因为此地和之乐、多有德，哪一年的哪一日，天上一只鸽子，不知从哪里衔来一粒莲籽，播在了这里。种子在海与湖的怀抱里，吸取日月精华，经历一动一静的孕育，不动声色地突然发芽长叶开花。年复一年，日复一日，不经意又繁衍出无边秀色。千亩荷塘的野生荷花，成了这里一道靓丽的风景线。南海网阳光岛社区采风队伍，来这里寻找"乡村之美"。《旅行者》《新旅游》《玩趣天下》《时尚旅游》《携程自由行》等5家国内知名高端旅游杂志媒体采风团，也到这里深度体验。他们都来了，我无任何理由不去。到了那里一看，没有"鲜花怒放夺人眼"，只有

"万枯丛中一点红，天作旱，牛成群，可惜，可怜"。不知何人在网上发了一篇"跪求政府救救多德荷花"的贴子，惊动万宁市长现场办公。

福音降临，以荷塘、农田为主建设湿地公园，多德村要改造成美丽乡村。但愿天之作，人之护，野荷更野。

为何如此同命

眼前的荷景，怎能连带上大文豪的命运呢？真有点奇怪了。

"一门父子三词客，千古文章四大家。"自从三苏父子，特别是一代宗师苏轼诞生于此，四川眉山的三苏祠，便以其丰厚的文化内涵、优美的人文环境、典雅的园林风貌闻名于世，成为历代名流雅士、文人墨客，拜谒、凭吊千古第一文人——苏轼的文化圣地。

到了三苏祠，不能不联想三苏父子，更不得不说说东坡先生。苏洵为父，苏澈是弟。三苏中唯苏轼成就卓著，造诣最高。自幼聪慧，七岁知书，十岁能文。宋嘉佑二年，兄弟二人同榜考中进士，名震京师。可叹，苏轼一生，道路坎坷。他官至翰林学士，还做过兵部和礼部尚书。后因与王安石政见不合，受到打击。又因为"乌台诗案"被捕入狱，一贬再贬，官越做越小。但他胸怀宽阔，爱国爱民，倔强豪放。诗词书画，"千古一人，罕见其匹"。

"多情明月邀君共，无主荷花到处开。"抬头一看，我已在瑞莲亭。南宋词人范成大，当年由成都回江苏后，写了《吴船录》。其中讲到眉山"城中荷花特盛，处处有池塘。他郡种荷者皆买种于眉"。可知，古时的眉山城广种荷花。苏轼《乳母任氏墓志铭》中，写他的乳母就叫任采莲，也可佐证昔日眉山种荷风气之盛。"苏池瑞莲"是当时"眉州八景"之一。明代眉山知州许仁有诗曰：可人千载尚流芳，故宅祠中并蒂香。莫讶为祥在科甲，生前元自擅文章。可见，"三分水二分竹"岛居特色的三苏祠，也许在当初，荷花与翠竹平分天下。

曾几何时，漫步祠中，随处但见荷池相通，花叶飘香。亭台楼阁，无不在荷莲的掩映中。可是现在呢？听说，2008年以后，一些市民带着鱼、龟等来放生，刚刚冒出的荷叶芽包，就被鱼龟啃完了，致使殿前堂后的池子里不见荷的影子。纵然有，稀稀拉拉几枝，也无从安慰我这个远道之人。倒是祠内"瑞莲花作科名草，木假山

开文笔峰""先生呼不起，池头月上白莲花"等词句，唤起我，对往昔苏池瑞莲的景色及苏轼每每咏荷模样的怀想。

无论如何，先贤的沉浮与这里荷花仙子的兴衰，是不可以胡扯在一块的！"眼明小阁浮烟翠，身在荷花水影中。"归来吧，东坡先生；复兴吧，眉山三苏祠的荷花。

云南大理洱海才村湿地

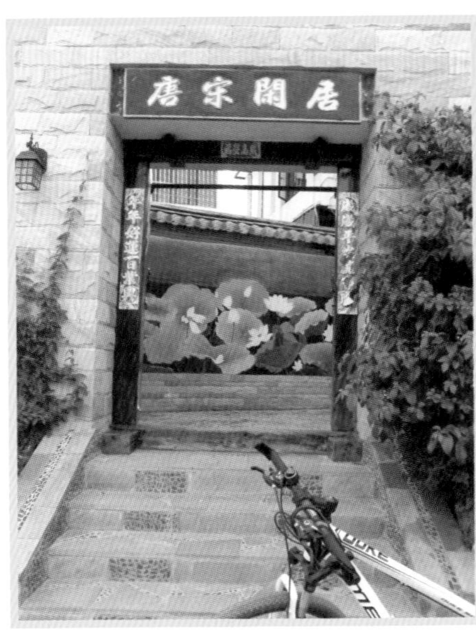

但愿出污而不败

上世纪80年代的某一年，一家三口游洱海，同学从昆明陪到大理，令我难忘于怀。90年代有幸重游，没敢惊动她。之后，陪妹妹参团走云南，同学掏钱全包了。我在愧疚中再游洱海。大理日报一则消息：才村湿地荷花睡莲竞相开放成美景……。好像同学时隔30年在召唤，我又到了洱海，不能告诉她。为荷而来，为何感念，全在一种情结。

苍山洱海的那些风花雪月，实在美妙惊艳。经过古城，来到洱海，无心欣赏湖光山色。到了才村码头，还要打听湿地公园在哪；环园一周，没有找到一块招牌。公园确够开放。

作为一张名片，洱海的清澈对于大理极为重要。上世纪的开发，让洱海大伤元气。政府为了"母亲湖"不再憔悴，启动"三万亩湿地建设"工程。以建设环洱海生态旅游走廊为重点，实施洱海流域连片的大大小小湿地生态恢复建设项目。才村湿地公园便是其中之一。

才村，地处大理古城以东，洱海以西，辖区有3公里多的海岸线。以前，这一片是农田和水淹地，还有许多废弃物，生活污水和农业废水直接排向海里。2008年开始，2009年完成才村湿地修复工程。附近2个村和大理古城的部分污水及苍山中的溪水，先进入湿地的修复系统，通过过滤沉淀后进入洱海，最大限度降低湖水污染。原来，才村湿地既是一个开放性公园，又是一个治污工程。地面上，是一座秀丽的湿地公园，鸟语花香，海风阵阵。地底下，实际是一座污水处理厂，暗埋管网，净化污水。如今，村民居住在这样一个花园式的岸边村落里，100多位外国人在此长期定居，还有一位台湾画家在这里买了房子。一些到大理旅游的客人，也会为了逛逛这个公园而专门找到才村。

走在公园的石头路上，可以看到洱海的波光粼粼，听见鸟鸣萦绕树间。栈道的两边，芦苇摇曳，睡莲浮动。只是，当年报纸上"接天莲叶无穷碧，映日荷花别样红"的场景不复存在，稀疏、矮小的荷叶在那里支撑着。难道，出淤泥而不染，浸污水且残衰？错！当地人说，前几年的荷花都是婀娜多姿，幽香扑鼻。或许，洱海将憔悴给了荷花？更错！相信来日吧，大家都会好起来的！

真不该这个时候来

去西双版纳，路经石屏。那里不是有个异龙湖，湖里长满荷花吗？是的。出石屏县城以东2公里，便是碧波浩渺的异龙湖。它是云南第五大、红河州第一大的天然淡水湖，是石屏人民的"母亲湖"。没错。异龙湖原来是云南最大的荷花观赏基地。该湖呈东西向条带状，周长150多华里，沿湖西岸的浅湖区，都种有荷花，形成"花花绿绿"的世界。历史上，明代地理学家徐霞客，曾到石屏考察珠江源头，在异龙湖看到多

云南石屏异龙湖

彩的荷花后，赞不绝口。

曾几何时，异龙湖上朵朵红白相间的荷花，婀娜多姿，争奇斗艳，在炎炎夏日，成为了异龙湖一道靓丽的风景线。异龙湖进入一年中最美的季节，也标志着它迎来了旅游的高峰期。盛开的荷花，把那些来自不同地方的游客，引到了异龙湖。多少游客为"荷"而来，慕名走近异龙湖。大家乘着小木舟进入荷花间或登上观荷亭赏花拍照，品尝新鲜的莲子，伴着习习吹来的丝丝凉风，置身在湖光山色、荷花胜景中，太惬意、太富诗情画意了。

很难想象，曾经获有"第二西湖"美称的异龙湖，今日已大不一样。过去，万亩荷花沿着湖西蔓延开来。现在，芦苇、杂草、野花一簇或一片立在开裂的湖床上，晒干的螺壳裸露在龟裂的泥土缝隙中。打鱼的小船停在浅水滩里。一些过去用来搭载游客的小木舟，倒扣过来成为供人通行低洼路段的"木桥"。候鸟也明显地少了。进湖划船、赏荷采莲的活动难以安排，万亩荷摇、十里莲香的景色已经荡然无存。唯有湖旁人造的荷景，给人稍许安慰。

原来，自2010年以来，连续4年的干旱，异龙湖水位急剧下降，呈现30多年来最严重的枯水期。更要命的是，异龙湖历来是调节气候、保持水土平衡、生态良性循环、调剂农田灌溉、发展水产养殖和牲畜饲料的天然宝库，如今不仅沼泽化厉害，而且有机污染相当严重。水源贫乏且污染，但当地农民还需要它，污水也得用。有时，连污水也抽不着。

我这个不知湖、不懂水的外人，眼见这番景象，真有剪不断、理不清的心绪。埋怨自己，这个时候真不该来。宁愿在书中或梦里，享受着异龙湖的风光依旧。

不能怨老天。荷花，你说怪谁呢？但愿异龙湖，来日水好荷美。

新疆和田昆仑湖公园

西天的荷花几春秋

根本不能相比，千年前的唐僧西天取经。整整五天五夜，连续转了五趟火车，历程一万五千里，从祖国的北极漠河，来到祖国的西陲和田，找寻我的西天荷花。好遥远的和田啊，远得让人心悸！几年前，一位日本友人惊奇地发现，和田的昆仑公园里有荷花。后来，我多方询问，一再证实确有此事。临近和田，心里还在默默道歉：对不起，让你久等了。三年前就专程而来，因故止于乌鲁木齐而返。一等又是两年，这次无论如何，我们约会吧！一路风沙扑扑，"密封"的火车内，都有许多泥尘。难怪说，和田人民好辛苦，一天要吃三两土。

一下火车，直驱公园。眼前的情景，昆仑湖改造得净净的：远见一座石桥立于湖中，只有几艘游船在闲荡。绕湖四顾，总不见荷花的踪影。问了不少人才知道，过去沿湖一派荷色，几分莲香；如今荷莲已遁另一方西土——没有啦！真的很失望，去玉龙河、清真寺、团结广场等景点，心情沉甸甸的，说不清什么滋味。快回到酒店了，我好像被打醒一样，突然坚定地请求朋友再去昆仑湖。这时已是北京时间二十一点。

自己哪有什么灵验，全是老天爷在指引。我顺天而为，下车沿着还未改造的一条偏僻马路，前行再前行，好远看到了几片荷叶。急急跑步靠近，就是她！微风吹来，叶柄摇曳，似乎在诉说：等你等得好心苦，天赐良缘怎错过？我的眼圈不知何时开始湿润。朦胧之际，满目野野的景象：一块块蒲草，一棵棵老树，一洼洼湿地……只有荷叶田田，不见荷花朵朵，或一簇一簇，或一线一线，或一枝几枝，艰辛地生长在这里。尽管，周围牛哥马叔在陪伴。拍完之后，我才深情地凝视她们，一股悲怆之感涌上心头。无法言语，只有自己最明白。这是公

园的荷花吗？是放手还是放任？是放心还是放弃？一头阿牛的神情，好像沉抑自语：仙子姑娘，陪我牛哥还有多久？我望着荷花，觉得她们都在告知我：为了你的到来，我们才等到今天！天哪！我进疆来找你们的日子，正好是8月13、14日。你们与我的缘分，一生一世就是这么一回？纵然有一天，你们象和田的古城一样，神秘地消失，给人留下无尽的遐想。而我，因曾相会，永远的欣慰，永久的怀恋。

阿花，你在莽莽昆仑和塔克拉玛干荒漠的夹缝中能顽强地生存下来，这般自性，本身就是一个奇迹！和田，千古玉都；和田，是佛教传入内地和亚洲的第一站；和田，新疆最纯正的民族风情集中体现在这里……和田之和，早已根植在这片田野上。我相信，这片田野上的冰清玉洁之花，一直会绽放在西天人的心里。

山东聊城东昌湖

荷花诗句欣赏——芳意匆匆 惜年华 今与谁同

诗句摘于【宋】汪辅之：《行香子·记恨》；《中国历代咏荷诗文集成》第432页

图片摄于2008年6月、广东佛山三水荷花世界

荷花诗句欣赏——潘妃步后 谁留下 一朵断肠颜色

诗句摘于【清】严廷中：《百字令·残荷》；《中国历代咏荷诗文集成》第622页
图片摄于2008年6月、广东佛山三水荷花世界

荷花诗句欣赏——芳心展尽 戏相问 何日成莲

诗句摘于【清】邵丰成：《新荷叶》；《中国历代咏荷诗文集成》第613页
图片摄于2008年4月、广东佛山三水荷花世界

寻荷点分

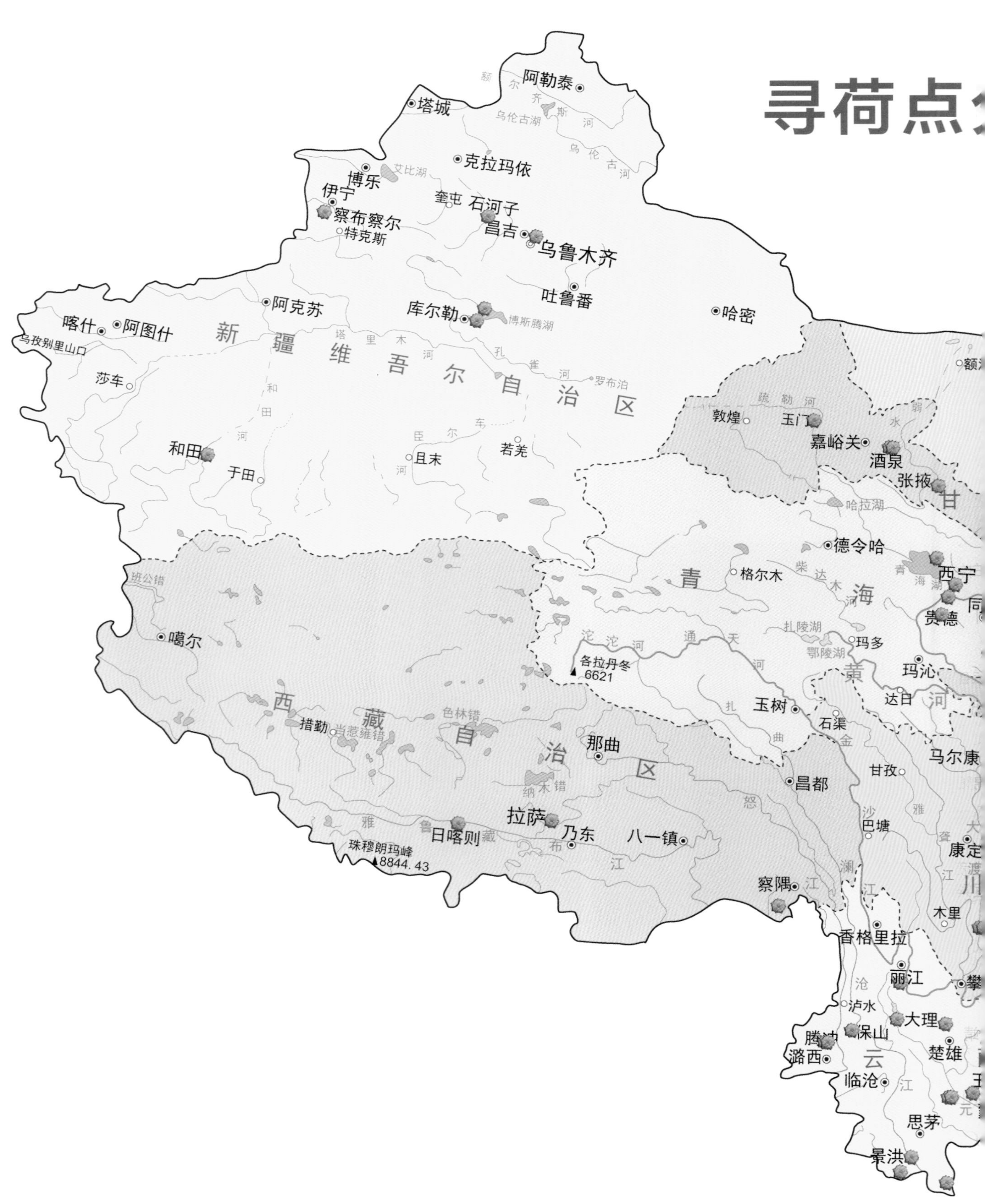

阿勒泰
塔城
乌伦古湖
克拉玛依
博乐
艾比湖
伊宁
奎屯
石河子
察布察尔
特克斯
昌吉
乌鲁木齐
吐鲁番
哈密
阿克苏
库尔勒
博斯腾湖
喀什
阿图什
乌孜别里山口
新疆维吾尔自治区
塔里木河
孔雀河
罗布泊
莎车
和田河
车尔臣河
和田
于田
且末
若羌
敦煌
玉门
嘉峪关
酒泉
张掖
哈拉湖
德令哈
西宁
格尔木
柴达木
青海
青海湖
贵德
班公错
噶尔
沱沱河
通天河
扎陵湖
鄂陵湖
玛多
各拉丹冬
6621
玛沁
黄河
达日
玉树
石渠
西藏自治区
色林错
措勤
当惹雍错
那曲
昌都
马尔康
甘孜
纳木错
雅鲁藏布江
拉萨
乃东
八一镇
日喀则
珠穆朗玛峰
8844.43
巴塘
康定
怒江
澜沧江
察隅
木里
香格里拉
丽江
泸水
大理
保山
腾冲
楚雄
潞西
云
临沧
思茅
景洪

布示意图
北极
漠河
呼玛
黑河
逊克
抚远
根河
满洲里
呼伦贝尔
呼伦湖
五大连池
伊春
鹤岗
佳木斯
饶河
齐齐哈尔
大庆
绥化
鸡西
哈尔滨
乌兰浩特
牡丹江
白城
松原
吉林
长春
延吉
锡林浩特
巴林左旗
通辽
辽源
二连浩特
赤峰
铁岭
通化
白山
阜新
沈阳
抚顺
朝阳
鞍山
本溪
承德
葫芦岛
盘锦
营口
丹东
瓦房店
巴彦淖尔
呼和浩特
乌兰察布
包头
张家口
北京
唐山
秦皇岛
大连
乌海
鄂尔多斯
大同
朔州
五台山
忻州
保定
廊坊
天津
石嘴山
银川
沧州
石家庄
东营
烟台
威海
吴忠
榆林
太原
阳泉
衡水
德州
淄博
潍坊
中卫
吕梁
晋中
邢台
济南
白银
同心
延安
长治
邯郸
聊城
莱芜
青岛
西峰
临汾
安阳
济宁
日照
固原
庆阳
晋城
新乡
菏泽
枣庄
连云港
定西
平凉
铜川
运城
开封
徐州
天水
咸阳
渭南
三门峡
洛阳
郑州
商丘
宿迁
淮安
宝鸡
西安
许昌
淮北
盐城
陇南
汉中
商洛
平顶山
周口
蚌埠
南阳
驻马店
阜阳
扬州
南通
长江口
广元
安康
十堰
信阳
滁州
合肥
南京
常州
巴中
襄阳
六安
芜湖
杭州湾
绵阳
达州
万州
荆门
孝感
湖州
嘉兴
舟山
遂宁
广安
宜昌
葛洲坝
荆州
武汉
黄冈
安庆
黄山
杭州
绍兴
宁波
恩施
咸宁
九江
景德镇
衢州
金华
台州
涪陵
张家界
常德
岳阳
南昌
上饶
丽水
自贡
泸州
重庆
益阳
长沙
鹰潭
温州
宜宾
吉首
湘潭
株洲
抚州
武夷山
遵义
铜仁
怀化
萍乡
南平
宁德
毕节
邵阳
吉安
贵阳
衡阳
三明
凯里
永州
瑞金
福州
基隆
六盘水
安顺
都匀
郴州
赣州
莆田
台北
龙岩
泉州
新竹
兴义
桂林
梅州
漳州
厦门
台中
河池
柳州
韶关
潮州
贺州
河源
梧州
清远
广州
惠州
汕头
台南
高雄
百色
南宁
贵港
云浮
东莞
深圳
汕尾
玉林
佛山
珠海
香港特别行政区
新兴
凭祥
钦州
茂名
防城港
北海
阳江
澳门特别行政区
湛江
海口
五指山
万宁
琼海
三亚
陵水
广西壮族自治区

寻荷点分地区索引

华北地区：

北　京

天　津

河　北

山　西

华东北部：

山　东

安　徽

台　湾

华东南部：

上　海

江　苏

浙　江

福　建

华中地区：

河　南

湖　北

江　西

湖　南

华南地区：

广　东

广　西

海　南

香　港

澳　门

西南地区：

重 庆

四 川

贵 州

甘 肃

青 海

宁 夏

新 疆

门 票 欣 赏

国家AAAAA级景区
全国红色旅游经典景区
全国青少年爱国主义教育基地
白洋淀文化苑
王火英题
河北省保定市邮政局函件广告局发布

游览须知

1、凭票游览，请妥善保管，以备检查。

2、学生票凭学生证及身份证购票并使用。

3、一人一票，打孔作废，盖章有效。

Notise

1.Keep this entry ticket for spot check.

2.Student ticket can be purchased and used by pre-senting student ID Card and Personal Id-entity Card.

3.This ticket is per one visitor only,valid by stamp of issue,expiry after punched hole.

票价：伍拾圆

4030144

AAAA景区
白洋淀 荷花 大觀園
荷花大观园
插卡方向
JN卡

游览须知

1、凭票游览，请妥善保管，以备检查。

2、学生票凭学生证及身份证购票并使用。

3、一人一票，打孔作废，盖章有效。

Notise

1.Keep this entry ticket for spot check.

2.Student ticket can be purchased and used by pre–senting student ID Card and Personal Id–entity Card.

3.This ticket is per one visitor only,valid by stamp of issue,expiry after punched hole.

票价：伍拾圆

4135815

国家AAAAA景区
卓正
ZHUO ZHENG
荷花大观园
AAAAA
中国白洋淀
荷花大觀園
巨型生态 健康休闲
票价：伍拾元

歷史文化名城
歡迎您！
絳守居園池旅游留念
中國 山西
新絳縣文物旅游局
票價
拾圓
No 0015222
儿童券
¥1圓

国家AAA级旅游景区
聊城南湖湿地公园
游览门票
票价：贰拾元整
发票代码：237151452102
发票号码：00035701
地址：山东省聊城市江北水城旅游度假区（南外环、聊阳路口东南侧） 电话（Tel）：(0635)8554639

歷史文化名城
歡迎您！
絳守居園池旅游留念
中國 山西
新絳縣文物旅游局
折优惠16元
新绛县旅游局监制
No 0038518
¥5圓

接天莲叶无穷碧 映
百卉荷
地址：山东省聊城市南外

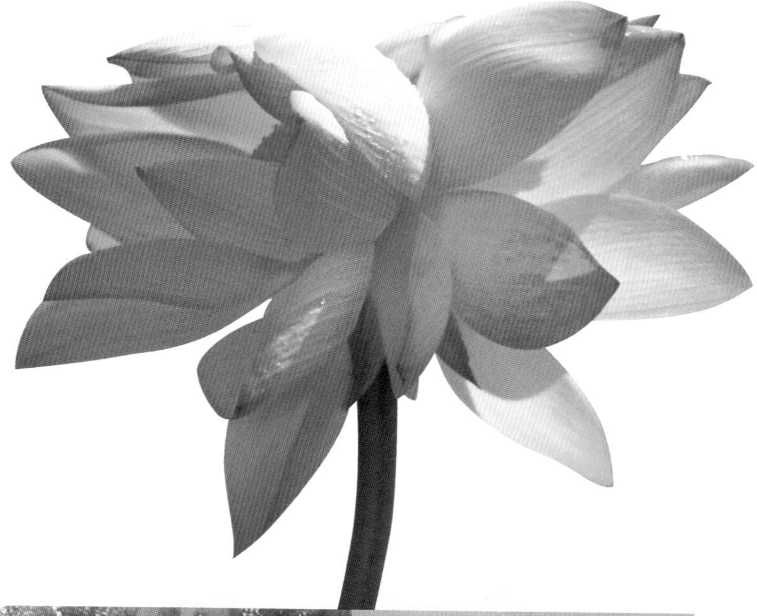

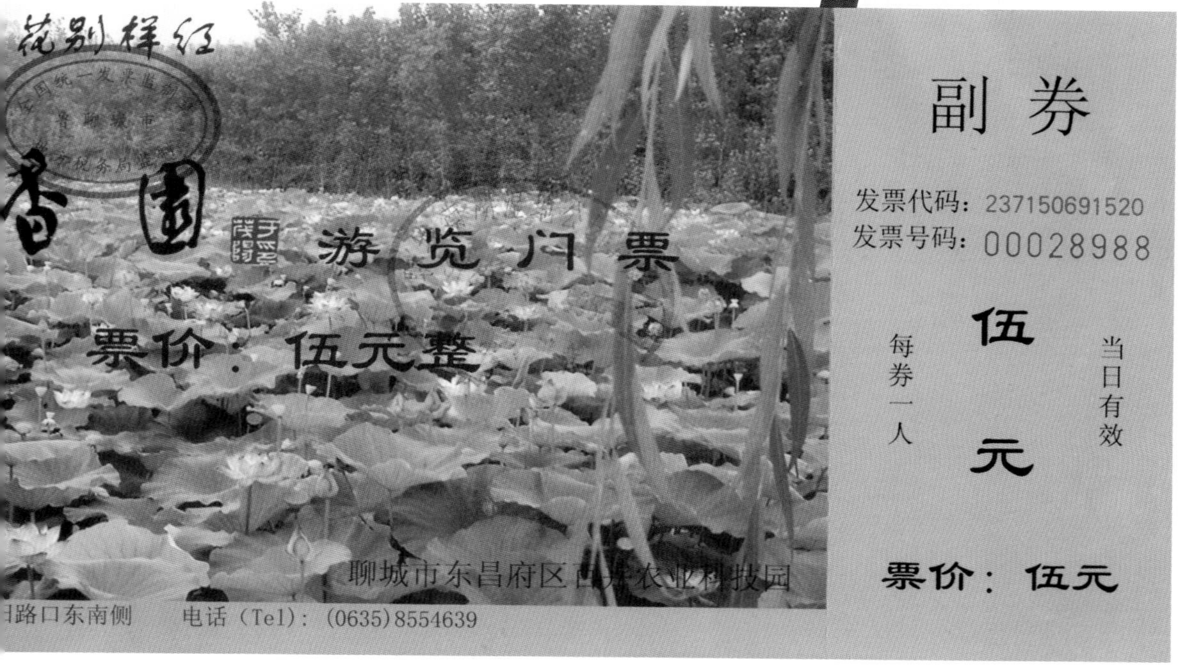

花别样红

香园 游览门票

票价：伍元整

聊城市东昌府区……农业科技园

路口东南侧 电话（Tel）：(0635)8554639

副券

发票代码：237150691520

发票号码：00028988

伍元

每券一人

当日有效

票价：伍元

0019001
国家AA级旅游景区 全国农业旅游示范点 江苏省湿地公园
江苏省四星级乡村旅游示范区 扬州市首批乡村旅游示范区
江苏省有机藕种植基地 江苏省水利风景区 扬州市廉政文化生态园
荷園
门票
荷园 宝应
荷园
票价：30元/人 营业时间：8:00—18:00
地址：江苏省宝应县射阳湖荷园风景区 服务热线：0514-88521639 15190435858
0019001
荷園
门票
副券 30元/人

水上游乐场
国家AA级风景区
全国农业旅游示范点
千古风流射阳湖
美不胜收荷花园
票价：10元 营业时间：8:00—18:00

中華睡蓮
■ 地址：青岛市李沧区毕家上
■ 服务电话：0532-86079896 86

国家AA级旅游景区 全国农业生态旅游示范点
中国荷藕之乡 江苏省莲藕生态观光标准化科技示范园
荷园
江苏 荷園
票价：20元
开放时间：8：00-18：00
江苏省宝应县射阳湖镇荷园开发有限公司

泥而不染
并蒂莲
世界
奇气生财
法宝
如愿
年有余
睡莲科技示范园
6 86079596

2007年中国青岛赏花会暨第二届民俗文化节
睡莲世界
组委会

门票　陆拾圆　¥:60元

游客须知

凭票参观，每票一人。

请保持票面完整，副券联、发票联撕下，打孔或划线无效。

爱护公共设施、花草树木，有损公物及花草树木者，赔偿损失。

服务电话：0632-5815555　投诉电话：0632-5816666
报警电话：0632-2601110　监督电话：123
网址：www.wshsdhh.com　邮箱：sdhhfjq@tom.com

存根

票价　肆拾元

微山湖生态荷园

崇德阁（微子文化苑）

微山湖生态荷园，位于微山岛北侧，京杭大运河边，总面积3000余亩。

景区依托微山湖优美的生态环境和丰厚的民俗文化资源，精心打造了荷文化、渔文化、水文化三大精品景观。

微子文化苑，位居微山岛上，是为了纪念殷微子、比干、箕子而建，园区包括三仁殿以及崇德阁等景观。

微山湖生态荷园与微山岛上的微子文化苑处在同一轴线上，形成一条旅游观光带，体现了山与水的结合，历史与现代的结合。

【注意事项】
园内禁止吸烟　严禁损坏树木 公物 违反以上事项按规定赔偿

本票有效期至　　年　月　日,最终解释权归升平公司所有。

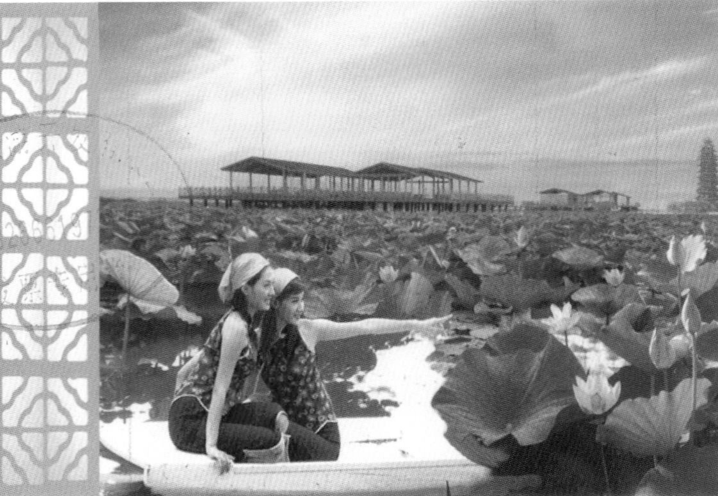

湖上游乐胜地
荷中漫步渔乡

副券

贵宾专用票

票价:40元

沈阳仙子湖风景

报销凭证

门　票

票价：20元

代码 22101105

No 300003

沈阳大地印刷有限责任公司
2010年6月印制　沈地税[2010]第一

天津杨柳青博物馆定额发票
半价票：伍元 ￥5.00
发票代码：212001358608
发票号码：00000133
防伪码：21200135860800001331454
天津楊柳青年畫館
TIANJIN YANGLIUQING Year painting building
津门艺术三绝之一——杨柳青年画
中国木版年画之首——杨柳青年画
诠释民俗文化意蕴——画到福到家
展示年画制作绝技——勾刻印绘裱
票价：5 元
（此联报销无效）
副券
00000133

五家渠青格达湖
旅游风景区门票
存根联
（记帐联）
265231050408
00156602
贰拾伍元
（¥25.00 元）
年 月 日
五家渠
第六届荷花节·观鸟节
入场券
25元
主办单位：五家渠市人民政府
2010年7月-10月
承办单位：五家渠市旅游局 五家渠市水利管理处
五家渠青格达湖
旅游风景区门票
发票联
265231050408
00156602
贰拾伍元
（¥25.00 元）
年 月 日

中国荷花之乡
票价:20元
沈阳仙子湖风景区
沈阳仙子湖风景区
副券
门票
票价：20元
No 30000300

2000 · 中国东北地区首届珲春荷花节

2000 · THE FIRST HUNCHUN LOTUS FESTIVAL, NORTH-EAST REGION, CHINA

主办：中国荷花研究中心
延边州旅游局
珲春市人民政府

地点：吉林 · 珲春防川莲花湖公园

入场券

票价：5.00元
学生 · 团体：半价

发 票 联

票价：肆拾元

发票代码 244011252451
发票号码 70226818

宝墨园
国家AAAA级景区
番禺新八景之一
岭南园林瑰宝
票价：肆拾元
旅游留念

三水荷花世界
荷花欢乐天地
LOTUS WORLD

№ 0057695

2013年 7月 12日

观光入园券（成人）

蓮荷園
休閒農場

入園券
《園區收執聯》
002199

【入園每人50元清潔費可抵消費30元】
《遊客存根聯》
TEL:(03)4776972 FAX:(03)2824337
E-mail:weet5361@yahoo.com.tw
網址:http://www.a-lotus.com/
園址:桃園縣觀音鄉藍埔村11鄰金華路690號

蓮荷園
休閒農場

消費抵用券
30元
《抵用聯》

使用須知：
1.持本券消費可折抵30元。
2.本券限當日使用隔日無效。
3.套裝行程與特價商品不適用。
4.無蓋章者無效。

002199

圣母湖
少女泉
沙滩浴场
沙滩游乐区
黄河漂流
莲荷胜景
马术俱乐部
湖岛风情
农业观光区
瀛上紫园度假村
……

◎中国黄河湿地奇观
西滩
观光船
观光车

北方沙家浜
山西白洋淀
河东小三亚
万荣瘦西湖

门票
发票代码：
214081371820
发票号码：
00013888
票价：陆拾元
（盖章有效）
一人一票　仅限当日

黄河明珠第一滩

副券

黄河三峡景区
停车凭
存
根
NO
00000

停车凭证

副

券

NO

0000038

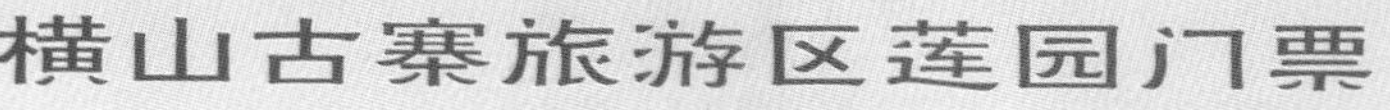

普者黑之旅
普者黑
之旅

河北省衡水市衡水湖专用发票
发票联
拾元整
（门票）
发票代码 213001259709
发票号码 00368855
东南湖

Welcome
观赏，十里荷花美景
浙江 · 武义
No 0008158
旅游质量监督电话：87663739 票价 20 元

莲花湾欢迎您
莲花湾景区门票
（千年古莲园）
地址：普兰店市莲花湾风景区（一〇七路公交车隋屯桥站下） 电话：83145357 网址：www.中华古莲网.com 票价：3元

莲花湾
票价：3元
副卷
No 0001963

普者黑之旅

普者黑国家重点名胜区，国家AAA级旅游区，距昆明287公里。该景区系石灰岩溶地貌，石峰丛林，重重叠叠。清澈透明的大小湖泊似串串珍珠穿连在一起，兼有桂林阳朔和江南水乡之妙趣。其本身的景观特点是：水中有峰，峰中有洞，洞中有水。每逢夏季，湖群中近万亩荷花连片开放，游人荡舟其间一景胜似一景，如在画廊中穿行，景区有古朴典雅的民族文化，多姿多彩的民族风情，登上青龙山顶普者黑的自然山水田园风光尽收眼底，游入仙人洞，火把洞让你饱览洞府仙居之奇景，观音洞内名家塑造的数千尊观音栩栩如生，救苦救难的传说故事美妙动人，普者黑景区因集多种特色景观为一体，资源规模宏大、品味较高，组合度好，具备了秀、奇、古、纯、幽的特点而被称为云贵高原上的一颗明珠，受到专家和学者的高度赞誉和观光游客的青睐。1993年被国家旅游局确定为涉外风景区，同年9月被云南省人民政府批准为省级风景名胜区，又于96年10月被

新都桂湖
新都博物馆
门票

叁
拾
元

报销凭证

(¥：30.00元)

№ 0050972

1、本票当日有效；
2、打孔或撕毁副卷作废；
3、请妥善保管，以备查验。

WWW.sjtravel.org
上海松江旅游网
上海醉白池
咨询电话：67853551 投诉、救援电话：57814817
13-310117-11-0004-000 上海邮政商函广告有限公司发布

票价12元

发票代码 231001350727

发票号码 00007777

凭证联．游客存

剪下无效

入园券
景点存
票价12元

发票代码 231001350727
发票号码 00007777

新繁东湖

游览券

票价 元

莲花山旅游区
本券只限一次性进场 保留此券以备检查（可作报销凭证）
番禺莲花山旅游区网址 http://www.pylianhuashan.com
广东省省级风景名胜区
国家AAAA级旅游区
全国重点文物保护单位
发票号码 70008542

粤海村
莲花山粤海度假村
Lotus Hill Yuehai Hotel

本券在粤海度假村酒店
消费可作40元现金券使用

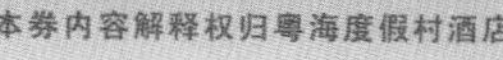
本券内容解释权归粤海度假村酒店

文昌湖国际荷花珍品展
暨微信摄影大赛
2014·淄博

2014 淄博文昌湖國際荷花珍品展
暨微信攝影大賽
展出地点 / 淄博市文昌湖千亩荷花生态园
主办 / 大鹰传媒 淄博晚报 文昌湖区旅游局
No.0033453

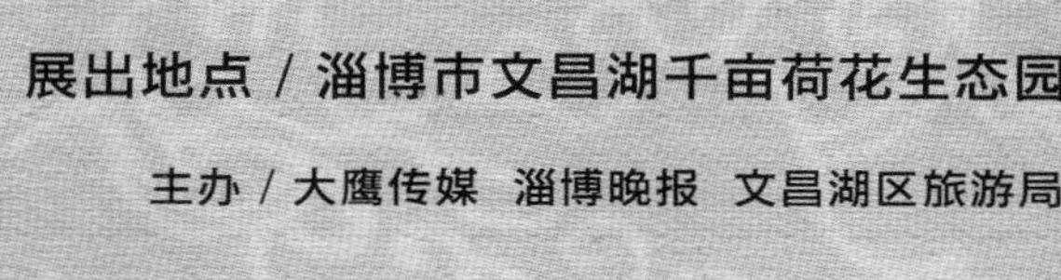

副券
NO:0000588
请凭此券入场
副券自行撕下无效

第五届华岩荷花旅游节
重庆首届“沐佛泼水季”
6月29日—10月7日
入场券 88元
NO:0000588
场次时间：当日仅本场有效，过时作废
活动地点：重庆华岩风景区北大门广场东侧功德林停车场（华岩寺路）
咨询电话：023-68501794/68503383 咨询QQ：695522850
官方新浪微博：重庆佳期发展
官方网址：www.517psj.com

第七届北京莲花池荷花节

主办单位：北京市丰台区园林局

承办单位：北京市丰台区莲花池公园管理处

时　　间：2007年6月28日至8月10日

票价：陆元 ¥6.00　№ 0042217

贵州 安龙

招堤风景区

№ 0022333

旅游纪念

票价伍元

【拙政园】

The Humble Administrator's Garden

世界文化遗产

World Cultural Heritage

中国四大名园之一

国家AAAA级旅游景区（点）

全国特殊游览参观点

全国重点文物保护单位

苏州市园林和绿化管理局监制章

江苏省苏州市

拙政园

The Humble Administrator's Garden

代码232050750080

号码01971882

门票

票价：柒拾元

¥：70元

税务票证 2007.3(1813001-2013000)

苏州市拙政园管理处

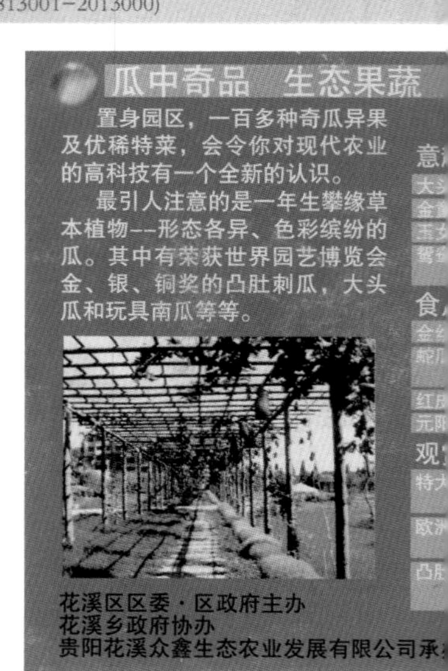

瓜中奇品　生态果蔬
置身园区，一百多种奇瓜异果及优稀特菜，会令你对现代农业的高科技有一个全新的认识。
最引人注意的是一年生攀缘草本植物--形态各异、色彩缤纷的瓜。其中有荣获世界园艺博览会金、银、铜奖的凸肚刺瓜，大头瓜和玩具南瓜等等。
花溪区区委·区政府主办
花溪乡政府协办
贵阳花溪众鑫生态农业发展有限公司承

寿光林海生态博览园
滨海国家湿地公园
BINHAI NATIONAL WETLAND PARK
国家AAAA级旅游景区
全国农业旅游示范点
国家级休闲渔业园区
大美湿地
佛光林海
检票打孔处：
¥：60元
Entering Nature

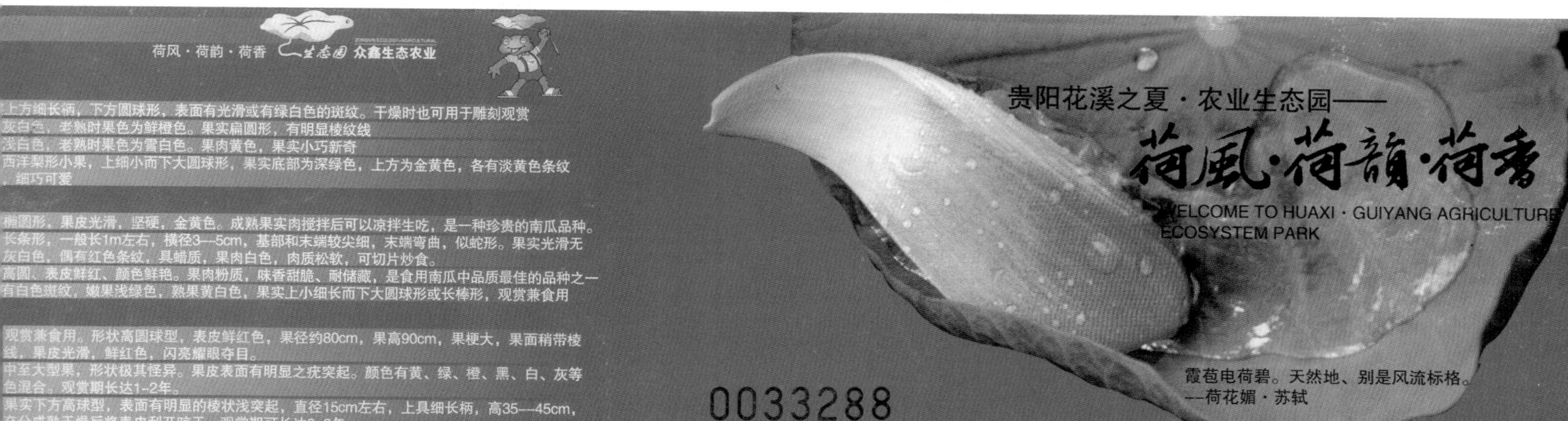

荷风·荷韵·荷香 生态园 众鑫生态农业
上方细长柄，下方圆球形，表面有光滑或有绿白色的斑纹。干燥时也可用于雕刻观赏
灰白色，老熟时果色为鲜橙色。果实扁圆形，有明显棱纹线
淡白色，老熟时果色为雪白色。果肉黄色，果实小巧新奇
西洋梨形小果，上细小而下大圆球形，果实底部为深绿色，上方为金黄色，各有淡黄色条纹，细巧可爱
椭圆形，果皮光滑，坚硬，金黄色。成熟果实肉搅拌后可以凉拌生吃，是一种珍贵的南瓜品种。
长条形，一般长1m左右，横径3—5cm，基部和末端较尖细，末端弯曲，似蛇形。果实光滑无灰白色，偶有红色条纹，具蜡质，果肉白色，肉质松软，可切片炒食。
高圆、表皮鲜红、颜色鲜艳。果肉粉质，味香甜脆、耐储藏，是食用南瓜中品质最佳的品种之一
有白色斑纹，嫩果浅绿色，熟果黄白色，果实上小细长而下大圆球形或长棒形，观赏兼食用
观赏兼食用。形状高圆球型，表皮鲜红色，果径约80cm，果高90cm，果梗大，果面稍带棱线，果皮光滑，鲜红色，闪亮耀眼夺目。
中至大型果，形状极其怪异。果皮表面有明显之疣突起。颜色有黄、绿、橙、黑、白、灰等色混合，观赏期长达1-2年。
果实下方高球型，表面有明显的棱状浅突起，直径15cm左右，上具细长柄，高35—45cm，充分成熟干燥后将表皮刮开晾干，观赏期可长达2-3年。
地 址：磊花大道平桥处（河滨公园乘坐201路公交车在生态园下）
电 话：3630851 7836832
0033288
贵阳花溪之夏·农业生态园——
荷風·荷韻·荷香
WELCOME TO HUAXI · GUIYANG AGRICULTURE ECOSYSTEM PARK
霞苞电荷碧。天然地、别是风流标格。
——荷花媚·苏轼

章丘市白云湖旅游开发
白雲湖
票价28元
No:044351
地址：山东章丘白云湖 旅游热线：0531-83451008

大湖湿地 水韵泗洪
洪泽湖湿地公园
——欢迎您
国家AAAA级旅游景区、长三角世博之旅示范点、中国十大生态休闲基地

全国统一发票监制章
江苏省宿迁市
地方税务局监制
洪泽湖湿地公园门票
票价
¥60元
发票代码
232131251081
发票号码
00028860
泗洪洪泽湖生态资源开发有限公司

第八

防川国家重点风景名胜区
莲花湖
门票
Tickets
票价：10元
凭票参观，一人一票，撕票作废。

简介

成都武侯祠由刘备、诸葛亮等蜀汉君臣合祀祠宇及惠陵组成，肇始于公元223年。1961年，国务院公布为第一批全国重点文物保护单位，1984年成立博物馆，2008年，成为首批国家一级博物馆，占地15万平方米。文化积淀丰厚，有1780余年连续不断的开放史，享有“三国圣地”的美誉。

The Wuhou Shrine

The Wuhou shrine in Chengdu was initially built in 223AD, now covers 150000 square meters. It is consists of Liubei's Huiling and the temples of Zhuge liang and other minisiters in Shuhan of the Three Kingdoms. The State department has chosen it as the first leading protected entity of cultural relics in 1961 and a museum was set up in 1984. In 2008 the shrine appeared on the first list of the national top-class museum. As the shrine to the Three Kingdoms, the Wuhou Shrine has been opening for over 1780 years uninterruptedly and the cultural accumulation is a very rich and generous.

址：罗庄区宝泉寺（新206国道与文化路交汇处往西300米） 市区乘19路、68路公交车即到 景区电话：0539-7088444 景区网址：http://www.baoquanchansi.com

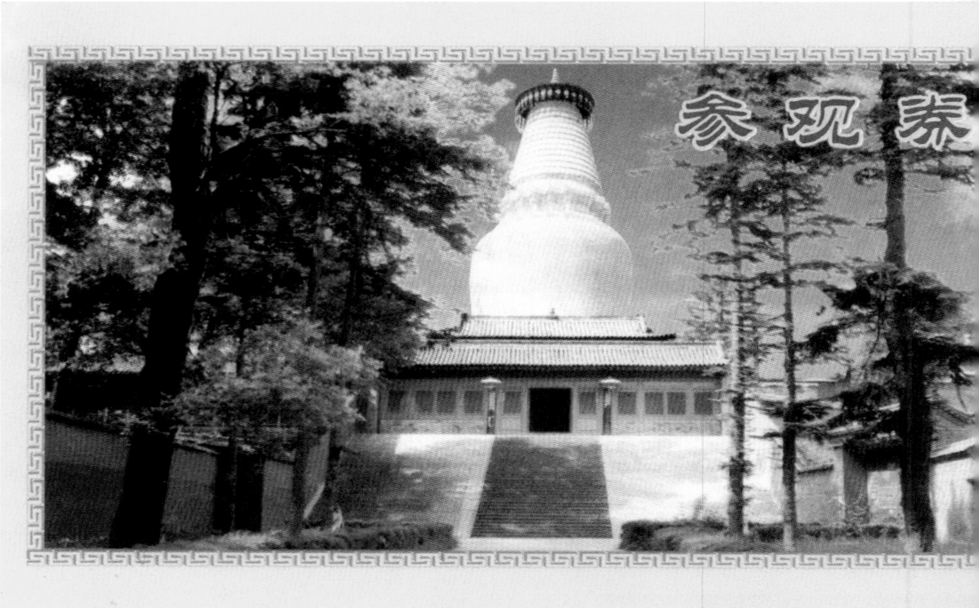

参观券

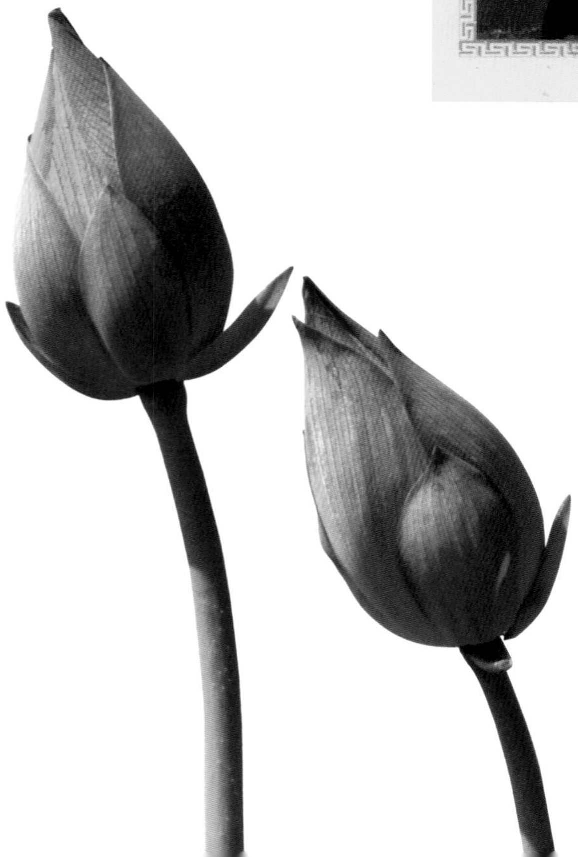

五台山

大塔院寺

№ 1000609

票价:肆元

副

券

五臺山

大塔院寺

№ 0090128

票价：伍元

票价：25元

0031952

贵州梵净山佛教文化苑·大金佛寺

门票

发票联

票价

¥:50元

发票代码

252221058104

发票号码

00014733

贵州梵净山文化旅游发展有限公司

后记

情到甚痴缘其心

2008 年，我在《和荷天下》封底的勒口上，曾经说过几句心语，现引申过来作为我的后记吧。

我所想的，力求用心去想；我所做的，力求用心去做。

我好像做完一道 " 荷花塘之谜 " 的数学推理题，此刻享受满塘荷香。不枉我的心痴。这本册子终于搞定，谨献给中国第三十届全国荷花展！敬献给生我养我教我的父亲和母亲！

假若，没有上苍的关照、亲朋的支持，此乃不可思议，绝不可能梦想成真。从心想到事成，动了上帝，烦了亲友，我感恩在怀！且无由表白，更无由报以万一。至于，苦了自己，活该乐在其中。我用心去感受、去经营。从万张照片挑选千幅图片；从不到 3000 的常用汉字拼凑出 30 万左右的书面文字；用十多年的时间和几十万里的空间去换得其所，那是随心所悦和应运而成的问题。

我，迷糊地目视书稿，久久地沉默。呆呆之后，长长地吁了一口气。确实，一件只有 " 傻瓜 " 才想做的事，我去做了。在路上，有时四顾苍茫，倍加孤独。但是，我们毕竟不是生来就享受孤独的。也许，有些路只能一人走，有些坎只能一人过，有些事只能一人做。每次在路上，总有某时某刻能拨动自己心灵深处的弦；仿佛为了一个心愿，而不是单纯的为了完成那件事。因此，脚步跟随梦想加快，且越走越笃定。我似乎体验了：只有当一个人独处的时刻，他才是自由的；只有当一个人独处的时候，他才可以完全成为自己。孤独是一种满足，奔波是一种快乐，疲惫是一种幸福。

酸甜苦辣皆有味，喜怒哀乐总关情。充分享受人生中的过程，享受过程中的人生。一花一世界，一步一天堂。再回首，望见的是比岁月还长的寻荷追荷的美美回忆。

一切从心开始，以心相通，由心生出。唯心造才是真。

以前有时想，我们该如何听到我们所看见的？又如何看到我们所听见的？物随心转，境由心生。我与荷花的约会中，那每每的对目会情，宛如无言之诗、无语之歌。这让自己懂得，唯有敞开自己的心灵，才能听到看见我们所要看到听见的东西。

无心出岫，云来云去。我汇编这本书，就好像在整理自己的生命。整理中，我指望不多，不过是一分真心、一分闲情、一分逸趣。并于这真心、闲情、逸趣中，寻觅一个真我；真我中，期冀一种忘我；忘我中，存留一份自我。

我愿意为自己那种莫名的爱好去花费心力、精力和财力。我担心，当热爱变成唯一的商业手段，那份爱就不再纯粹；当热爱变为过度的告白行为，那份爱就不再宁静。这份爱的真谛和内涵，到底是什么，我也说不清楚。或许，爱，是一种心悦；热爱，就是一种悦心。

我只想，为自己的内心而活，不愿活在别人的眼光中和嘴巴上。一心过着属于自己的 " 荷样莲华 " 生活，沐浴在 " 仙子 " 与 " 君子 " 的世界。兴之所至，心之所安。此心安处，便是天堂。不要理会那些口水！如此嘈杂的人流，你分不清、也根本无需分清，哪些是原装的 " 矿泉水 "，哪些是假冒的 " 纯净水 "。不要在乎他的嘴！只在乎：我和你——心的考评。

没有心心相诚，谈何心心相通？若不心心相通，岂可心心相连？既无心心相连，哪来心心相印？不能心心相印，怎会心心相亲啊！

我在乎自然的风景，也在乎艺术的风采，更在乎内心的风貌。

这本书完不完美，我不是很在意，在意的是追求完美。完美的追求，并不是我的寻找全不全面、拍摄极不极致、编写得不得体。而是，爱荷的信念与追荷的热情，才是我追求完美的真正方向。寻找、拍摄和编写，肯定不完美。但是，每一次寻找和拍摄，以及最后的编写中，却融入了我最真实的心思和情感。这些心思与情感，使得原本并不完美的寻找、拍摄和编写变得完美起来。

似乎，我必须表白：此册里拍的写的编的东西，看得上的都是别人的，瞧不起的就是敝人的。对不住上帝与各位了！自我评价：三分自努力，七分天注定，还有九十分在老师那里。倘若有人翻看一前一后，我则感动不已、心满意足。

我赞赏那些把弯路走直的聪明人，因为他们找到了生活的捷径；同时，我也欣佩那些把直路走弯的豁达人，因为他们多看了几处人生的风景。我因荷花，让自己知道：生活就是舞台。属于我的舞台，不止一个。与她约会，成为我的另一个活法。庆幸自己：一荷烟雨任平生。对大自然的痴恋迷醉，是她的开启；对自己的净化再生，是她的开导。荷花，给了我心中的风景和风采，谢谢她！

莲哉！荷哉！荷花开在心里；心如莲花。

民国元老、著名书法家于佑任的客厅墙上，高悬着一幅写意的荷花图，两旁有一副对联。上联：不思八九；下联：常想一二；横批：如意。

荷花馈赠我的一切，使我感悟：不思八九。我们不必期待每一天都有炫目荣光，也无须计较人生的风起雨落，只要保持一颗乐观而充满希望的心，生活必然会轻松潇洒。当然，真正做到"荣辱不惊，淡看庭前花开花落；去留无意，闲望天外云卷云舒"，那是圣者。一介草民凡人，自能"草"的修行，本配"凡"的德性。我只求，在平平的人世中，找到属于自己的那一份归顺自然的美好。知足常乐，就以平常心淡泊意对待一切吧。

莲花赐予我的一切，让我感恩：常想一二。我要铭感天佑人助！感谢上天给我机缘和运气、亲友给我关心和帮助。这是我，每每在心、时时于怀的！本书编辑得如此堆列无缺、繁杂有余，只为记录那——不能忘掉的人和事。多年啦，在荷花的背后，有那么几个人，与上帝一块，撑起我的一片天。为了荷花，我无论走多远、干什么，他们总是默默无闻孜孜不息地支持。特别是，有那么一些人，素不相识，一面之交，在旅途中无私地送我温情。这，是人性深处最微妙的一种感触，不可用世俗的标准来感受。不思量，自难忘。一次追寻一个故事，一个地方一段回忆。这些好人和善者，随着岁月的推移，或许他们的长相已模糊，也许他们的关心会淡化。所以，我要将这些人和事，印在册子中，藏在心怀里！在我图文中念想他们，于我心底里一遍又一遍地呼喊：善之人，今在哪里？现可安好？我，用自己的方式，感激、感念和感恩。

真心祝愿：苍天长生不老！衷心祝福：好人平安吉祥！亲，请收下我的心和情！

图书在版编目（CIP）数据

荷莲中国——荷花你在哪里 / 王力建编著 . -- 武汉 : 华中科技大学出版社 , 2016.5

ISBN 978-7-5680-1617-9

Ⅰ . ①荷… Ⅱ . ①王… Ⅲ . ①荷花 – 介绍 – 中国Ⅳ . ① S682.32

中国版本图书馆 CIP 数据核字 (2016) 第 052183 号

荷 莲 中 国—— 荷花你在哪里
Helian Zhongguo —— Hehua Ni Zai Nali

王力建 编著

出版发行：华中科技大学出版社（中国 · 武汉）
地　　址：武汉市武昌珞喻路 1037 号（邮编：430074）
出 版 人：阮海洪

责任编辑：吴文静　　统　　筹：王　斌
责任监印：张贵君　　策　　划：大　毛

印　　刷：深圳市新联美术印刷有限公司
开　　本：889 mm × 1230 mm 1/16
印　　张：56.25
字　　数：600 千字
版　　次：2016 年 5 月第 1 版 第 1 次印刷
定　　价：598.00 元（USD 119.99）

投稿热线：（020）66636689　　342855430@qq.com
本书若有印装质量问题，请向出版社营销中心调换
全国免费服务热线：400-6679-118 竭诚为您服务

華中出版